国家职业技能等级认定培训教材

国家基本职业培训包教材资源

建筑信息模型技术员

（中级）

中国人力资源和社会保障出版集团

中国劳动社会保障出版社　中国人事出版社

图书在版编目（CIP）数据

建筑信息模型技术员：中级 / 人力资源社会保障部教材办公室组织编写．-- 北京：中国劳动社会保障出版社：中国人事出版社，2020

国家职业技能等级认定培训教材

ISBN 978-7-5167-4362-1

Ⅰ.①建… Ⅱ.①人… Ⅲ.①建筑设计 – 计算机辅助设计 – 应用软件 – 职业技能 – 鉴定 – 教材 Ⅳ.① TU201.4

中国版本图书馆 CIP 数据核字（2020）第 094259 号

中国劳动社会保障出版社
中 国 人 事 出 版 社 **出版发行**

（北京市惠新东街 1 号 邮政编码：100029）

*

北京市艺辉印刷有限公司印刷装订 新华书店经销

787 毫米 × 1092 毫米 16 开本 24.5 印张 377 千字

2020 年 11 月第 1 版 2020 年 11 月第 1 次印刷

定价：58.00 元

读者服务部电话：（010）64929211/84209101/64921644

营销中心电话：（010）64962347

出版社网址：http：//www.class.com.cn

编审委员会

本书编写人员

主　　编 刘立明　吴恩振

执行主编 王　鹏　王　珺

副 主 编 闫晓薇　韩立柱　王伶俐　张继军　刘西宝　皮建文

李　杰　刘鹏飞　黄　丹　曾开发　马山山　许　鹏

编　　者（排名不分先后）

任尚万　刘　溦　马金星　王　强　姚翔宇　曾　烨

严　强　魏创波　王淮玉　杨　衡　余世娇　林　尧

魏接敏　漆添赐　况青梅　陈文灵　崔志先　张士彩

谭　莉　张莲珠　孙宝元　陈　清　贺淬烨　刘景华

房文佼　张国栋　左家鹏　薛潇利　张雪梅　刘健威

曾郯富　曾旺旺　顾越超　孟德川　孔维强　朱晓峰

谢　丽　武京华　朱　挺　刘禹含　王　浩　周　鹏

徐　垚

前　言

为加快建立劳动者终身职业技能培训制度，大力实施职业技能提升行动，全面推行职业技能等级制度，推进技能人才评价制度改革，促进国家基本职业培训包制度与职业技能等级认定制度的有效衔接，进一步规范培训管理，提高培训质量，人力资源社会保障部教材办公室组织有关专家编写了建筑信息模型技术员国家职业技能等级认定培训系列教材（以下简称等级教材）。

建筑信息模型技术员等级教材紧贴企业岗位技术相关要求，内容上突出职业能力优先的编写原则，结构上按照职业功能模块分级别编写。该等级教材共包括《建筑信息模型技术员（基础知识 初级）》《建筑信息模型技术员（中级）》《建筑信息模型技术员（高级）》3 本。《建筑信息模型技术员（基础知识 初级）》包括了各级别建筑信息模型技术员均需掌握的基础知识，其他各级别教材内容分别包括各级别建筑信息模型技术员应掌握的理论知识和操作技能。

本书是建筑信息模型技术员等级教材中的一本，是职业技能等级认定推荐教材，也是职业技能等级认定题库开发的重要依据，已纳入国家基本职业培训包教材资源，适用于职业技能等级认定培训和中短期职业技能培训。

本书在编写过程中得到行业相关协会、企业及专家的大力支持与协助，在此一并表示衷心感谢。

人力资源社会保障部教材办公室

鸣　谢

特别鸣谢以下单位（排名不分先后）：

国家超级计算长沙中心
中国建筑装饰协会
北京建谊投资发展（集团）有限公司
必易思源（北京）建筑科技有限公司
北京一砖一瓦工程管理咨询有限公司
杭州学天教育科技有限公司
武汉墨斗建筑咨询有限公司
学尔森教育集团
中国东方教育
中建一局集团第三建筑有限公司
西安交通大学
湖南龙的文化传播有限公司
中国建筑西北设计研究院有限公司
黄河上中游管理局西安规划设计研究院
西安筑能建筑设计咨询有限公司
西安建筑科技大学建筑设计研究院
福建省晨曦信息科技股份有限公司
湖南茂劲信息科技有限公司
天津中铁电气化设计研究院有限公司
太原一百一教育咨询有限公司
石家庄铁道大学四方学院
内蒙古建筑职业技术学院
西安思源学院
福建工程学院
延安职业技术学院
青岛理工大学
宜春学院

目　录

第一章 1
建筑信息模型应用概述

第一节 建筑信息模型的特征与内涵

一、建筑信息模型特征

建筑信息模型（Building Information Modeling，BIM）特征是以三维数字技术为基础，集成了建筑工程项目各种相关信息的工程数据模型，是对工程项目设施实体与功能特性的数字化表达。一个完善的信息模型，能够连接建筑项目生命周期不同阶段的数据、过程和资源，是对工程对象的完整描述，可被建设项目各参与方普遍使用。BIM 具有单一工程数据源，可解决分布式、异构工程数据之间的一致性和全局共享问题，支持建设项目生命周期中动态的工程信息创建、管理和共享。BIM 一般具有以下特征：

1. 模型信息的完备性

BIM 除了对工程对象进行三维几何信息和拓扑关系的描述，还包括完整的工程信息描述，如对象名称、结构类型、建筑材料、工程性能等设计信息，施工工序、进度、成本、质量以及人力、机械、材料资源等施工信息，工程安全性能、材料耐久性能等维护信息，对象之间的工程逻辑关系等。

2. 模型信息的关联性

信息模型中的对象是可识别且相互关联的，系统能够对模型的信息进行统计和分析，并生成相应的图形和文档。如果模型中的某个对象发生变化，则与之相关联的所有对象都会随之更新，以保持模型的完整性。

3. 模型信息的一致性

在建筑生命周期的不同阶段，模型信息是一致的，同一信息无须重复输入，而且模型信息能够自动演化，模型对象在不同阶段可以简单地进行修改和扩展而无须重新创建，避免了信息不一致的错误。

BIM 作为共享知识资源，为全生命周期过程中的决策提供了支持。它可分为 BIM 系统共享、应用软件共享和模型数据共享三个层面。

二、建筑信息模型内涵

有一种说法认为，在项目某一个工序阶段应用 BIM，这时的 BIM 是狭义的；而如果把 BIM 应用于建设项目的全生命周期，那么它就是广义的 BIM 了。

2002 年，时任欧特克（Autodesk）公司副总裁的菲利普·伯恩斯坦初次概括 BIM 的含义时，认为 BIM 主要是应用在建筑设计上。可以看出，当时人们对 BIM 在认识上还比较粗浅，在应用上也还处在初级阶段，即主要是在建设项目中某一个阶段甚至某一个工序上孤立地应用。例如，用于建筑设计、碰撞检测等。因此，从这个意义上说，当时人们对 BIM 的认识还具有局限性，是狭义的 BIM。到了今天，BIM 的含义已经大大扩展，如同前面所介绍的那样，其包含三个方面的内容，其中一个就是建筑项目管理，即把 BIM 扩展到整个项目生命周期的运行管理中，包括设计管理、施工管理、运营维护管理，这使 BIM 的价值得到了巨大的提升。BIM 不仅在跨越全生命周期这个纵向领域中得到充分应用，而且在应用范围的横向领域中也得到广泛应用，从这个范围上来理解 BIM 的广义性更为合适。

BIM 至今仍在不断发展，其应用范围也许会更加宽泛，广义 BIM 所覆盖的内容也会更多。

目前，BIM 的应用领域已经超越了建设对象是单纯建筑物的局限，越来越多地应用在桥梁工程、水利工程、城市规划、市政工程、风景园林建设等方面，这也使得 BIM 的应用范围越来越广泛。

BIM 的适用范围包含以下三种类型的设施或建造项目（Facility/Built）。

第一类：建筑物（Building），如一般办公楼房、住宅建筑等。

第二类：构筑物（Structure），如水塔、水坝、厂房等。

第三类：线性形态的基础设施（Linear Structure），如道路、桥梁、铁道、隧道、管道等。

可见，现在的 BIM 已大大超出了一般专业规范所覆盖的范围，说明 BIM 得到了越来越多其他专业的认同，其应用领域也越来越宽广。

值得注意的是，BIM 的应用已经开始和地理信息系统（Geographic Information System，GIS）结合起来，两者的结合已经成为 BIM 应用研究的新课题。本来 BIM 要定义的是建筑内部的信息，但随着其应用的发展，也需要一些建筑外部空间的信息以支持进行多种应用分析（如结构设计需要地质资料信息，节能设计需要气象资料信息），而这些在地球表层（包括大气层）空间中与地理分布有关的数据信息都可以借助 GIS 得到。反过来，通过 BIM 和 GIS 的集成，BIM 给 GIS 环境带来了更多的信息，从而扩展了 GIS 的应用领域，提升了 GIS 的应用水平。因此，BIM 和 GIS 的结合是一种发展趋势。

由于智能建筑、智慧城市的发展，会牵涉到设备、构件在设施内的定位，因而物联网（Internet of Things，IoT）与 BIM 的结合会越来越密切。除了在设施的施工阶段可以应用物联网管理预制构件外，物联网更大量的应用是在设施的安装与运营阶段。因此，BIM 与物联网的结合将是其应用发展的又一个方向。可以想象，BIM 与 GIS 以及物联网的结合，将为智慧城市的发展开辟广阔的空间。

三、建筑信息模型技术

BIM 技术是一项应用于基础设施全生命周期的三维数字化技术，它以一个贯穿其生命周期的数据格式，创建、收集该设施所有相关的信息并建立信息协调的信息化模型作为项目决策的基础和共享信息的资源。

应用 BIM 解决的问题之一是在设施全生命周期中，所有与设施有关的信息只需输入一次，然后通过信息的流动可以应用到设施全生命周期的各个阶段。信息的重复输入不但耗费大量的人力、物力和成本，而且增加了出错的概率。当一次输入后，又面临一系列问题时（如基础设施的全生命周期要经历从前期策划到设计、施工、运管等多个阶段，每个阶段又分为不同专业的多项不同工作，每项工作用到的软件都不相同，这些不同品牌、不同用途的软件都需要从 BIM 中提取源信息进行计算、分析，以提供决策数据给下一阶段计算、分析使用），就需要一种在设施全生命周期各种软件都通用的数据格式以方便信息的储存、共享、应用和流动，这种数据格式就是工业基础类（Industry Foundation Cases，IFC）标准格式。目前，IFC 标准的数据格式已经成为全球不同品牌、不同专业的建筑工程软件之间创建数据交换的标准数据格式。

世界著名的工程设计软件开发商为了保证其软件所配置的 IFC 格式的正确性，并能够与其他品牌的软件通过 IFC 格式正确地交换数据，都把其开发的软件进行 IFC 认证。一般认为，软件通过了 IFC 认证就标志着该软件产品真正采用了 BIM 技术。

BIM 技术较好地解决了建筑全生命周期中多工种、多阶段的信息共享问题，使整个工程的成本大大降低，质量和效率显著提高，为传统建筑在信息时代的发展展现了光明的前景。

第二节 建筑信息模型应用的价值与意义

一、应用的价值

1. 可行性研究与规划

BIM 对处于研究阶段的建设项目在技术和经济上的可行性论证提供了帮助，提高了论证结果的准确性和可靠性。在可行性研究阶段，业主需要确定建设项目方案在满足类型、质量、功能等要求下是否具有技术和经济可行性。但是，如果想得到可靠性高的论证结果，需要花费大量的时间、金钱与精力。BIM 可以为业主提供概要模型以对建设项目方案进行分析和模拟，从而能够为整个项目的建设降低成本、缩短工期并提高质量。

城市规划从大范围层次来讲是对一定时期内整个城市或某个区域的经济和社会发展、土地利用、空间布局的计划与管理，从小的层次来讲是对建设过程中某个具体项目的综合部署、具体安排和实施管理。城市规划领域目前是以计算机辅助设计（Computer Aided Design，CAD）和 GIS 作为主要支撑平台，城市规划的三维仿真系统是目前城市规划领域应用最多的管理平台。未来城市规划的主要发展方向是规划管理数据多平台共享、办公系统三维或多维化、内部办公自动化（Office Automation，OA）系统与办公系统集成等。但是，目前传统的三维仿真系统并没有做到模型信息的集成化，三维模型的信息往往是通过外接数据库实现更新、查找、统计等功能的，并且没有实现模型信息的多维度应用。

BIM 对促进未来更智能化的“数字化城市”发展具有极大的价值。将 BIM 引入城市规划三维平台中，可以完全实现目前三维仿真系统无法实现的多维度应用，特别是城市规划方案的性能分析。BIM 可以解决传统城市规划编制和管理方法无法量化的问题，诸如舒适度、空气流动性、噪声云图等指标，这对于城市规划来说无疑是一件很有意义的事情。BIM 的性能分析通过与传统规划方案的设计、评审相结合，将会对城市规划多指标量化、编制科学化和城市规划可持续发展产生积极的影响。另外，将 BIM 引入城市规划的地上、地下一体化三维管理系统中也是研究城市三维空间可视化的关键技术，它能为城市规划地上空间和地下空间的关系以及地理信息管理与社会化服务系统的建立提供原型，为城市规划、建设和管理提供三维可视化平台。此系统可服务于城市建设、城市地质工作，对促进“数字化城市”的进步、提高城市规划管理层次、推动城市地质科学的发展也具有重要的战略意义。

建设项目规划阶段的主要内容包括以下方面。

（1）根据所在地区发展的长远规划，提出项目建议书，选定建设地点。

（2）在试验、调查研究和技术经济论证的基础上编制可行性研究报告。

（3）根据咨询评估情况，对建设项目进行决策。

项目规划的重要内容是对可行性研究报告进行评估和编制，往往要进行多学科的论证，所以，较大项目的可行性研究组要配有工业经济、技术经济、工艺、土建、财会、系统工程以及程序设计等方面的专家。而将 BIM 引入项目的规划阶段，形成统一的项目初始数据模型，可以为下一环节的项目设计提供基础数据。同时，利用 BIM 的各种专业分析软件，分析和统计规划项目的各项性能指标，实现规划从定性到定量的转变，充分利用 BIM 的参数化设计优势，结合现有的 GIS 技术、CAD 技术和可视化技术，科学辅助项目的策划、研究、设计、审批和规划管理。

2. 协同设计

对于传统 CAD 时代建设项目设计阶段中存在的图样冗繁、错误率高、变更频繁、协作沟通困难等缺点，BIM 所带来的优势明显，具体包括以下几个方面。

（1）保证概念设计阶段决策正确。在概念设计阶段，设计人员需要对拟建项目的选址、方位、外形、结构形式、耗能与可持续发展、施工与运营概算等问题作出决策，BIM 技术可以对各种不同的方案进行模拟与分析，且为集合更多的参与方投入该阶段提供了平台，使作出的分析决策在早期就得到反馈，保证了决策的正确性与可操作性。

（2）更加快捷与准确地绘制三维模型。不同于 CAD 技术下三维模型需要由多个二维平面图共同创建，BIM 软件可以直接在三维平台上绘制三维模型，并且其所需的任何平面视图都可以由该三维模型生成，准确性更高且直观快捷，为业主、施工方、预制方、设备供应方等项目参与人的沟通协调提供了平台。

（3）多个系统的设计协作进行，提高了设计质量。对于传统建设项目设计模式，各专业包括建筑、结构、暖通、机械、电气、通信、消防等设计之间的矛盾冲突极易出现且难以解决，而 BIM 整体参数模型可以对建设项目的各系统进行空间协调、消除碰撞冲突，大大缩短了设计时间且减少了设计错误与漏洞。同时，结合运用与 BIM 建模工具有相关性的分析软件，可以就拟建项目的结构合理性、空气流通性、光照温度控制、隔声隔热、供水、废水处理等多个方面进行分析，并基于分析结果不断完善 BIM 模型。

（4）对于设计变更可以灵活应对。BIM 整体参数模型自动更新的法则可以让项目参与方灵活应对设计变更，减少施工人员与设计人员所持图样不一致的情况。对于施工平面图的任何一个细节的变动，如 Revit 软件将自动在立面图、截面图、三维界面、信息列表、工期、预算等所有相关联的地方作出更新修改。

（5）提高可施工性。设计图的实际可施工性是建设项目经常遇到的问题。由于专业化程度的提高及绝大多数建设工程所采用的设计与施工分别承发包模式的局限性，设计与施工人员之间的交流甚少，加之很多设计人员缺乏施工经验，从而极易导致施工人员难以甚至无法按照设计图进行施工的现象。而 BIM 可以通过提供三维平台加强设计与施工人员的交流，让有经验的施工管理人员参与到设计阶段中来，早期植入可施工性理念，更深入地推广新的工程项目管理模式，如集成化项目交付（Integrated Project Delivery，IPD）模式等，以解决可施工性的问题。

（6）为精确化预算提供便利。在设计的任何阶段，BIM 技术都可以按照定额计价模式根据当前 BIM 模型的工程量给出工程的总概算。随着初步设计的深化，项目各个方面如建设规模、结构性质、设备类型等均会发生变动与修改，BIM 模型平台导出的工程概算可以在签订招投标合同之前给项目各参与方提供决策参考，也为最终的设计概算提供了基础。

（7）有利于低能耗与可持续发展。在设计初期，利用与 BIM 模型具有互用性的能耗分析软件就可以为设计注入低能耗与可持续发展的理念，这是传统二维技术所不能实现的。传统的二维技术只能在设计完成之后利用独立的能耗分析工具介入，这就大大减少了修改设计以满足低能耗需求的可能性。除此之外，各类与 BIM 模型具有互用性的其他软件都在提高建设项目整体质量上发挥了重要作用。

3. 施工

对于传统 CAD 时代存在于建设项目施工阶段的二维图可施工性差、施工质量不能保证、工期进度拖延、工作效率低等缺点，BIM 所带来的优势有以下方面。

（1）施工前改正设计错误与漏洞。在传统 CAD 时代，各系统间的冲突碰撞很难在二维图上加以识别，而是往往在施工进行到一定阶段时才被发现，然后不得不进行返工或重新设计。而 BIM 模型将各系统的设计整合在了一起，系统间的冲突一目了然，所以可以在施工前进行改正，这就加快了施工进度、减少了浪费，甚至在很大程度上减少了各专业人员间发生纠纷及不和谐的情况。

（2）四维施工模拟、优化施工方案。BIM 技术将与 BIM 模型具有互用性的四维软件、项目施工进度计划与 BIM 模型连接起来，以动态的三维模式模拟整个施工过程与施工现场，能及时发现潜在问题和优化施工方案（包括场地、人员、设备、空间冲突、安全问题等）。同时，四维施工模拟还包含了如起重机、脚手架、大型设备等的进出场时间，为节约成本、优化整体进度安排提供了帮助。

（3）BIM 模型是预制加工工业化的基石。细节化的构件模型可以由 BIM 设计模型生成，以用来指导预制生产与施工。由于构件是以三维的形式被创建的，从而便于数控机械化自动生产。当前，这种自动化的生产模式已经成功地运用在钢结构加工与制造、金属板制造等方面，从而可以生产预制构件、玻璃制品等。这种模式方便供应商根据设计模型对所需构件进行细节化的设计与制造，其准确性高且缩减了造价与工期；同时消除了利用二维图施工时由于周围构件与环境的不确定性而导致构件无法安装甚至重新制造的尴尬局面。

（4）使精益化施工成为可能。由于BIM参数模型所提供的信息中包含了每一项工作所需的资源，包括人员、材料、设备等，所以其为总承包商与各分包商之间的协作提供了基础，从而最大化地保证了资源的准时性管理，削减了不必要的库存管理工作，减少了无用的等待时间，提高了生产效率。

4. 运维管理

BIM参数模型可以为业主提供建设项目中所有系统的信息，在施工阶段作出的修改将全部同步更新到BIM参数模型中从而形成最终的BIM竣工模型，该竣工模型作为各种设备管理的数据库为系统的运营维护提供依据。此外，BIM还可同步提供有关建筑使用情况或性能、入住人员与容量、建筑已用时间以及建筑财务方面的信息。同时，BIM可提供数字更新记录，并改善搬迁规划与管理。BIM还促进了标准建筑模型对商业场地（如零售业场地，这些场地需要在许多不同地点建造相似的建筑）条件的适应性。有关建筑的物理信息（如完工情况、承租人或部门分配、家具和设备库存）和关于可出租面积、租赁收入或部门成本分配的重要财务数据都更加易于管理和使用。稳定访问这些类型的信息可以提高建筑运营过程中的收益与成本管理水平。

目前，工程设计中创建的数字化模型数据库的核心部分主要是实体和构件的基本数据，而很少涉及技术、经济管理及其他方面。随着信息化技术在建筑行业的深入应用和发展，将会有越来越多的软件，如概预算软件、进度计划软件、采购软件、工程管理软件等利用信息模型中的基础数据，在各自的工作环节中产生相应的工程数据，并将这些数据整合到最初的模型中，从而对工程信息模型进行补充和完善。在项目实施的整个过程中，自始至终只有唯一的工程信息模型，且包含完整的工程数据信息。通过这个唯一的工程信息模型，可以提高运维阶段工程的使用性能，继续积累抵御各种自然灾害的数据信息，真正实现工程生命周期内的规范管理和成本控制。另外，在建筑智能物业管理方面，综合运用信息技术、网络技术和自动化技术，建立基于BIM标准的建筑物业管理信息模型，可以实现物业管理阶段与设计阶段、施工阶段的信息交换和共享。通过建立楼宇自动化系统集成平台，可对建筑设备进行监控和集成管理，实现具有集成性、交互性和动态性的智能化物业管理。

二、应用的意义

工程项目从立项开始，需历经规划设计、施工、竣工验收及交付使用多个环节，这是一个漫长的过程，这个过程中的不确定性因素有很多。在项目建造初期，设计与施工等领域的从业人员面临的主要问题有两个：一是信息共享；二是协同工作。工程设计、施工与运行维护中信息交换不及时、不准确的问题会导致大量人力和物力的浪费。2007 年，美国的麦克・格劳・希尔公司（Mc Graw Hill，2015 年更名为 Dodge Data & Analytics）发布了一个关于工程行业信息互用问题的研究报告。据该报告的统计资料显示，数据互用性不足会使工程项目平均成本增加 3.1%，具体表现为，由于各专业软件厂家之间缺乏共同的数据标准，从而不能有效地进行工程信息共享，一些软件无法得到上游数据，使得信息脱节、重复，导致工作量巨大。

BIM 的主要作用是使工程项目数据信息在规划、设计、施工和运营维护全过程中实现充分共享和无损传递，为各参与方的协同工作提供坚实的基础，并为建筑物从概念到拆除的全生命周期中各参与方的决策提供可靠依据。

1. BIM 的价值优势

BIM 对一项工程的实施所带来的价值优势是巨大的，主要体现在以下方面。

（1）缩短项目工期。利用 BIM 技术，可以通过加强团队合作、改善传统的项目管理模式、实现场外预制、缩短订货至交货的时间等方式大大缩短项目工期。

（2）更加可靠与准确的项目预算。基于 BIM 模型的工料计算相比基于二维图的预算更加准确且节省了大量时间。

（3）提高生产效率、降低成本。利用 BIM 技术可大大加强各参与方的协作与信息交流的有效性，使决策可以在短时间内制定完成，减少了复工与返工的次数，且便于新型生产方式的兴起，如场外预制、BIM 参数模型作为施工文件等，显著地提高了生产效率、降低了成本。

（4）高性能的项目结果。BIM 技术所输出的可视化效果可以为业主校核是否满足要求提供参考依据，且利用 BIM 技术可实现耗能与可持续发展设计与分析，为提高建筑物、构筑物等的性能提供了技术手段。

（5）有助于项目的创新性与先进性。BIM 技术可以实现对传统项目管理模式的优化，例如，在集成化项目交付 IPD 模式下各参与方早期参与设计、群策群力的模式有利于吸取先进技术与经验，实现项目的创新性与先进性。

（6）方便设备管理与维护。利用 BIM 竣工模型作为设备管理与维护的数据库。

2. BIM 在我国的发展前景

BIM 要在我国建筑业实现顺利发展，必须与国内的行业特色相结合。

引进 BIM 技术也会给国内建筑业带来一次巨大的变革，推动行业的可持续发展，并产生巨大的社会效益，其主要作用有以下方面。

（1）有助于改变传统的设计生产方式。通过 BIM 信息交换和共享，可改进基于二维的专业设计协作方式，改变依靠抽象的符号和文字表达的蓝图进行项目建设的管理方式。

（2）促进建筑业管理模式的变革。BIM 支持设计与施工一体化，能够有效减少工程项目建设过程中“错、缺、漏、碰”现象的发生，减少工程全生命周期内的浪费，从而带来巨大的经济和社会效益。

（3）实现可持续发展目标。BIM 支持对建筑安全、舒适、经济、美观以及节能、节水、节地、节材、环境保护等多方面的分析和模拟，特别是通过信息共享可将设计模型信息传递给施工管理方，以减少重复劳动，从而提高整个建筑业的信息共享水平。

（4）促进全行业竞争力的提升。一般的工程项目都有数十个参与方，大型项目的参与方可以达到上百个甚至更多，提升竞争力的技术关键是提高各参与方之间的信息共享水平。因此，充分利用 BIM 信息交换和共享技术，可以提高工程设计效率和质量，减少资源的消耗和浪费，从而达到同期制造业的生产水平。

第二章 2
工程绘图与纠错

第一节　建筑工程建筑施工图绘制基础

第二节　建筑工程结构施工图绘制基础

第三节　建筑工程机电施工图绘制基础

第四节　建筑工程土建施工图常见问题

第五节　建筑工程机电施工图常见问题

本章主要介绍建筑工程中建筑、结构、机电各专业的设计基础，同时以国家最新规范为主，结合近年来在实际项目中的经验，将设计人员常犯的“常见病”和“多发病”进行汇总并作简要阐述，从而加深对建筑工程设计规范的理解，并提高个人的业务素质和设计水平。

第一节 建筑工程建筑施工图绘制基础

一、房屋施工图概论

1. 房屋基本构件

（1）建筑物按其使用性质的不同可分为工业建筑、农业建筑和民用建筑。各类建筑仅在使用要求、空间组合、外形处理、结构形式、规模大小等方面存在不同，而构成房屋建筑的基本构件则大体相同，这些构件在房屋建筑中发挥着各自的作用。

（2）基本构件通常有基础、墙体、柱、梁、楼地面、屋顶、楼梯、门窗等。此外，还有台阶或坡道、雨棚、阳台、雨水管、明沟或散水坡等其他构件。

2. 房屋施工图的内容和用途

（1）图样目录。主要表达该项工程是由哪几个工种的图样组成的，各工种图样的名称、张数和图号顺序，目的是为了便于查找图样。

（2）设计总说明书。主要表达该项工程的概况和总体要求。中小型工程的总说明书一般放在建筑施工图内。

（3）建筑施工图。主要表达建筑物的内外形状、尺寸、构造、材料、做法和施工要求等。其基本图样包括：总平面图，建筑平、立、剖面图，建筑详图。

建筑施工图是房屋施工时进行定位放线、砌筑墙体、制作楼梯、安装门窗、固定设施以及室内外装饰的主要依据，也是编制工程预算和施工组织计划等的主要依据。

3. 建筑施工图的特点

（1）建筑施工图中的图样是依据正投影原理绘制的。

（2）房屋的平、立、剖面图采用小比例绘制；对于无法表达清楚的部分，采用大比例绘制的建筑详图进行表达。

（3）房屋构配件以及所使用的建筑材料均采用国家标准规定的图例或代号来表示。

（4）为了使建筑施工图中的各图样重点突出、绘制快捷，采用多线型、多图层来绘制。

4. 阅读建筑施工图的一般方法

一幢房屋从施工到建成，需要有全套房屋施工图作为指导。阅读这些施工图时，应按图样目录顺序（总说明、建筑施工图、结构施工图、设备施工图），先从大的方面看，然后再依次阅读细小的部分，即先粗看、后细看。

简单地说，是按先整体后局部、先文字说明后图样、先基本图样后详图、先图形后尺寸等顺序依次仔细阅读，并注意各专业图样之间的关系。

5. 建筑施工图的有关规定

我国 2010 年颁布实施了《建筑制图标准》（GB/T 50104），2017 年颁布实施了《房屋建筑制图统一标准》（GB/T 50001），2019 年颁布实施了《民用建筑设计统一标准》（GB 50352），在绘制和阅读建筑施工图时，应严格遵守国家标准中的有关规定。

（1）定位轴线及其编号

1）定位轴线是房屋施工时砌筑墙身、浇筑柱梁、安装构件等施工定位的重要依据。它规定应绘制主要承重构件的定位轴线，并编注轴线号。

2）对非承重墙或次要承重构件，编写附加定位轴线。

3）定位轴线用细点画线绘制，其端部绘制直径为 8 mm 的细实线圆，在圆圈中书写轴线编号。规定竖向轴线编号用阿拉伯数字，自左向右按顺序编写；横向轴线编号用拉丁字母（除 I、O、Z 外），自下而上按顺序编写。

4）附加定位轴线的编号采用分数表示，分母表示前一轴线的编号，分子表示附加轴线编号。

5）附加定位轴线的表示方法及含义。图 2–1–1 所示为 A 号轴线后附加的第一根轴线，图 2–1–2 所示为 A 号轴线前附加的第一根轴线。

图 2-1-1　A 号轴线后附加的第一根轴线　　图 2-1-2　A 号轴线前附加的第一根轴线

（2）标高尺寸

1）标高是标注建筑物高度方向的一种尺寸形式，可分为绝对标高和相对标高两种，均以米（m）为单位。

2）绝对标高是以青岛附近黄海的平均海平面为零点测出的高度尺寸，它仅使用在建筑总平面图中。

3）相对标高是以建筑物首层室内主要地面为零点测出的高度尺寸。

标高标注的 3 种形式如图 2-1-3 所示。

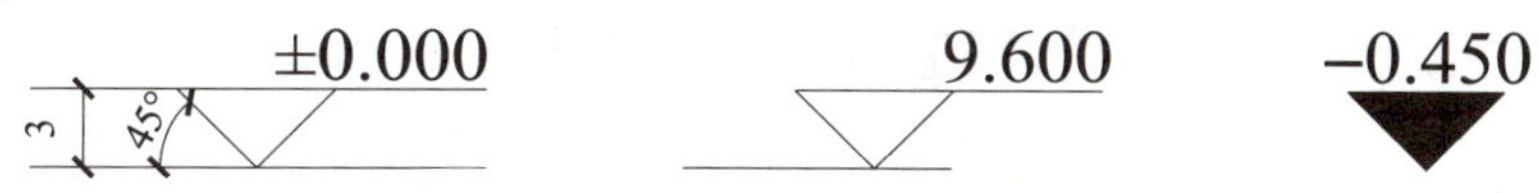

图 2-1-3　标高标注的 3 种形式

（3）索引符号和详图符号

1）在施工图中，由于房屋体形大，其平、立、剖面图均采用小比例绘制，因而某些局部无法表达清楚，需要另绘制其详图进行表达。

2）对需用详图表达的部分应标注索引符号，并在所绘详图处标注详图符号，如图 2-1-4 所示。

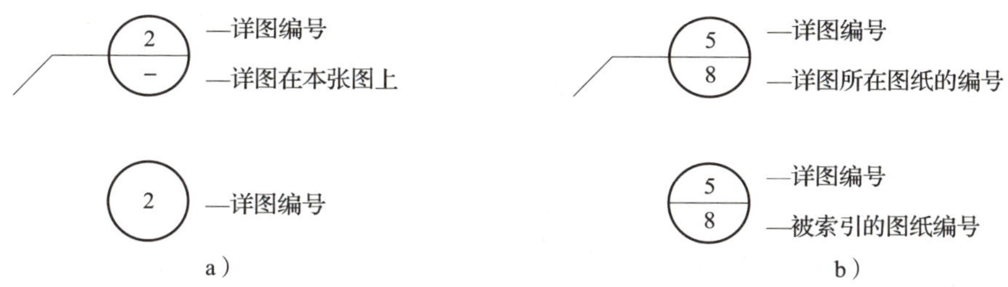

图 2-1-4　索引标注方式

a）详图与被索引图同在一张图样上　b）详图与被索引图不在同一张图样上

二、总平面图和施工总说明

1. 总平面图图示方法和用途

建筑总平面图是采用俯视正投影的图示方法绘制新建房屋所在基地范围内的地形、地貌、道路、建筑物、构筑物等的水平投影图。其用途有以下两个方面。

（1）反映新建、拟建工程的总体布局以及原有建筑物和构筑物的情况。

（2）作为房屋定位、施工放线、填挖土方等的主要依据。

2. 总平面图的基本内容

（1）表明新建建筑物、原有房屋、构筑物等的具体位置。

（2）图例、名称和绘图比例。建筑物、构筑物等均采用图例来表示，并注明建筑物、构筑物的名称。建筑总平面图一般采用 1∶500、1∶1 000、1∶2 000 的比例进行绘制。

（3）表明标高。建筑物首层地面正负零绝对标高、室外地坪标高。复杂地形应绘制等高线。

（4）注明总平面图指北针的朝向。

3. 阅读总平面图应注意的事项

（1）总平面图中的内容多数使用图例表示，首先应熟悉图例符号的意义。

（2）看清用地范围内新建、原有、拟建、拆除建筑物或构筑物的位置。

（3）查看新建建筑物的室内外地面高差、道路标高和地面坡度及排水方向。

（4）根据风向频率玫瑰图看清建筑物朝向。

（5）看清新建建筑物或构筑物自身占地尺寸及其与用地红线、周边建筑物等的退界退让距离。

4. 施工总说明

施工总说明一般包括：工程概况，如工程名称、位置、建筑规模、建筑技术经济指标以及绝对标高与相对标高间的关系等；结构类型；主要结构的施工方法；对图样上未能详细注写的用料、做法或需统一说明的问题进行详细说明；构件使用或套用标准图的图集代号等。

三、建筑平面图

1. 建筑平面图图示方法和用途

（1）建筑平面图是假想用一个水平的剖切平面，在房屋窗台略高一点的位置水平地剖开整幢房屋，移去剖切平面上方的部分，对留下部分所作的水平剖视图，简称平面图。

（2）对多层楼房，原则上每一楼层均要绘制一个平面图，并在平面图下方注写图名（如底层平面图、二层平面图等）；若房屋某几层平面布置相同，则可将其作为标准层，并在图样下方注写适用的楼层图名（如三、四、五层平面图）。若房屋对称，则可利用其对称性，在对称符号的两侧各画半个不同楼层的平面图。

（3）建筑平面图主要用于表达建筑物的平面形状、平面布置、墙体厚度、门窗的位置及尺寸大小，以及其他建筑构配件的布置。

（4）建筑平面图是施工时放线、砌筑墙体、门窗安装、室内装修、编制预算、施工备料等的重要依据。

2. 建筑平面图的基本内容

（1）建筑物的平面形状、房屋内各房间的名称、平面布置情况以及房屋朝向。

（2）房屋内、外部尺寸和定位轴线。定位轴线是各构件在长宽方向的定位依据。

（3）门窗的代号与编号，门的开启方向。

（4）需用详图表达的部位，应标注索引符号。

（5）内部装修做法和必要的文字说明。

（6）首层平面图应注明剖面图的剖切位置。

（7）注写图名和绘图比例。

3. 有关图线、绘图比例的规定

被剖切到的墙体、柱用粗实线绘制，可见部分轮廓线、门扇、窗台的图例线用中粗实线绘制，较小的构配件图例线、尺寸线等用细实线绘制。

4. 阅读建筑平面图应注意的事项

（1）看清图名和绘图比例，了解该平面图属于哪一层。

（2）阅读平面图时，应由低向高逐层阅读。首先从定位轴线开始，根据所注尺寸看房间的开间和进深，再看墙的厚度或柱子的尺寸，看清楚定位轴线是处于墙体的中央位置还是偏心位置，看清楚门窗的位置和尺寸。尤其应注意各层平面图变化之处。

（3）在平面图被剖切到的砖墙断面上，按规定应绘制砖墙材料图例；若绘图比例小于等于 1∶50，则不绘制砖墙材料图例。

（4）平面图中的剖切位置与详图索引标志也是一个不可忽视的问题，它涉及朝向与所表达的详尽内容。

（5）房屋的朝向可通过首层平面图中的指北针来了解。

5. 屋顶平面图

屋顶平面图是屋面的水平投影图，不管是平屋顶还是坡屋顶，都应表示出屋面排水情况并突出屋面的全部构造位置。

（1）屋顶平面图的基本内容

1）表明屋顶形状和尺寸，女儿墙的位置和墙厚，以及突出屋面的楼梯间、水箱、烟道、通风道、检查孔等具体位置。

2）表示出屋面排水分区情况、屋脊、天沟、屋面坡度及排水方向和下水口位置等。

3）屋顶构造复杂的还要加注详图索引符号，并画出详图。

（2）屋顶平面图的读图注意事项。屋顶平面图虽然比较简单，但也应与外墙详图和索引屋面细部构造详图进行对照才能读懂，尤其是外楼梯、检查孔、檐口等部位和做法，屋面材料防水的做法。

四、建筑立面图

1. 建筑立面图图示方法和命名

（1）建筑立面图是房屋的外墙面在与其平行的投影面上所作的外墙正投影图，简称立面图。

（2）建筑立面图有两种命名方法，分别是按朝向命名和按定位轴线命名。

（3）建筑立面图是外墙面装饰、安装门窗的主要依据。

2. 建筑立面图的图示内容

（1）表达房屋外墙面上可见的全部内容，如散水、台阶、雨水管、花池、勒脚、门头、门窗、雨罩、阳台、檐口等，以及屋顶的构造形式。

（2）表明外墙上门窗的形状、位置和开启方向。

（3）表明外墙面上各种构配件、装饰物的形状、用料和具体做法。

（4）表明各个部位的标高尺寸和局部必要的尺寸。

（5）标注详图索引符号和必要的文字说明。

（6）标注两端外墙定位轴线；书写图名和比例。

3. 有关图线、绘图比例的规定

（1）建筑物的外形轮廓用粗实线绘制。

（2）建筑立面凹凸之处的轮廓线、门窗洞以及较大建筑构配件的轮廓线，如雨棚、阳台、阶梯等，均用中粗实线绘制。

（3）较细小的建筑构配件或装饰线，如勒脚、窗台、门窗扇、各种装饰、墙面上引条线、文字说明指引线等均用细实线绘制。

（4）室外地平线用特粗实线绘制。

（5）绘制比例与建筑平面图一致。

4. 建筑立面图的绘制步骤

（1）绘制定位轴线、室外地平线，依据楼层标高及墙厚，绘制房屋外轮廓线。

（2）绘制墙体的转角线、门窗洞、阳台、台阶、屋面等大的建筑构配件的轮廓线。

（3）绘制窗台、雨棚、雨水管、门窗框、门窗扇等小的建筑构配件轮廓线。

（4）标注定位轴线、各部位建筑标高、详图索引符号、墙面装饰用料及做法等。

（5）书写图名和绘图比例。

五、建筑剖面图

1. 建筑剖面图图示方法和用途

（1）建筑剖面图是假想用一个垂直于横向或纵向轴线的铅垂剖切平面剖切房屋所作的剖视图，简称剖面图。

（2）剖切位置一般选择在房屋构造比较复杂和典型的部位，并且通过墙体上的门、窗洞。若为楼房，应选择在楼梯间、层高不同、层数不同的部位，剖切位置符号应在底层平面图中标出。

（3）剖面图的名称应与建筑平面图中剖切编号相一致。

（4）建筑剖面图主要用于表达房屋内部高度方向的构件布置、上下分层情况、层高、门窗洞口高度，以及房屋内部的结构形式。

2. 建筑剖面图的基本内容

（1）表明房屋被剖切到的建筑构配件在竖向上的布置情况，如各层梁板的具体位置以及与墙柱的关系，屋顶的结构形式等。

（2）表明房屋内未剖切到而可见的建筑构配件的位置和形状。如可见的墙体、梁柱、阳台、雨棚、门窗、楼梯段以及各种装饰物和装饰线等。

（3）在垂直方向上室内外各部位构造的尺寸。室外要标注三道尺寸，水平方向标注定位轴线尺寸。标高尺寸应标注室外地坪、楼面、地面、阳台、台阶等处的建筑标高。

（4）表明室内地面、楼面、顶棚、踢脚板、墙裙、屋面等内装修用料及做法，需用详图表示处要加标注详图索引符号。

（5）标注定位轴线及编号，书写图名和比例。

3. 有关图线、比例的规定

（1）用粗实线绘制被剖到的墙体、楼板、屋面板，用中粗实线绘制房屋的可见轮廓线，用细实线绘制较小建筑构配件的轮廓线、装修面层线等，用特粗实线绘制室内、室外地坪线。

（2）当绘图比例小于等于 1∶50 时，被剖切到的构配件断面上可省略材料图例。

（3）绘制比例应与平面图绘图比例相同。

4. 建筑剖面图读图的注意事项

（1）阅读剖面图时，首先应弄清该剖视图的剖切位置，再逐层分析剖到哪些内容，以及投影所看到的内容。

（2）剖面图中的尺寸重点表明室内外高度尺寸，应校核这些细部尺寸是否与平面图、立面图中的尺寸完全一致。注意内外装修材料与做法是否也与平面图、立面图一致。

5. 建筑剖面图的绘制步骤

（1）绘制房屋定位轴线、室内外地面线、楼面线、楼梯平台面线、楼梯段的起止点等。

（2）绘制主要建筑构件，如剖切到的墙身、楼板、屋面板、楼梯休息平台板、楼梯以及墙身上可见的门窗洞轮廓线等。

（3）绘制细小建筑构配件，如门、窗、楼梯栏杆与扶手、踢脚板等。

（4）标注尺寸、标高、轴线编号、详图索引符号、用料与做法等的文字说明。

六、建筑详图

1. 详图图示方法与用途

（1）建筑平面图、立面图、剖面图是建筑施工图中表达房屋的最基本的图样，但由于其比例小，因而无法把所有详细内容表达清楚。建筑详图可以用较大比例详尽地表达局部的详细构造，如形状、尺寸、材料和做法。可以说，建筑详图是建筑平面图、立面图、剖面图的补充图样。

（2）就民用建筑而言，应绘制建筑详图的部位很多，如不同部位的外墙详图、楼体间详图、汽车坡道详图、室内固定设备布置（卫生间、厨房等）详图等。另外还有大量的建筑构配件采用了标准图集说明详图构造，在施工图中可以简化或用代号表示，而在施工中必须配合相应标准图集才能阅读清楚。

（3）建筑详图的表达方法应视建筑构配件或建筑细部的复杂程度而定，可使用视图、剖视图和断面图的图示方法进行表达。

（4）建筑详图应做到图形清晰、尺寸标注齐全、文字注释详尽，建筑详图常用 1∶1、1∶2、1∶5、1∶10、1∶20 等大比例绘制。

2. 楼梯详图

楼梯主要由楼梯段、休息平台、栏杆和扶手等组成。楼梯详图反映了楼梯的布置形式、结构形式以及踏步、栏杆扶手、防滑条等详细构造、尺寸和装修做法。

楼梯详图图样包括楼梯平面图，楼梯剖面图，以及踏步、栏杆扶手、防滑条的构造详图。

楼梯平面图是运用水平剖视图方法绘制的，其剖切位置设在休息平台略低一点处，剖切后向下投影。

原则上楼梯有几层就需绘制几层平面图。除首层和顶层平面图外，若中间各层楼梯做法完全相同，则可作出标准层楼梯平面图。

楼梯平面图中应标注的尺寸有楼梯间的开间与进深尺寸、休息平台尺寸、楼梯段与楼梯井尺寸、楼梯栏杆扶手的位置尺寸，以及楼梯间的楼地面和休息平台的面标高尺寸和上下楼梯的步级数，并标注定位轴线。

在底层楼梯平面图中应标出楼梯剖面图的剖切位置符号和剖视方向。

3. 外墙节点详图

典型女儿墙节点详图如图 2-1-5 所示。

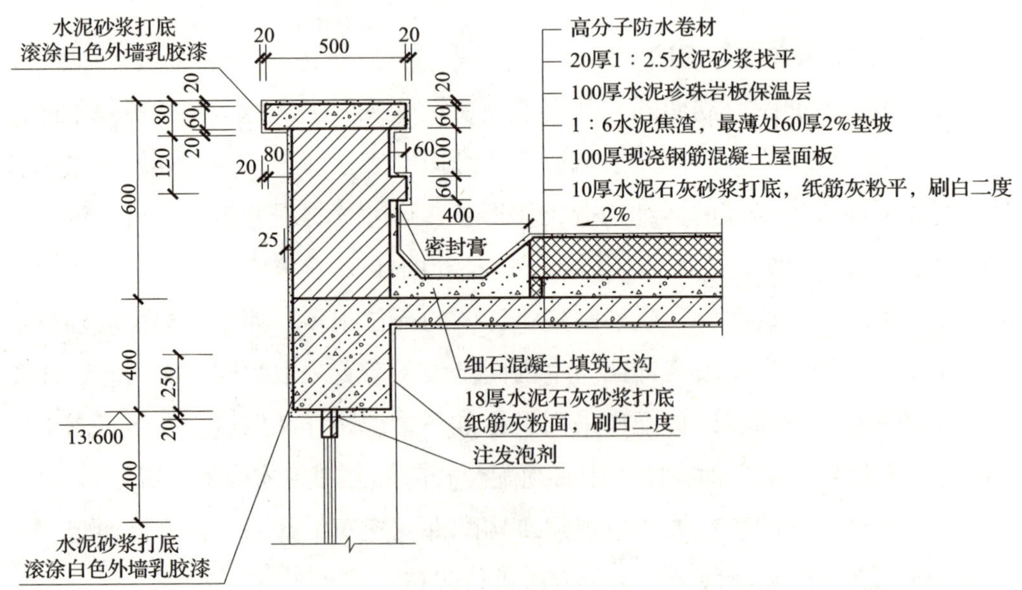

图 2-1-5　典型女儿墙节点详图

第二节 建筑工程结构施工图绘制基础

一、结构施工图概论

结构施工图是表达房屋承重构件（如基础、梁、板、柱及其他构件）的布置、形状、大小、材料、构造及其相互关系的图样，主要用来作为施工放线、开挖基槽、支模板、绑扎钢筋、设置预埋件、浇捣混凝土和安装梁、板、柱等构件及编制预算和施工组织计划等的依据。

1. 目标和要求

施工图是工程师的“语言”，是设计者设计意图的体现，也是施工、监理、经济核算的重要依据。结构施工图对于整个设计具有举足轻重的作用，切不可草率从事。

对结构施工图的基本要求是图面清楚整洁、标注齐全、构造合理、符合国家制图标准及行业规范，能很好地表达结构设计概念及体现建筑设计意图，并与计算书相一致。

通过结构施工图的绘制，应掌握各种结构构件工程图表的表达方法，能运用常用软件通过计算机绘图和出图。

2. 表示方法

钢筋混凝土结构构件配筋图的表示方法有以下三种。

（1）详图法。通过平、立、剖面图将各构件（梁、柱、墙等）的结构尺寸、配筋规格等逼真地表示出来。用详图法绘图的工作量非常大。

（2）墙柱及梁表法。采用表格填写的方法将结构构件的尺寸和配筋规格用数字符号进行表达。此法比详图法要简单方便得多。手工绘图的不足之处是同类构件的许多数据需多次填写，容易出现错漏且图纸数量多。

（3）结构施工图平面整体设计法（以下简称平法）。它把结构构件的截面形式、尺寸及所配钢筋规格在构件的平面位置用数字和符号直接表示出来，再与相应的结构设计总说明和梁、柱、墙等构件的构造通用图及说明配合使用。平法的优点是图面简洁、清楚、直观性强，图纸数量少，很受设计和施工人员的欢迎。

为了保证按平法设计的结构施工图实现全国统一，住房和城乡建设部已将平法的制图规则纳入国家建筑标准设计图集，详见《混凝土结构施工图平面整体表示方法制图规则和构造详图》（16G101）（以下简称《平法规则》）。

详图法能加强绘图基本功的训练，虽然梁柱表法也还在应用，但平法已被广泛使用。

二、结构施工图绘制的基本内容

1. 图纸目录

全部图纸都应在“图纸目录”上列出，“图纸目录”的图号是“G–0”。结构施工图的“图别”为“结施”。“图号”排列的原则是从整体到局部，按施工顺序从下到上。例如，“结构总说明”的图号为“G–1”（G 表示“结施”），以后依次为基坑开挖图、桩基础统一说明及大样图、基础及基础梁平面图、由下而上的各层结构平面图、各种大样图、楼梯表、柱表、梁大样图及梁表。

按平法绘图时，各层结构平面图又分为墙柱定位图、各类结构构件的平法施工图（模板图，板、梁、柱、剪力墙配筋图等，特殊情况下需增加剖面配筋图），并应和相应构件的构造通用图及说明配合使用，此时应按基础、墙柱、梁、板、楼梯及其他构件的顺序进行排列。

2. 结构总说明

结构总说明是统一描述该项工程有关结构方面共性问题的图样，其编制原则是提示性的，设计者仅需打“√”即可，表明其为本工程设计采用的项目。

必要时，可对某些说明进行修改或增添。例如，支承在钢筋混凝土梁上的构造柱，钢筋锚入梁内长度及钢筋搭接长度均可按实际设计进行修改；单向板的分布筋，可根据实际需要加大直径或减少间距等。

3. 桩基础统一说明及大样图

人工挖孔（冲、钻孔）灌注桩或预应力钢筋混凝土管桩一般都有统一说明及大样图。与结构总说明不同的是，图中用“×”表示不适用于本设计的内容，对采用的内容不必打“√”，同时应在空格处填写相应的信息。

桩表中的“单桩承载力设计值”是桩基础验收时单桩承载力试验的依据。

确定“设计桩顶标高”时，应考虑桩台（桩帽）的厚度、地基梁的截面高度和梁顶标高、地基梁与桩台面间的预留空间、桩顶嵌入桩台的深度等因素。

图中的“不另设桩台的桩顶大样”，其“设计桩顶标高”应在施工缝处，大样上段可看作截面不扩大的桩台，应增加端部环向加劲箍及构造钢筋网，并注明配筋量等。

4. 基础及基础梁平面图

（1）基础平面与基础梁平面可合并为一图。基础梁用双细实线表示，梁宽要按比例画。首层内、外墙及第一跑楼梯的相应位置下均应布置基础梁；地骨一般只用于跨度小、高度不到顶的内部隔墙（如厕位隔墙）。按抗震标准设计时，一般要沿轴线在相邻基础间布置基础梁。

（2）尺寸标注。尺寸线通常分为总尺寸线、柱网尺寸线、构件定位尺寸线三类。构件定位尺寸应尽量靠近要表示的构件，位于平面中部及远端的构件应另加标注。

总尺寸及柱网尺寸、轴线符号、注写方向、圆圈大小均要符合制图标准的规定。注意区分主轴线和辅助轴线，只有出现在基础平面上的竖向构件的定位轴线才能编为主轴线。

边柱、角柱及梯间两侧的柱一般以其外边缘定位，中间柱以底层柱中定位，剪力墙以墙中或不收级一侧定位，变形缝以缝两侧的双柱或墙柱净距定位，且必须采用主轴线。

层间的楼梯平台如用梁上起柱（LZ）支承时，要标出小柱的定位尺寸。

基础梁的边梁按外边缘定位，中间梁一般以梁中定位，且必须采用主轴线。

基础以中心定位。桩台的中心一般与柱中重合，对联合桩台则应使桩群的重心与荷载合力作用点重合。同一类型桩台应选一个标出桩的相对位置。

各种受力构件（梁、柱、剪力墙等）宜在图中构件旁注上截面尺寸。同一编号的构件可只注其中一个构件的尺寸。

（3）基础大样应画出剖面、平面、配筋图，内容详尽至以满足施工要求为准。在剖面图中，要正确表示双向配筋的相对位置关系，一般应将弯矩较大的一向放在外层。

（4）基础说明

1）结构总说明和桩基础统一说明中没有提及的基础做法。

2）桩台面标高、桩顶设计标高、桩的施工方法及施工要求等。

3）柱与轴线、基础梁与轴线以及基础与柱的位置关系。

4）与基础定位有关的柱、剪力墙的截面尺寸。

5）构件编号说明等。

结构图中的文字说明应尽量简短，文法要简要、准确、清楚，叙述的内容应为该图中极少数的特殊情况或者是具有代表性的情况。

5. 各层结构平面图

结构平面图有两种划分方法：按“梁柱表法”绘图时，各层结构平面图可分为模板图和配筋图（当结构平面不太复杂时可合并为一图）；按“平法”绘图时，各层结构平面图需分为墙柱定位图、各类结构构件的平法施工图（模板图、板配筋图以及梁、柱、剪力墙等）。

各层的“模板图”及“板配筋图”可按本节所述方法绘制。

（1）尺寸线标注。通常分为结构平面总尺寸线、柱网尺寸线、构件定位尺寸线和细部尺寸线等。标注要求同前所述。

（2）平面图中梁、柱、剪力墙等构件的画法。原则上是从板面以上剖开往下看，看得见的构件边线用细实线，看不见的用虚线，剖到的承重结构断面应按照要求填充。

凡与梁板整体连接的钢筋混凝土构件，如水沟、屋面女儿墙等必须在结构图中表示，构件大样图应加索引。

对平面中凹下去的部分（如凹厕、孔洞等）要用阴影方法表示。如有凹板，应标出其相对标高及板号。

楼梯间在楼层处的平台梁板应归入楼层结构平面之内。对梯段板及层间平台，应用交叉细实线表示，并写上“梯间（或楼梯编号）”的字样。

（3）绘图顺序。一般按底筋、面筋、配筋量、负筋长度、板号标志、板号、框架梁号、次梁号、剪力墙号、柱号的顺序进行。

板底、面钢筋均用粗实线表示，宜画在板的1/3（或1/4）处。字体大小要均匀（可用数字模板），当受到位置限制时，可跨越梁线书写，以能看清为准。

双向板及单向板应采用表示传力方向的符号加板号表示。

在板号下中应标出板厚。当大部分板厚度相同时，可只标出特殊的板厚，其余在本图内用文字说明。

在各层模板图中，应标出全部构件（板、框架梁、次梁、剪力墙、柱）的编号，不得以对称性等为由而漏标。

过梁（GL）应编注于过梁之上的楼层平面中。

梁上起柱（LZ）要标出小柱的定位尺寸，并说明其做法。

（4）底筋的画法。在结构平面图中，同一板号的板可只画一块板的底筋（应尽量注于图面左下角首先出现的板块），其余的应标出板号。

底筋一般不需注明长度。绘图时应注意弯钩方向，且弯钩应伸入支座。

分布筋只在结构总说明中注明，图中不画出。

（5）负筋的画法。同一种板号组合的支座负筋只需画一次。如某块板的支座另一边是两块小板时，则只按其中较大的板配置负筋。

板的跨中不出现负弯矩时，负筋从支座边可伸至板的 L0/3（活载大于三倍恒载）、L0/4（活载不大于三倍恒载）或 L0/5（端支座），L0 为相邻两跨中较大的净跨度。双向板两个受力方向支座负筋的长度均取短向跨度的 1/4。钢筋长度应加上梁宽并取 50 mm 的倍数。板的跨中有可能出现负弯矩时，板面负筋宜采用直通钢筋。

当负筋对称布置时，可采用无尺寸线标注，负筋的总长度直接注写在钢筋下面；当负筋非对称布置时，可在梁两边分别标注负筋的长度（长度从梁中计起）；端跨的负筋无尺寸线时直接标注的是总长度。以上钢筋长度均不包括直弯钩长。

板厚较大的悬臂板筋和直通负钢筋均应加设支撑钢筋，并在图中注明。

（6）对平面图中难以画清楚的内容，如凹厕部分楼板、局部飘出、孔洞构造等，可用引出线标注，或加剖面索引、用大样图等方法表示。板面标高有变化时，应标出其相对标高。

砌体隔墙下的板内加筋以粗直线表示（钢筋端部不必示出弯钩），并且注明定位尺寸。

三、结构施工图绘制的详图法施工图

1. 框架梁、柱配筋图

（1）框架大样图可用 1∶40 的比例绘制。各柱柱中、悬臂梁根部、框架梁两端及跨中各作一个剖面，均用 1∶20 的比例绘制。

（2）完整标出框架的构件尺寸及定位尺寸，并用一度尺寸线标明层高、柱高、梁顶标高。

（3）柱的纵向钢筋。纵向钢筋用粗实线表示。Ⅰ级钢筋的切断点要画弯钩；Ⅱ级钢筋的切断点用短斜线标出，并斜向钢筋一方。钢筋如采用机械连接或等强度对接焊时，接点或焊点用圆点表示，箍筋可用中粗实线表示。

1）柱的纵筋采用机械连接或等强度对接焊时，应标出接点位置；当采用搭接连接时，要标出搭接位置及搭接长度（取 50 mm 的倍数，以下同）；柱纵筋需要分批接驳时，应标出每次接驳的位置。

2）柱中插筋及切断钢筋的锚固长度 LaE，可采用文字说明的方法注明。

3）顶层柱顶、柱筋及梁筋的锚固做法，应在图上有所表示。

4）在柱的剖面大样中，各类纵筋和箍筋要分别标注，并标明剖面尺寸。

（4）柱的箍筋

1）柱箍筋加密区范围以及加密区、非加密区、节点核心区的箍筋做法应在图上注明。

2）箍筋按规定需采用复合箍筋时，应在柱剖面旁边用示意图表示复合箍筋的做法，并注意箍筋末端弯钩的画法。

（5）梁的纵向钢筋

1）悬臂梁负筋应与框架梁边跨的负筋一同考虑，绘图时可根据需要进行调配，以免支座钢筋过密。

2）梁纵筋由于构造原因不能伸入邻跨时，可将部分钢筋向下或向上锚入柱内，绘图时可根据需要调整配筋。

3）当梁的支座负筋分批进行切断时，应在图中分批标明切断点的位置。为便于区分钢筋，详图中宜加上钢筋编号。

4）抗震设计时框架梁的贯通钢筋，当采用机械连接或等强度对接焊接长时，应标出接点位置；当采用两端与支座负钢筋搭接的方式或在跨中一次搭接的方式接长时，应在图样上注明搭接位置及长度。

除贯通筋外，有时还需增加架立筋以满足箍筋肢距的需要，此时应将贯通筋与架立筋分别标出。

5）梁端底筋及面筋锚入柱内的锚固长度 LaE，可采用文字说明的方法。

（6）梁的吊筋。梁侧有集中荷载（次梁）作用时，应标出吊筋及附加箍筋的位置，并画出吊筋的大样。

（7）梁的箍筋。梁端箍筋加密区的范围、加密区及非加密区的箍筋做法应在图上加以注明。

（8）梁的腰筋。梁的腰筋为按构造配置时，其长度伸至梁端即可；按计算（抗扭或侧向抗弯）而设置的腰筋，其锚入柱内的长度为 LaE，绘图时须注意进行区别。

（9）梁剖面大样。梁剖面大样中各类纵筋和箍筋要分别标注，并标明剖面尺寸。

采用复合箍筋时，应在剖面旁边用示意图表示复合箍筋的做法。抗扭箍筋应注意箍筋末端弯钩的画法。

2. 剪力墙配筋图

（1）剪力墙配筋平面图及剖面图的比例可与框架大样图相同。连梁因为钢筋通长配置，故截面及配筋相同的连梁可只作一个剖面，比例可用 1∶20 或 1∶30。

（2）用一度尺寸线标明层高及连梁高，注上连梁顶的标高。标明剪力墙的定位轴线、开口尺寸、各片墙的厚度、宽度及端部暗柱或明柱的尺寸。

对平面或剖面中的孔洞（如电梯井、门洞等），要用阴影方法表示。

（3）剪力墙的钢筋

1）剪力墙各种钢筋的用量应在平面及剖面图中适当进行表示。当竖向钢筋沿高度减少时，要标出考虑锚固长度后纵筋的切断位置。

2）连梁的底筋、面筋、腰筋、箍筋以及拉结筋的数量及构造要求应在图上表达清楚。

钢筋均用粗实线表示。Ⅰ级钢筋的切断点画弯钩，Ⅱ级钢筋画短斜线。

3）剪力墙的水平钢筋与竖向钢筋的关系、拉结筋的做法、钢筋的搭接做法、水平钢筋转角构造、顶层竖筋与屋面板的锚固、墙与柱的连接等构造做法，均应在施工图或结构说明中表达清楚。

3. 楼梯配筋图

楼梯配筋图可结合建筑施工图，在其楼梯剖面大样图预留的位置直接绘出。

板式楼梯的配筋一般采用楼梯表的方式进行表达。

四、结构施工图绘制的梁柱表法施工图

1. 柱表

柱表的形式有多种，应选用符合设计要求的柱表。填表前应将柱表中的大样和表中的符号相对照，直到真正明确各符号的含义时方可填写。

2. 梁大样图及梁表

梁表具有多种形式，应选用符合设计要求的梁表。填表前应与图相对应，明确各符号的含义。

3. 楼梯表

目前流行的楼梯表有多种式样，其表达方式及符号也不尽统一，但其填写方法都相似。

（1）梯板应由首层（或地下室）第一跑开始，按施工顺序由下往上进行编号。折板式楼梯的上、下跑梯板由于类型不同，不能用同一编号。编号时应结合楼梯间剖面大样进行。

（2）梯板的跨度、厚度、踏步尺寸等应按大样图对应填写，单位为毫米（mm）。

（3）梯板的负筋长度。在所选楼梯表的大样中，应留意所标注的负筋长度是水平投影还是与梯板方向平行的长度。

（4）当梯板底筋要在弯折处分开锚固时，底筋应分段填写，并标注锚固长度；弯折处的负筋长度应加长。

（5）首段梯板应支承于基础梁或地下室底板，不应采用天然地基基础。如梯表提供的大样图不符合要求，可作修改或另绘大样。

（6）在梯表说明中，应填写混凝土强度等级。

五、结构施工图绘制的平法施工图

按平法设计的配筋图，应与相应的“梁、柱、剪力墙构造通用图及说明”配合使用。各类构件的构造通用图及说明都是简明叙述构件配筋的标注方法，再以必要的附图展示构造要求。目前已有多种与平法或原位图示法配套使用的通用图及说明，选用时应与国家标准《平法规则》相符合，并在各类构造通用图说明的空格处填写相应的信息。

1. 柱平法施工图

柱平法施工图有列表注写和截面注写两种方式。柱在不同标准层截面多次变化时可用列表注写方式，否则宜用截面注写方式。

在平法施工图中，应在图样上注明包括地下和地上各层的结构层楼（地）面标高、结构层标高及相应的结构层号，并在图中用粗线表示出该平法施工图所要表达的柱或墙、梁。

结构层楼面标高是指将建筑图中的各层地面和楼面标高值扣除建筑面层及垫层厚度后的标高，结构层号应与建筑楼层号对应一致。

（1）表注写方式。在柱平面布置图上，分别在同一编号的柱中选择一个或几个截面标注几何参数代号（反映截面对轴线的偏心情况），用简明的柱表注写柱号、柱段起止标高、几何尺寸（含截面对轴线的偏心情况）与配筋数值，并配以各种柱截面形状及箍筋类型图。柱表中自柱根部（基础顶面标高）往上以变截面位置或配筋改变处为界分段注写，具体注写方法详见《平法规则》，如图 2-2-1 所示。

（2）截面注写方式。在分标准层绘制的柱平面布置图的柱截面上，分别在同一编号的柱中选择一个截面，直接注写截面尺寸和配筋数值，如图 2-2-2 所示。

2. 剪力墙平法施工图

剪力墙平法施工图也有列表注写和截面注写两种方式。剪力墙在不同标准层截面多次变化时可用列表注写方式，否则宜用截面注写方式。

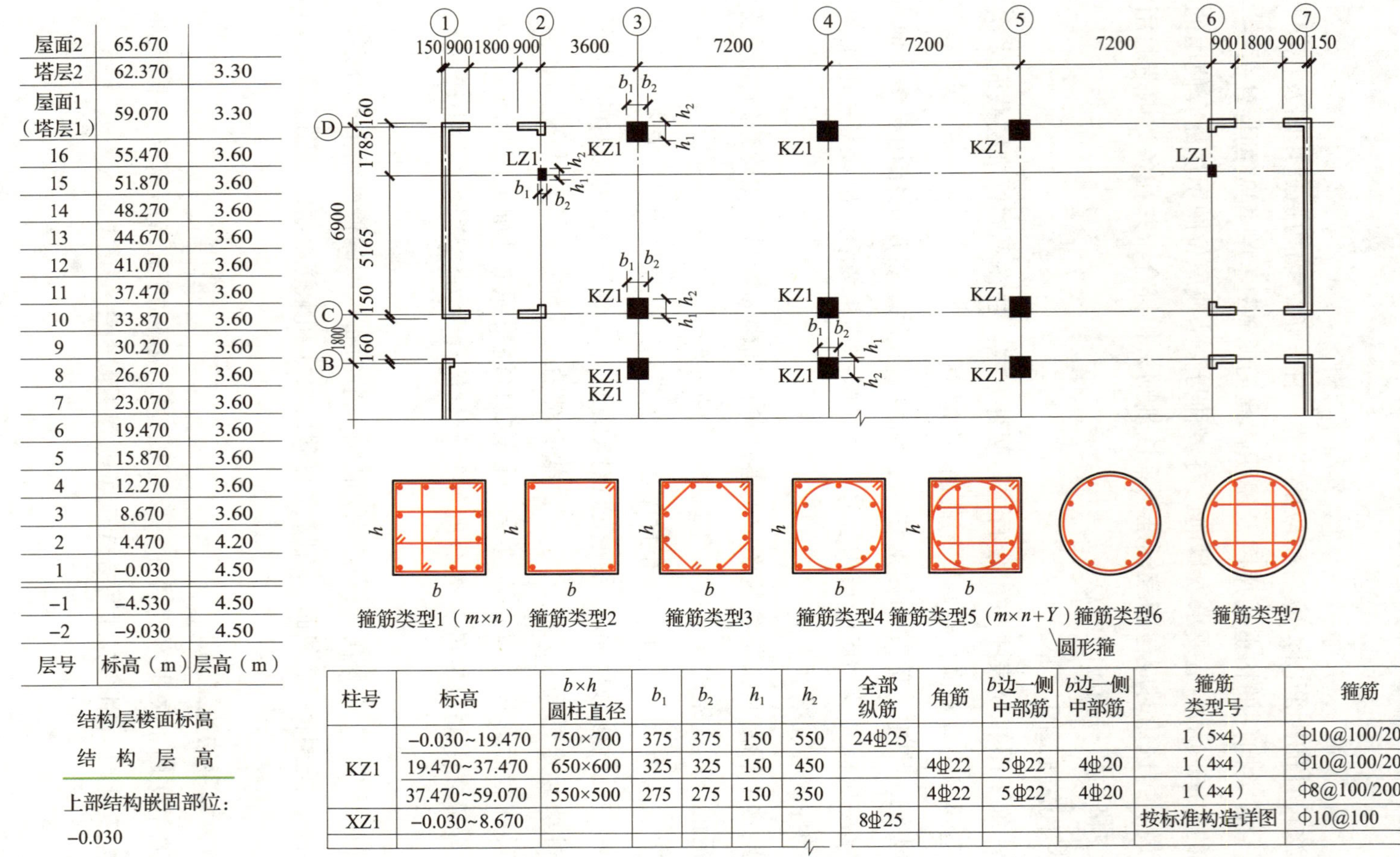

层号	标高（m）	层高（m）
屋面2	65.670	
塔层2	62.370	3.30
屋面1（塔层1）	59.070	3.30
16	55.470	3.60
15	51.870	3.60
14	48.270	3.60
13	44.670	3.60
12	41.070	3.60
11	37.470	3.60
10	33.870	3.60
9	30.270	3.60
8	26.670	3.60
7	23.070	3.60
6	19.470	3.60
5	15.870	3.60
4	12.270	3.60
3	8.670	3.60
2	4.470	4.20
1	-0.030	4.50
-1	-4.530	4.50
-2	-9.030	4.50

结构层楼面标高

结 构 层 高

上部结构嵌固部位：

-0.030

柱号	标高	$b\times h$ 圆柱直径	b_1	b_2	h_1	h_2	全部纵筋	角筋	b边一侧中部筋	b边一侧中部筋	箍筋类型号	箍筋
KZ1	-0.030~19.470	750×700	375	375	150	550	24⌀25				1（5×4）	Φ10@100/200
	19.470~37.470	650×600	325	325	150	450		4⌀22	5⌀22	4⌀20	1（4×4）	Φ10@100/200
	37.470~59.070	550×500	275	275	150	350		4⌀22	5⌀22	4⌀20	1（4×4）	Φ8@100/200
XZ1	-0.030~8.670						8⌀25				按标准构造详图	Φ10@100

-0.030~59.070 柱平法施工图（局部）

图 2-2-1 柱表注写

屋面2	65.670	
塔层2	62.370	3.30
屋面1（塔层1）	59.070	3.30
16	55.470	3.60
15	51.870	3.60
14	48.270	3.60
13	44.670	3.60
12	41.070	3.60
11	37.470	3.60
10	33.870	3.60
9	30.270	3.60
8	26.670	3.60
7	23.070	3.60
6	19.470	3.60
5	15.870	3.60
4	12.270	3.60
3	8.670	3.60
2	4.470	4.20
1	-0.030	4.50
-1	-4.530	4.50
-2	-9.030	4.50
层号	标高（m）	层高（m）

结构层楼面标高

结 构 层 高

上部结构嵌固部位：

-0.030

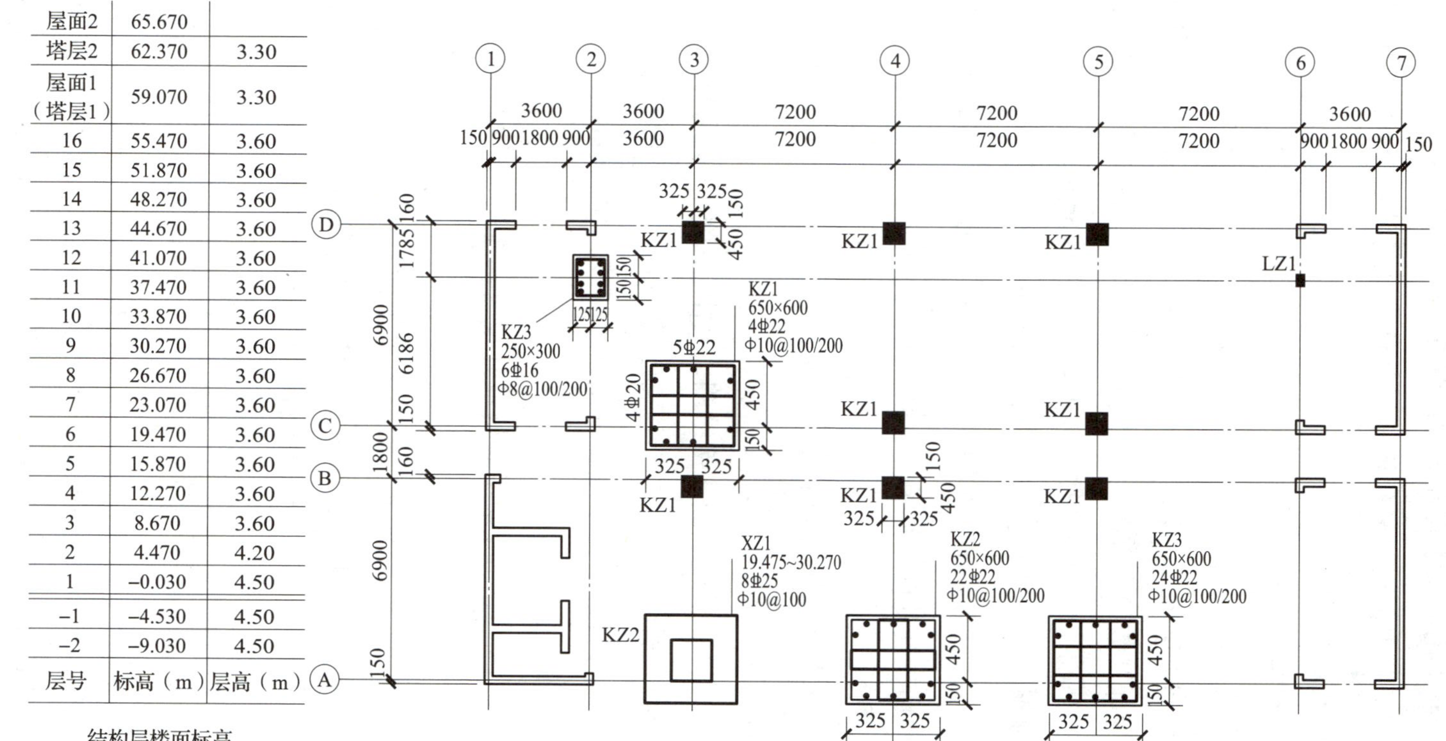

图 2-2-2　柱截面注写

剪力墙平面布置图可采取适当比例单独绘制，也可与柱或梁平面图合并绘制。当剪力墙较复杂或采用截面注写方式时，应按标准层分别绘制。

在剪力墙平法施工图中，也应采用表格或其他方式注明各结构层的楼面标高、结构层标高及相应的结构层号。

对于轴线未居中的剪力墙（包括端柱），应标注其偏心定位尺寸。

（1）列表注写方式。把剪力墙视为由墙柱、墙身和墙梁三类构件组成，对应于剪力墙平面布置图上的编号，分别在剪力墙柱表、剪力墙身表和剪力墙梁表中注写几何尺寸与配筋数值，并配以各种构件的截面图。在各种构件的表格中，应自构件根部（基础顶面标高）往上以变截面位置或配筋改变处为界分段注写，详见《平法规则》，如图 2–2–3 和图 2–2–4 所示。

（2）截面注写方式。在分标准层绘制的剪力墙平面布置图上，直接在墙柱、墙身、墙梁上注写截面尺寸和配筋数值，如图 2–2–5 所示。

3. 梁平法施工图

梁平法施工图同样有截面注写和平面注写两种方式。当梁为异型截面时可用截面注写方式，否则宜用平面注写方式。

梁平面布置图应分标准层按适当比例绘制，其中包括全部梁和与之相关的柱、墙、板。对于轴线未居中的梁，应标注其定位尺寸（贴柱边的梁除外）。当局部梁的布置过密时，可将过密区用虚线框出，适当放大比例后再表示，或者将纵横梁分开画在两张图上。

同样，在梁平法施工图中，应采用表格或其他方式注明各结构层的顶面标高及相应的结构层号。

（1）截面注写方式，是在分标准层绘制的梁平面布置图上，从不同编号的梁中各选择一根梁用剖面号引出配筋图并在其上注写截面尺寸和配筋数值。截面注写方式既可单独使用，也可与平面注写方式结合使用，如图 2–2–6 所示。

（2）平面注写方式，是在梁平面布置图上，对不同编号的梁各选一根并在其上注写截面尺寸和配筋数值。

平面注写包括集中标注与原位标注。集中标注的梁编号及截面尺寸、配筋等代表许多跨，而原位标注的要素仅代表本跨。平面注写的具体表示方法包括以下几个方面。

层号	标高（m）	层高（m）
屋面2	65.670	
塔层2	62.370	3.30
屋面1（塔层1）	59.070	3.30
16	55.470	3.60
15	51.870	3.60
14	48.270	3.60
13	44.670	3.60
12	41.070	3.60
11	37.470	3.60
10	33.870	3.60
9	30.270	3.60
8	26.670	3.60
7	23.070	3.60
6	19.470	3.60
5	15.870	3.60
4	12.270	3.60
3	8.670	3.60
2	4.470	4.20
1	-0.030	4.50
-1	-4.530	4.50
-2	-9.030	4.50

底部加强部位（1～2层）

结构层楼面标高
结 构 层 高

上部结构嵌固部位：
-0.030

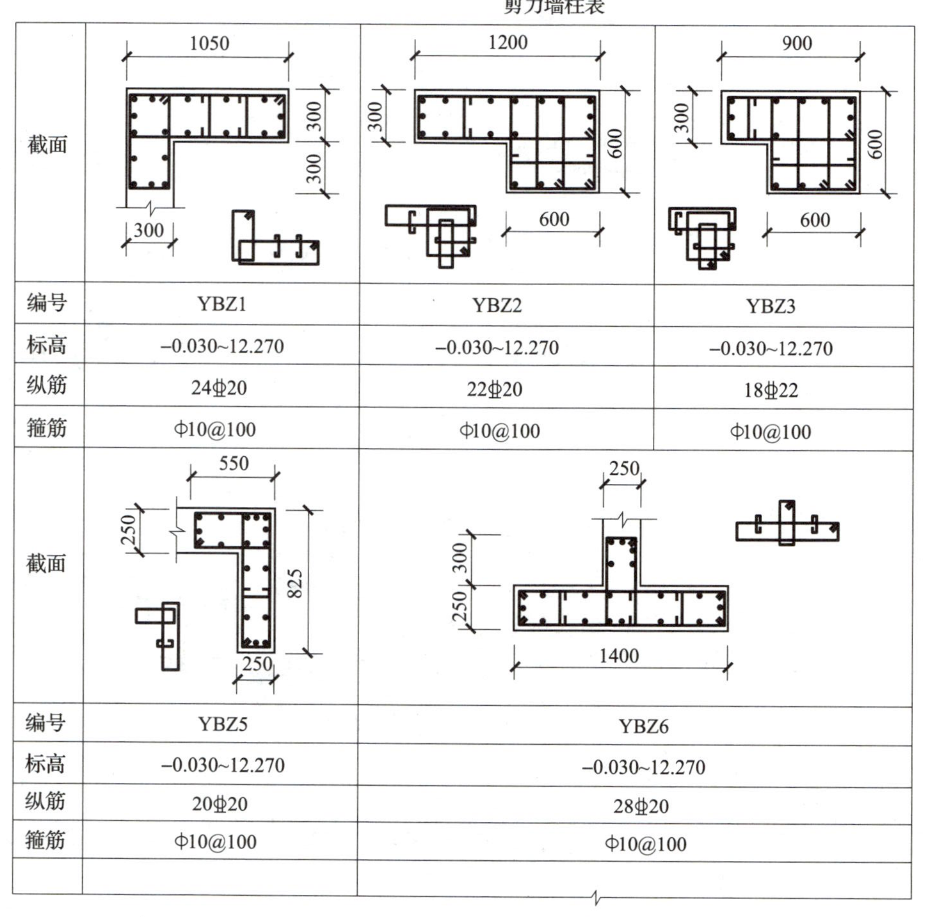

剪力墙柱表

截面	1050（300, 300, 300）	1200（300, 600, 600）	900（300, 600, 600）
编号	YBZ1	YBZ2	YBZ3
标高	-0.030~12.270	-0.030~12.270	-0.030~12.270
纵筋	24Φ20	22Φ20	18Φ22
箍筋	Φ10@100	Φ10@100	Φ10@100
截面	550（250, 825, 250）	250（300, 250, 1400）	
编号	YBZ5	YBZ6	
标高	-0.030~12.270	-0.030~12.270	
纵筋	20Φ20	28Φ20	
箍筋	Φ10@100	Φ10@100	

-0.030~12.270 剪力墙平法施工图（部分剪力墙柱表）

图 2-2-3 剪力墙边缘构件平法施工图（列表注写）

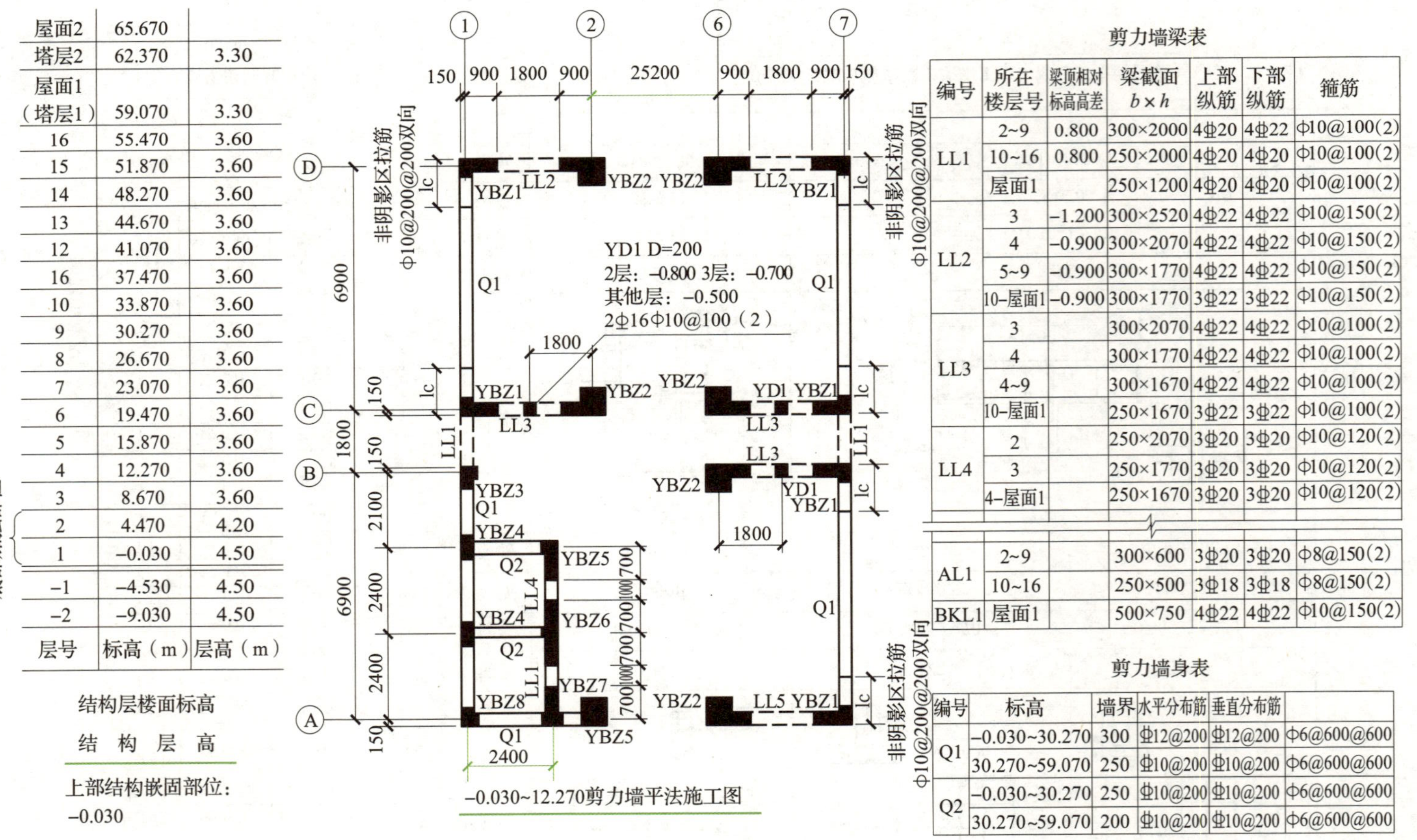

层号	标高（m）	层高（m）
屋面2	65.670	
塔层2	62.370	3.30
屋面1（塔层1）	59.070	3.30
16	55.470	3.60
15	51.870	3.60
14	48.270	3.60
13	44.670	3.60
12	41.070	3.60
16	37.470	3.60
10	33.870	3.60
9	30.270	3.60
8	26.670	3.60
7	23.070	3.60
6	19.470	3.60
5	15.870	3.60
4	12.270	3.60
3	8.670	3.60
2	4.470	4.20
1	-0.030	4.50
-1	-4.530	4.50
-2	-9.030	4.50

底部加强部位

结构层楼面标高
结 构 层 高

上部结构嵌固部位：
-0.030

剪力墙梁表

编号	所在楼层号	梁顶相对标高高差	梁截面 $b \times h$	上部纵筋	下部纵筋	箍筋
LL1	2~9	0.800	300×2000	4Φ20	4Φ22	Φ10@100(2)
	10~16	0.800	250×2000	4Φ20	4Φ20	Φ10@100(2)
	屋面1		250×1200	4Φ20	4Φ20	Φ10@100(2)
LL2	3	-1.200	300×2520	4Φ22	4Φ22	Φ10@150(2)
	4	-0.900	300×2070	4Φ22	4Φ22	Φ10@150(2)
	5~9	-0.900	300×1770	4Φ22	4Φ22	Φ10@150(2)
	10-屋面1	-0.900	300×1770	3Φ22	3Φ22	Φ10@150(2)
LL3	3		300×2070	4Φ22	4Φ22	Φ10@100(2)
	4		300×1770	4Φ22	4Φ22	Φ10@100(2)
	4~9		300×1670	4Φ22	4Φ22	Φ10@100(2)
	10-屋面1		250×1670	3Φ22	3Φ22	Φ10@100(2)
LL4	2		250×2070	3Φ20	3Φ20	Φ10@120(2)
	3		250×1770	3Φ20	3Φ20	Φ10@120(2)
	4-屋面1		250×1670	3Φ20	3Φ20	Φ10@120(2)
AL1	2~9		300×600	3Φ20	3Φ20	Φ8@150(2)
	10~16		250×500	3Φ18	3Φ18	Φ8@150(2)
BKL1	屋面1		500×750	4Φ22	4Φ22	Φ10@150(2)

剪力墙身表

编号	标高	墙厚	水平分布筋	垂直分布筋	拉筋
Q1	-0.030~30.270	300	Φ12@200	Φ12@200	Φ6@600@600
	30.270~59.070	250	Φ10@200	Φ10@200	Φ6@600@600
Q2	-0.030~30.270	250	Φ10@200	Φ10@200	Φ6@600@600
	30.270~59.070	200	Φ10@200	Φ10@200	Φ6@600@600

图 2-2-4 墙梁平面施工图（列表注写）

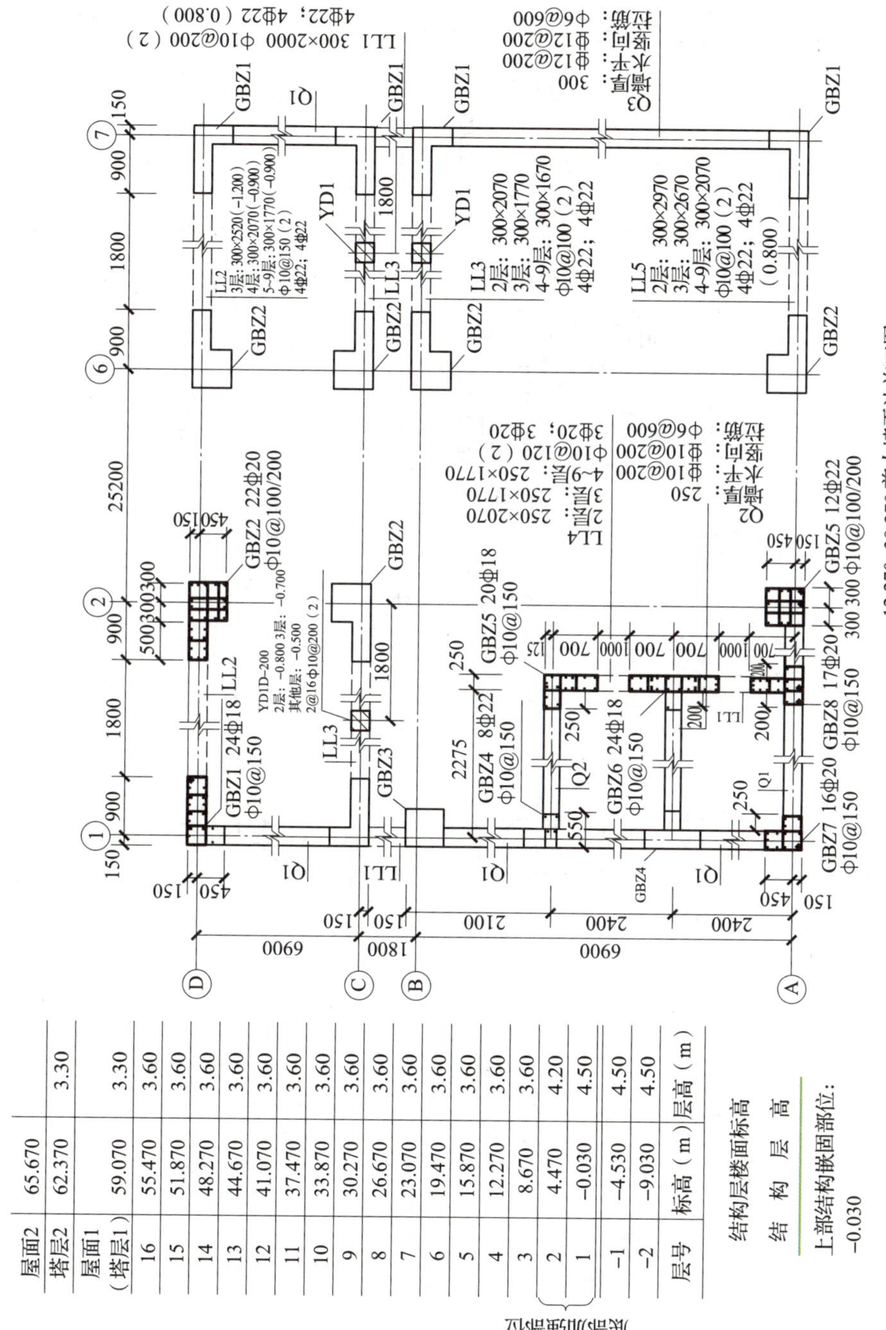

层号	标高（m）	层高（m）
屋面2	65.670	
塔层2	62.370	3.30
屋面1（塔层1）	59.070	3.30
16	55.470	3.60
15	51.870	3.60
14	48.270	3.60
13	44.670	3.60
12	41.070	3.60
11	37.470	3.60
10	33.870	3.60
9	30.270	3.60
8	26.670	3.60
7	23.070	3.60
6	19.470	3.60
5	15.870	3.60
4	12.270	3.60
3	8.670	3.60
2	4.470	4.20
1	-0.030	4.50
-1	-4.530	4.50
-2	-9.030	4.50

图 2-2-5 剪力墙截面注写

层号	标高（m）	层高（m）
屋面2	65.670	
塔层2	62.370	3.30
屋面1（塔层1）	59.070	3.30
16	55.470	3.60
15	51.870	3.60
14	48.270	3.60
13	44.670	3.60
12	41.070	3.60
11	37.470	3.60
10	33.870	3.60
9	30.270	3.60
8	26.670	3.60
7	23.070	3.60
6	19.470	3.60
5	15.870	3.60
4	12.270	3.60
3	8.670	3.60
2（底部加强部位）	4.470	4.20
1（底部加强部位）	-0.030	4.50
-1	-4.530	4.50
-2	-9.030	4.50

结构层楼面标高

结构层高

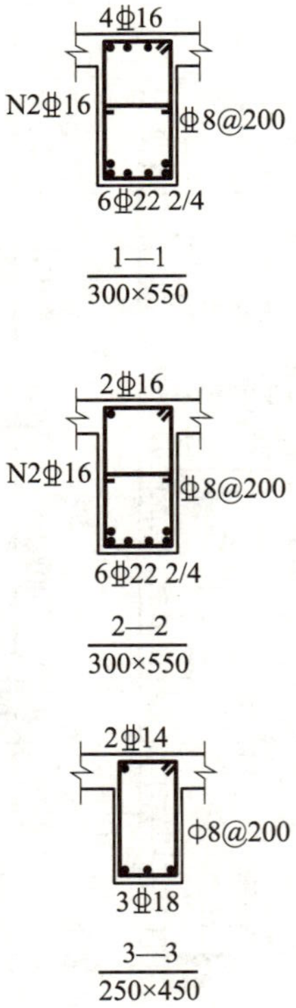

4Φ16 N2Φ16 Φ8@200 6Φ22 2/4

1—1
300×550

2Φ16 N2Φ16 Φ8@200 6Φ22 2/4

2—2
300×550

2Φ14 Φ8@200 3Φ18

3—3
250×450

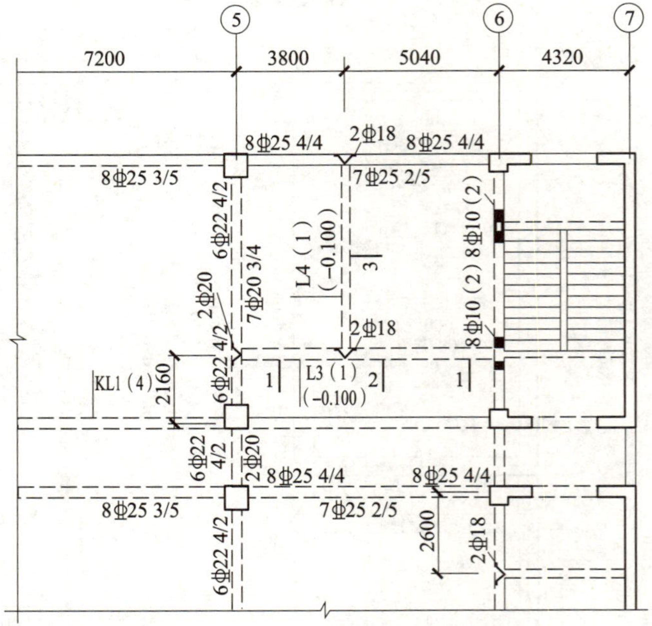

⑤ ⑥ ⑦ 7200 3800 5040 4320

8Φ25 4/4 2Φ18 8Φ25 4/4 8Φ25 3/5 7Φ25 2/5 6Φ22 4/2 7Φ20 3/4 L4（1）（-0.100） 2Φ20 2Φ18 8Φ10（2） 8Φ10（2） KL1（4） 2160 L3（1）（-0.100） 6Φ22 4/2 2Φ20 8Φ25 4/4 8Φ25 4/4 8Φ25 3/5 7Φ25 2/5 2600 2Φ18 6Φ22 4/2

15.870~26.670梁平法施工图（局部）

图 2-2-6 梁截面注写

1）梁编号及多跨通用的梁截面尺寸、箍筋、跨中面筋基本值采用集中标注，可从该梁任意一跨中引出注写；梁底筋和支座面筋均采用原位标注。对与集中标注不同的某跨梁截面尺寸、箍筋、跨中面筋、腰筋等，可将其值原位标注。

2）梁编号由梁类型代号、序号、跨数及有无悬挑代号几项组成。

3）等截面梁的截面尺寸用 $b \times h$ 表示；加腋梁用 $b \times h$ $YL_t \times h_t$ 表示，其中 Lt 为腋长，ht 为腋高；悬挑梁根部和端部的高度不同时，用斜线“/”分隔根部与端部的高度值。竖向加腋截面注写如图 2-2-7 所示。

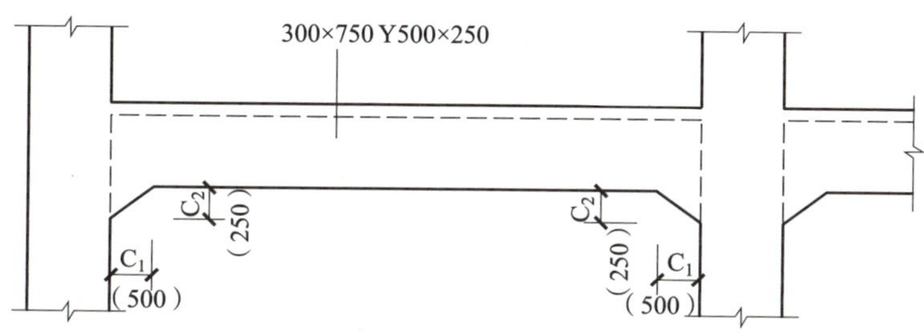

图 2-2-7　竖向加腋截面注写

例如：300 × 750 Y500 × 250 表示加腋梁跨中截面为 300 mm × 750 mm，腋长为 500 mm，腋高为 250 mm；200 × 500/300 表示悬挑梁的宽度为 200 mm，根部高度为 500 mm，端部高度为 300 mm，如图 2-2-8 所示。

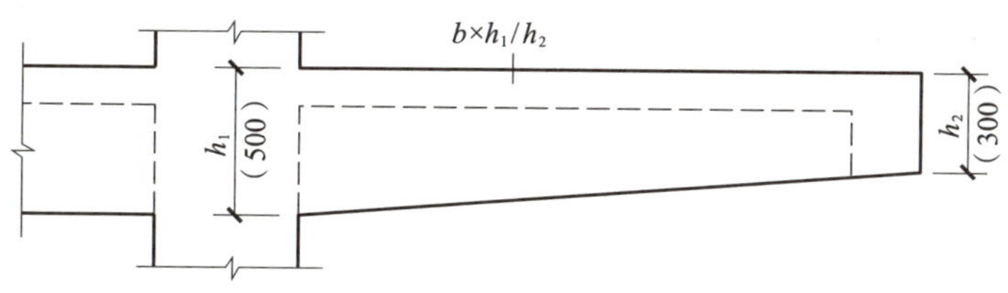

图 2-2-8　悬挑梁根部和端部不等高截面注写

4）箍筋加密区与非加密区的间距用斜线“/”分开，当梁箍筋为同一种间距时则不需用斜线；箍筋肢数用括号括住的数字表示。例如，ф8@100/200（4）表示箍筋加密区间距为 100 mm，非加密区间距为 200 mm，均为四肢箍。

5）梁上部或下部纵向钢筋多于一排时，各排筋按从上往下的顺序用斜线“/”分开；同一排纵筋有两种直径时，则用加号“+”将两种直径的纵筋相连，注写时角部纵筋写在前面。例如，6 ф25 4/2 表示上一排纵筋为 4 ф25，下一排纵筋为 2φ25；2φ25+2φ22 表示有四根纵筋，2φ25 放在角部，2φ22 放在中部。

6）当梁中间支座两边的上部纵筋不同时，须在支座两边分别标注；当支座两边的上部纵筋相同时，可仅在支座的一边标注。

7）梁跨中面筋（贯通筋、架立筋）的根数，应根据结构受力要求及箍筋肢数等构造要求而定，注写时架立筋须写入括号内，以示与贯通筋的区别。

例如，2φ22+（2φ12）用于四肢箍，其中 2φ22 为贯通筋，2φ12 为架立筋。

8）当梁的上、下部纵筋均为贯通筋时，可用“；”号将其上部与下部的配筋值分隔开进行标注。例如，“3φ22；3φ20”表示梁采用贯通筋，上部为 3φ22，下部为 3φ20。

梁平法施工图平面注写如图 2-2-9 所示。

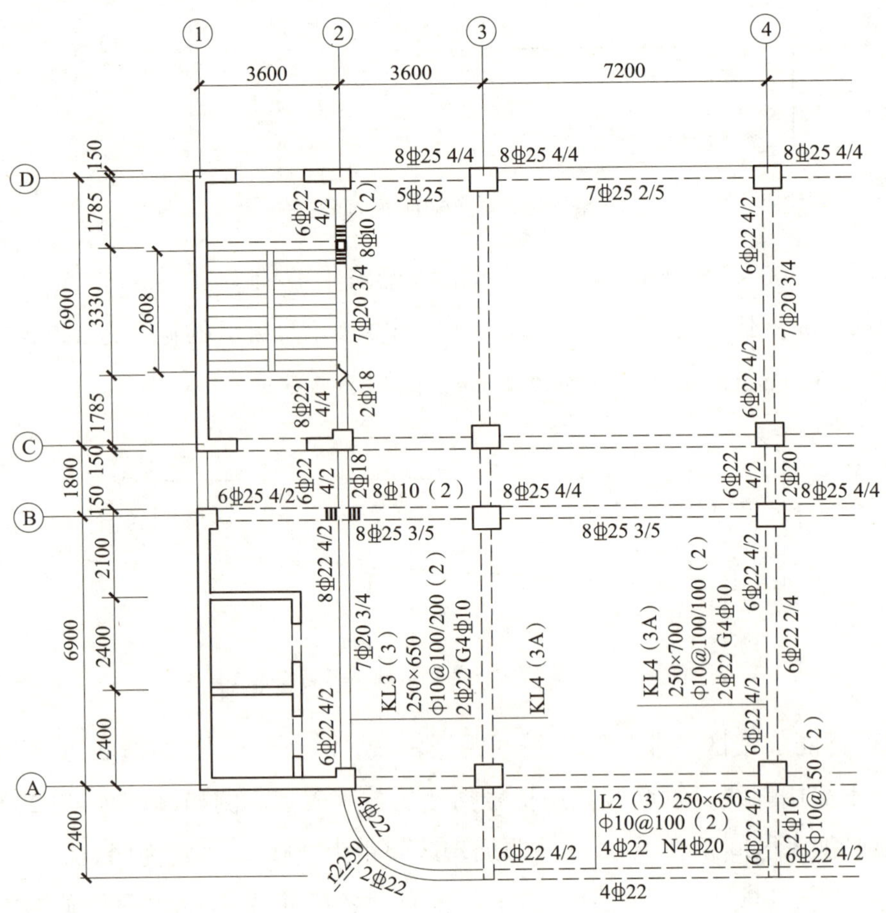

图 2-2-9 梁平法施工图平面注写

第三节 建筑工程机电施工图绘制基础

一、给排水专业施工图绘图基础

给排水专业施工图常见的设计内容主要包括给排水总平面、给水系统、排水系统、消火栓及自喷系统、生活热水系统，施工图绘制上述系统主要通过设计说明、平面图、系统图及设备表来表达。

1. 绘图基本内容

（1）给排水总平面图。给排水总平面图绘制的主要内容包括：绘出各建筑物的外形、名称、位置、标高、指北针（或风玫瑰图）；绘出全部给排水管网及构筑物的位置（或坐标）、距离，检查井、化粪池型号及详图索引号；对较复杂的工程，应将给排水（雨水、污废水）总平面图分开绘制，以便于施工（简单工程可以绘在一张图上）；给水管注明管径、埋设深度或敷设的标高，宜标注管道长度，并绘制节点图，注明节点结构、闸门井尺寸、编号及引用详图（一般工程给水管线可不绘节点图）；排水管标注检查井编号和水流坡向，标注管道接口处市政管网的位置、标高、管径、水流坡向；排水管道绘制高程表，将排水管道的检查井编号、井距、管径、坡度、地面设计高、管内底标高等写在表内。对地形复杂的排水管道以及管道交叉较多的给排水管道，应绘制管道纵断面图，图中应表示出设计地面标高，管道标高（给水管道注管中心，排水管道注管内底）、管径、坡度、井距、井号、井深，并标出交叉管的管径、位置、标高。给排水总平面图如图 2–3–1 所示。

（2）给水系统图。给水系统图主要表达房屋内部给水设备配置和管道布置及连接情况，主要包括系统编号，管道的管径、标高、走向、坡度及连接方式，管道、设备与建筑的关系，重要管件的位置，与管道相关的给排水设施的空间位置，供水系统分区等信息。生活给水管道系统图如图 2–3–2 所示。

（3）排水系统图。排水系统图主要表达房屋内部排水设备的配置和管道布置情况，主要内容包括建筑平面图及相关排水设备在建筑平面图中所在的位置，各排水设备的平面位置、规格、类型及尺寸关系，排水管网各干管、立管和支

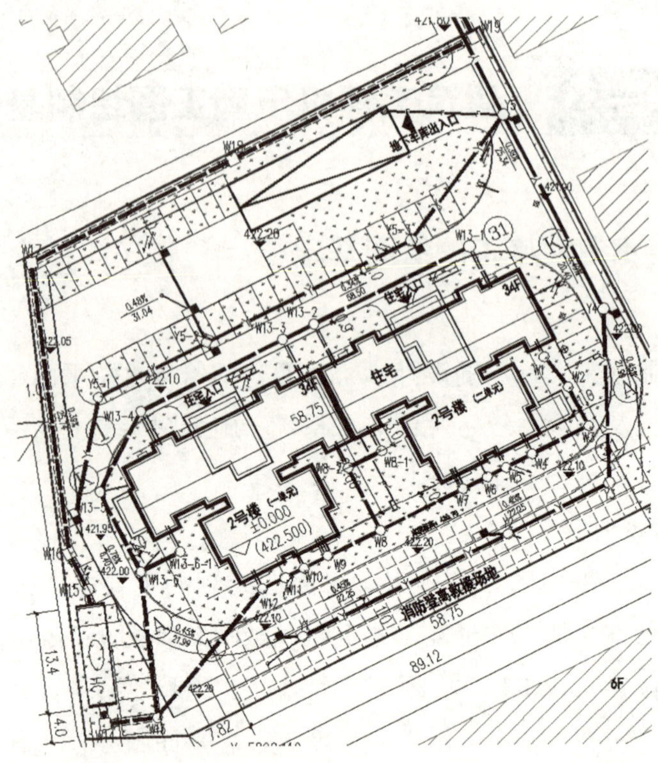

图 2-3-1　给排水总平面图

管的平面位置、走向，立管编号和管道安装方式（明装或暗装），管道的名称、规格、尺寸，管道器材设备（阀门、消火栓、地漏等），与排水系统相关的室内引出管等。排水平面图如图 2-3-3 所示。

2. 给排水专业施工图设计说明

（1）设计依据

1）摘录设计总说明所列批准文件和依据性资料中与本专业设计有关的内容。

2）本工程采用的主要法规和标准。

3）其他专业提供的本工程设计资料，工程可利用的市政条件。

（2）设计范围。根据设计任务书和有关设计资料，说明本专业设计的内容和分工（当有其他单位共同设计时）。

（3）图例。

（4）室外给水设计

1）水源。由市政或小区管网供水时，应说明供水干管的方位、接管管径、能提供的水量与水压。当建自备水源时，应说明水源的水质、水温、水文、供水能力、取水方式及净化处理工艺和设备选型等。

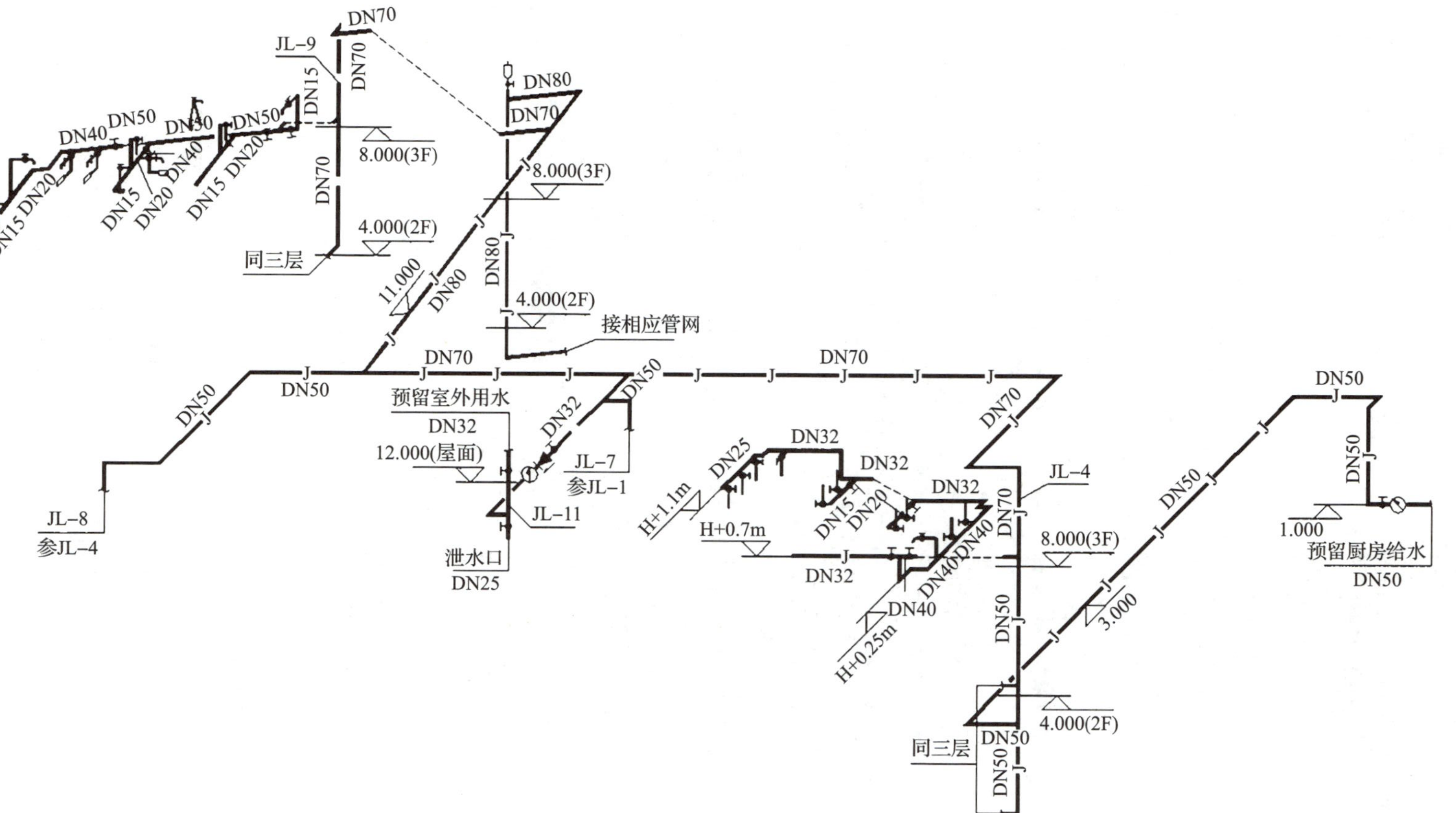

图 2-3-2 生活给水管道系统图

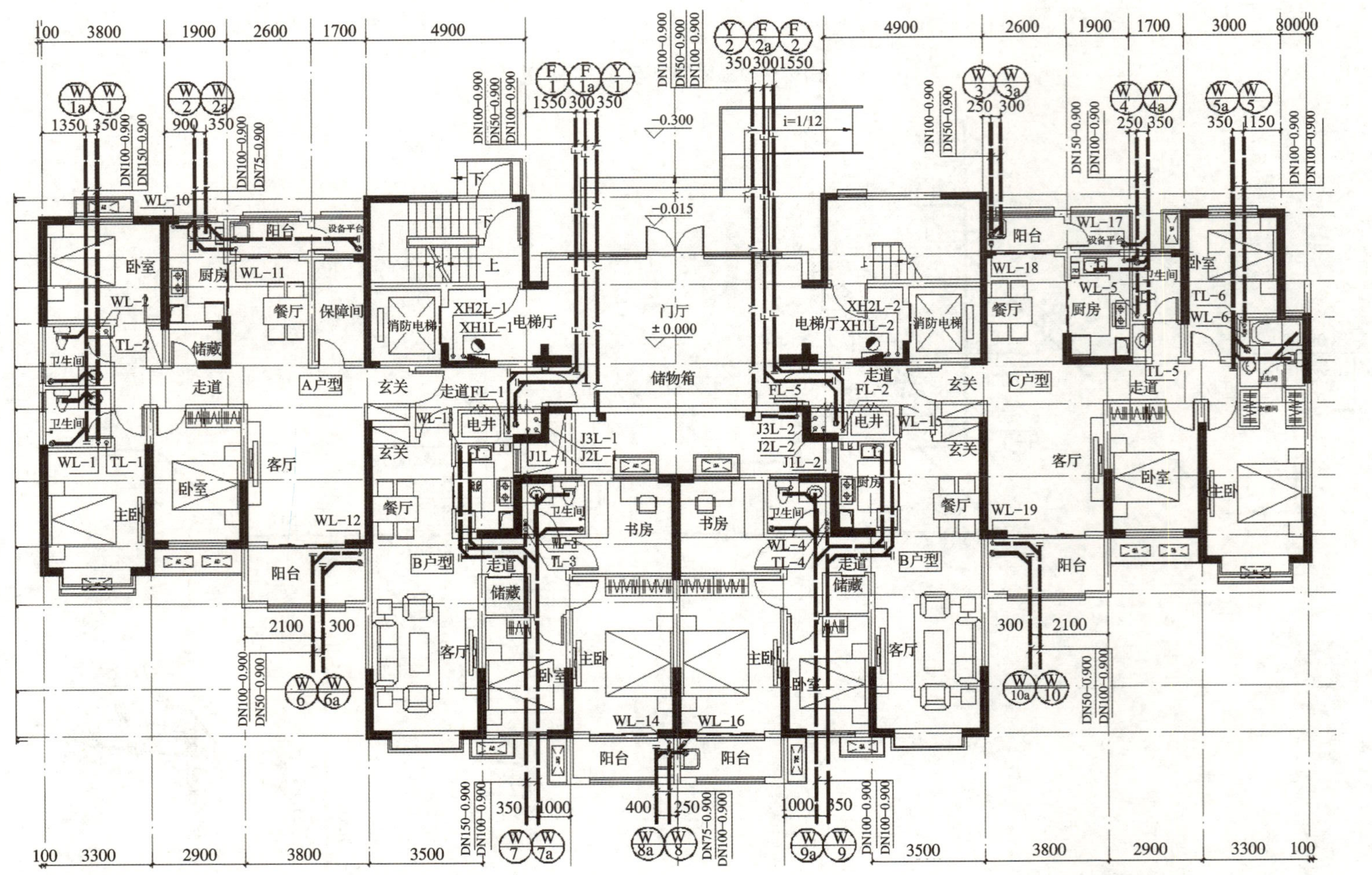

图 2-3-3　排水平面图

2）用水量。说明或用表格列出生活用水定额及用水量，生产用水量，其他项目用水定额及用水量（含循环冷却水系统补水量，游泳池和中水系统补水量，洗衣房、锅炉房、水景用水，道路、绿化洒水和不可预计用水量等），消防用水标准及用水量，总用水量（最高日用水、最大时用水量）。

3）给水系统。说明生活、生产、消防系统的划分及组合情况，分质、分压、分区供水的情况，当水量、水压不足时采取的措施，并说明调节设施的容量、材质、位置及加压设备选型。若为扩建工程，还应对现有的水系统加以介绍。

4）消防系统。说明各类消防设施的设计依据、设计参数、供水方式、设备选型及控制方法等。

5）管材、接口及敷设方式。

（5）室外排水设计

1）现有排水条件简介。当排入城市管道或其他外部明沟时，应说明管道、明沟的大小、坡度，排入点的标高、位置或检查井编号。当排入水体（江、河、湖、海等）时，还应说明对排放的要求。

2）说明设计采用的排水制度、排水出路。如需要提升，则说明提升位置、规模，提升设备选型及设计数据，构筑物形式，占地面积，紧急排放的措施等。

3）说明雨水排水采用的暴雨强度公式（或采用的暴雨强度）、重现期、雨水排水量等。

4）管材、接口及敷设方式。

（6）建筑给水排水设计。说明或用表格列出各种用水量标准、用水单位数、工作时间、小时变化系数、最高日用水量、最大时用水量。

1）给水系统。说明给水系统的划分和给水方式，分区供水要求和采取的措施，计量方式，水箱和水池的容量、设置位置、材质、设备选型，保温、防结露和防腐蚀等措施。

2）消防系统。遵照各类防火设计规范的有关规定要求，分别对各消防系统（如消火栓、自动喷水、水幕、雨淋喷水、水喷雾、泡沫、气体灭火系统）的设计原则和依据、计算标准、系统组成、控制方式，消防水池和水箱的容量、设置位置以及主要设备选择等予以叙述。

3）热水系统。说明采取的热水供应方式，系统选择水温、水质、热源、加热方式及最大小时用水量和耗热量等；说明设备选型、保温、防腐蚀等的技术措施。当利用余热或太阳能时，还应说明采用的依据、供应能力、系统形式、运行条件及技术措施等。

4）排水系统。说明排水系统选择，生活和生产污（废）水排水量，室外排放条件；屋面雨水的排水系统选择及室外排放条件，采用的降雨强度和重现期。

5）管材、接口及敷设方式。

（7）节水、节能措施。说明高效节水节能设备及系统设计中采用的技术措施等。

（8）对于有隔振及防噪要求的建（构）筑物，应说明给水排水设施所采取的技术措施。

（9）主要设备表按子项分别列出主要设备的名称、型号、规格（参数）、数量。

3. 建筑给排水专业平面图绘制

（1）绘出与给排水、消防给水管道平面布置有关各层的平面图，内容包括主要轴线编号、房间名称、用水点位置，注明各种管道系统编号（或图例）。

（2）绘出给排水、消防给水管道平面布置图、立管位置及编号。

（3）当采用异型系统原理图时，应标注管道管径、标高；当给水管安装高度发生变化时，应在变化处用符号表示清楚，并分别标出标高（排水横管应标注管道终点标高）；管道密集处应在该平面图中画断面图以将管道布置定位表示清楚。

（4）底层平面应注明引入管、排出管、水泵接合器等与建筑的定位尺寸、穿建筑外墙管道的标高、防水套管形式等。

（5）标出各楼层建筑平面标高（如卫生设备间平面标高有不同时，应另行加注），灭火器放置地点；24 m 以上住宅及首层作为商铺的住宅，必须设置喷淋系统；消火栓管必须做环管，环管所设的检修阀门必须满足规范要求，消火栓支管不能连接多于两个消防箱（低层住宅可为枝状），广州地区的低层住宅原则上也要设消火栓系统（地方消防部门要求）。

（6）若管道种类较多，在一张图样上表示不清楚时，可分别绘制给排水平面图和消防给水平面图。

（7）对于给排水设备及管道较多的地方，如泵房、水池、水箱间、卫生间、报警阀门、气体消防储瓶间等，当上述平面图不能交代清楚时，应绘出局部放大平面图。

4. 建筑给排水专业系统图绘制

（1）给排水系统轴测图。对于给排水系统和消防给水系统，一般宜按比例分别绘出各种管道系统轴测图，图中标明管道走向、管径，仪表及阀门、控制点标高和管道坡度（设计说明中已交代者，图中可不标注管道坡度），各系统编号，各楼层卫生设备和工艺用水设备的连接点位置。如各层（或某几层）卫生设备及用水点接管（分支管段）情况完全相同时，在系统轴测图上可只绘一个有代表性楼层的接管图，其他各层注明“同该层”即可。复杂的连接点局部放大绘制。在系统轴测图上，应注明建筑楼层标高、层数、室内外建筑平面标高差。卫生间管道应绘制轴测图。

（2）展开系统原理图。对于用展开系统原理图能将设计内容表达清楚的，可绘制展开系统原理图，图中标明立管和横管的管径，立管编号，楼层标高、层数，仪表及阀门、各系统编号，各楼层卫生设备和工艺用水设备的连接，排水管标立管检查口、通风帽等距地（板）高度等。如各层（或某几层）卫生设备及用水点接管情况完全相同时，可只绘一个楼层的接管图，其他各层注明“同该层”即可。

二、暖通专业施工图绘图基础

1. 绘图基本内容

暖通专业施工图主要设计内容包括室外总平面图、供暖系统、空调系统、通风系统、防排烟系统及冷热源，施工图绘制上述系统主要是通过设计说明、平面图、剖面图、系统图及设备表来表达。

（1）室外总平面图。供暖、空调系统中冷热源与各单体楼之间连接的空调、供暖系统管道，主要指暖通、空调系统中室外输送管道部分。

（2）供暖系统。供暖系统按需要供给建筑物热能，维持室内温度，是人类最早开始使用的室内温度指标控制手段。常见的供暖形式有散热器供暖、低温热水地板辐射供暖、燃气红外线供暖、电热膜供暖、暖风机供暖、空调供暖。

（3）空调系统。空调系统是对房间或空间内的空气温度、湿度、洁净度和流动速度进行调节，并提供足够量新鲜空气的建筑环境控制系统。空调系统主要由冷热源系统、空气处理系统、空气输送系统及空调末端设备组成。

（4）通风系统。通风系统主要用于改善空气品质、提供氧气、稀释污染物、排除污染物、除去余热余湿、提供燃烧用空气，一般分为排风系统、送风系统、除尘系统、净化系统、新风系统等。通常以实现的手段分为自然通风系统和机械通风系统。

（5）防排烟系统。防排烟系统是用于火灾时疏散通道中楼梯间、前室、避难层等区域，以防止烟气流入并将产生的大量烟气及时排出的系统，分为机械防排烟系统和自然防排烟系统。

（6）冷热源系统。冷热源系统是为暖通专业的供暖系统和空调系统提供冷量和热量的场所。常见的热源有锅炉房、换热站、热泵、直燃机等，常见的冷源有水冷冷水机组、风冷冷水机组、热泵、直燃机等。

2. **暖通专业施工图设计说明**

（1）设计依据

1）摘录设计总说明所列批准文件和依据性资料中与本专业设计有关的内容。

2）本工程采用的主要法规和标准。

3）其他专业提供的本工程设计资料，工程可利用的市政条件。

（2）设计范围。根据设计任务书和有关设计资料，说明本专业设计内容，包括冷热源、室外总体、供暖系统、空调系统、通风系统和防排烟系统等。

（3）气象参数。根据建筑物所在地区，说明设计计算时需要的室外计算参数、建筑物室内计算参数以及建设单位的要求和建筑的相关功能等。同时还要说明建筑物内的空调房间室内设计参数，如室内要求的温度、相对湿度、新风量、换气次数、室内噪声标准等。

（4）图例。

（5）供暖系统设计。说明供暖系统的热源位置及形式，本工程所选用的锅炉或热交器站的形式及负荷参数；说明供暖系统形式，供暖系统管道敷设方式；列出末端选用的设备参数等信息。

（6）空调系统设计。说明空调系统的冷源和热源，本工程所选用的冷水机组和热交换站的位置；说明空调水系统设计，空调风系统设计；列出空调系统编号、风量、风压、服务对象、安装地点等详表。

（7）通风系统设计。说明建筑物内设置的机械推风（兼排烟）系统、机械补风系统，列出通风系统编号、风量、风压、服务对象、安装地点等详表。

（8）防排烟系统设计。说明本工程加压送风系统和排烟系统的设置方式（自然或机械），列出机械防排烟系统的编号、风量、风压、服务对象、安装地点等详表。

（9）自控设计。说明本工程空调系统的自动调节，室温、湿度的控制方式。

（10）消声减振及环保。说明风管消声器或消声弯头设置；说明对水泵、冷冻机组、空调机、风机进行减振或隔振处理的情况。

（11）设备材料明细表。应采用表单的形式将通风与空调系统中所涉及的零件与设备进行归类描述，以便于施工单位识读图样及安排设备采购。

3. 暖通专业平面图绘制

（1）供暖平面图。供暖平面图是表示供暖管线及其设备平面布置情况的图样，应注明相关的定位尺寸、设备规格等。其表达内容如下。

1）供暖管线的干管、立管、支管的平面位置、走向、管线编号、安装方式等。

2）散热器的平面位置、规格、数量及安装方式等。

3）供暖干管上的阀门、支架、补偿器等的平面位置。

4）供暖系统设备，包括膨胀水箱、集气罐、疏水器的平面位置、规格及各设备连接管线的平面布置。

5）热媒入口及出口地沟情况，热媒来源、流向及室外热网的连接情况。

6）与土建施工配合的相关要求。

（2）通风与空调施工平面图。通风与空调施工平面图是表示通风与空调系统管道和设备在建筑物内的平面布置情况，并注明有相应尺寸，如管线定位、管线规格等。其表达内容如下。

1）通风管道系统在房屋内的平面布置，以及各种配件如异径管、弯管、三通管等在风管上的位置。

2）工艺设备如空调器、风机等的位置。

3）进风口、送风口等的位置以及空气流动方向。

4）设备和管道的定位尺寸。

（3）通风、空调、制冷机房平面图

1）机房图应根据需要增大比例，绘出通风、空调、制冷设备（如冷水机组、新风机组、空调器、冷热水泵、冷却水泵、通风机、消声器、水箱等）的轮廓位置及编号，注明设备和基础距离墙或轴线的尺寸。

2）绘出连接设备的风管、水管位置及走向，注明尺寸、管径和标高。

3）标注机房内所有设备、管道附件（各种仪表、阀门、柔性短管、过滤器等）的位置。

4. 暖通专业剖面图绘制

（1）剖面图是表示供暖、通风与空调系统管道和设备在建筑物高度上的布置情况，并注有相应的细部尺寸，其表达内容与平面图相同。

（2）剖面图中应标注建筑物地面和楼面的标高、通风空调设备和管道的位置尺寸和标高、风管的截面尺寸及出风口的大小。

（3）剖面图应绘出对应机房平面图的设备、设备基础、管道和附件的竖向位置、竖向尺寸和标高，标注连接设备的管道定位尺寸，注明设备和附件编号以及详图索引编号。

5. 暖通专业系统图绘制

暖通专业系统图是把整个供暖、通风与空调系统的管道、设备及附件采用单线图或双线图，用轴测投影方法形象地绘制出风管、部件及附属设备之间的相对位置空间关系的图，是用轴测投影法绘制的能反映系统全貌的立体图，其表达内容如下。

（1）整个风管系统，包括总管、干管、支管的空间布置和走向。

（2）各设备、部件等的位置和相互关系。

（3）各管段的断面尺寸和主要位置的标高。

（4）热力、制冷、空调冷热水系统及复杂的风系统应绘制系统流程图。系统流程图应绘出设备、阀门、控制仪表、配件，标注介质流向、管径及设计编号。流程图可不按比例绘制，但管路分支应与平面图相符。

（5）空调的供热、供热分支水路采用竖向输送时，应绘制立管图并编号，注明管径、坡向、标高及空调器的型号。

（6）空调、制冷系统有监测与控制时，应有控制原理图，图中以图例绘出设备、传感器及控制元件位置，说明控制要求和必要的控制参数。

三、电气专业施工图绘图基础

1. 绘图基本内容

电气专业施工图主要设计内容包括室外管线总平面、室内配线（桥架）、电力系统、照明系统、接地和防雷系统、消防报警系统、弱电系统及变配电机房和发电机房等。施工图绘制上述系统主要通过设计说明、原理图、系统图、平面图、材料表来表达。

（1）室外管线工程。室外管线工程包括室外电源供电线路、室外通信线路等，涉及强电和弱电，如电力线路和电缆线路。

（2）变配电工程。变配电工程是由变压器、高低压配电柜、母线、电缆、继电保护与电气计量等设备组成的变配电所。

（3）室内配线工程。室内配线工程主要有线管配线、桥架线槽配线、瓷瓶配线、瓷夹配线、钢索配线等。

（4）电力工程。电力工程包括各种风机、水泵、电梯、机床、起重机及其他工业与民用、人防等动力设备（电动机）和控制器、动力配电箱。

（5）照明工程。照明工程包括照明电器、开关按钮、插座和照明配电箱等相关设备。

（6）接地工程。接地工程包括各种电气设施的工作接地、保护接地系统。

（7）防雷工程。防雷工程包括建筑物、电气装置和其他构筑物、设备的防雷设施，一般需经有关气象部门防雷中心检测。

（8）发电工程。发电工程包括各种发电动力装置，如风力发电装置、柴油发电机。

（9）弱电工程。弱电工程包括智能网络系统、通信系统（广播、电话、闭路电视系统）、消防报警系统、安保系统等。

2. 电气专业施工图设计说明

电气专业施工图设计说明（施工说明）主要阐述电气工程的设计基本概况，如设计的依据、设计范围、工程的要求和施工原则、建筑功能特点、电气安装标准、安装方法、工程等级、工艺要求及有关设计的补充说明等，主要包括以下几方面内容。

（1）工程设计概况。应说明经审批定案后的初步设计说明书中的主要指标。

（2）各系统的施工要求和注意事项（包括布线、设备安装等）。

（3）设备订货要求（也可附在相应图样上）。

（4）防雷及接地保护等其他系统的有关内容（也可附在相应图样上）。

（5）本工程选用标准图集的编号、页号。

（6）图例。

（7）材料表。

3. 电气专业系统图

电气专业系统图是用于表达该项电气工程的供电方式及途径、电力输送、分配及控制关系和设备运转情况的图样。从电气专业系统图可看出该电气工程的概况。电气专业系统图中又包括变配电系统图、动力系统图、照明系统图、弱电系统图等子项。

4. 电气专业原理图

电气专业原理图是表达某一电气设备或系统工作原理的图样。它是按照各个部分的动作原理采用展开法来绘制的，通过分析电气原理图可以清楚地看出整个系统的动作顺序。电气专业原理图可以用来指导电气设备和器件的安装、接线、调试、使用与维修。

5. 电气专业平面图

电气专业平面图是表达电气设备、相关装置及各种管线线路平面布置位置关系的图样，是进行电气安装施工的依据。电气专业平面图以建筑总平面图为依据，在建筑图上绘出电气设备、相关装置及各种线路的安装位置、敷设方法等。常用的电气专业平面图有变配电所平面图、动力平面图、照明平面图、防雷平面图、接地平面图、弱电平面图。

6. 设备平面布置图

设备平面布置图是表达各种电气设备或器件的平面与空间位置、安装方式及相互关系的图样，通常由平面图、立面图、剖面图及各种构件详图等组成。设备平面布置图是按三视图原理绘制的，类似于建筑结构制图方法。

7. 安装接线图

安装接线图又称安装配线图，是用来表达电气设备、电器元件和线路的安装位置、配线方式、接线方法、配线场所特征等的图样。

第四节　建筑工程土建施工图常见问题

一、建筑专业常见问题

1. 总平面设计

（1）未进行道路、环境及绿化设计。

（2）未标注指北针。

（3）未明确标示建设用地范围、道路及建筑红线位置，无用地周边有关地形、市政道路的控制标高。

（4）总平面标高与单体标高相冲突。该问题较为突出，单体设计时总平面比较粗放，在总平面设计时又未仔细核实单体正负零，导致室外道路标高高于单体正负零等明显错误，如图 2-4-1 所示。

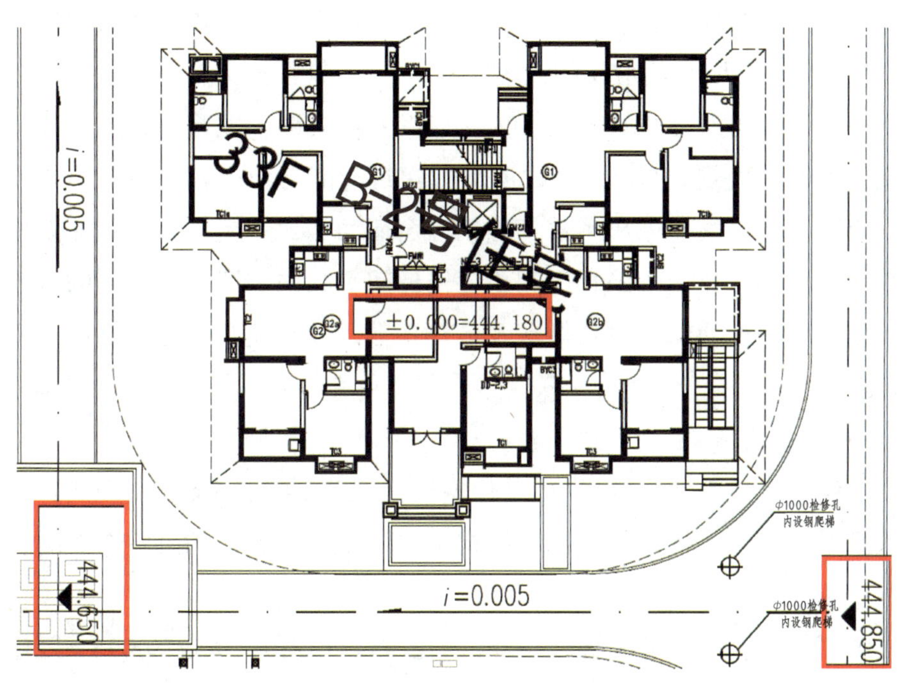

图 2-4-1　总平面标高与单体标高相冲突

2. 设计总说明

（1）建筑概况叙述不正确、不完整。主要表现为对防火设计建筑类别、建筑物及地下室耐火等级、屋面及地下室防水等级、抗震设防烈度、建筑层数、建筑基底面积、建筑总面积等反映建筑特性的概况叙述不明晰。

（2）设计依据叙述不正确、不完整。主要表现为有关规范名称及编号有误，具体表现在所列规范有的已废止，有的版本已更新而未加注明。

（3）墙体建筑材料说明不正确、不完整。根据《建筑工程设计文件编制深度规定》，应说明建筑物内外墙体的材料做法。特别是防火墙耐火极限应不小于 3.0 h，首层楼梯间、地下室的隔墙耐火极限应不小于 2.0 h，有些设计采用

100 mm 厚空心陶粒砌块是不符合要求的。一般可采用 100 mm 厚加气混凝土砌块，其耐火极限不小于 3.0 h。砌筑砂浆与砌体不配套、砌筑施工方法未作相关说明、与节能说明中采用的墙体材料不一致等，有的只说墙体材料为轻质砌块，未具体说明为何种砌块。

（4）设计说明没有建筑防火专项，或者专项说明不完整。根据《建筑工程设计文件编制深度规定》，设计说明应有建筑防火专项内容，如防火分区及每个防火分区的建筑面积，电缆井、管道井在每层楼板处应进行防火封堵，防火分区、防火墙上的防火门应说明火灾时能否自行关闭等。

（5）设计说明没有建筑节能专项，或者专项说明不完整。根据《建筑工程设计文件编制深度规定》，设计说明应有建筑节能专项内容。建筑节能设计说明中，应交代建筑物的体形系数、各朝向窗墙面积比，屋面、外墙保温材料做法、厚度及传热系数，不采暖房间（含楼梯间）的内隔墙、不采暖的地下室顶板及屋顶夹层楼板的保温材料做法及传热系数，并与建筑物热工性能计算和节能判定表相一致等。

3. 基本规定

（1）住宅电梯紧邻卧室设置。《住宅设计规范》（GB 50096）规定：电梯不应紧邻卧室布置。当受条件限制，电梯不得不紧邻兼起居的卧室布置时，应采取隔声、减振的构造措施。

（2）住宅首层入口处未标注信箱。《住宅设计规范》（GB 50096）规定：新建住宅应每套配套设置信报箱。

（3）住宅门窗表中卫生间、厨房门无百叶，也未对距地面留缝隙作说明要求。《住宅设计规范》（GB 50096）规定：厨房和卫生间的门应在下部设置有效截面积不小于 0.02 m^2 的固定百叶，也可距地面留出不小于 30 mm 的缝隙。设计中如果卫生间、厨房门无百叶，应在门窗表中对门距地缝隙加以说明。

（4）高层住宅设计总说明无障碍设计专项中对供轮椅通行的门扇的要求表述不全。《住宅设计规范》（GB 50096）规定：供轮椅通行的门扇，应安装视线观察玻璃、横执把手和关门拉手，在门扇的下方应安装高 0.35 m 的护门板。

（5）高层住宅首层商业服务网点未设无障碍出入口。《无障碍设计规范》

（GB 50763）规定：商业服务建筑的无障碍设计应符合下列规定：建筑物至少应有 1 处为无障碍出入口，且宜位于主要出入口处。

（6）住宅楼梯梯段处设有外窗，窗台至楼梯踏面净高不足 0.90 m，外窗未设置防护措施。《住宅设计规范》（GB 50096）规定：楼梯间、电梯厅等共用部分的外窗，窗外没有阳台或平台，且窗台距楼面、地面的净高小于 0.90 m 时，应设置防护设施。

（7）住宅户型厨房使用面积小于 4.0 m^2。《住宅设计规范》（GB 50096）规定：厨房的使用面积应符合下列规定：由卧室、起居室（厅）、厨房和卫生间等组成的住宅套型的厨房使用面积，不应小于 4.0 m^2。

（8）住宅工程做法中卫生间顶棚未设置防潮层。《住宅室内防水工程技术规范》（JGJ 298）规定：卫生间、浴室的楼、地面应设置防水层，墙面、顶棚应设置防潮层，门口应有阻止积水外溢的措施。

（9）高层住宅钢结构玻璃雨棚的设计未对其安全性提出技术要求，不符合《建筑玻璃应用技术规程》（JGJ 113）的有关规定。《建筑玻璃应用技术规程》（JGJ 113）规定：屋面玻璃必须使用安全玻璃。当屋面玻璃最高点离地面的高度大于 3 m 时，必须使用夹层玻璃。用于屋面的夹层玻璃，其胶片厚度不应小于 0.76 mm。

（10）教学楼教学用房的门未向疏散方向开启，而是开向室内。《中小学校设计规范》（GB 50099）规定：各教学用房的门均应向疏散方向开启，开启的门扇不得挤占走道的疏散通道。

（11）学校报告厅的观众厅出口门、舞台后台疏散门在距门 1.40 m 范围内设有踏步。参照《剧场建筑设计规范》（JGJ 57）规定：观众厅的出口门、疏散外门及后台疏散门应符合下列规定：靠门处不应设门槛和踏步，踏步应设置在距门 1.40 m 以外。

（12）商业首层入口处无障碍平台深度在门开启时小于 1.50 m，不满足《无障碍设计规范》（GB 50763）有关规定。《无障碍设计规范》（GB 50763）规定：除平坡式出入口外，在门完全开启的状态下，建筑物无障碍出入口平台的净深度不应小于 1.50 m。

（13）商场开向楼梯间的疏散门完全开启时，减少了楼梯平台的有效宽度。《建筑设计防火规范（2018 版）》（GB 50016）规定：建筑内的疏散门应符合下列规定：开向疏散楼梯或疏散楼梯间的门，当其完全开启时，不应减少楼梯平台的有效宽度。楼梯间疏散要求如图 2-4-2 所示。

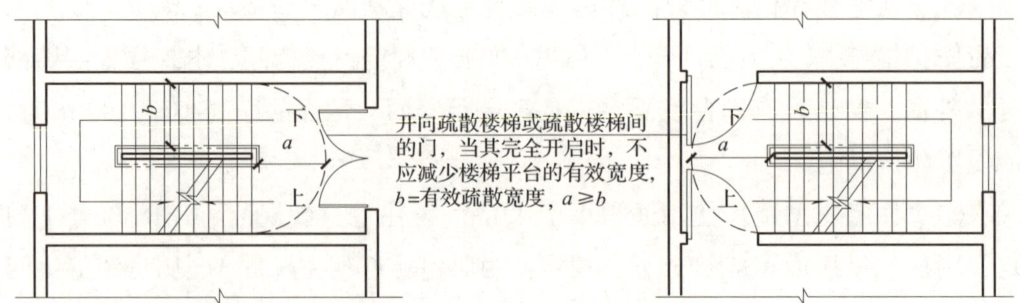

注释：住宅建筑高度≤18m，一边设置栏杆时，$b \geq 1.0$m，$a \geq b$；
住宅建筑高度>18m时，$b \geq 1.10$m，$a \geq b$。

图 2-4-2　楼梯间疏散要求

4. 建筑防火设计

（1）高层住宅外墙上相邻户开口之间的墙体宽度小于 1.0 m。《建筑设计防火规范（2018 年版）》（GB 50016）规定：住宅建筑外墙上相邻户开口之间的墙体宽度不应小于 1.0 m；小于 1.0 m 时，应在开口之间设置突出外墙不小于 0.6 m 的隔板。

（2）高层住宅设计总说明防火专项未表述管道穿过防火墙及防火卷帘上部时应采用的防火封堵措施。《建筑设计防火规范》（GB 50016—2014）规定：除本规范第 6.1.5 条规定外的其他管道不宜穿过防火墙；确需穿过时，应采用防火封堵材料将墙与管道之间的空隙紧密填实。穿过防火墙处的管道保温材料应采用不燃材料；当管道为难燃及可燃材料时，应在防火墙两侧的管道上采取防火措施。

（3）高层住宅设计总说明防火专项未表述建筑内的电缆井、管道井与房间走廊等相通的孔隙应采用的防火封堵措施。《建筑设计防火规范（2018 年版）》（GB 50016）规定：建筑内的电缆井、管道井与房间、走道等相连通的孔隙应采用防火封堵材料封堵。

（4）高层住宅首层疏散外门净宽不足 1.10 m。《建筑设计防火规范（2018 年版）》（GB 50016）规定：住宅建筑的户门、安全出口、疏散走道和疏散楼梯的各自总净宽度应经计算确定，且户门和安全出口的净宽度不应小于

0.90 m，疏散走道、疏散楼梯和首层疏散外门的净宽度不应小于 1.10 m。建筑高度不大于 18 m 的住宅中一边设置栏杆的疏散楼梯，其净宽度不应小于 1.0 m。

（5）商业建筑封闭楼梯间与相邻商铺的外窗间距小于 1.0 m。《建筑设计防火规范（2018 年版）》（GB 50016）规定：楼梯间应能天然采光和自然通风，并宜靠外墙设置。靠外墙设置时，楼梯间、前室及合用前室外墙上的窗口与两侧门、窗、洞口最近边缘的水平距离不应小于 1.0 m。

（6）酒店在分隔防火分区的防火墙上开设乙级防火门。《建筑设计防火规范（2018 版）》（GB 50016）规定：防火墙上不应开设门、窗、洞口；确需开设时，应设置不可开启或火灾时能自动关闭的甲级防火门、窗。

（7）酒店建筑外墙上未设置可供消防救援人员进入的窗口。《建筑设计防火规范（2018 版）》（GB 50016）规定：厂房、仓库、公共建筑的外墙应在每层的适当位置设置可供消防救援人员进入的窗口。供消防救援人员进入的窗口的净高度和净宽度均不应小于 1.0 m，下沿距室内地面不宜大于 1.2 m，间距不宜大于 20 m，且每个防火分区不应少于 2 个，设置位置应与消防车登高操作场地相对应。窗口的玻璃应易于破碎，并应设置可在室外易于识别的明显标志。救援窗设置如图 2-4-3 所示。

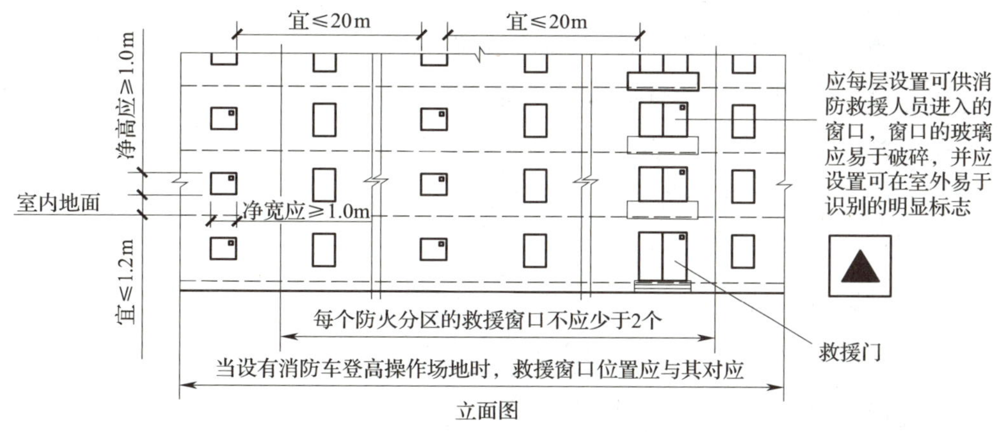

图 2-4-3 救援窗设置

（8）医院综合楼封闭楼梯间在首层未直通室外，也未采用扩大封闭楼梯间。《建筑设计防火规范（2018 版）》（GB 50016）规定：楼梯间应在首层直通室外；

确有困难时，可在首层采用扩大的封闭楼梯间或防烟楼梯间前室。当层数不超过 4 层且未采用扩大的封闭楼梯间或防烟楼梯间前室时，可将直通室外的门设置在离楼梯间不大于 15 m 处。

（9）公共建筑在防火隔墙上设有不具备自闭功能的平开窗。《建筑设计防火规范（2018 版）》（GB 50016）规定：设置在防火墙、防火隔墙上的防火窗，应采用不可开启的窗扇或具有火灾时能自行关闭的功能。

（10）学校报告厅灯光控制室内墙采用 B1 级材料。《剧场建筑设计规范》（JGJ 57）规定：观众厅及舞台内的灯光控制室、面光桥及耳光室的各界面构造均应采用不燃材料。

（11）纪念馆在疏散门上设有一级踏步。《建筑设计防火规范（2018 版）》（GB 50016）规定：人员密集的公共场所、观众厅的疏散门不应设置门槛，其净宽度不应小于 1.40 m，且紧靠门口内外各 1.40 m 范围内不应设置踏步。

（12）乙类厂房建筑用料做法表中顶棚、墙面采用乳胶漆墙面。《建筑内部装修设计防火规范》（GB 50222）规定：施涂于 A 级基材上的无机装饰涂料，可作为 A 级装修材料使用；施涂于 A 级基材上，湿涂覆比小于 1.5 kg/m^2 的有机装饰涂料，可作为 B1 级装修材料使用。乳胶漆墙面可作为 B1 级装修材料，而达不到 A 级。同时，《建筑内部装修设计防火规范》（GB 50222）规定：乙类厂房顶棚、墙面装修材料燃烧性能等级为 A 级。

（13）综合培训楼消防登高操作场地与建筑物距离大于 10 m。《建筑设计防火规范（2018 年版）》（GB 50016）规定：场地应与消防车道连通，场地靠建筑外墙一侧的边缘距离建筑外墙不宜小于 5 m，且不应大于 10 m，场地的坡度不宜大于 3%。

5. 建筑节能设计

（1）节能计算书数据与施工图建筑节能专篇中数据不一致。某商场节能计算书中屋面保温为 90 mm 厚 XPS 板，施工图建筑节能专篇中屋面保温为 70 mm 厚 XPS 板。

（2）某 26 层住宅体形系数超限值未进行围护结构热工性能的权衡判断。陕西省工程建设标准《居住建筑节能设计标准》（DBJ 61—65）规定：严寒和寒冷地区居住建筑的体形系数不应大于表 4.1.3 规定的限值。当体形系数大于表

4.1.3 规定的限值时，必须按照本标准第 4.3 节的要求进行围护结构热工性能的权衡判断。该住宅为 26 层，其体形系数大于表 4.1.3 规定的限值 0.26，应进行围护结构热工性能的权衡判断。

（3）某综合培训楼门厅出入口未设置门斗。《公共建筑节能设计标准》（GB 50189）规定：寒冷地区建筑面向冬季主导风向的外门应设置风斗或双层外门。《办公建筑设计规范》（JGJ 67）规定：严寒和寒冷地区的门厅应设门斗或其他防寒设施。

（4）商业建筑未表述外窗太阳的得热系数。《公共建筑节能设计标准》（GB 50189）规定：根据建筑热工设计的气候分区，甲类公共建筑的围护结构热工性能应符合相关规定。当不能满足本条规定时，必须按本标准规定的方法进行权衡判断。该标准表 3.3.1–3 “寒冷地区甲类公共建筑围护结构热工性能限值”中，对不同窗墙比的单一立面外窗均有太阳得热系数限值要求，所以在设计中应计算并加以表述。

（5）寒冷地区公共建筑节能专篇中未描述外门的气密性等级。《公共建筑节能设计标准》（GB 50189）规定：建筑外门、外窗的气密性分级应符合国家标准《建筑外门窗气密、水密、抗风压性能分级及检测方法》（GB/T 7106）中第 4.1.2 条的规定，并应满足“严寒和寒冷地区外门的气密性不应低于 4 级”的要求。

（6）厂房建筑节能设计。厂房建筑节能应按照《工业建筑节能设计统一标准》（GB 51245）设计。

二、结构专业常见问题

1. 结构设计总说明

（1）结构设计总说明中未注明本建筑防火分类及耐火等级。根据施工图审查要点第 3.2.4 条，结构设计总说明中应予以说明。

（2）混凝土标号混乱。结构设计总说明中地下室、剪力墙、梁柱等混凝土标号混乱，互相矛盾。注意尽量统一混凝土标号，混凝土标号不宜太多，否则易造成施工混乱。

（3）对施工、安装中的要求未作说明。有关施工安装要求和注意事项，施工程序、专业配合及施工质量验收的特殊要求，以及设计中需要交代的事项等，应在结构设计总说明中加以注明。

2. 荷载与计算

（1）计算荷载统计不全或偏小。楼面计算荷载取值偏小或者局部隔墙荷载漏计，屋顶设消防水箱的房间未考虑水箱荷载，电梯机房荷载按一般楼面取值，建筑上为防火要求设计的上人屋面以及疏散通道处活荷载按非上人屋面取值，走廊、阳台活荷载取值 2.0 kN/m^2，楼面装饰荷载、地板敷设采暖荷载、屋顶装饰架及太阳能设备荷载在结构中未考虑等。

（2）结构整体计算时，漏输填土荷载、建筑装修荷载，或未正确输入风载、填充墙荷载、隔墙荷载、楼电梯荷载和阳台荷载。

（3）主体结构计算结果中，地上一层与地下一层侧移刚度比为 0.59，嵌固端取地下室顶板不符合《建筑抗震设计规范》（GB 50011）第 6.1.14 条规定。

（4）框架结构楼梯构件与主体结构整浇，应计入楼梯构件对地震作用及其效应的影响，进行楼梯构件抗震承载力验算，详见《建筑抗震设计规范》（GB 50011）第 6.1.15 条规定。

3. 地基基础

（1）采用未经审查的勘察报告或者审查未通过的勘查报告进行设计。有些基础图或结构说明中未列出基础设计所依据的岩土工程勘察报告，基础持力层描述不详，只笼统地写上参照周边地基情况，给基础设计留下安全隐患。还有甲方提供的勘察报告未经审查或审查日期晚于基础设计日期，当勘察报告修改后基础图无法及时进行调整。

（2）地基基础设计等级有误，对甲级、乙级建筑物和特殊条件下的丙级建筑物未进行地基变形设计或变形验算，对地基基础设计等级为甲级的建筑物未进行变形观测。

（3）对无底板结构，当其首层有重型设备时，设备基础遗漏，后加设备基础时与建筑基础和地梁发生矛盾。有时设备基础较大，要求与建筑基础形成整体基础。

（4）场地为Ⅱ级自重湿陷性黄土，纯地下室部分未进行地基处理，不满足

《湿陷性黄土地区建筑规范》（GB 50025）第 6.1.5 条规定。

（5）挤密桩从基础外缘外放尺寸不满足桩长的 1/2。

（6）地下室墙身水平分布筋直径采用 ϕ10 mm，不符合《建筑地基基础设计规范》（GB 50007）第 8.4.5 条规定。

（7）条形基础梁底通长钢筋面积小于支座总面积的 1/3，不符合《建筑地基基础设计规范》（GB 50007）第 8.3.1 条第 4 款规定。

4. 结构构造

（1）板面钢筋的配筋率小于受弯构件的最小配筋率，不符合《混凝土结构设计规范（2015 年版）》（GB 50010）第 8.5.1 条规定。

（2）嵌固端取地下室顶板时，地下一层柱截面每侧纵向钢筋不应小于地上一层柱对应纵向钢筋的 1.1 倍。若小于此值，则不符合《建筑抗震设计规范》（GB 50011）第 6.1.14 条第 3 款规定。

（3）框架梁中线与柱中线之间的偏心距大于柱宽的 1/4，计算模型中应计入偏心的影响，详见《建筑抗震设计规范》（GB 50011）第 6.1.5 条规定。

（4）框架梁加密区箍筋的最大间距不应小于 1/4 梁高，详见《建筑抗震设计规范》（GB 50011）第 6.3.3 条规定。

（5）抗震等级为一级，框架梁支座贯通筋小于支座负筋的 1/4；框架梁下部纵筋与支座上部纵筋面积之比应大于等于 0.5；框架梁支座纵筋的配筋率大于 2%，加密区箍筋直径采用 10 mm，未增加 2 mm（框架柱箍筋直径不应小于 10 mm），不符合规范规定。

（6）二级框架角柱箍筋应全高加密，详细见《建筑抗震设计规范》（GB 50011）第 6.3.9 条第 1 款第 4 项规定。

（7）一级框架柱非加密区箍筋间距大于 10 d，不符合《建筑抗震设计规范》（GB 50011）第 6.3.9 条第 4 款第 2 项规定。

（8）楼梯平台处的短柱体积配箍率小于 1.2%，不符合《建筑抗震设计规范》（GB 50011）第 6.3.9 条第 3 款第 3 项规定。

（9）剪力墙竖向分布钢筋的直径采用 8 mm，不符合《建筑抗震设计规范》（GB 50011）第 6.4.4 条第 3 款规定。

（10）剪力墙端柱承受集中荷载，纵向钢筋配筋率不符合《建筑抗震设计规范》（GB 50011）第 6.4.5 条第 1 款注 3 规定。

（11）剪力墙抗震等级为二级，底部加强部位一字形剪力墙厚度小于 220 mm，不符合《高层建筑混凝土结构技术规程》（JGJ 3）第 7.2.1 条第 2 款规定。

（12）剪力墙抗震等级为一级，约束暗柱纵筋的配箍率小于 1.2%，不符合《高层建筑混凝土结构技术规程》（JGJ 3）第 7.2.15 条第 2 款规定。

（13）剪力墙结构，车库顶板与主楼错层处剪力墙墙身配筋率小于 0.5%，不满足《高层建筑混凝土结构技术规程》（JGJ 3—2010）第 10.4.6 条规定。

三、基于 BIM 模型的常见土建问题

1. 标注缺失、冲突及不完整

（1）柱编号缺失，如图 2-4-4 所示。

（2）梁标注缺失，如图 2-4-5 所示。

（3）混凝土标号图样说明与结构总说明不一致，如图 2-4-6 所示。

（4）图中标注与测量尺寸不一致。如图 2-4-7 所示，图中结构梁实际尺寸与标注尺寸不符，原因是设计师后期修改了标注尺寸而未修改图样，在用 CAD 图建模过程中导致梁尺寸错误。

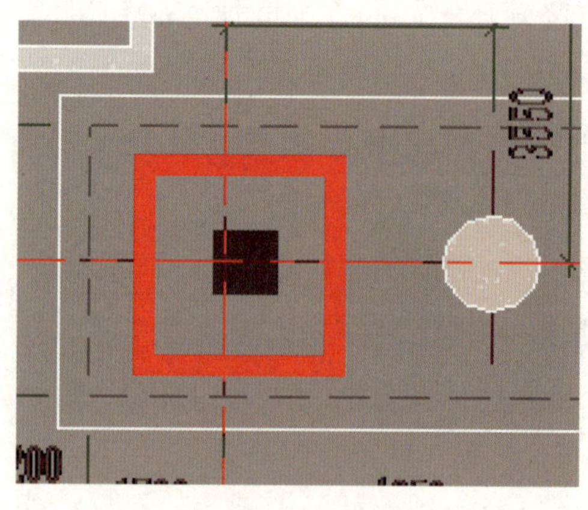

图 2-4-4　柱编号缺失

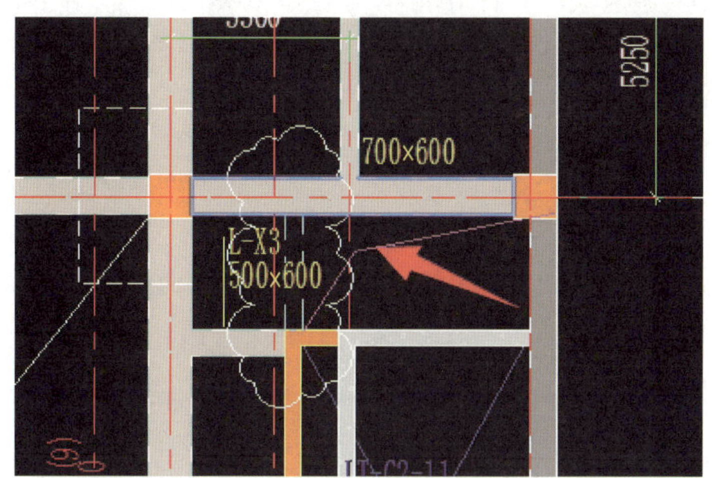

图 2-4-5 梁标注缺失

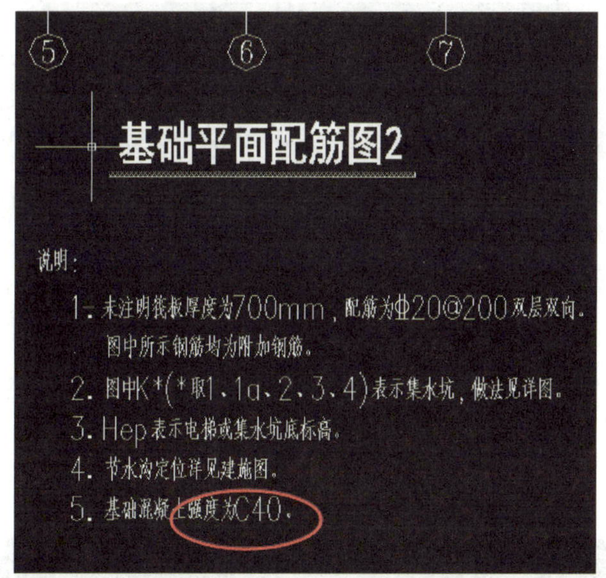

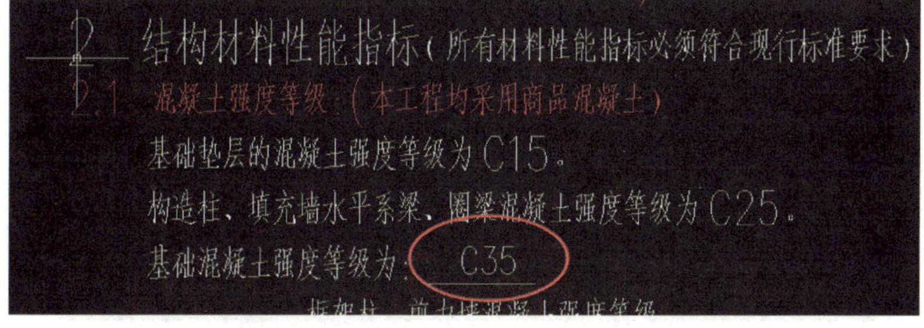

图 2-4-6 混凝土标号图样说明与结构总说明不一致

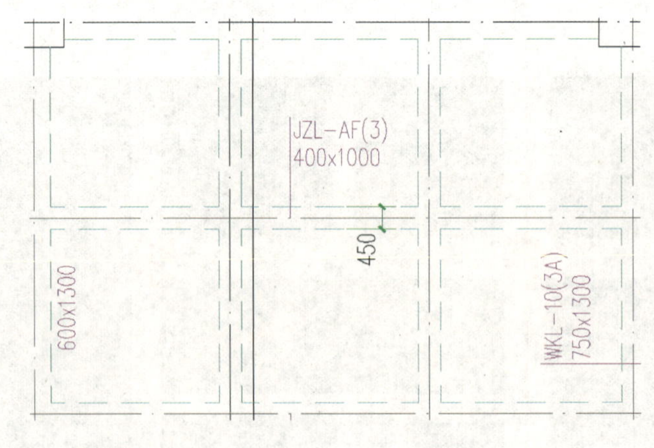

图 2-4-7　图中标注与测量尺寸不一致

（5）平面图与详图不符。如图 2-4-8 所示，坡道起坡位置在平面图与详图中不一致。

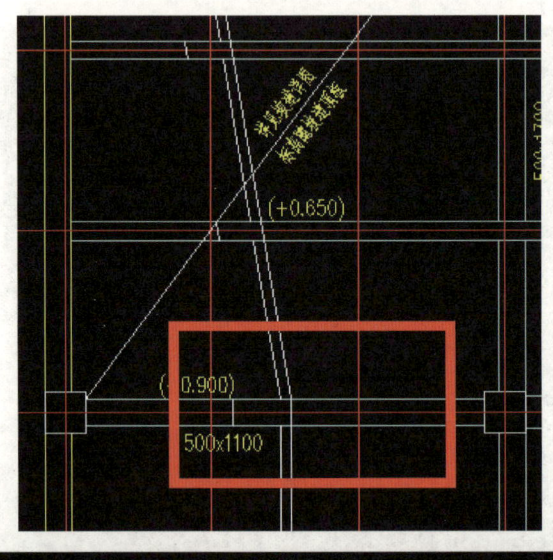

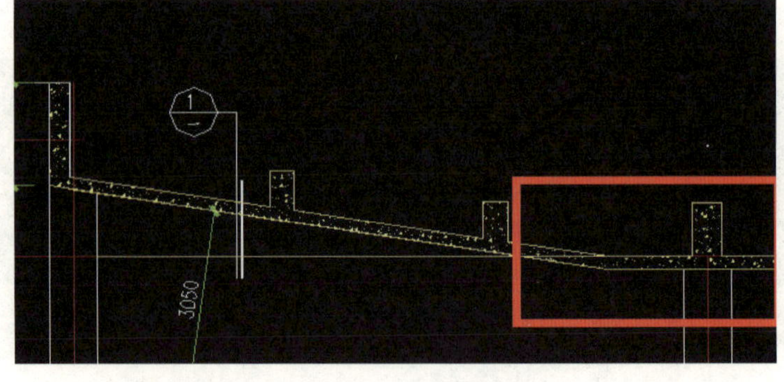

图 2-4-8　平面图与详图不符

（6）缺少节点做法，如图 2–4–9 所示。

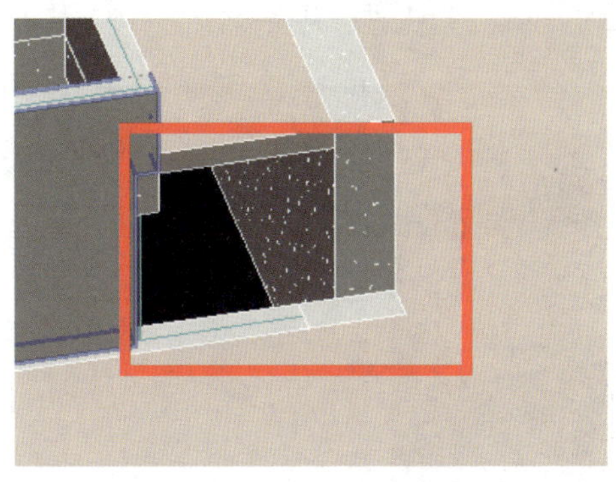

图 2–4–9 缺少节点做法

（7）梁高错误，次梁大于主梁，如图 2–4–10 所示。

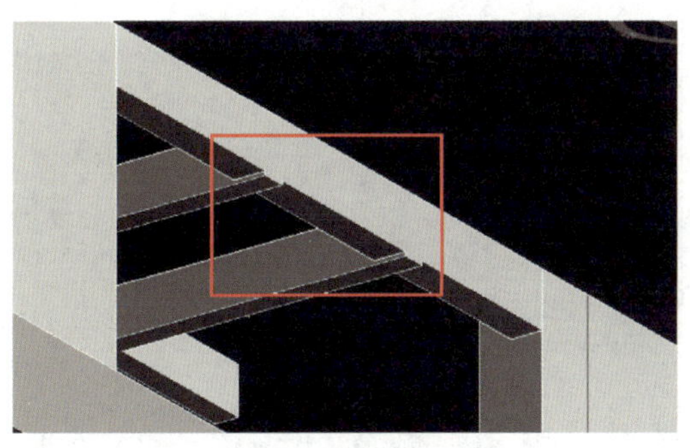

图 2–4–10 次梁大于主梁

（8）挡土墙标高设计错误，未充分考虑覆土高度，导致后期可能需要补筋，降低工程安全度，如图 2–4–11 所示。

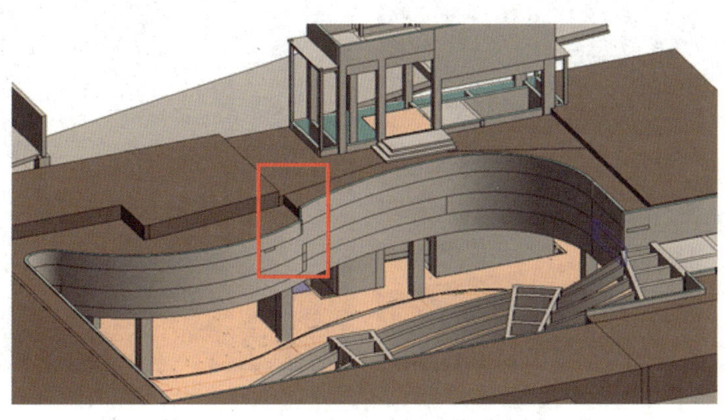

图 2–4–11 挡土墙标高设计错误

2. 建筑结构构件冲突

（1）某项目建筑墙、窗户与结构墙重叠，如图 2-4-12 所示。

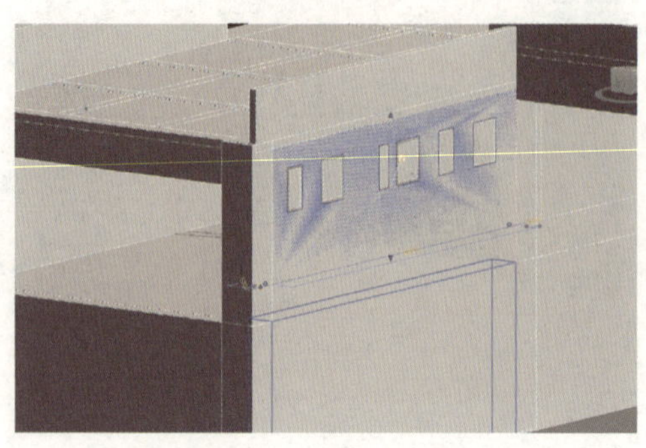

图 2-4-12 建筑墙、窗户与结构墙重叠

（2）百叶与构造柱冲突，如图 2-4-13 所示。

图 2-4-13 百叶与构造柱冲突

（3）防火卷帘盒与上部密肋梁及柱帽相互碰撞，如图 2-4-14 所示。

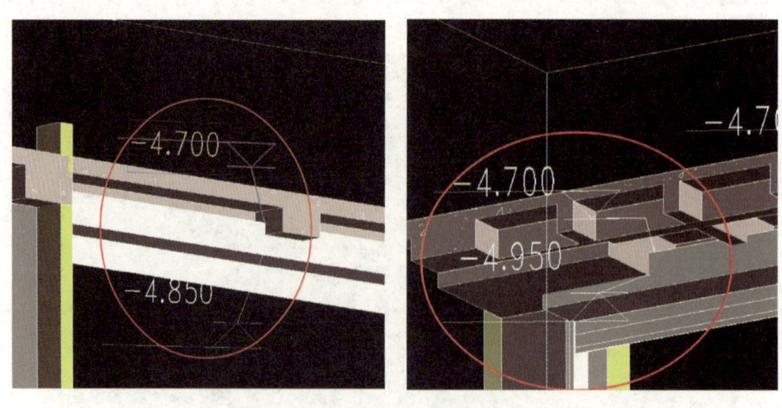

图 2-4-14 防火卷帘盒与上部密肋梁及柱帽相互碰撞

（4）门与坡道梁碰撞，如图 2–4–15 所示。

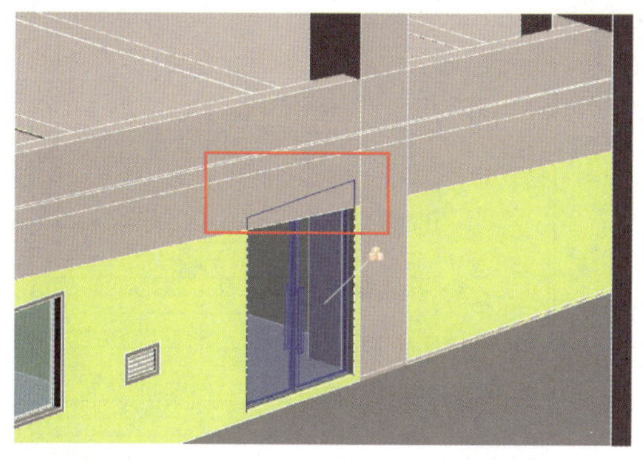

图 2-4-15　门与坡道梁碰撞

（5）柱子中间尺寸不合理，如图 2–4–16 所示。

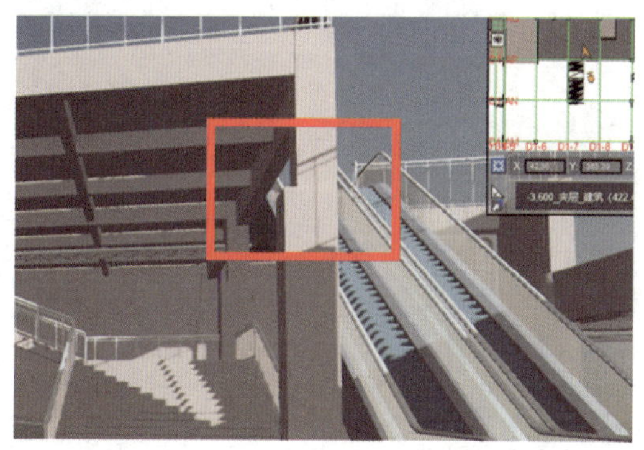

图 2-4-16　柱子中间尺寸不合理

3. 楼梯错误

（1）楼梯与结构楼板碰撞，如图 2–4–17 所示。

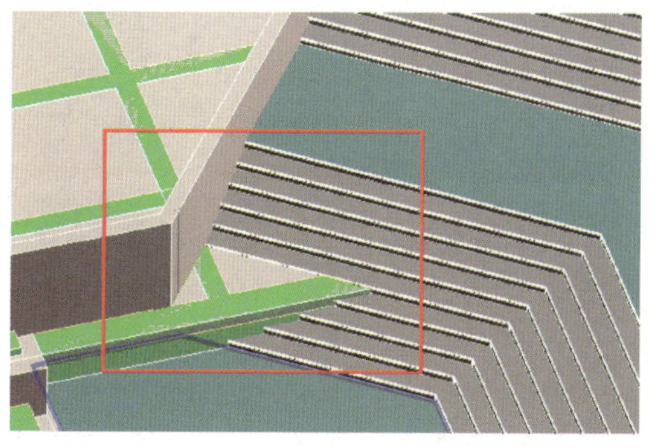

图 2-4-17　楼梯与结构楼板碰撞

（2）建筑楼梯平面与结构楼梯平面冲突，如图 2-4-18 所示。

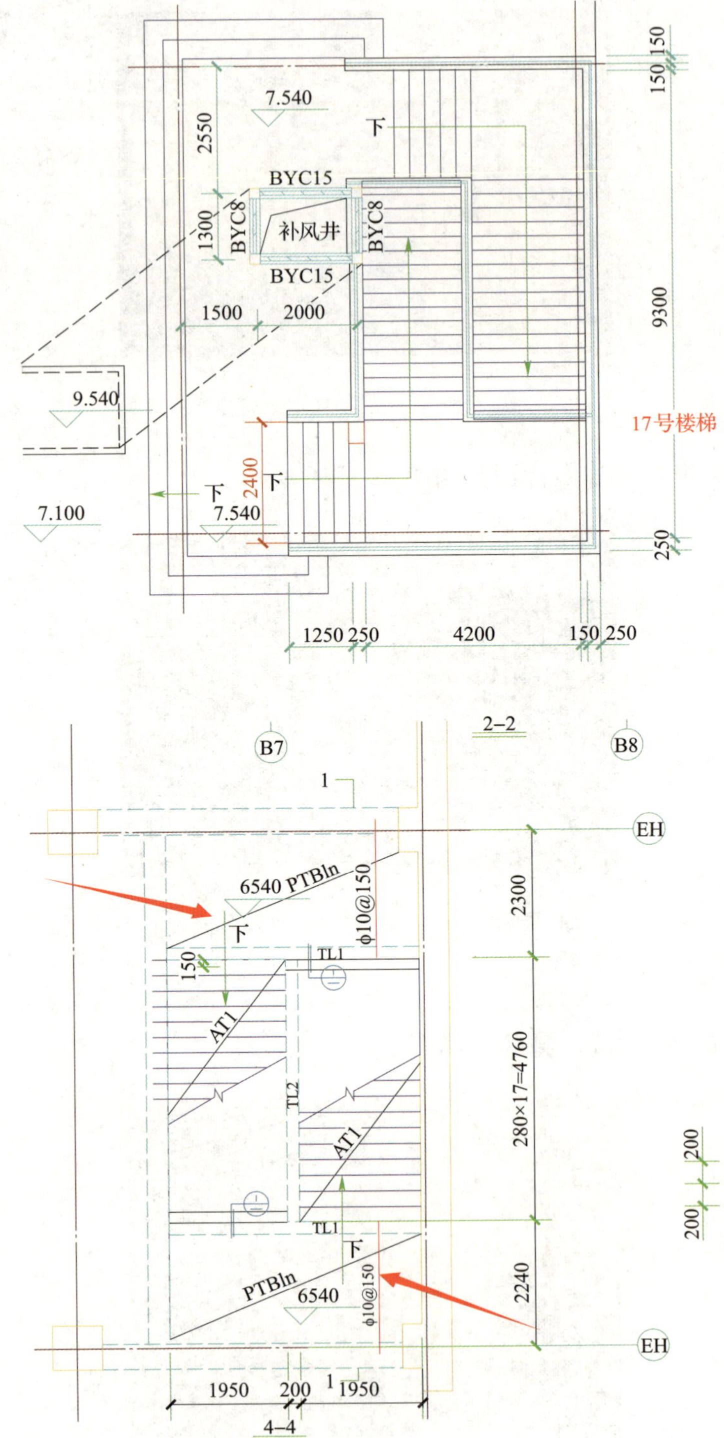

图 2-4-18　建筑楼梯平面与结构楼梯平面冲突

第五节 建筑工程机电施工图常见问题

一、给排水专业常见问题

1. 给水设计

（1）游泳池、循环水池补水管上，喷头为地下或自动升降式的绿地给水管上，卷盘、出口接软管的冲洗水管道上未设置真空破坏器。

（2）生活给水系统未充分利用城镇供水管网的水压直接供水。为节约能源，减少居民生活饮用水水质污染，建筑物底部的楼层应充分利用市政或小区给水管网的水压直接供水。设有市政中水供水管网的建筑，也应充分利用市政供水管网的水压，节能节水。

（3）生活饮用水水池（箱）进、出水管均设在同一侧，且未设置导流装置（见图 2-5-1），违反了《建筑给水排水设计规范（2009 年版）》（GB 50015）第 3.2.12 条的规定。

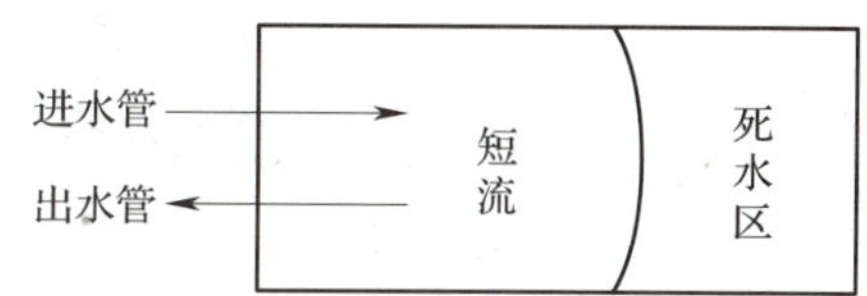

图 2-5-1 水池（箱）进、出水管设在同一侧示意图

（4）生活饮用水水池（箱）溢流、泄空管直接与排水管（或排水构筑物）连接（见图 2-5-2），违反了《建筑给水排水设计规范（2009 年版）》（GB 50015）第 4.3.13 条规定。

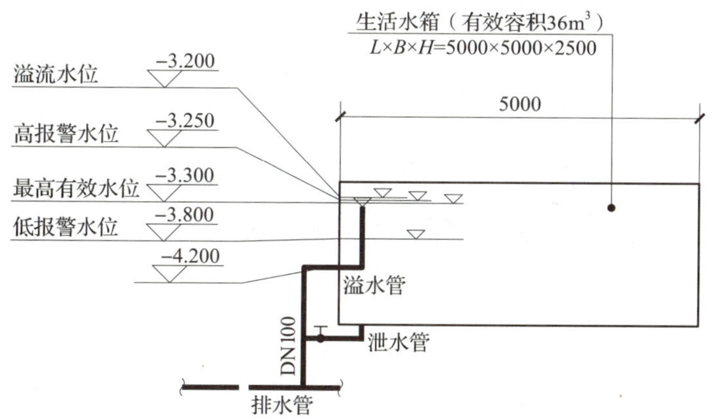

图 2-5-2 水池（箱）溢流、泄空管直接与排水管连接示意图

（5）给水管穿越伸缩缝、沉降缝等未采取措施，违反了《建筑给水排水设计规范（2009 年版）》（GB 50015）第 3.5.11 条的规定。

2. 排水设计

（1）一层排出管未考虑汇合，出户管道太多，影响室外总体和景观设计。

（2）地下室污水坑、污水提升设备未考虑通气管道。生活污水集水池池盖不密封或不设专用通气管会影响周围环境，同时生活污水会产生沼气等易燃气体，因此，如果通气效果不佳，甚至会存在产生爆炸危险。

（3）餐饮、备餐烹饪部位上空布置排水横管，未说明防护措施。

（4）排水横支管连接在横干管上，连接点与立管底部下游的水平距离小于 1.5 m（见图 2-5-3）。排水横支管与排水横干管连接位置不当会导致卫生器具水封遭到破坏，卫生器具内发生冒泡、满溢现象，影响其使用。

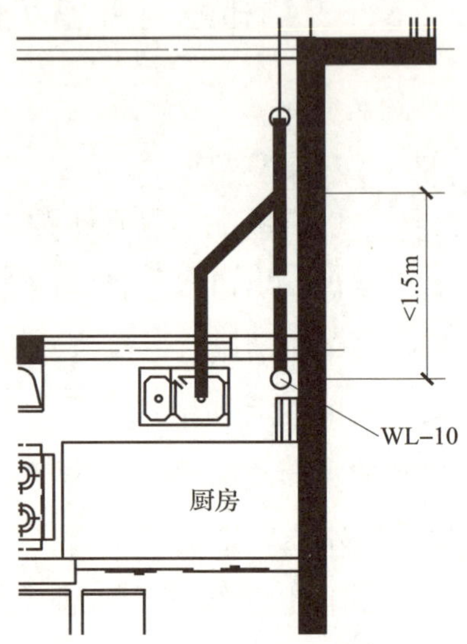

图 2-5-3　排水横支管示意图

（5）最低排水横支管与立管连接处距立管管底垂直距离不够。由于污水在排放过程中，在立管底部管道内会产生正压，该正压使靠近立管底部的卫生器具的水封遭到破坏，出现溢返冒泡现象，严重影响其使用。因此，在仅设置伸顶通气管的排水系统，其最低排水横支管与立管连接处距排水立管管底应有一定的垂直距离，见表 2-5-1。

表 2-5-1　最低排水横支管与立管连接处距排水立管管底的最小垂直距离

立管连接卫生器具的层数	垂直距离（m）	
	仅设伸顶通气管	设通气立管
≤ 4	0.45	按配件最小安装尺寸确定
5 ~ 6	0.75	
7 ~ 12	1.20	
13 ~ 19	3.00	0.75
≥ 20	3.00	1.20

（6）屋面雨水未考虑溢流措施。受经济条件限制，管道排水能力是按一定重现期设计的，因此，为建筑安全考虑，超设计重现期的雨水应有出路。以目前的技术水平，设置溢流设施是最有效的。

（7）排水管穿越沉降缝、伸缩缝、变形缝、烟道和风道。排水管道穿过沉降缝、伸缩缝、变形缝，在不均匀沉降或地震时，会使管道改变坡度或断裂漏水；排水管道穿过烟道和风道会影响烟道和风道的过流面积，且排水管道穿过烟道还易引起火灾。

3. 热水设计

（1）热水循环管未采用同程布置方式（见图 2-5-4）。热水循环管道不同程布置会产生短路循环，使距离较远的用水点回水不畅，造成放掉冷水过多而导致不必要的经济损失。

（2）设置集中太阳能系统无计算，系统随意设置，完全照搬厂家提供的图样；循环泵随意露天设置，且没有相应的技术要求。

（3）项目管道井集中设置，出户水表至最远端的距离偏远，不能保证热水的出水时间，浪费水资源，方案严重不合理。

（4）公共浴室淋浴器配水管较多（数量大于 3 个）时，未设置成环状或管径偏小。公共浴室淋浴管道系统图如图 2-5-5 所示。公共浴室淋浴器较多时，如采用枝状供水或管径偏小，其他淋浴器的开启和关闭则会造成供水压力不稳定，出现显著的忽冷忽热现象。

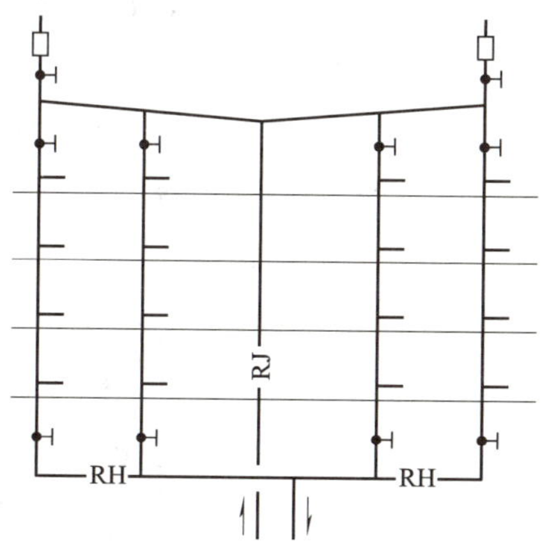

图 2-5-4 热水循环管同程布置

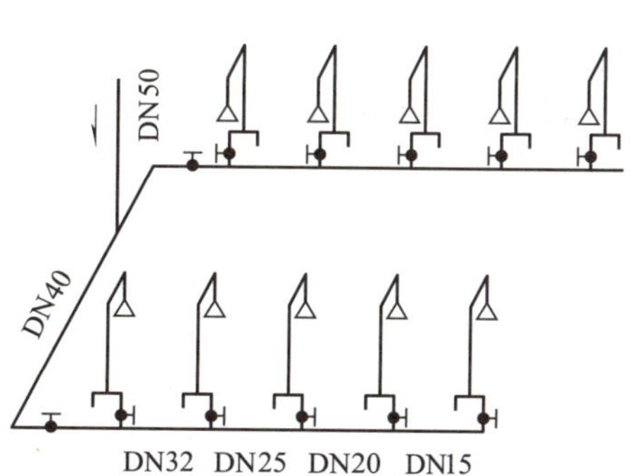

图 2-5-5 公共浴室淋浴管道系统图

（5）闭式热水系统未设防止超压措施。闭式热水系统不设防止超压措施，一旦水加热膨胀后压力过高就会酿成事故，造成人员伤害和经济损失。热水管道原理图如图 2–5–6 所示。

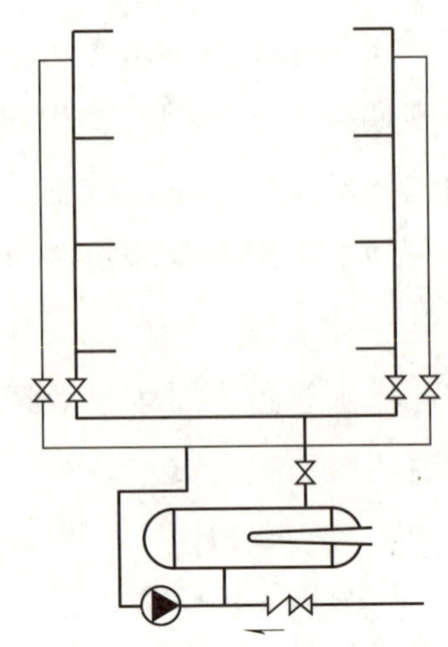

图 2–5–6　热水管道原理图

4. 消防给水和灭火设计

（1）由于建筑定位原因，导致设计严重偏离规范要求（特别是常规接触较少的类型，如库房、厂房等），从而造成灭火器选型错误等问题。

（2）需要二次设计的气体消防等未给出相应的技术或控制单元要求，不能满足设计深度要求。

（3）对于高大空间的自喷设计参数选用有误，从而不能保证其对应的设计水量。

（4）消防水池、消防水箱的最高有效水位、最低报警水位、最高报警水位、溢水位、最低有效水位概念不清楚。

（5）消防环管上分隔阀设置不严谨，数量不够。建筑物室内环状消防给水管道，如果其阀门设置不当，当某个消火栓或某段管道需要检修时，由于关闭的消火栓过多，就会使建筑物局部在消火栓或某段管道检修期间失去或削弱了消火栓的安全保护，易形成隐患。

（6）设备层漏设消火栓。因工程的不确定性，使设备层是否有可燃物难以判断，另外，设备层设置消火栓对扑救建筑物火灾有利，且增加的投资很有限，故应该在设备层设置消火栓。本条为强制性条文。

（7）屋顶漏设试验用消火栓。消防系统如果不在屋顶设置试验用消火栓，将会导致系统在进行定期检测时不能准确检查消防泵和其他消防设施的运行状况；同时，如果试验时需要打开消火栓，则可通过屋顶雨水排水装置排除消火栓试验用水而不影响建筑物的正常使用。室内消火栓管道原理图如图 2–5–7 所示。

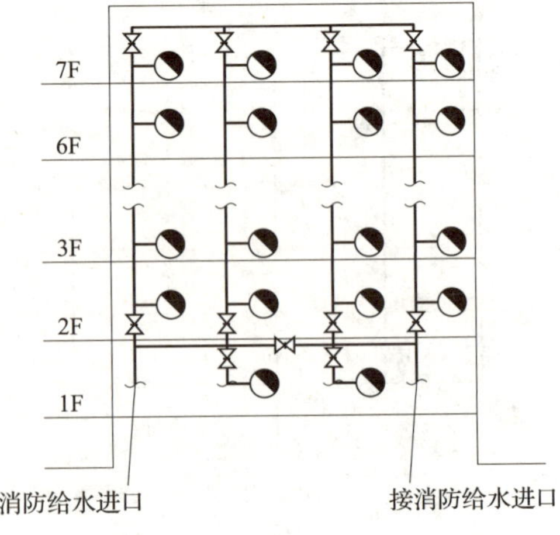

图 2–5–7　室内消火栓管道原理图

（8）报警阀组处没有排水设施。为方便施工、测试和维修工作，在安装报警阀的部位应设置有足够能力的排水设施。

（9）自喷系统末端排水试水装置或试水阀漏设，或者排水就近排至卫生器具中（见图 2-5-8）。消防给水系统试验装置处应设置专用排水设施。自动喷水灭火系统等自动水灭火系统末端试水装置处的排水立管管径应根据末端试水装置的泄流量确定，且不宜小于 DN75。

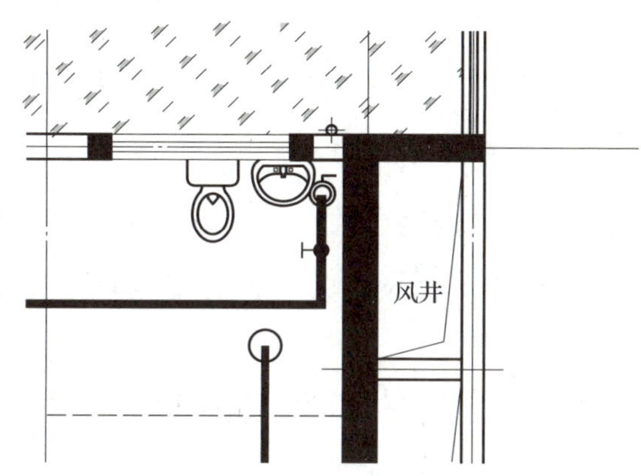

图 2-5-8 末端试水装置排水至洗手盆

5. 其他

（1）设计说明及目录中仍选用作废的标准图。

（2）湿陷性地区的室外出户地沟不表示、不定位。

（3）对管材的了解不够，连接方式和选型出错。

（4）保温措施、保温做法不完善、不合理。

（5）管材选型不全，压力等级随意性强。

（6）平面图与系统图或详图管径不符。

二、暖通专业常见问题

1. 采暖设计

（1）供暖地沟宜避开地面辐射盘管布置，以便于后期管路的维修和更换。

（2）居住建筑热力入口应设置必要的装置。热力入口应设置热量表对整个建筑物的侧应用热量进行计量。户内系统为单管跨越式的应安装流量调节装置，户内系统为双管系统的则应安装差压控制装置。热力管道入口装置示意图如图 2-5-9 所示。

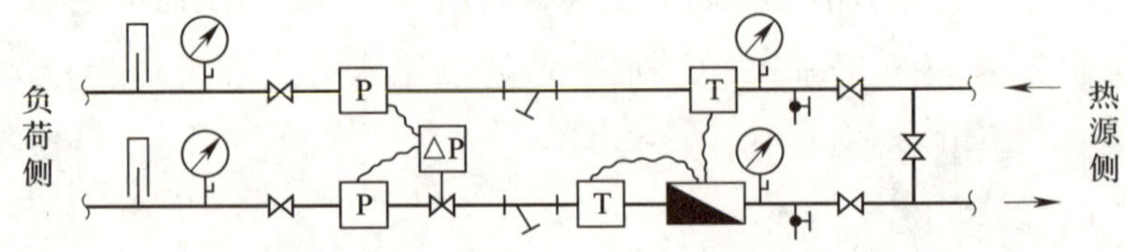

图 2-5-9　热力管道入口装置示意图

（3）新建住宅热水集中采暖系统，应设置分户热计量和户用供暖壁挂炉地辐射供暖系统，应明确壁挂炉选型参数（供暖功率、炉外剩余扬程、供暖回水温度等）。在满足条件的情况下采用直供系统会更加简单、经济，并便于运行维护。

（4）户用壁挂炉供暖系统的工作压力及辐射供暖管材等的选择应依据自来水的设计压力合理确定。

（5）消防监控室因一年四季均有人值班，所以应该设计安装空调系统。

（6）供暖系统热力管道水力计算应从换热站开始，包括二次网以及室内管路的全部系统，不应遗漏室外管网部分。

（7）采暖系统热力入口装置不能仅仅引用标准图，还应详细注明静态水力平衡阀或自力式控制阀以及热计量表的规格型号，其选型时所依据的技术参数应参照《供热计量技术规程》（JGJ 173）。

（8）有冻结危险的楼梯间或其他场所，应由单独的立、支管供暖，散热器前不得设置调节阀。供暖管道原理图如图 2-5-10 所示。

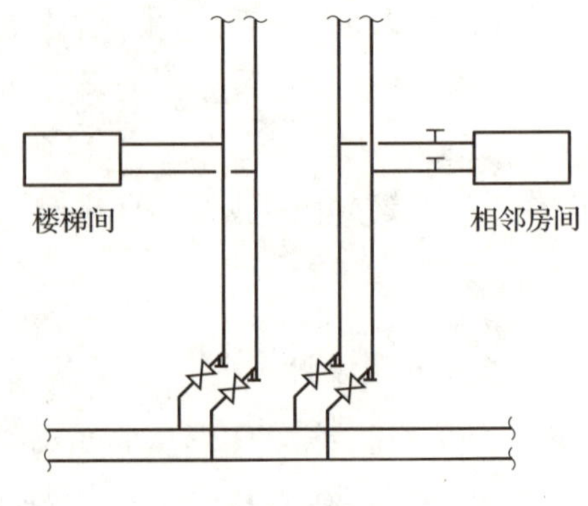

图 2-5-10　供暖管道原理图

（9）普遍存在着采暖负荷计算书中各个围护结构部位的传热系数 K 值等参数与建筑施工图设计说明不一致的现象，应引起注意并使二者保持一致。

（10）工程设计中应考虑供暖管道热膨胀问题，图中应明确热补偿措施及补偿量，采暖设计中常见的热补偿问题如下：供暖管道未考虑热补偿措施（见图 2–5–11a）；两个固定支架之间没用形成自然补偿或没有设置补偿器（见图 2–5–11b）；设置补偿器，但没有标注补偿量，工程施工时无法采购补偿器（见图 2–5–11c）；方形补偿器没有标注短壁 a 和长臂 b（见图 2–5–11d）。

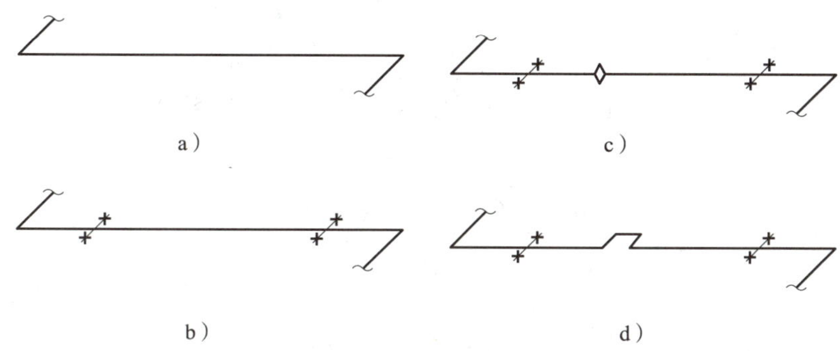

图 2–5–11 补偿器示意图

a）采暖管道未计算热膨胀 b）未设置补偿器

c）设置补偿器，未标注补偿量 d）方形补偿器未标注出 $a \times b$

2. 通风设计

（1）设在建筑物内（指地下室、半地下室、设备层）的燃气锅炉间，没有设机械通风及事故排风，仅靠泄爆窗进行自然通风。由于泄爆窗自然通风效果不好，应设机械通风（排风及送风）及事故通风。事故通风按不小于 12 次 /h 换气计算。事故通风机应为防爆型。通风平面图如图 2–5–12 所示。

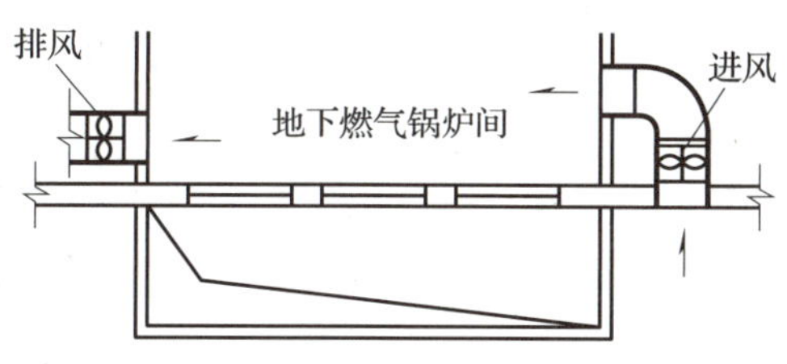

图 2–5–12 通风平面图

（2）医疗用房（诊疗室、病房）新风量不应低于 40 m^3/h 或不小于 2 次 /h 换气。

（3）平战合用风管，应注明哪些阀门是平、战切换的。

3. 空调设计

（1）空调设备与散热器共用一个水系统控制的问题。散热器采暖系统的供、回水管道应在热力入口处与空调系统分开设置环路，同时应有调节控制措施。采暖系统原理图如图 2–5–13 所示。

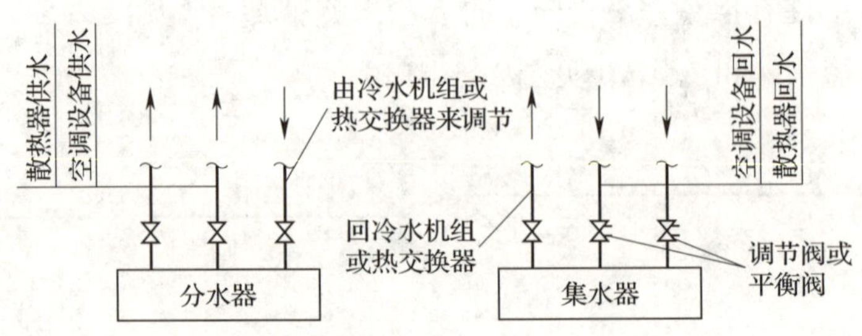

图 2–5–13　采暖系统原理图

（2）风机盘管凝结水排除问题

1）风机盘管凝结水盘与干管高差小。此时，凝结水管应尽量贴近吊顶安装，以提高凝结水盘与干管的高差。风机盘管排水原理图如图 2–5–14 所示。

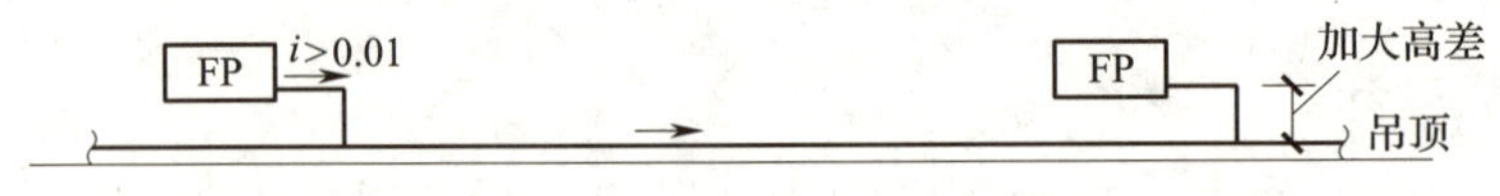

图 2–5–14　风机盘管排水原理图

2）干管太长，坡度小于 0.003（偏小）。此时，应该增设排水立管，缩短干管长度，增大坡度。当坡度小于 0.003 时要适当放大干管管径。风机盘管排水管坡度原理图如图 2–5–15 所示。

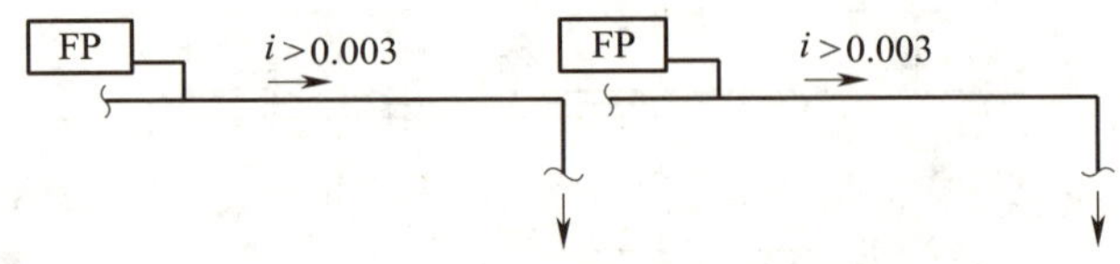

图 2–5–15　风机盘管排水管坡度原理图

4. 防火排烟设计

（1）排烟系统的风量和阻力应认真计算并考虑漏风系数，所选风机应满足要求。

（2）所有排烟口（不论在楼内或地下车库）均应设手动开启装置。设计时应考虑手动开启装置的安装位置并预留安装条件。

（3）加压送风机风压选用过高或过低，造成楼梯间及前室余压偏高或偏低。风机压头过高，造成楼梯间及前室余压偏高，疏散门开启困难甚至不能开启；风机风压过低，造成楼梯间及前室余压偏低，不足以阻止烟气进入前室。导致风压过高或过低的原因是没有进行系统阻力计算，而是采用估算值或经验值，所以设计时应对系统进行阻力计算。为防止超压，可有两种控制余压的方法：一是设泄压阀（见图 2–5–16），但在泄压阀后应加设防火阀；二是在加压风机进风管和出风管间加旁通管及电动风阀（见图 2–5–17），并在楼梯间及前室分别设压力传感器，用压力传感器设定余压值以控制旁通电动风阀的开启及开度。

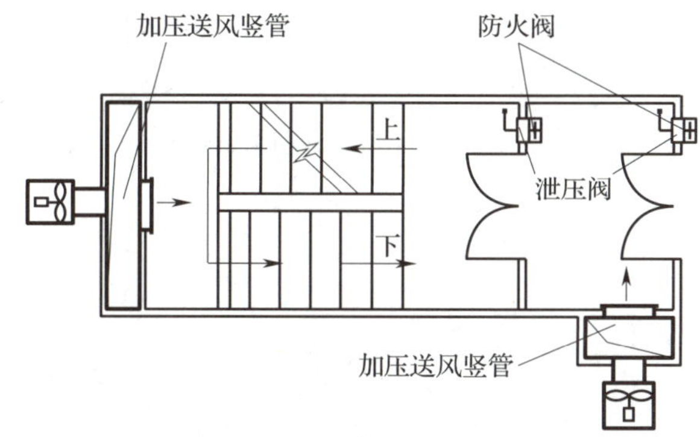

图 2–5–16 设泄压阀

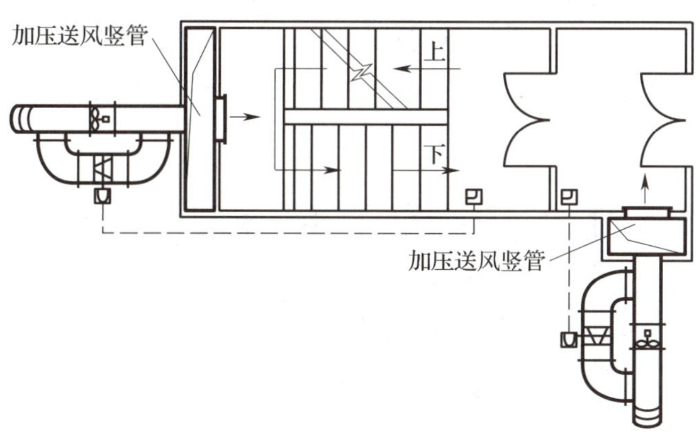

图 2–5–17 设旁通管及电动风阀

（4）变配电间等采用气体灭火系统的地方，其排风口应设在房间的下部。

（5）防火排烟和事故通风风道及相关设备应采用抗震支吊架。

（6）设计说明中应明确表明空调及防火排烟管道穿越防火墙和楼板处的空隙应采用防火材料封堵。防火阀应靠近防火墙和楼板处，并且其前后两侧各 2 m 范围内的风管应采用耐火风道或风管外壁采取防火保护措施。

（7）通风空调风管穿越重要的或火灾危险性较大的房间及甲、乙级防火门的房间时应设 70 ℃防火阀。

（8）当走道和相连通的房间都需要设置排烟系统时，应分开设置。走道排烟系统可以采用垂直系统，利用垂直烟道将若干层走道的排烟口串联起来，并在顶层排烟口以上设置排烟风机。房间的排烟系统应分层设置，并在每层都设置排烟机房。所有排烟井道应严密不漏风，最好不要采用土建风道。如果采用土建风道，最好内衬铁风道或无机玻璃钢风道。

（9）走道排烟问题。对于无直接自然通风且长度超过 20 m 的内走道，或虽有直接自然通风但长度超过 60 m 的内走道，应设置机械排烟系统。机械排烟系统的排烟口距最远点不应超过 30 m。内走道排烟平面图如图 2–5–18 和图 2–5–19 所示。

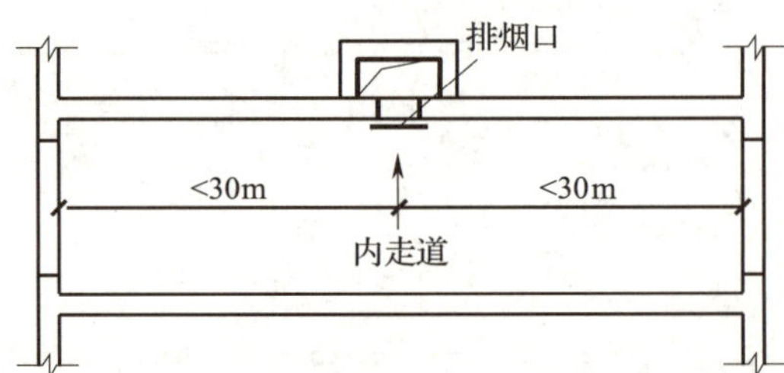

图 2–5–18　无直接自然通风且长度超过 20 m 的内走道排烟平面图

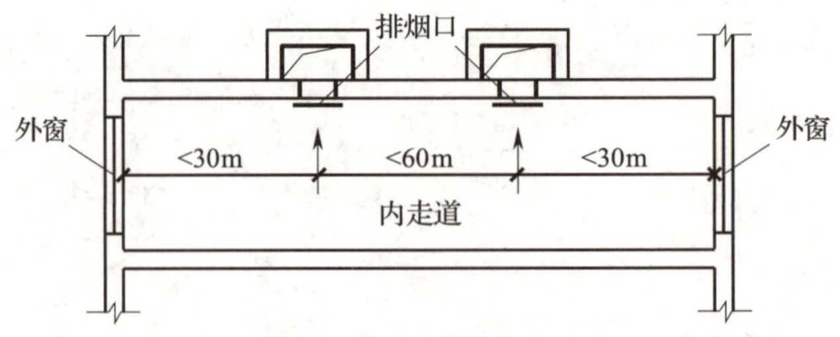

图 2–5–19　有直接自然通风但长度超过 60 m 的内走道排烟平面图

5. 节能及环保设计

（1）设计说明中应增加绿色建筑专篇，其中应包括地下室排烟系统室外排出口的高度、厨房油烟处理措施、冷热源设备的效率、耗电输冷热比（空调系统最好下降 20%）、单位风量耗功率、过渡季减少系统能耗的措施、热回收系统的设置、室内末端的调节、分区分楼栋计量等内容。

（2）设计选用和预留的空调均应说明其能效等级。现行相关标准规定，分体空调应满足能效等级 2 级的要求。

6. 其他

（1）设计说明中的室外计算参数和计算书中的不一致。

（2）波纹补偿器应靠近固定支架安装。

（3）公共建筑中大型团体厨房的油烟净化设备在设计阶段不应甩项预留，应一次性设计到位。

三、电气专业常见问题

1. 负荷等级

（1）施工说明中一、二级负荷不明确及供电要求不明确，但系统设计符合工程特性。

（2）对于单、多层建筑，负荷分级不能随意确定。如室外消防用水量小于 25 L/s 的其他公共建筑，其消防用电不是二级负荷，而是三级负荷；消防用电负荷的级别，宜与该建筑物内的最高级别相同。

（3）Ⅰ类汽车库、机械停车设备以及采用升降梯作为车辆疏散出口的升降梯用电未按一级负荷供电。

2. 供配电系统设计

（1）电容器所配断路器容量不匹配。

（2）进线断路器安装位置不当（见图 2-5-20）。进线断路器应安装在配电柜（屏）进线侧。若安装在配电柜（屏）受电侧，则当断路器处于分断位置时，其下侧接线端带电，与常规断路器上侧接线端带电不一致。为了保证人身安全，进线断路器应安装在配电柜（屏）进线侧，如图 2-5-21 所示。

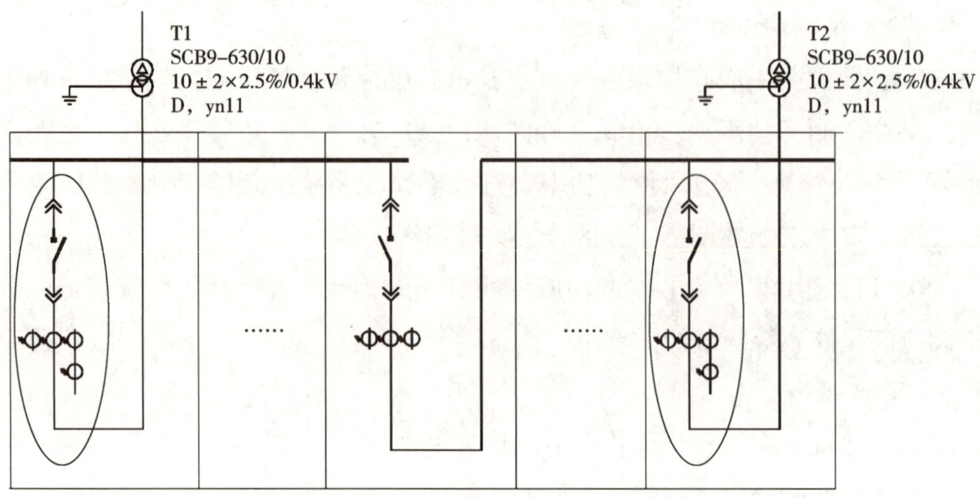

图 2-5-20　进线断路器安装位置不当示意图

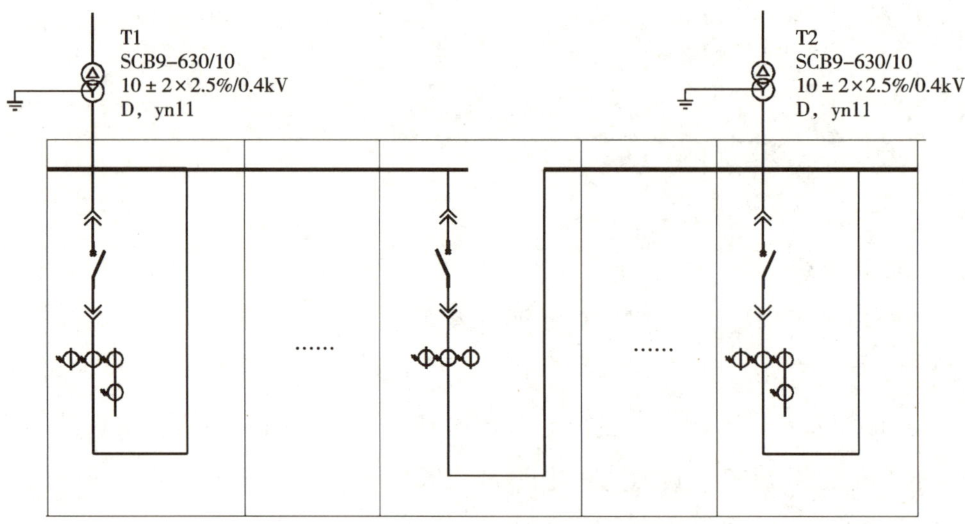

图 2-5-21　进线断路器安装正确示意图

（3）树干式配电分支箱进线应设保护。

（4）消防负荷等级划分应按照建筑设计防火规范确定。

（5）消防负荷过负荷报警不脱扣仅用于末端箱，上级配电线路应有过负荷保护。

（6）母联开关处不应设无功补偿取样 CT。

（7）缺柴油发电机配电系统。

（8）电梯井道照明 36 V 侧不应引出 PE 线。

（9）室外埋地管线分支、转弯及距离较长时应加设电缆井。

（10）TN–C 系统出线不应设漏电探测器。

（11）电容器柜内开关设备及导体等允许电流小。电容器柜内开关设备及导体等载流部分长期允许的电流应不小于电容器额定电流的 1.5 倍。

（12）10 kV 系统进线回路应设三个 CT，计量柜应为两个 CT。

（13）长期运行的备用用电设备接线方式不完善。

（14）变压器 CT 变比与变压器容量不匹配。

（15）两路 10 kV 供电系统相互联络的两台变压器应分别挂在两段母线上。

（16）变压器保护熔断器选择与变压器容量不匹配，变压器容量 1 600 kV · A 及以上不应采用熔断器保护。

（17）进线配电柜（屏）的备用位置中未留主母线。进线或出线配电柜（屏）侧面留有备用位置时，配电柜（屏）内主母线应贯通，以备将来在备用位置安装配电柜（屏）时不影响进线或出线。进线配电柜（屏）原理如图 2–5–22 所示。

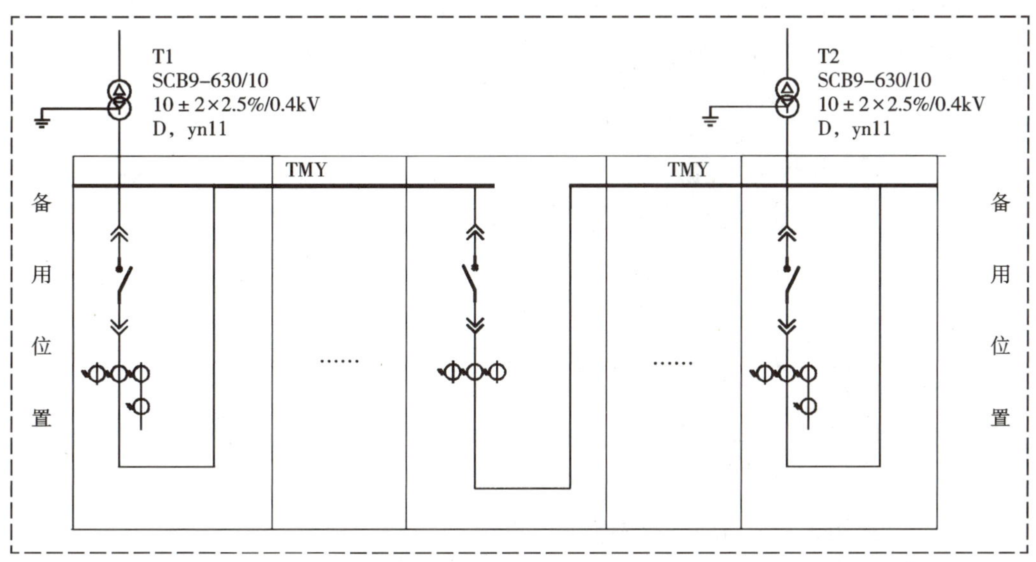

图 2–5–22　进线配电柜（屏）原理图

3. 变配电站设计

（1）未考虑地下变配电站的防淹、防潮措施，且忽略通风及运输条件。

（2）变电站设计中，未注明高低压断路器的分断能力，不符合要求。

（3）发电机房储油间地坪应低于发电机间且应设防油门槛。

（4）变电所继电保护、联锁要求及操作电源的类别未加注明。

（5）低压用户相邻的配电屏间没有隔离，同一柜内有两路电源或有电源及馈线时回路间无隔离。

（6）裸母线桥上方灯具安装不当。裸母线桥上方安装灯具的水平距离应大于 1.0 m，并采用管吊安装。

4. 照明、插座设计

（1）电梯井道灯具应为防护型。

（2）底层楼梯平台下灯开关可采用普通型。

（3）电梯井道照明灯具控制方式没有设双控开关，电梯机房未设插座。

（4）未注明主要房间或场所的照度标准值（E）及相应的照明功率密度值（LPD）。

（5）一般建筑内照明开关距地安装高度不符合 1.3 m 的规定；无障碍建筑内照明开关选用不符合规范要求，其距地安装高度不符合 0.90 ~ 1.1 m（宜为 1.0 m）的规定。

（6）无障碍建筑内各类插座安装高度不符合规范要求。

（7）采用 I 类灯具时，其系统、平面内无 PE 线。

5. 防雷接地设计

（1）淋浴间、设洗浴设施的卫生间应设辅助等电位连接。

（2）接地形式说明与系统不符，同一项目中接地形式描述不一致。

（3）两台联络的变压器应采取一点接地措施。

（4）防雷接闪器的安装方式应由设计人员在设计文件中明确。

（5）配电室高低压开关室内的地干线与接地装置引出干线的连接少于两处。

（6）未标明工程接地制式或接地制式错误。

（7）电梯机房未预留工作接地端子。

（8）建筑物总等电位连接不满足有关设计规范的要求。

（9）原本应为第一类防雷建筑物，设计定为第二类甚至第三类防雷建筑物；或者原本应为第二类防雷建筑物，设计定为第三类防雷建筑物。

（10）忽略屋顶设备的防雷连接及航空障碍灯防雷。

（11）具有电子信息系统的建筑物内未设电涌保护器。

（12）二类防雷建筑物超过 45 m，未将外墙内、外竖直敷设的金属管道及金属物的顶端和底端与建筑物防雷装置等电位相连接。

（13）三类防雷建筑物超过 60 m，未将外墙内、外竖直敷设的金属管道及金属物的顶端和底端与建筑物防雷装置等电位相连接。

（14）接闪器布置不符合各类防雷建筑物滚球半径和接闪网网格尺寸的要求。

（15）金属线槽未注明全长及支架不少于两处与接地干线相连接。

（16）在建筑物外引下线附近保护人身安全的防接触电压或防跨步电压措施不符合规范要求。

（17）金属电缆桥架未注明全长及支架少于两处与接地干线相连接。

（18）屋顶防雷平面对较大阳台、雨棚、花架、装饰架无防雷措施。

（19）防雷建筑物屋顶配电箱内未加过电压保护器。

6. 消防设计

（1）消防设备应双电源切换供电。

（2）消防报警系统不完善。湿式报警阀前的供水控制阀关闭信号未接至消防控制室，或者压力开关未直接联锁自动启动供水泵。供水控制阀的关闭信号应接至消防控制室，以防止检修湿式报警阀时关闭此阀后未复位。

（3）应急照明应接于消防专用系统。

（4）公共区域及走道应设应急照明。

（5）缺少电气火灾监控系统说明。

（6）火灾报警系统缺少至园区消防中心及泵房的线路。

（7）地下室火灾探测器布置应考虑梁的影响。

（8）应急疏散照明疏散方向不清。

（9）锅炉房值班室门不应开向锅炉间，否则应制定防爆措施。

（10）缺少门禁系统联动措施。

（11）烟感器距离出风口过近。

（12）消防电源监控模块应加设双切后的电压监控。

（13）缺少发电机供电范围及油料供给措施说明。

（14）消防电梯及消防泵房的排水泵未按消防设备供电。

（15）消防用电设备未与一般动力、照明回路分开。

（16）火灾自动报警系统分级不明确，消防设备联动控制未作交代。

（17）应设火灾自动报警的场所而未设置。

（18）火灾自动报警探测器未考虑梁高的影响。

（19）消防控制室、发电机房、消防泵房内未设应急照明，火灾时不能保证正常照明的照度。

（20）消防设备、恶劣环境或重要设施的场所没有正确选择相适应的电线电缆。

（21）在爆炸性气体场所没有采取防静电措施。

7. 弱电设计

（1）养老院老年人卧室漏装呼叫系统。

（2）老年人专用厨房漏装燃气泄漏报警装置。

（3）通信中心机房设在卫生间、厨房等易积水房间的正下方。

（4）通信中心机房与变压器室相毗邻（指上下左右）。

（5）电信间的门未向外开启，且宽度小于 0.90 m。

（6）电信间没有满足温湿度的要求。

（7）网络设备引至数据终端用户电缆距离超过 90 m。

（8）消防广播扬声器的位置不符合要求。

（9）厅堂扬声器布置间距不符合要求。

（10）电信间与有源设备箱设置功能重复。

（11）城市中小学没有预留综合布线系统设备位置及垂直通道。

（12）无障碍专用厕所未设求助呼叫按钮。

（13）无障碍客房及卫生间未设呼叫按钮。

（14）无障碍公共浴室未设求助呼叫按钮。

（15）无障碍炉灶未设燃气泄漏报警装置。

（16）无障碍住宅内通信、电视出线盒安装高度不符合要求。

（17）无障碍访客对讲门口机和室内机安装高度不符合要求。

（18）无障碍呼叫求助信号灯安装位置不符合要求。

（19）应设置无障碍设施的公共场所其无障碍电话安装不到位。

（20）楼层配线箱没有安装在建筑的公共部位。

（21）弱电竖井未专用，通信线缆桥架未专用。

（22）建筑物内暗管材质选用不符合要求。

（23）大楼通信进楼管数量不符合要求。

（24）楼层配线箱安装高度不统一。

（25）卫生间插座盒安装高度不符合要求。

（26）住户配线箱内安装网络设备未预留电源管线。

（27）家居配线箱处附近没有预留 AC220 V 电源。

（28）教学楼、办公楼没有分楼、分层或分部位控制的广播线路。

（29）电缆在成束敷设时没有采用阻燃型。

（30）综合布线系统线缆长度超过限制。综合布线系统的设计，往往只考虑系统的合理性，但有时由于设备布置的局限，而忽视了线缆的长度，从而影响了传输质量。

8. 节能及环保设计

（1）远程控制的电动机未设就地控制和接触远程控制的措施（≥ 0.55 kW）。

（2）风机、水泵等动力设备未提供二次原理图或保护、控制要求。

（3）公共建筑一般照明（包括卫生间、走廊等公共场所）未采用节能光源、节能照明灯具和附件。

（4）居住建筑物（包括住宅、别墅、宿舍、集体宿舍、招待所、公寓、托幼建筑及疗养院和养老院的客房楼等）内的公共部位照明未采用节能自熄开关（电梯厅除外）。

四、基于 BIM 模型的常见机电问题

1. 机电管线与土建碰撞

（1）管道穿越防火卷帘门，因设计师没有在防火卷帘盒上方预留管道安装空间，或因底图不一致而导致管道与防火卷帘碰撞，如图 2-5-23 所示。

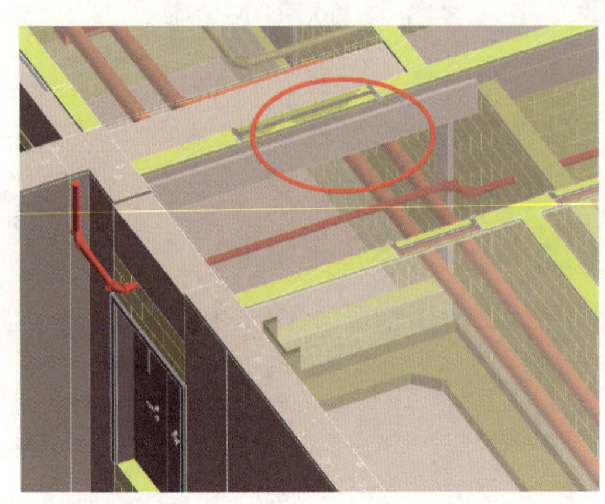

图 2-5-23　管道与防火卷帘碰撞

（2）管道与楼梯梯步相撞，如图 2-5-24 所示。

（3）过道风管较大，几乎被排满，未考虑安装需求，与水管立管相撞后无法避让，导致管道综合碰撞，如图 2-5-25 所示。

图 2-5-24　管道与楼梯梯步相撞

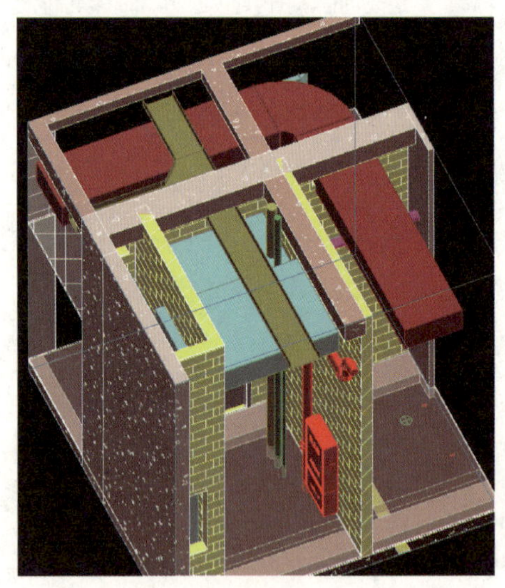

图 2-5-25　管道综合碰撞

（4）风管尺寸比预留风井尺寸大，导致其无法安装，如图 2-5-26 所示。

（5）风井中风管尺寸未考虑风井中的梁，导致风管与风井梁相撞，如图 2-5-27 所示。

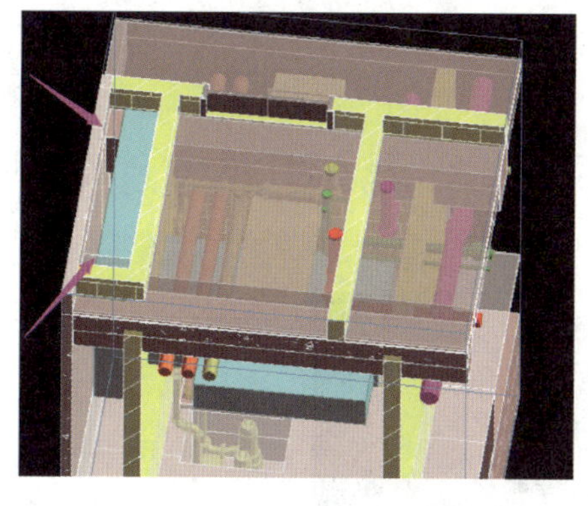

图 2-5-26 风管与风井相撞

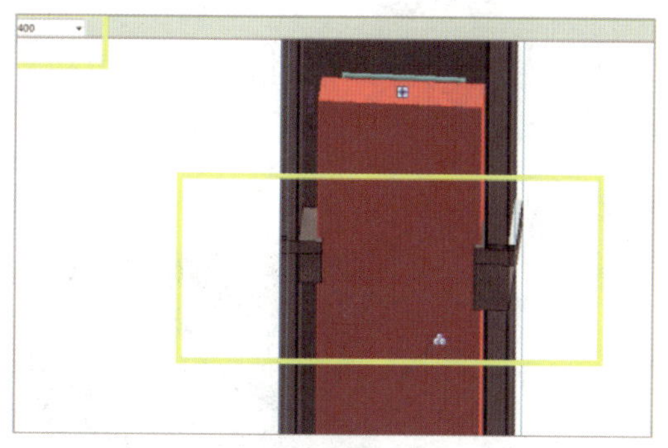

图 2-5-27 风管与风井梁相撞

（6）因板下梁宽的影响，消火栓立管实际位置影响门的开启，如图 2-5-28 所示。

（7）室内消火栓箱部分将门遮挡，如图 2-5-29 所示。

图 2-5-28 消火栓立管挡门

图 2-5-29 消火栓箱挡门

（8）风管与风井不匹配，如图 2-5-30 所示。

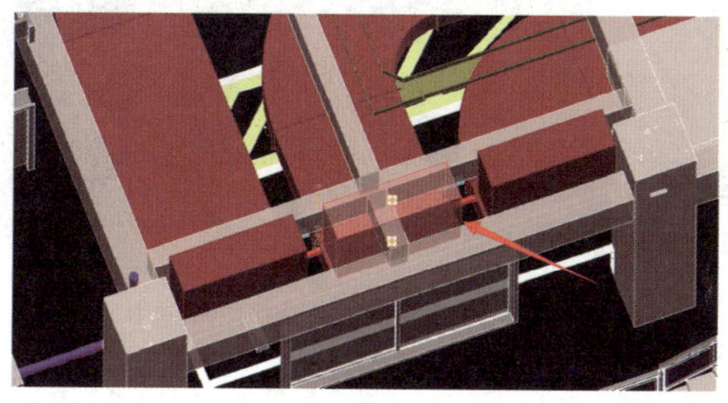

图 2-5-30 风管与风井不匹配

2. 净高不足

（1）扶梯基坑雨水管最低点净高不满足要求，如图 2-5-31 所示。扶梯基坑底部净高有限，应尽量避免在下方设计管网，必要的排水可以考虑利用侧面排来解决。

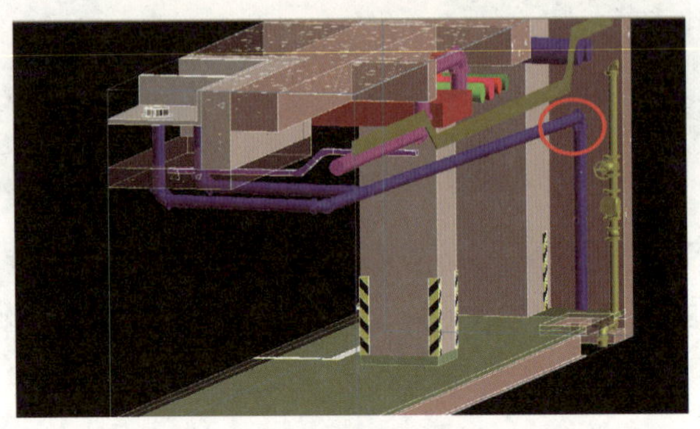

图 2-5-31　扶梯底部管道影响净高

（2）管线密集区域未充分与土建沟通，导致净高严重不足，如图 2-5-32 所示。

图 2-5-32　管线密集区域净高严重不足

（3）标高变化处，管道底净高不足，如图 2-5-33 所示。

图 2-5-33　标高变化处，管道底净高不足

（4）风井设于电梯基坑左侧，机房设于电梯基坑右侧，风管经过电梯基坑底下的净高不足，如图 2-5-34 所示。

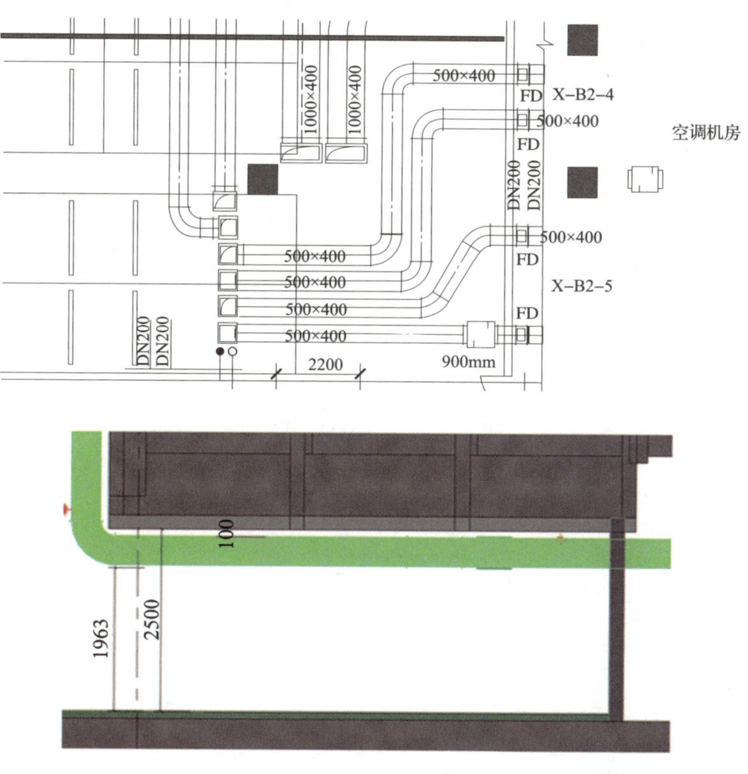

图 2-5-34　风管经电梯基坑底下的净高不足

第三章 3

实体模型创建

第一节 创建与编辑建筑模型

第二节 创建与编辑机电模型

第三节 结构布置

第四节 场地与场地构件

第五节 设计表现

第六节 创建体量

第七节 有理化表面

第八节 主体放样与构件

第九节 族及族样板使用

实体模型是一个三维的三角网数据。通常定义实体模型是在三角形所确定三个数据点数据的基础上，由一组通过空间位置、在不同平面内的线相互连接而成的。实体模型是建立三维模型的基础。例如一个实体模型可能是通过周围穿过实体的剖面线形成的。实体模型是由线串上包含的点所形成的一系列三角形创建的。这些三角形在平面视角上可能是重叠的，但在三维中被认为是不重叠或是相交的。在实体模型中的三角形是一个完全封闭的结构。

第一节 创建与编辑建筑模型

实体建模是定义一些基本体素，通过基本体素的集合运算或变形操作生成复杂形体的一种建模技术，其特点在于三维立体的表面与其实体同时生成。由于实体建模能够定义三维物体的内部结构形状，因此它能完整地描述物体的所有几何信息和拓扑信息，包括物体的体、面、边和顶点的信息。

一、项目准备

1. 项目样板添加与设置

“项目样板”是一个项目的开始，其承载着项目的各种基本信息，以及项目绘制所需的各类构件图元。Revit 软件本身提供了若干基础样板，用于不同规程、不同类型的建筑项目；软件也提供自定义样板的功能，以满足个性化的需求。

打开软件，单击“项目”下的“新建”按钮，在弹出的“新建项目”对话框中选择需要的样板文件，单击“确定”按钮，如图 3-1-1 所示。

在系统默认的样板文件中，若找不到符合要求的样板文件，可在“新建项目”对话框中单击“浏览”按钮，在打开的“浏览样板文件”对话框中选择所需要的样板文件（见图 3-1-2），单击“打开”按钮即可。若需要添加自定义样板，可单击左上角图标，在所显示的对话框中单击“选项”，然后在弹出的“选项”对话框中单击“文件位置”选项卡，最后单击“+”命令即可自定义添加样板。

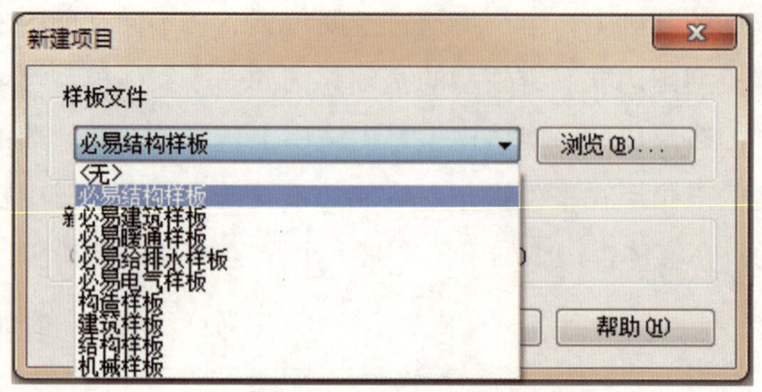

图 3-1-1　样板选择

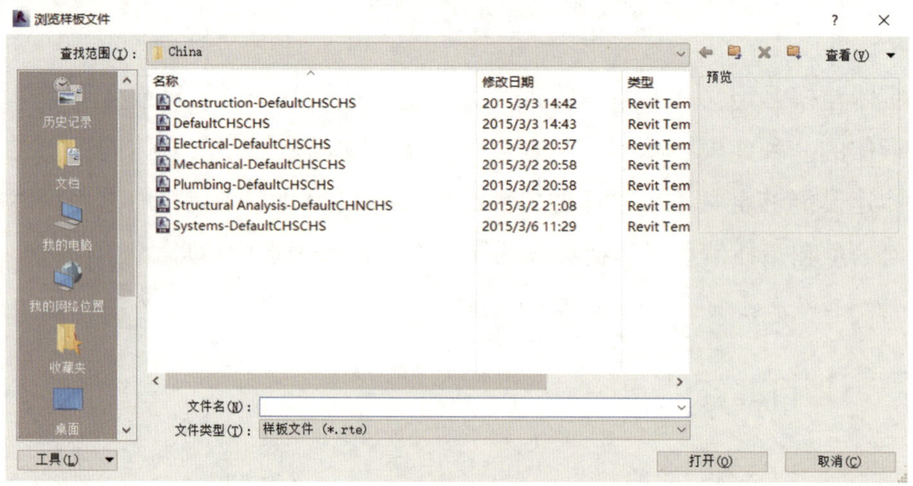

图 3-1-2　添加样板

进入到项目文件后，可进行“项目信息”的设置。设置“项目信息”就是将与项目相关的信息（如项目名称、状态、地址和其他信息）输入至软件中与之进行关联。单击“管理”选项卡—“设置”—“项目信息”命令，进入如图 3-1-3 所示界面，主要是添加项目名称、地址和客户姓名。

2. 项目信息导入与链接

在项目的初始阶段，项目委托方一般会向设计师提供一些相关资料，如项目地理位置、面积、周边环境等相关信息，这些信息一般会以 CAD 图样、文档或图片等形式提供。在项目初始创建阶段，可以将这些信息作为项目设计的依据和参照导入 Revit 中。

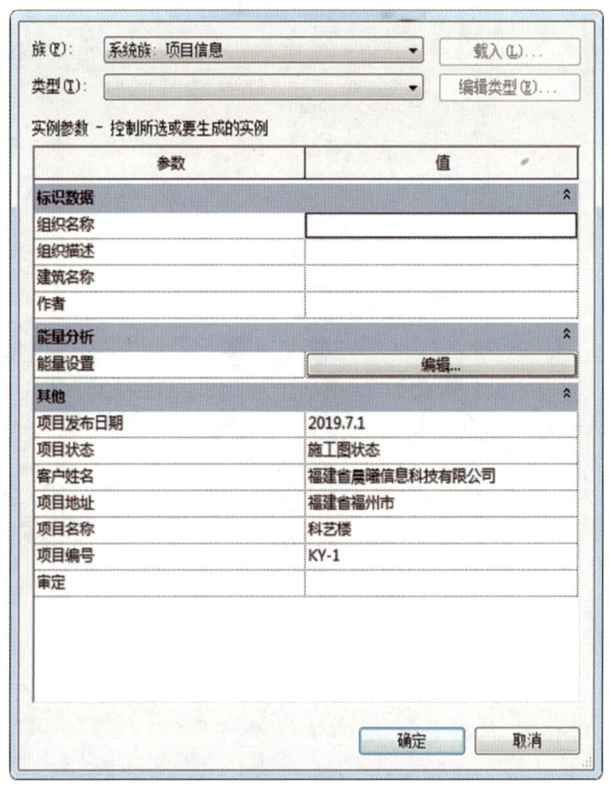

图 3-1-3 设置项目信息

（1）导入 CAD 图样。在“项目浏览器”面板中单击展开“楼层平面”，然后双击“场地”视图，将视图切换至场地视图中。单击软件界面上方“插入”选项卡，在“导入”栏中单击“导入 CAD”命令，最后导入项目的 CAD 图样即可（见图 3-1-4）。通常在导入窗口页面需要做以下调整。

1）不勾选“仅当前视图”。

2）选择导入单位（通常导入单位为“毫米”）。

3）定位选择“手动 – 中心”，如图 3-1-4 所示。

单击“打开”按钮后，在“场地”视图中任意位置单击放置 CAD 文件。

（2）链接 CAD 图样。除了可以将 CAD 导入 Revit 之外，还可以在 Revit 中链接项目的 CAD 图样用以辅助建模。在“项目浏览器”面板中单击展开“楼层平面”，选择对应的“楼层平面”视图。单击软件界面上方“插入”选项卡，在“链接”栏中单击“链接 CAD”命令，最后链接进项目所需 CAD 图样即可。在链接窗口设置中需要做以下调整。

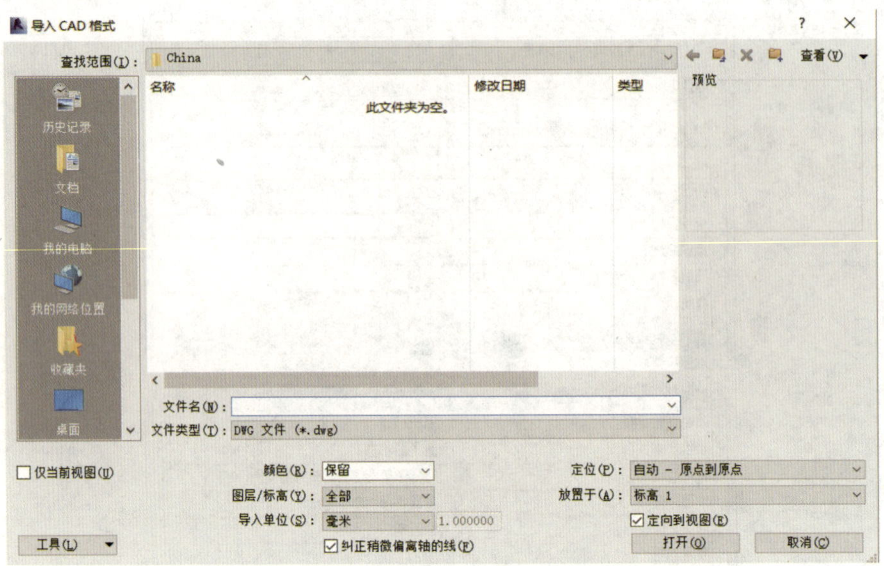

图 3-1-4　导入 CAD 图样

1）勾选“仅当前视图”。

2）选择导入单位（通常导入单位为“毫米”）。

3）定位选择“自动 – 中心到中心”，如图 3-1-5 所示。

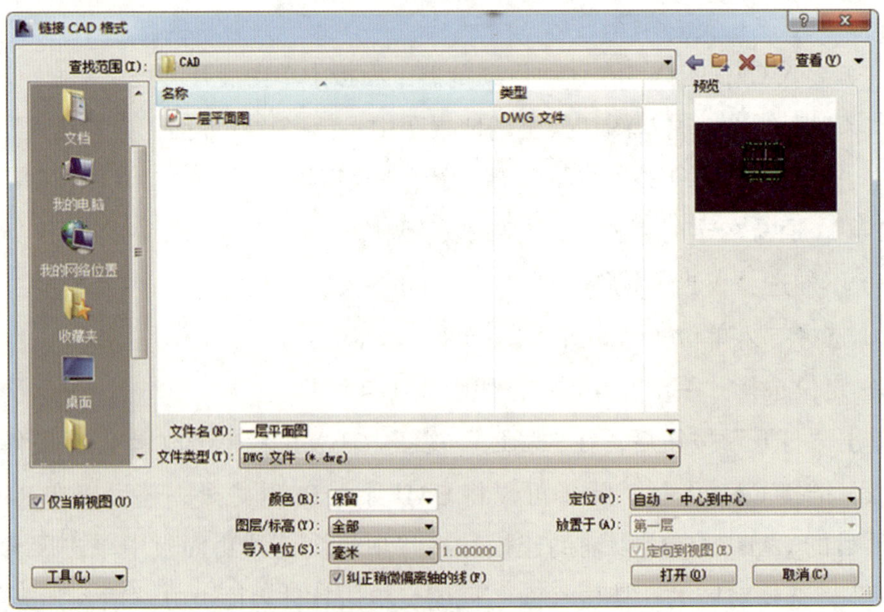

图 3-1-5　链接 CAD 图样

3. 设置标高

“标高”命令可定义垂直高度或建筑内的楼层标高。项目中的所有图元将分配至对应的标高并受到相应高度的限制，用以确定它们在三维空间中的高度位置，对应三维坐标系中的 Z 轴。当标高位置发生变化时，处于该条标高上的图元位置对应地也会发生变化。如果要添加标高，则必须处于剖面视图或立面视图中。添加标高时，可以创建一个关联的平面视图。

使用软件建筑样板为例新建项目，单击“项目浏览器”面板中的“立面（建筑立面）”，展开其子层级，双击任意一立面视图（见图 3-1-6），软件建筑样板中会自带标高 1、标高 2，其标高值的单位为米。单击软件上方“建筑”选项卡下“基准”栏中的“标高”，进入标高的编辑状态，默认绘制形状为“直线”。在“属性”面板单击“编辑类型”，在弹出的“类型属性”对话框中对标高族“类型（T）”进行选择，室外地坪选择“正负零标高”，零标高以上选择“上标头”，零标高以下选择“下标头”，如图 3-1-7 所示。

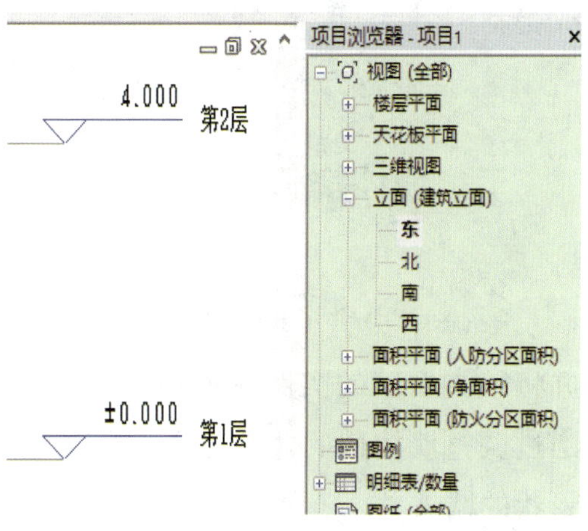

图 3-1-6 “标高”界面

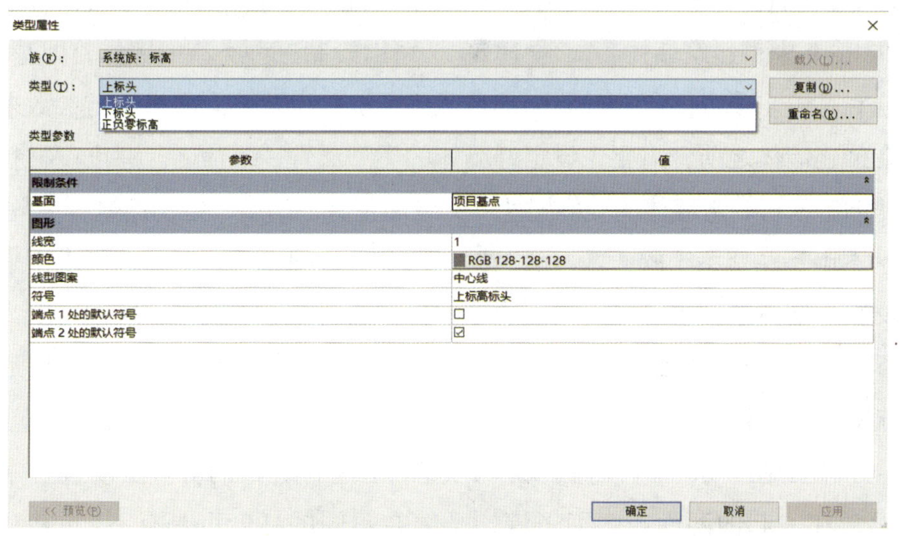

图 3-1-7 “类型属性”对话框

4. 绘制轴线

轴线需在平面视图绘制。在“项目浏览器”面板中打开楼层平面中的任意视图，切换到“建筑”选项卡，在“基准”栏中单击“轴网”按钮，进入“修改 | 放置轴网”界面，单击“绘制”面板中的“直线”按钮。

在绘制区域选择适当位置，单击鼠标后移动光标，在合适位置再次单击，完成第一条轴线的创建。

在进行第二条轴线的绘制时，将光标平行指向第一条轴线端点，Revit 会自动捕捉端点。当确定尺寸值后单击鼠标确定轴线端点，再单击另一终点即可完成绘制。

二、墙体绘制

Revit 中提供了墙的绘制命令，通过单击“墙”工具，按需求选择墙类型，并将该类型墙的实例放置在平面视图或三维视图中，将墙添加到建筑模型中。通过调整墙构件的“编辑类型”，可以在模型中根据需要添加各种不同种类和形状的墙体。

在 Revit 的“墙”命令中，单击三角按钮后在打开的下拉列表中会出现 5 个子命令：“墙：建筑”“墙：结构”“面墙”“墙：饰条”“墙：分隔条”。

在 Revit 中，建筑墙体（“墙：建筑”）可以绘制三种类型的墙体，即基本墙、叠层墙和幕墙。项目中所有的墙体都是通过系统族设置不同的类型与参数来创建的。在创建墙体之前，需要先设定好墙体的类型属性——命名、厚度、材料、做法、功能等，再确定墙体的实例属性——平面位置、高度、结构用途等参数。

基本墙是在“系统族：基本墙”的基础上进行编辑的。基本墙可以用来创建单一材料的实体墙，也可以用来创建多种材料的组合墙。在基本墙中可以为墙体添加不同的功能层，如结构层、保温层、涂膜层等（见图 3–1–8），也可以通过添加、删除或修改各个功能层和功能层的材料及厚度创建实际项目所需的墙体类型。

叠层墙是在“系统族：叠层墙”的基础上进行编辑的。叠层墙包含一面接一面叠放在一起的两面或多面子墙，子墙在不同的高度可具有不同的墙厚度。可以认为，叠层墙是由两种或两种以上不同类型的普通墙在高度方向上叠加而成的墙体类型，如图 3-1-9 所示。

幕墙是在“系统族：幕墙”的基础上进行编辑的。Revit 提供三种默认幕墙，分别是幕墙、外墙玻璃、店面，如图 3-1-10 所示。

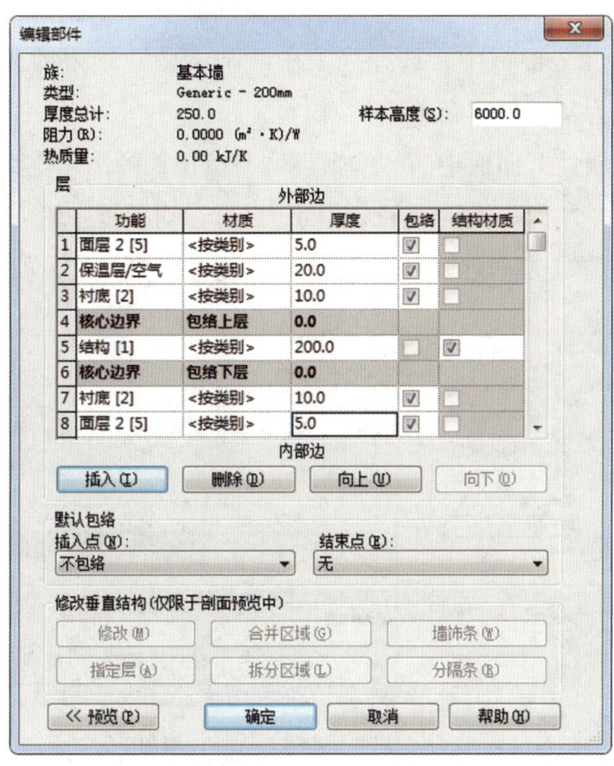

图 3-1-8 基本墙

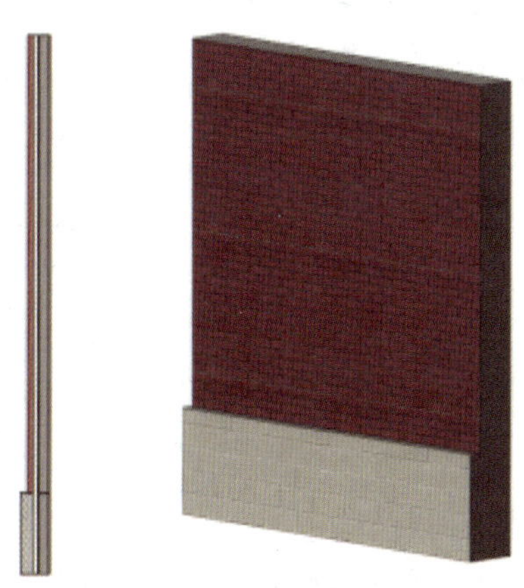

图 3-1-9 叠层墙

图 3-1-10 幕墙

1. 定义墙类型及参数

（1）进入楼层平面标高 1 视图中。

（2）单击“建筑”选项卡—“构建”栏—“墙”下拉列表—“墙：建筑”，系统切换到“修改 | 放置墙”界面；也可按快捷键 W+A 进入墙体绘制模式。

（3）在“属性”面板中，选择列表中“基本墙”族中的“常规 –200 mm”类型，以此类型为基础创建新的墙类型。

（4）单击“属性”面板中的“编辑类型”按钮，弹出“类型属性”对话框。单击对话框中的“复制”按钮，在弹出的“名称”对话框中输入“科艺楼 – 涂料外墙 –200 mm”，单击“确定”按钮为基本墙创建一个新类型，如图 3-1-11 所示。

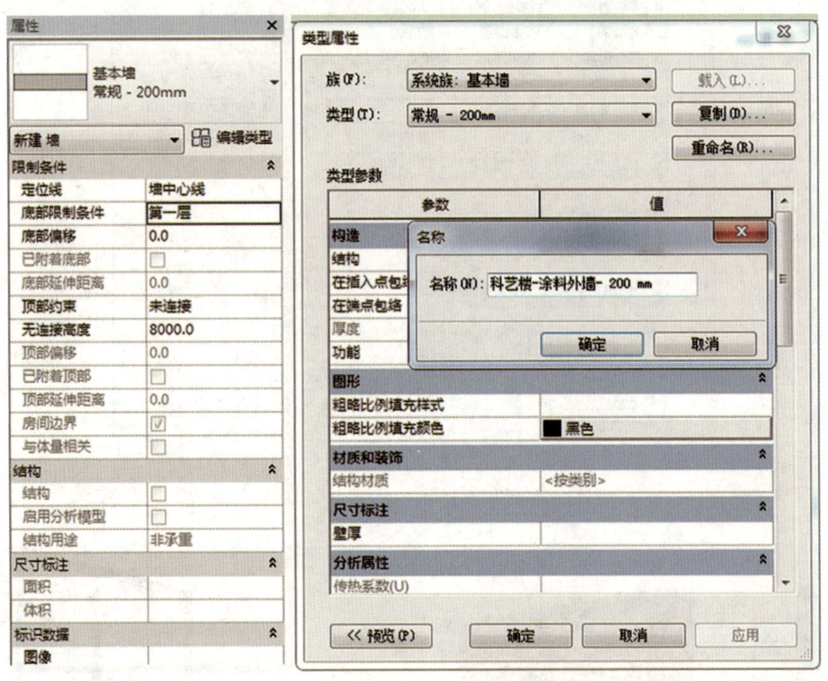

图 3-1-11　创建“科艺楼”墙类型

（5）在“类型属性”对话框中，单击“类型参数”中“结构”右侧的“编辑”按钮，弹出“编辑部件”对话框。单击对话框中的“插入”按钮，插入新的构造层。

（6）在“编辑部件”对话框“功能”列表中，从上到下表示从墙外侧到墙内侧。单击“向上”或“向下”按钮将除结构层以外的构造层移动到“核心边界”外侧。

（7）分别为各构造层设置合理的功能，并赋予其厚度值，如图 3–1–12 所示。

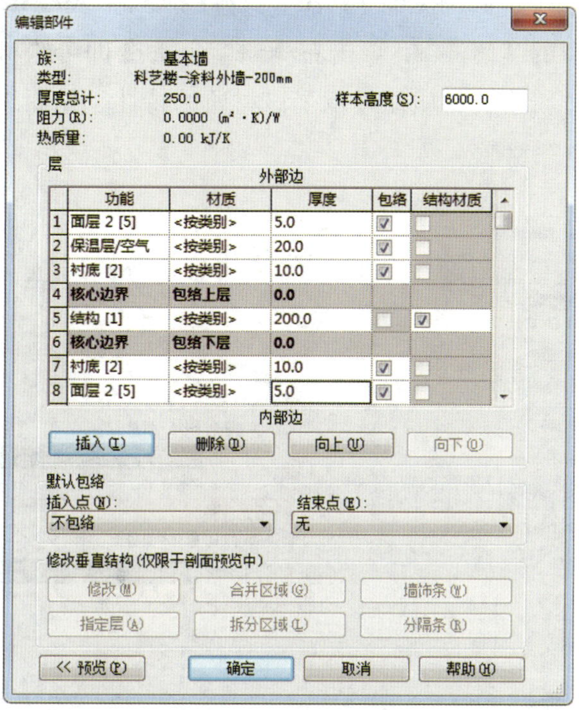

图 3–1–12　更改功能与厚度

（8）添加材质。单击第五层（即结构［1］）“材质”列中的 ...（浏览），弹出“材质浏览器”对话框，选中“材质浏览器”中的“混凝土砌块”，并单击确定，这样就将“混凝土砌块”中的材质赋予了墙体结构层。

（9）更改材质“图形”参数。勾选“使用渲染外观”，如图 3–1–13 所示，沿用外观材质中的颜色值；在“表面填充图案”中单击“填充图案”，选择“砌体 – 砌块 –225 × 450 mm”的样式，在“截面填充图案”中单击“填充图案”，选择“砌体 – 混凝土砌块”的样式。“表面填充图案”将影响在三维或立面视图中模型表面的显示图案，“截面填充图案”将影响在平面、剖面的墙被剖切观看时截面的填充图案。

（10）如果“材质浏览器”中没有“混凝土砌块”，用户可以自行创建材质。单击第一层（即面层 2［5］）“材质”列中的 ...（浏览），弹出“材质浏览器”对话框。单击对话框下方的“创建并复制材质”命令，选择“新建材质”，新建的材质默认命名为“默认为新材质”。右键单击新建材质，在下拉命令中选择“重命名”，将其命名为“涂料—茶色”，如图 3–1–14 所示。在“材质浏览器”对话框中，单击对话框下方的（资源浏览器），在“资源浏览器”中单击展开“外观库”，选择“外观库”中的“墙漆”，单击右侧“”命令即可给材质添加或替换外观，替换材质后，新建的材质便继承了该材质的特性（见图 3–1–15），新建材质被赋予了“茶色”材质。

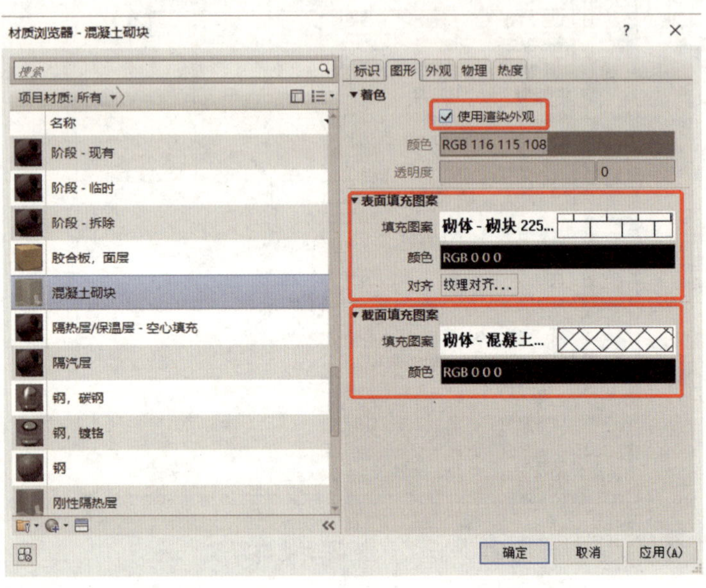

图 3–1–13　调整材质“图形”参数

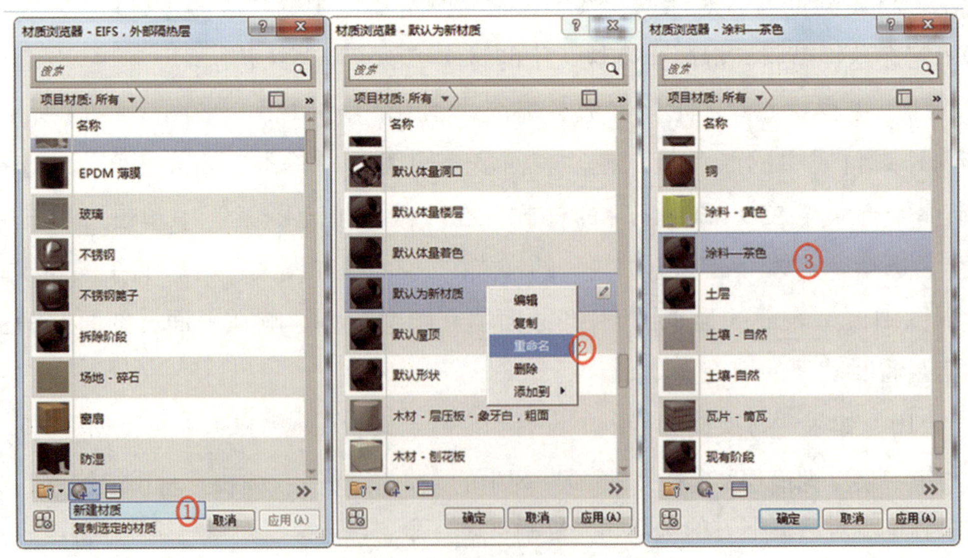

图 3–1–14　新建材质

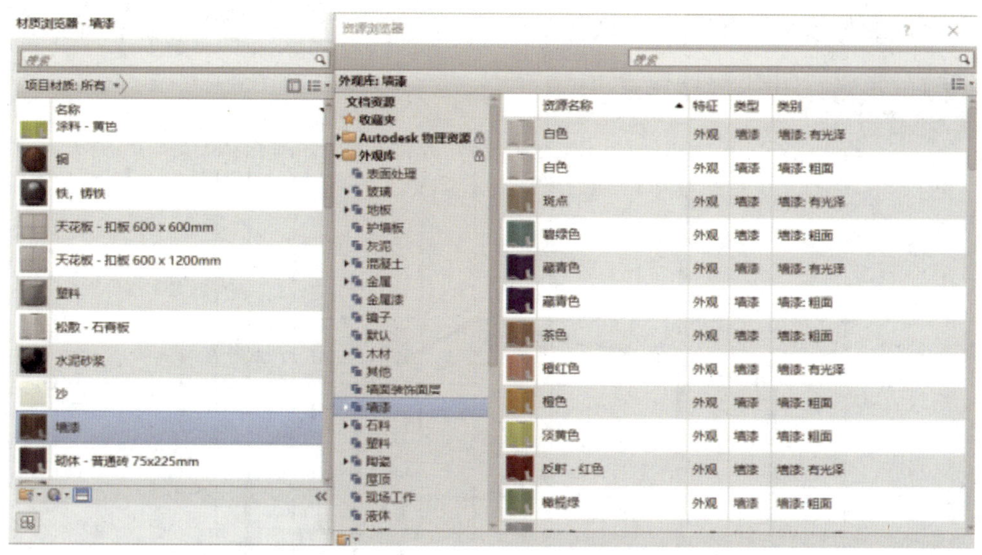

图 3-1-15 添加外观材质

（11）按照同样的方法，为其他功能层添加材质。单击对话框下方的“预览”按钮，可在左边弹出的窗口中预览墙体的构造详图。

（12）单击“确定”按钮，退出所有编辑窗口。至此墙体的设置已经完成，可以进行下一步的墙体绘制了。

2. 墙体绘制

（1）双击“项目浏览器”中的“标高 1”，进入标高 1 的视图中。单击“墙：建筑”，选择墙体类型为“砌体外墙 -200 mm”，接着在选项栏中设置“高度”为标高 2，设置“定位线”为“核心面：内部”，并勾选“链”复选框，如图 3-1-16 所示。

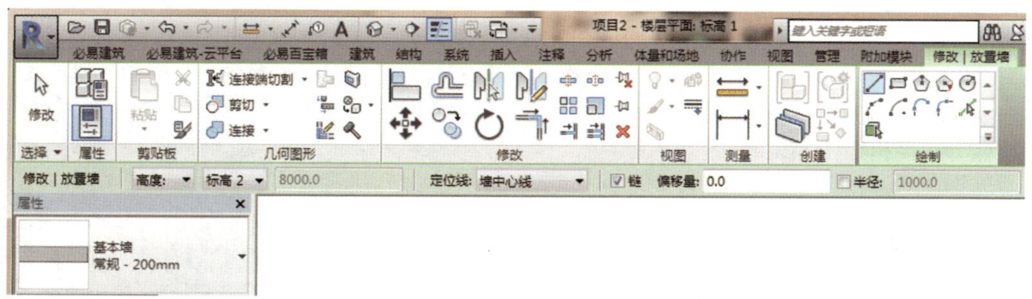

图 3-1-16 编辑墙选项栏

（2）参照“一层平面图”中外墙所在的位置绘制外墙，绘制过程中需要注意墙体的内外侧方向。建议墙体绘制顺序沿顺时针方向，以保证墙体内外侧定位在合理的位置上。单击各道墙体的起点、终点位置，依次绘制层平面上的涂料外墙，完成后如图 3–1–17 所示。

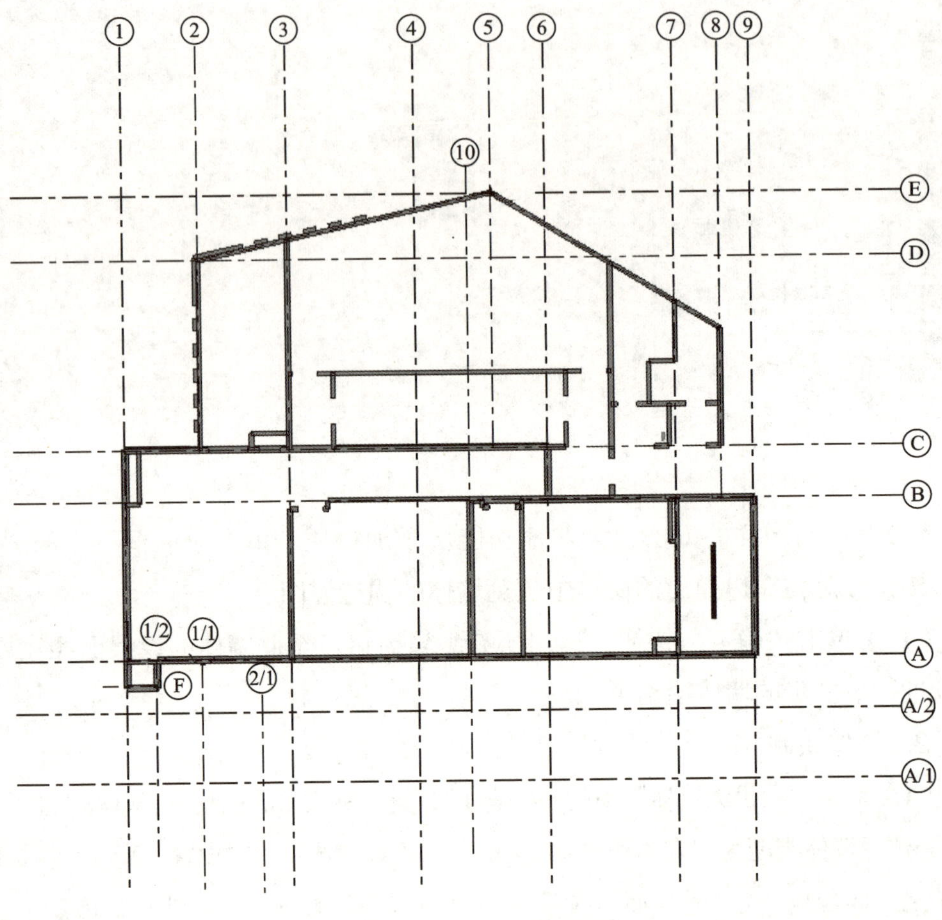

图 3–1–17　一层平面图

三、创建门窗

1. 门的属性

门的属性包括实例属性和类型属性，通过修改门的实例属性和类型属性，可以调整其尺寸、造型和标记。只有详细了解门属性的定义，才能更好地编辑门图元。

在门的实例属性中（见图 3–1–18），对图元影响较大的为“限定条件”中的“底高度”。在建筑中，一般门的底高度默认为层标高，但若存在局部位置需要留门槛、地面抬高或降低的情况就应调整门底部标高。

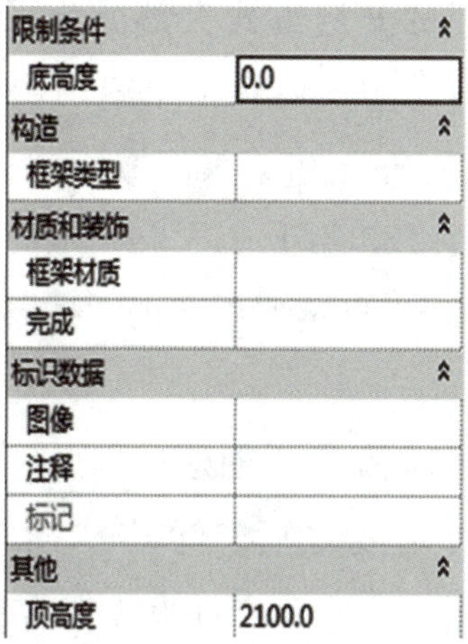

限制条件	
底高度	0.0
构造	
框架类型	
材质和装饰	
框架材质	
完成	
标识数据	
图像	
注释	
标记	
其他	
顶高度	2100.0

图 3-1-18 门的实例属性

在门的类型属性中（见图 3-1-19），对图元影响最大的为“尺寸标注”，高宽尺寸不同的门应单独设为一个类型。在标识数据中，需添加“类型标记”参数，通常反映门的宽、高、防火等级三种信息，如“FHM 乙 1221”标记中的“FHM 乙”表示乙级防火门，“12”表示门宽度为 1 200.0 mm，“21”表示门高度为 2 100.0 mm，具体门窗尺寸应以门窗表为准。

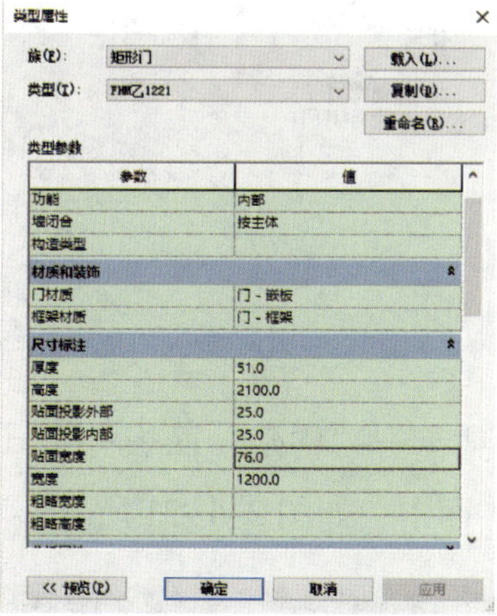

类型属性

族(F)：矩形门　载入(L)...

类型(T)：FHM乙1221　复制(D)...

重命名(R)...

类型参数

参数	值
功能	内部
墙闭合	按主体
构造类型	
材质和装饰	
门材质	门 - 嵌板
框架材质	门 - 框架
尺寸标注	
厚度	51.0
高度	2100.0
贴面投影外部	25.0
贴面投影内部	25.0
贴面宽度	76.0
宽度	1200.0
粗略宽度	
粗略高度	

<< 预览(P)　确定　取消　应用

图 3-1-19 门的类型属性

若需要添加更多的门信息，可以在“标识数据”中填写相关参数，如添加“注释记号”“型号”“制造商”“类型注释”“URL（制造商的网页链接）”“说明”

等相关参数。

2. 创建与编辑常规门

在本书案例中，常规门的开启方式大部分为平开门，根据功能不同可分为普通门和防火门。普通门与防火门包括单扇门和双扇门。普通门使用 Revit 自带族库中的“单嵌板木门 .rfa”和“双面嵌板木门 .rfa”编辑，玻璃门使用 Revit 自带族库中的“单嵌板镶玻璃门 .rfa”和“双面嵌板镶玻璃门 .rfa”编辑。

（1）新建项目文件，在项目浏览器中双击“楼层平面”—“标高 1”，进入项目一层平面视图。

（2）由于门窗必须基于墙体才可创建，因此，需要先绘制一面墙体。如图 3-1-20 所示，墙体绘制完成之后，单击“插入”选项卡—（载入族），定位到 Revit 自带族库的“门”文件夹（如常见路径为“C: \ProgramData\Autodesk\RVT 2016\Libraries\China\ 建筑 \ 门 \ 普通门 \ 平开门”），选择需要载入的门族。

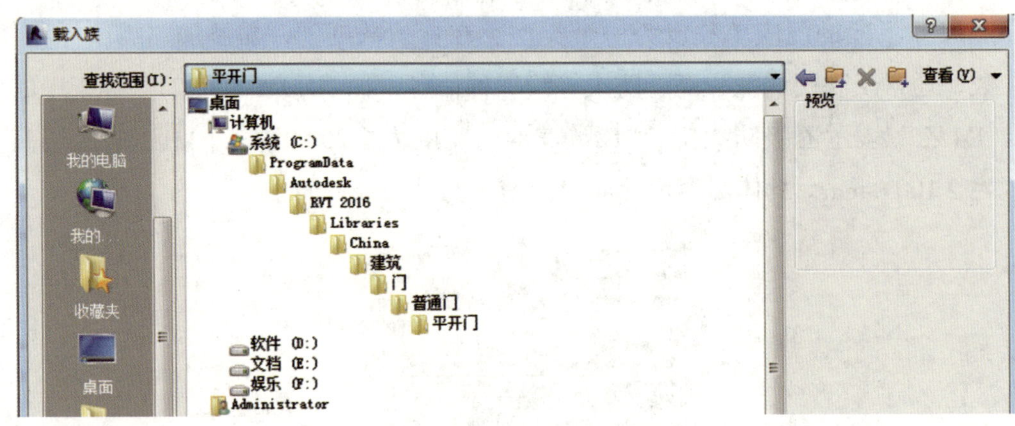

图 3-1-20　载入门族

（3）单击“建筑”选项卡—“构建”面板—（门），或按快捷键 D+R，进入“修改 | 放置中门”界面中，如图 3-1-21 所示。

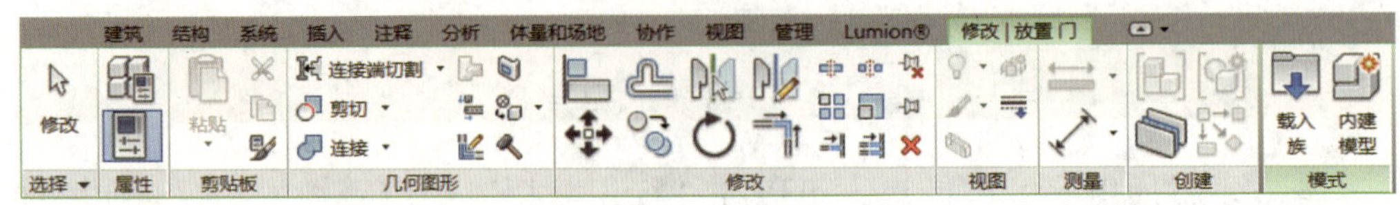

图 3-1-21　门工具

（4）以创建普通门 M1 为例，选择类型为“单嵌板木门 1”，在“属性”面板中单击“编辑类型”按钮，在弹出的“类型属性”对话框中单击“复制”按钮，在“名称”文本框中输入“M1”。接着在“尺寸标注”选项组中，将厚度的值改为“30.0”，高度的值改为“2 200.0”，宽度的值改为“1 000.0”，为各构件添加材质。在“标识数据”选项组中将“类型标记”的值改为“M1”，如图 3-1-22 所示。

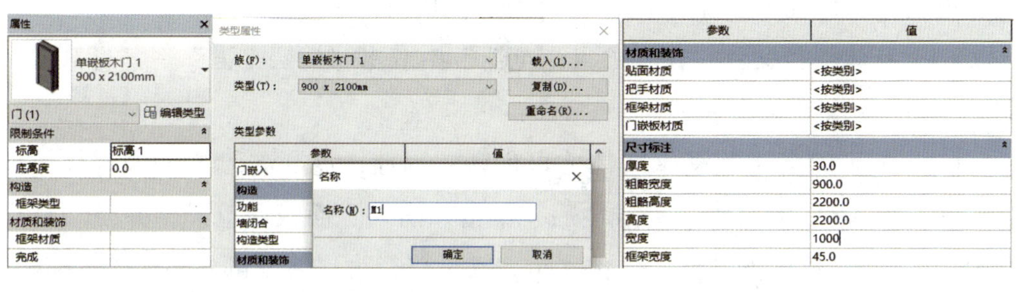

类型标记	M1
OmniClass 编号	23.30.10.00
OmniClass 标题	Doors

图 3-1-22　创建普通门“M1”

（5）依照 CAD 平面图为项目添加门。选择一种定义好的门类型，在平面图中的墙体上放置门。若插入门时其开启方向有误，可以在平面图中单击（翻转控制柄），或在选中门时按键盘上的空格键也可以翻转门方向。卫生间门底标高需随降板而降低。

3. 窗的属性

窗的属性同样包括类型属性和实例属性，通过修改窗的类型属性和实例属性，可以调整窗的尺寸、造型和标记。窗图元的属性与门有部分是相似的，但也存在一些差异。

在窗的类型属性中，对图元影响最大的是“尺寸标注”组及“材质和装饰”，除此之外，组中比门还多了一个“默认窗台高度”，如在“类型属性”中对其进行设定，则插入窗时实例属性中的“底高度”显示对应的数值。在“类型属性”中对窗进行命名时，同样用窗的编号，如“C0815”，编号中“C”表示窗，“08”表示宽为 800 mm，“15”表示高为 1 500 mm。

在窗的实例属性中，对图元影响较大的参数是“限制条件”中的“底高度”。在建筑中，通常情况下“底高度”均不为零，但落地窗除外。一般默认同一个类型的窗有相同的底高度，但也有例外，如为了美观而设置不同的底高度，这时就需要在实例属性中加以调节。当然，“顶高度”的值也需要注意，它是根据底高度和窗高计算的，插入窗时其不能高于梁底。

4. 创建与编辑常规窗

在本书案例中，常规窗分为上悬窗、百叶窗和组合窗（由上悬窗、固定窗和百叶窗组合而成）三种。下面以百叶窗为例进行介绍。

（1）新建项目文件，在“项目浏览器”中双击“楼层平面”—“标高 1”，进入项目一层平面视图。

（2）由于门窗必须基于墙体才可创建，因此，需要先绘制一面墙体。如图 3-1-23 所示，墙体绘制完成之后，单击“插入”面板—（载入族），定位到 Revit 自带族库的“窗”文件夹（如常见路径为“C：\ProgramData\Autodesk\RVT 2016\Libraries\China\ 建筑 \ 窗 \ 普通窗 \ 百叶窗”），选择需要载入的窗族。

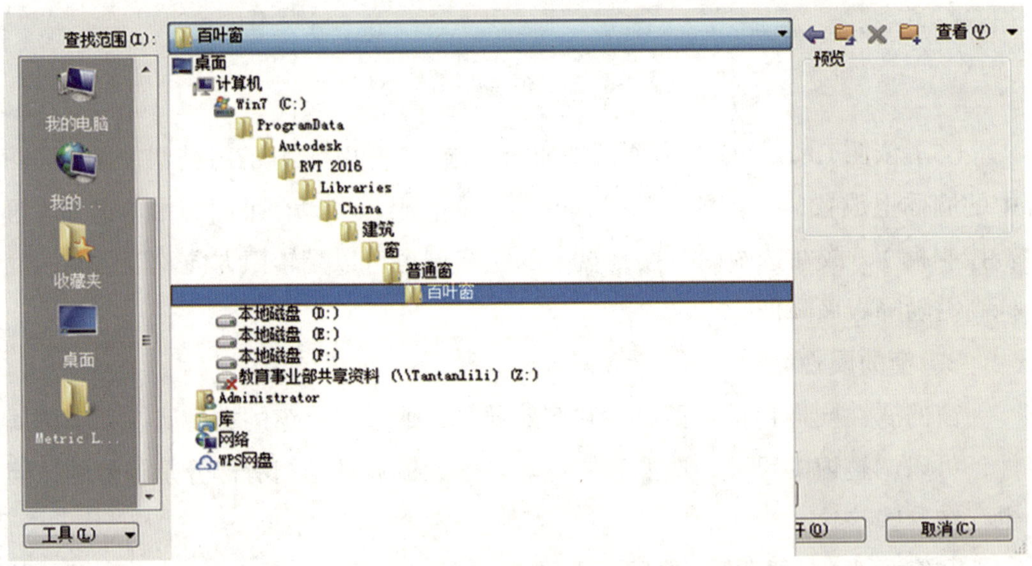

图 3-1-23　载入窗族

（3）单击“建筑”选项卡—“构建”面板—（窗），或按快捷键 W+N，进入“修改 | 窗”界面中，如图 3-1-24 所示。

（4）以创建普通窗 C0815 为例，选择类型为“百叶窗 1”，在“属性”面板中单击“编辑类型”按钮，在弹出的“类型属性”对话框中单击“复制”按钮，在“名称”文本框中输入“C0815”。接着在“尺寸标注”选项组中，将高度的值改为“1500.0”，宽度的值改为“800.0”；在“其他”选项组中，将默认窗台高度的值改为“800.0”。在“材质和装饰”选项组中为构件添加材质。在“标识数据”选项组中将“类型标记”的值改为“C0815”，如图 3-1-25 所示。

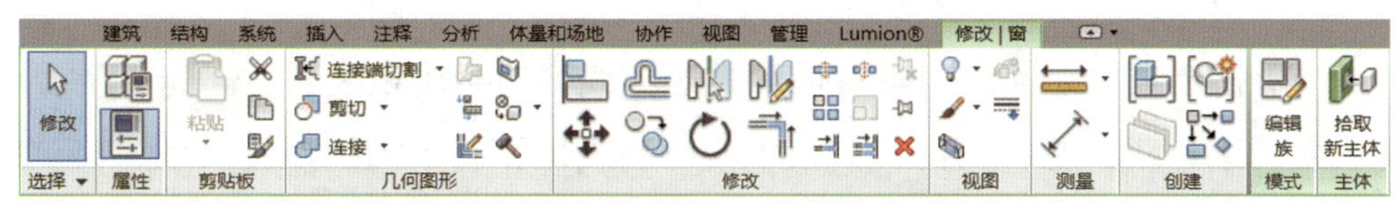

图 3-1-24 窗工具

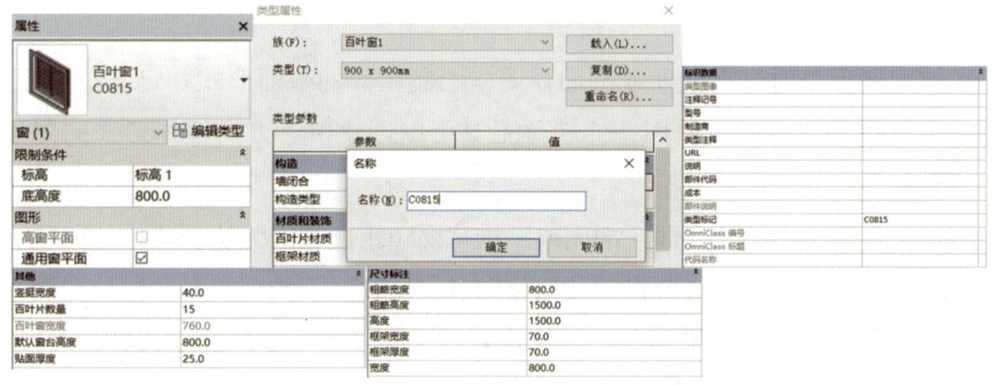

图 3-1-25 创建普通窗“C0815”

（5）依照 CAD 平面图为项目添加窗。选择一种定义好的窗类型，在平面图中的墙体上放置窗，插入的窗会自动将墙体与装饰条打断。

四、屋顶绘制

在 Revit 中，有三种绘制屋顶的方式，分别为迹线屋顶、拉伸屋顶和面屋顶。

1. 迹线屋顶

迹线屋顶是在平面图中绘制屋顶轮廓的二维闭合草图，其绘制方法与楼板相似；此外，在草图中还可以定义坡度参数，控制屋面的坡度。迹线屋顶可以用于创建平屋顶、坡屋顶和玻璃斜窗。迹线屋顶绘制步骤如下。

（1）在楼层平面视图中单击“建筑”选项卡—“构建”—“屋顶”下拉列表，并选择“迹线层顶”。

（2）在“属性”面板中，单击最上方下拉菜单，选择屋顶的类型，如“保温屋顶—木材”。

（3）在“绘制”面板中选择一种绘制边界线的工具。

（4）为屋顶绘制一个闭合的环，以界定屋顶的边界范围。

（5）指定坡度定义线。带有坡度的边界线旁边会出现⊿符号，选择需要编辑坡度的边界线，在“属性”面板中修改坡度值，若不需要设置坡度，将“定义屋顶坡度”复选框取消勾选即可。

（6）单击“√”按钮（完成编辑模式），切换至三维模型。

2. 拉伸屋顶

拉伸屋顶是通过在立面或剖面视图中绘制屋面的截面形式并定义拉伸起点和终点后拉伸形成的。使用拉伸屋顶工具可以创建单一方向拉伸形式的屋顶，其步骤如下。

（1）将视图切换至立面、剖面或三维视图（平面视图无法创建拉伸屋顶）。

（2）单击“建筑”选项卡—“构建”—“屋顶”下拉列表—“拉伸屋面”。

（3）指定一个工作平面。在“指定新的工作平面”的复选框选择，一般在“名称”中选择一个与当前视图正交的轴网来创建，如图 3-1-26 所示。

（4）在“屋顶参照标高和偏移”对话框中，为“标高”选择一个值，在默认情况下选择最高的标高，如图 3-1-27 所示。

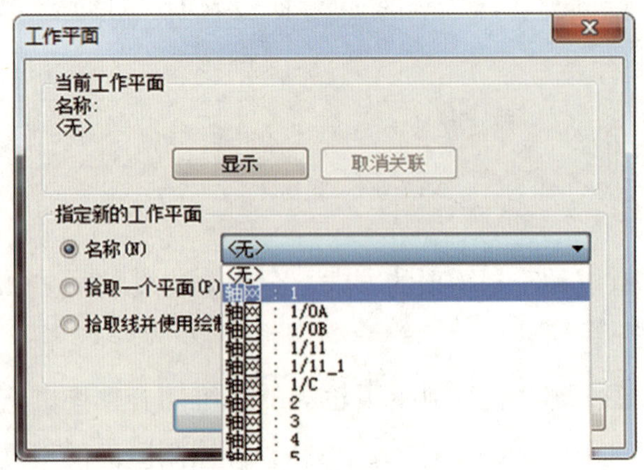

图 3-1-26　指定工作平面

图 3-1-27 屋顶参照标高和偏移

（5）选择屋顶的类型，如“保温屋顶—木材”。

（6）绘制开放环形式的屋顶轮廓，如图 3-1-28 所示。

（7）单击“√”按钮（完成编辑模式），然后打开三维视图，即可观察到屋顶的形式，如图 3-1-29 所示。

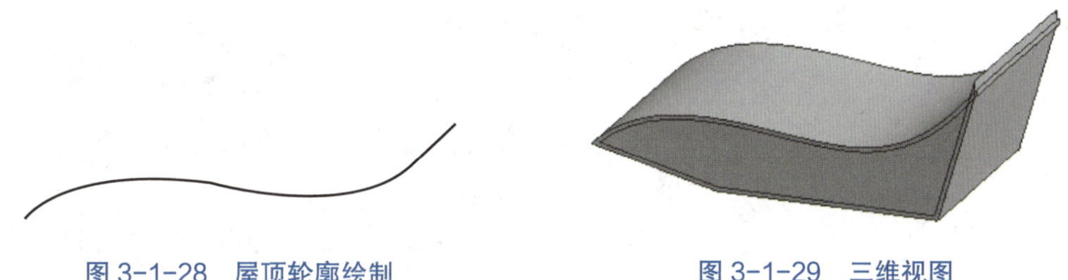

图 3-1-28 屋顶轮廓绘制

图 3-1-29 三维视图

（8）绘制完的屋顶，可以通过拖动两端的控制柄或修改“属性”面板中的“拉伸起点”和“拉伸终点”得到不同拉伸长度的屋顶。

（9）屋顶可以作为墙体顶部或底部的附着对象。需要将墙体的顶部附着至屋面底部时，可以通过墙体的顶部 / 底部附着的功能，将墙顶进行附着，其步骤如下。

步骤 1：选中需要附着的墙体，单击需要附着的墙体，然后单击“修改 | 墙”选项卡—“修改墙”—“附着顶部 / 底部”。

步骤 2：在选项栏上选择附着墙“顶部”。

步骤 3：拾取屋顶。

3. 面屋顶

面屋顶是通过在体量中拾取任何非垂直面来创建屋顶的，根据体量的形式可以创建各种形式丰富的屋顶形状。面屋顶可以用于创建各种特殊造型的屋顶。

4. 定义屋顶类型及参数

（1）单击“建筑”选项卡—“构建”—“屋顶”下拉列表中的“迹线屋顶”，打开“修改 | 创建屋顶迹线”上下文选项卡，进入屋顶草图绘制模式。

（2）复制创建新屋顶类型。默认的屋顶类型为“常规 -400 mm”。单击“属性”面板中的“编辑类型”按钮，在弹出的“类型属性”对话框中，单击“复制”按钮进行重新命名，如图 3-1-30 所示。

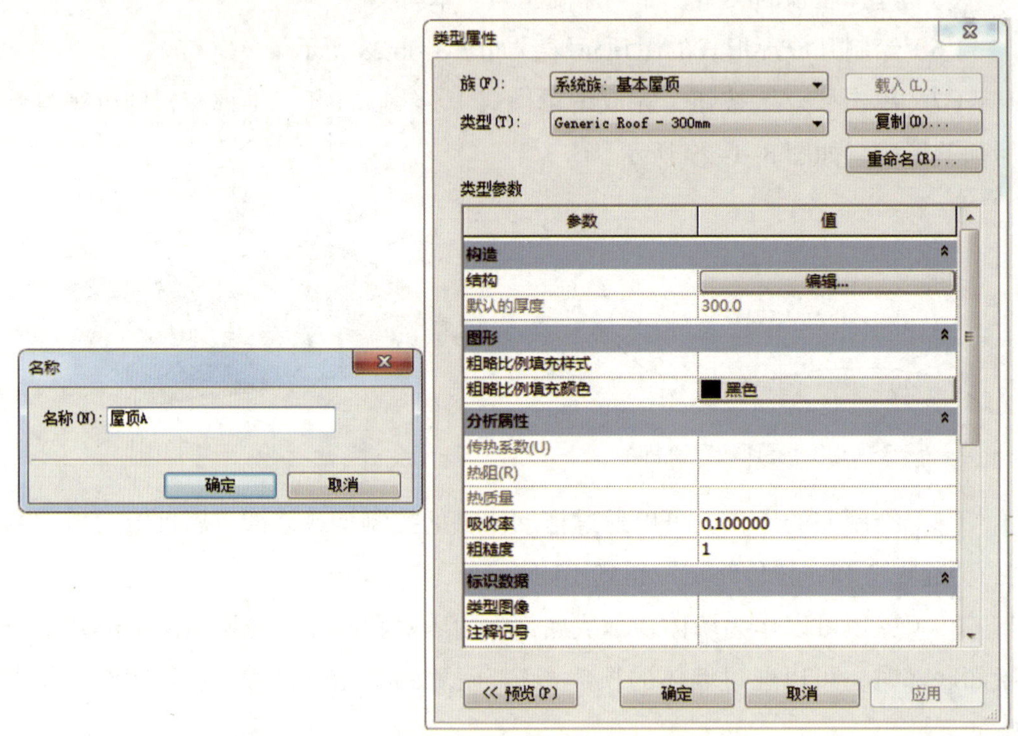

图 3-1-30 类型属性及名称编辑

（3）编辑屋顶构造。在“类型参数”中单击“构造”中的“编辑”，弹出“编辑部件”对话框，单击“插入”按钮，在“结构”上方插入多个构造层，更改各构造层的功能、材质、厚度等参数。

五、女儿墙

在 Revit 屋顶工具中提供的三种用于创建屋面的附属构件命令，即封檐板、檐沟和檐底板不适用于平屋顶，这时就需要设置女儿墙和封顶板作为屋面构件。

在标高 2 平面视图中，创建类型为“砌体外墙 -200 mm”的墙体，在“属性”面板“底部限制条件”中设置墙体底部约束为“第 2 层”，“底部偏移”为“0”，“顶部约束”为“直到标高：第 3 层”，“顶部偏移”为“700”，沿方向绘制女儿墙，如图 3-1-31 所示。

单击“修改”选项卡—“几何图形”—“连接”下拉列表—“连接几何图形”，依次选择女儿墙和楼板，将女儿墙和楼板进行连接。若屋顶与女儿墙的连接方式不合理，则可通过“切换连接顺序”调整构件之间的连接方式。

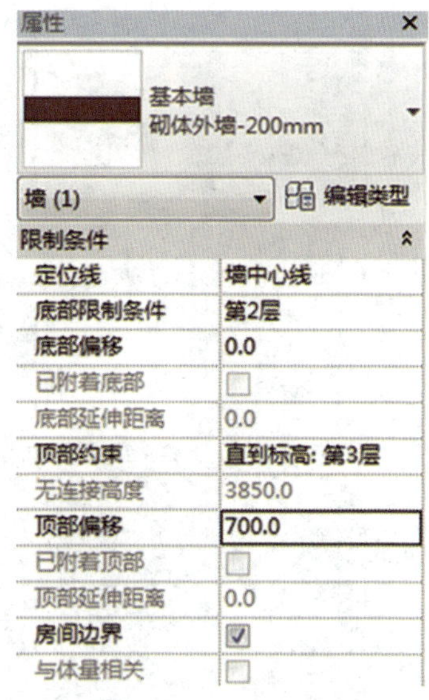

图 3-1-31　女儿墙编辑

第二节　创建与编辑机电模型

一、项目准备

在土建模型和已有机电 CAD 图样的基础上搭建 MEP 模型，既能对各专业图样的实际情况进行审核，也可达到精确算量的目的。

1. 新建 MEP 项目

打开 Revit 软件，进入软件界面，单击“新建”命令，在弹出的“新建项目”对话框中单击“浏览”按钮，在“选择样板”对话框中选择“Systems-DefaultCHSCHS”项目样板文件，单击“打开”按钮返回“新建项目”对话框，单击“确定”按钮新建项目。

具体操作如图 3-2-1 所示。

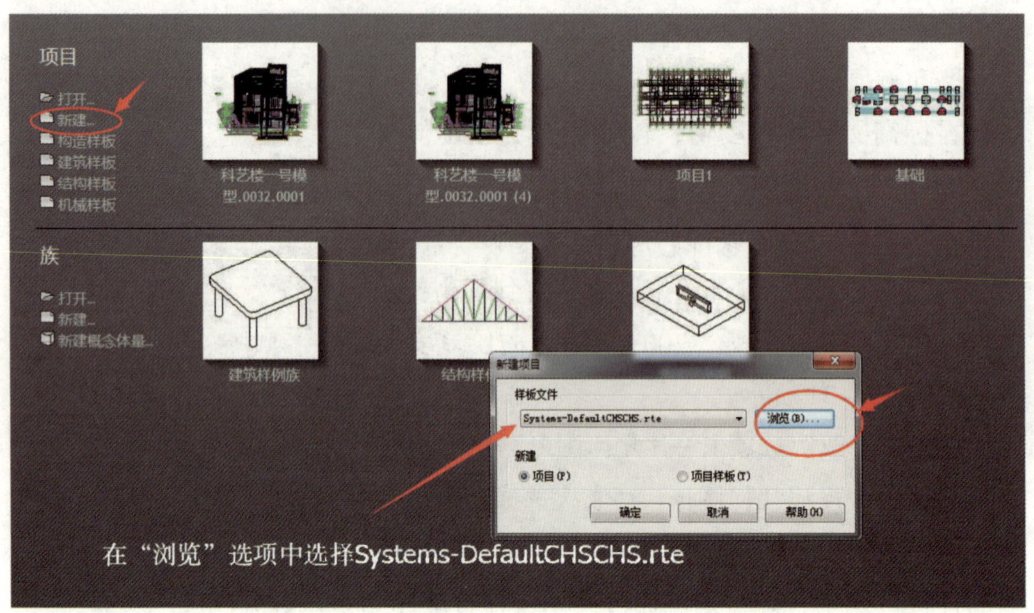

图 3-2-1　新建界面

2. 链接模型

进入操作界面后，切换到“插入”选项卡，在“链接”栏中单击“链接 Revit”，弹出“导入 / 链接 RVT”对话框，找到并选择已完成的土建模型进行链接。

具体操作如图 3-2-2 所示。

模型定位通常选择“自动 – 原点到原点”，以方便后期各专业模型整合能够对应。

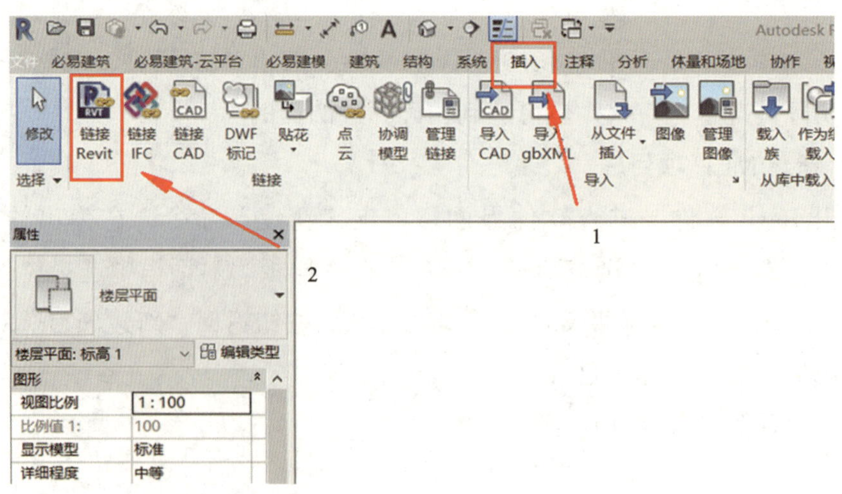

图 3-2-2　“插入”选项卡

3. 复制轴网标高

切换到“协作”选项卡，单击“复制 / 监视”功能下拉菜单，再选择“选择链接”选项，移动鼠标到已链接进来的土建模型上，出现蓝色边框后单击土建模型。具体操作如图 3-2-3 所示。

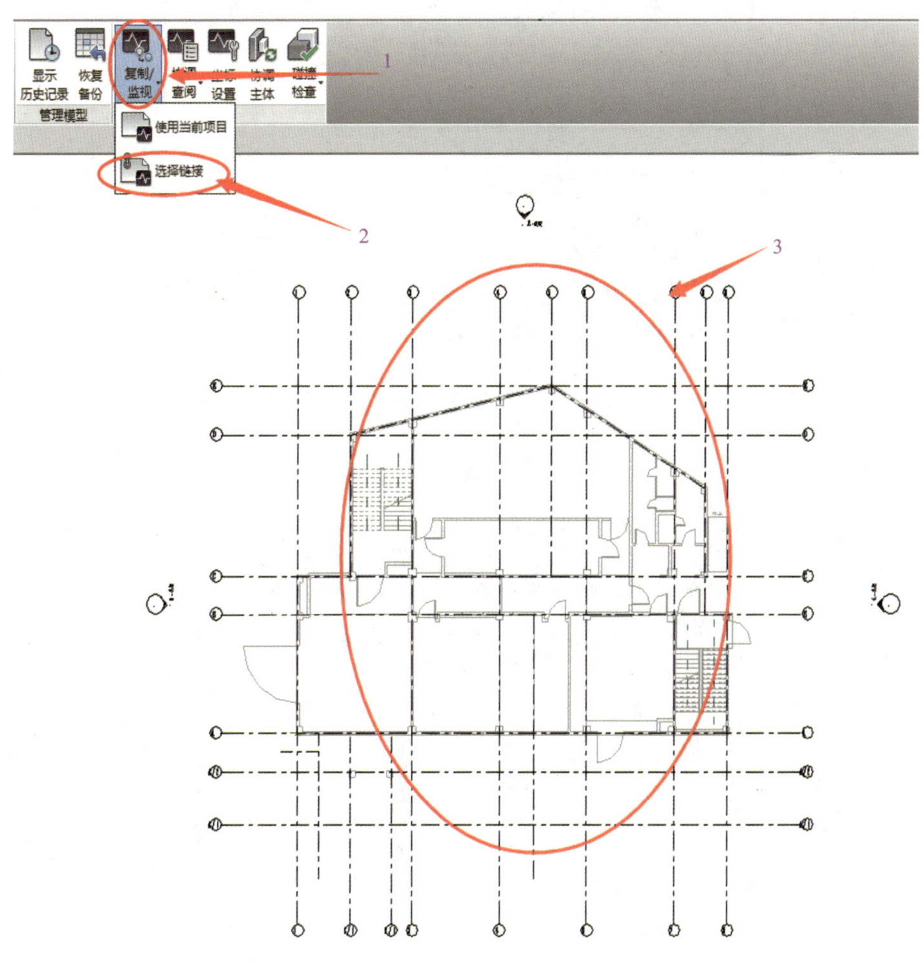

图 3-2-3 “复制 / 监视”选项卡

选择链接完成后，功能区面板会自动切换成复制 / 监视模式，如图 3-2-4 所示。单击“选项”按钮，根据需要在新建类型栏修改图元复制后的类型（见图 3-2-5），修改完成后单击“复制”功能，在功能区下方出现选项栏（见图 3-2-6），将“多个”复选框进行勾选，再在平面图（立面图）框选轴网（标高），框选过程中可以配合过滤器使用，选择完毕后，单击“完成”按钮，待轴网、标高都复制完成后，再单击“完成”按钮，完成轴网、标高的复制 / 监视。

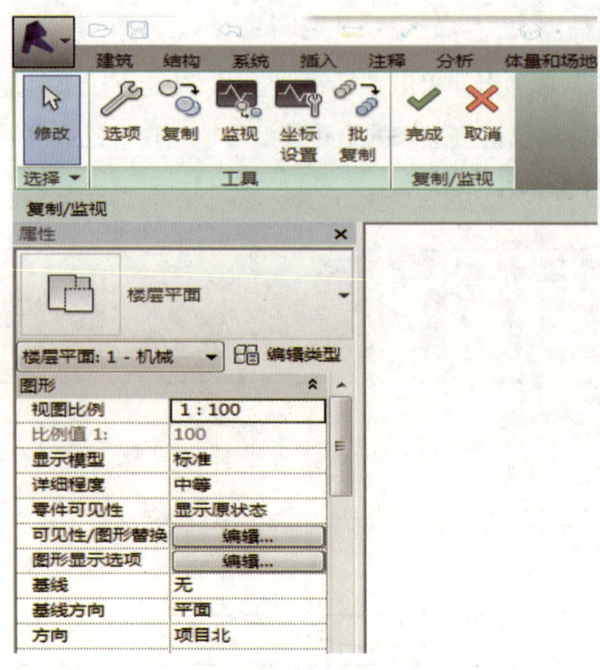

图 3-2-4　绘制完成界面

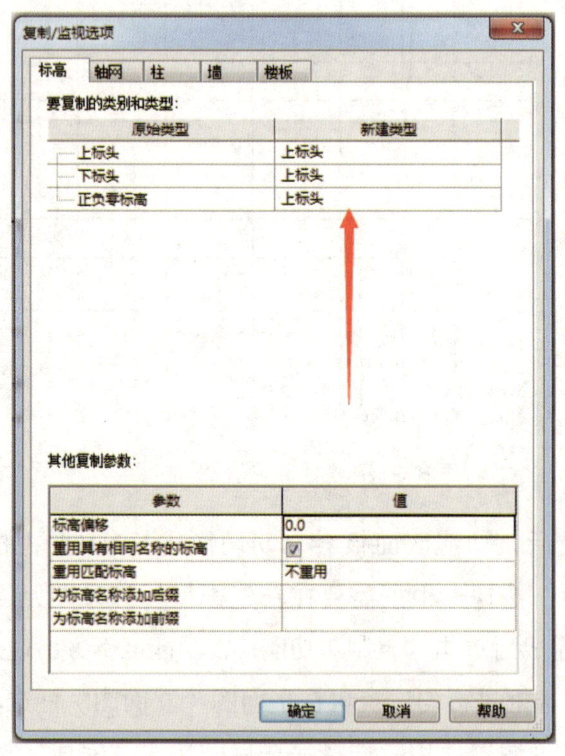

图 3-2-5　“复制 / 监视选项”对话框

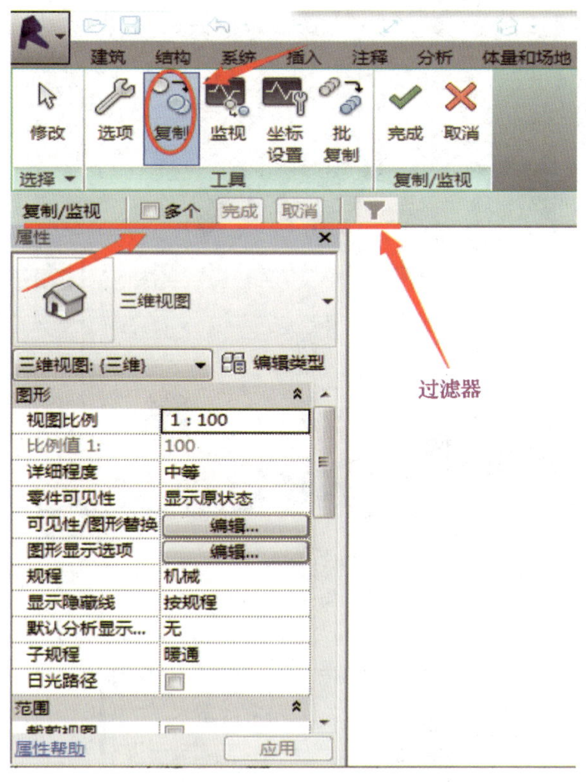

图 3-2-6　复制选项功能

二、新建、复制楼层平面视图

通过复制 / 监视创建的标高不会相应生成楼层平面视图，而是需要手动进行添加。

1. 创建楼层平面

切换到“视图”选项卡，单击“平面视图”下拉菜单并选择“楼层平面”（见图 3–2–7），在弹出的“新建楼层平面”对话框中单击“编辑类型”按钮（见图 3–2–8），弹出平面视图“类型属性”对话框（见图 3–2–9），修改“查看应用到新视图的样板”属性为无，单击“确定”按钮返回“新建楼层平面”对话框。在对话框中结合 Ctrl/Shift 键选择要生成楼层的标高，单击“确定”按钮完成楼层平面的创建。

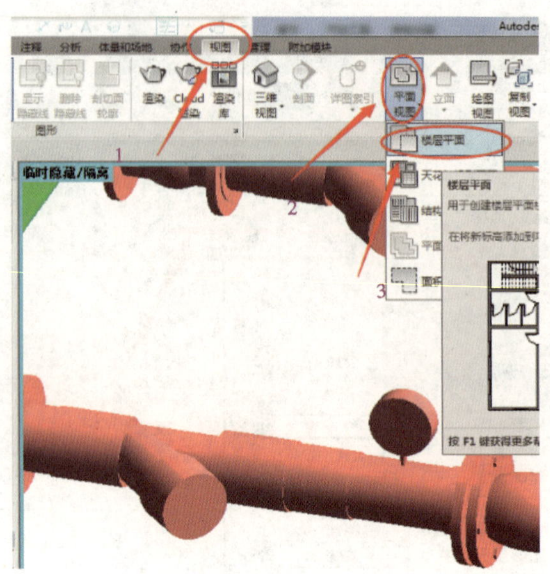

图 3-2-7 “视图”选项卡

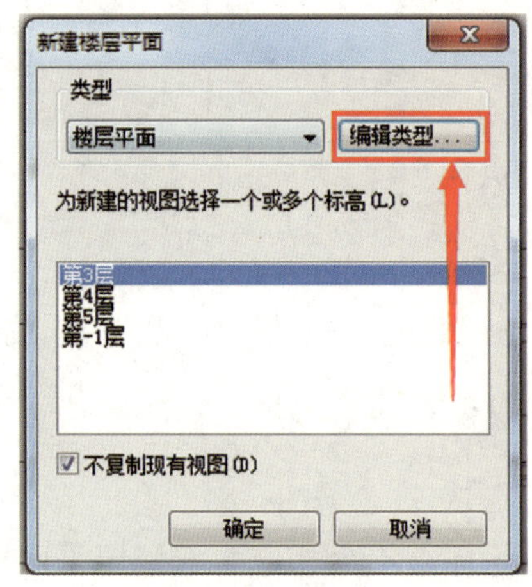

图 3-2-8 “编辑类型”按钮

2. 复制楼层平面

（1）创建完成的楼层平面会出现在“项目浏览器”的协调规程节点中，且子规程为无，如图 3-2-10 所示。通过修改规程（子规程）参数，可将平面视图归类到其他规程（子规程）的下方。

（2）鼠标右击需要复制的楼层平面，单击复制选项（见图 3-2-11），生成相应的视图副本，再将副本的子规程修改为其他需要创建楼层平面视图的子规程，并对其进行重命名。

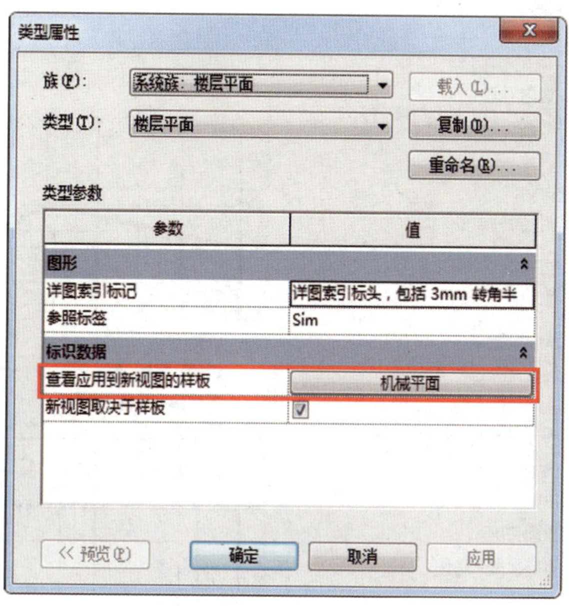

图 3-2-9 “类型属性”对话框

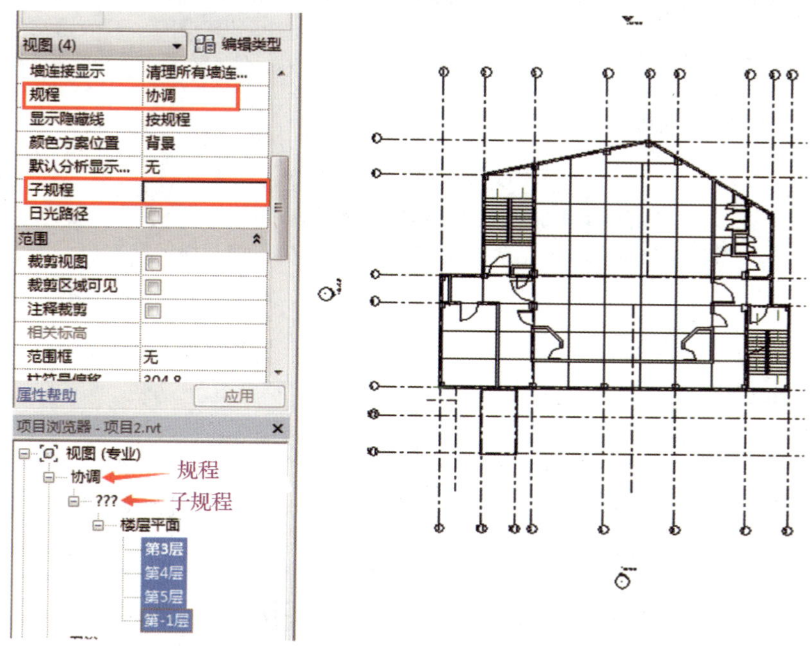

图 3-2-10 楼层平面视图

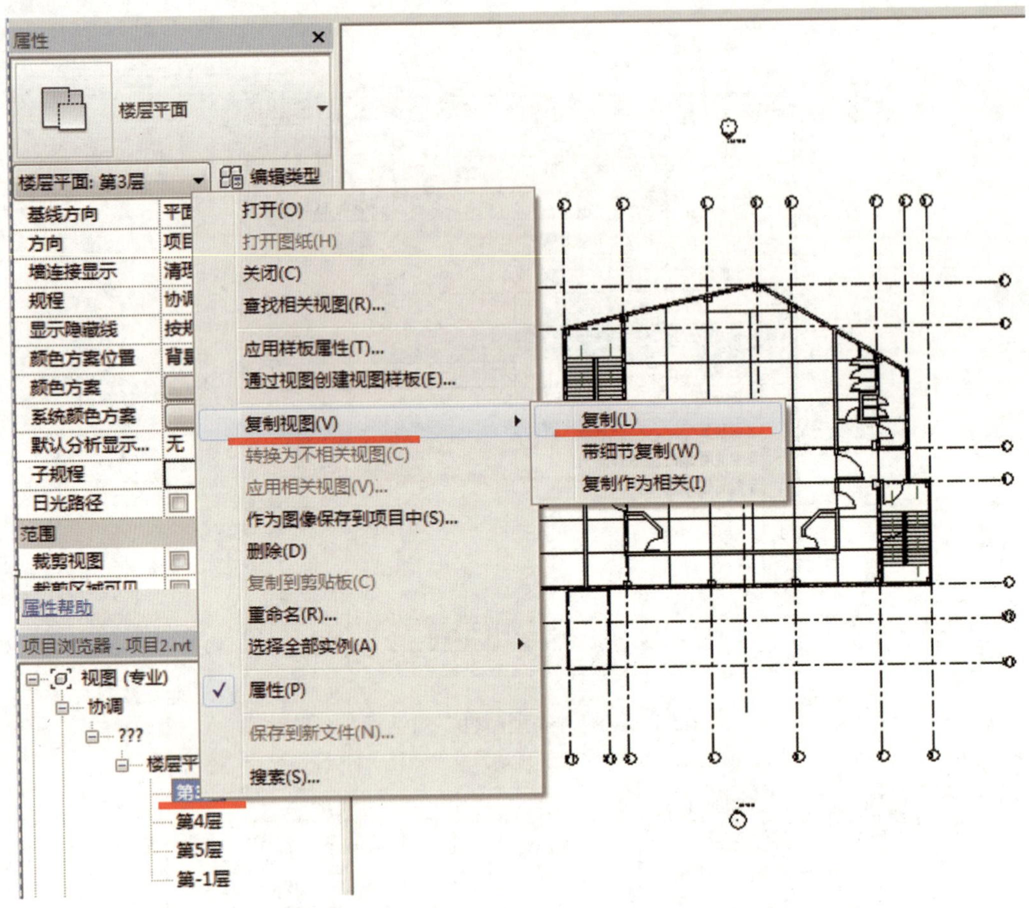

图 3-2-11　楼层视图

注：子规程是机械样板特有的文字参数，可对其进行编辑；
规程是软件默认的文字参数，不可编辑、控制视图显示状态。

三、视图组织框架

在“项目浏览器”里右击“视图（专业）”，单击“浏览器组织”选项，打开“浏览器组织”对话框，单击“编辑”按钮（见图 3-2-12），弹出“浏览器组织属性”对话框，切换到“成组和排序”选项卡，根据需要修改成组条件为“子规程”（父集），否则按“族与类型”进行排序（子集），如图 3-2-13 所示。根据需求对排序方式进行修改，完成后单击“确定”按钮退出对话框，再单击“确定”按钮，完成对项目组织框架的编辑。

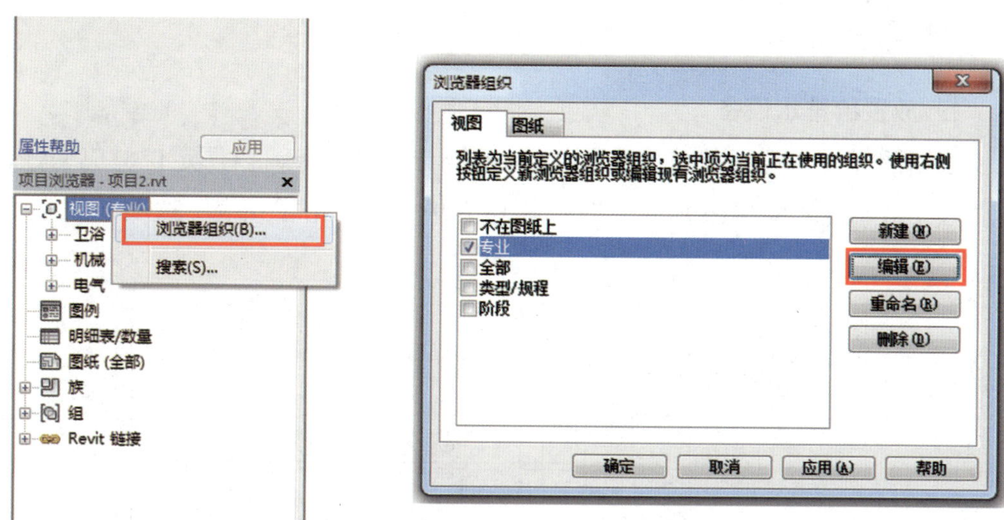

图 3-2-12 “浏览器组织”对话框

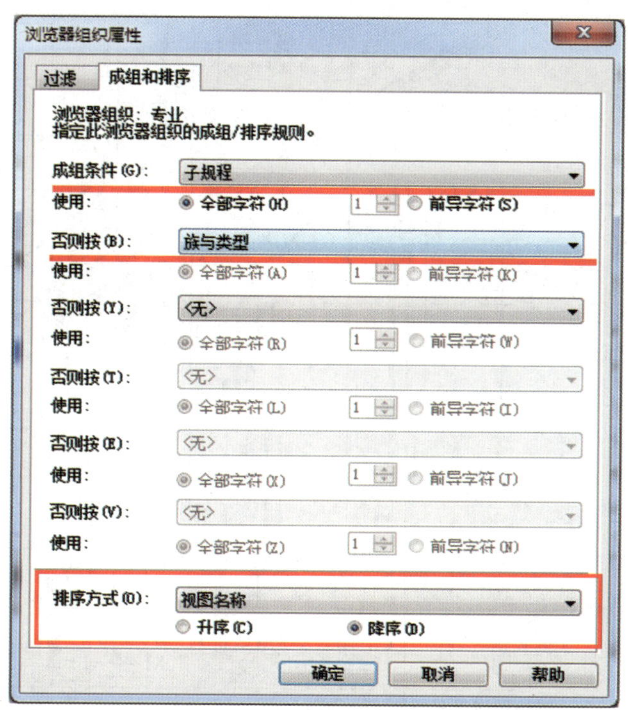

图 3-2-13 “浏览器组织属性”对话框

四、给排水绘制

1. 放置给排水设备

根据图样设备位置信息，先将 CAD 图样与轴网对齐，以便定位对应构件，如图 3-2-14、图 3-2-15 所示。具体操作方法是，单击“系统”选项卡并选择

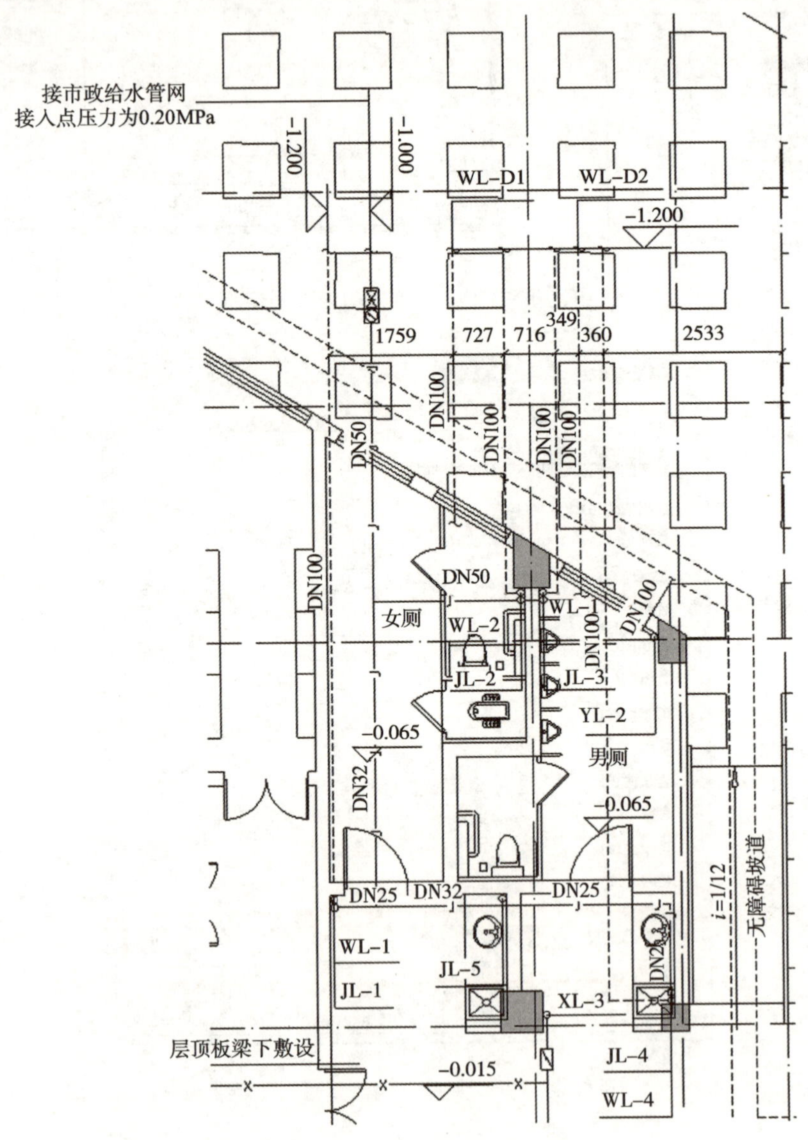

图 3-2-14 排水平面图

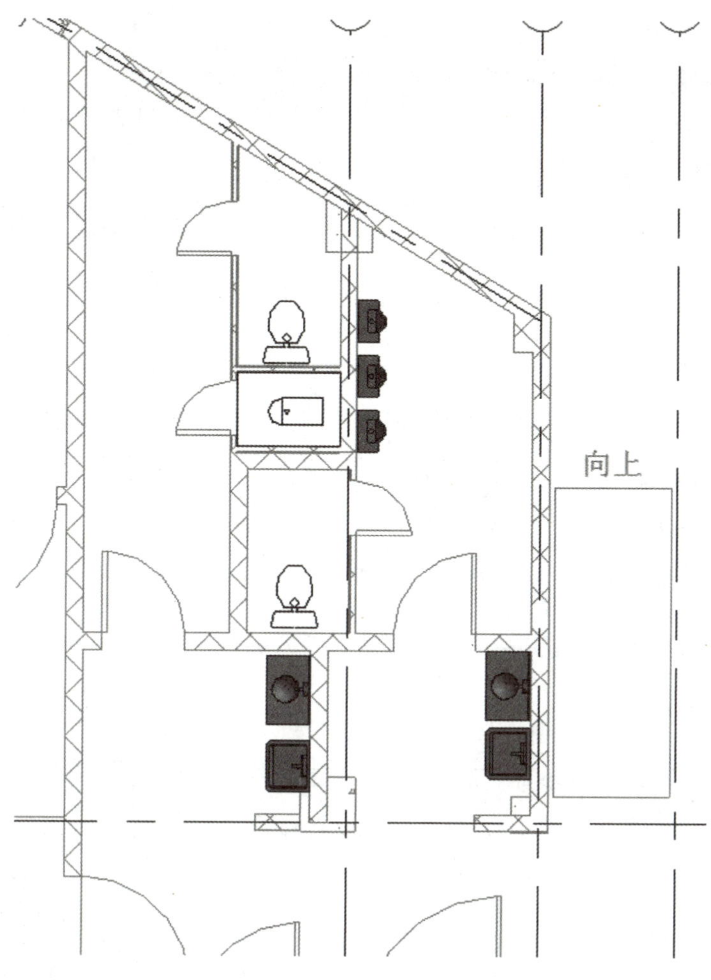

图 3-2-15　案例平面图

“卫浴装置”（见图 3-2-16），进入卫浴装置放置状态，在“属性”面板选择好要放置的设备，修改放置高度，并根据图样实际情况选择放置方式，如图 3-2-17 所示。

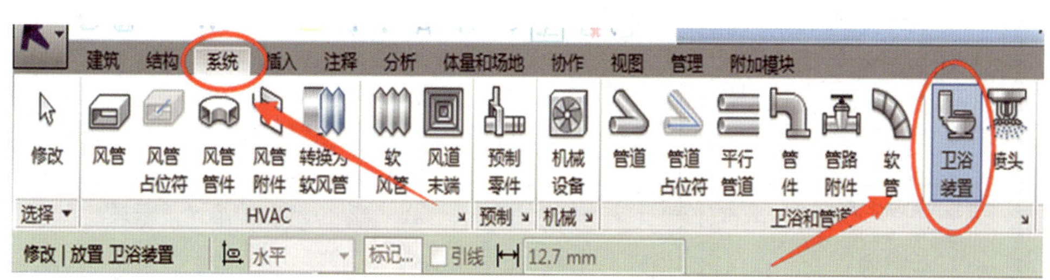

图 3-2-16　“卫浴装置”功能

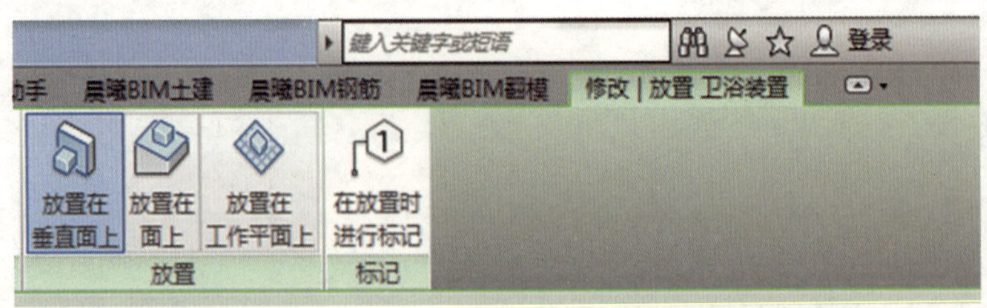

图 3-2-17 “修改 | 放置 卫浴装置”选项卡

2. 管段信息设置

在“系统”选项卡中单击“管道”功能，在打开的“属性”面板中单击“编辑类型”按钮，弹出“类型属性”对话框（见图 3-2-18），单击“编辑”按钮修改布管系统配置，根据需要在弹出的“布管系统配置”对话框中修改管段的信息和管段连接处默认管件类型，如图 3-2-19 所示。

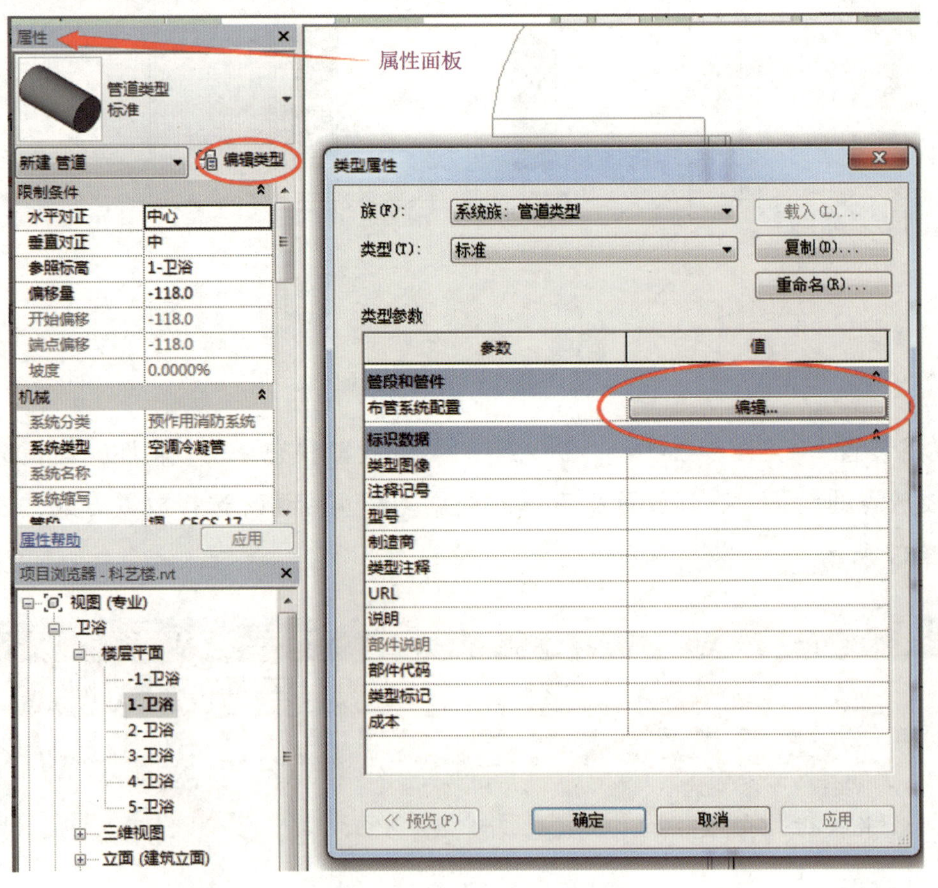

图 3-2-18 编辑类型属性

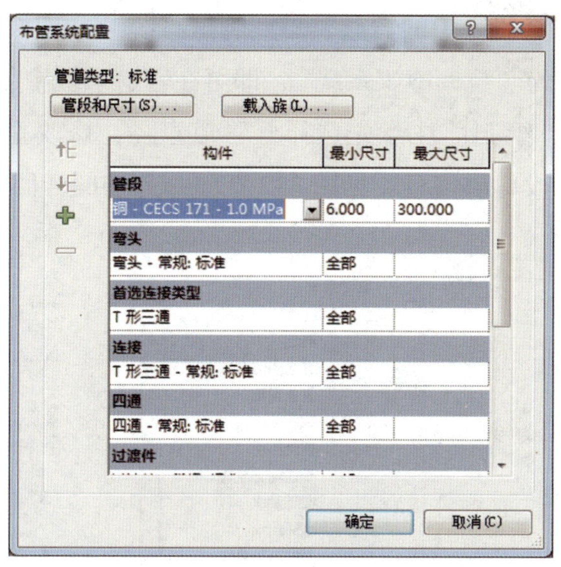

图 3-2-19 “布管系统配置”对话框

在“布管系统配置”对话框中单击“管段和尺寸”按钮，弹出“机械设置”对话框，可添加管段材质信息以及新建尺寸信息（管段尺寸只能在此添加，见图 3-2-20），单击“确定”按钮保存设置。

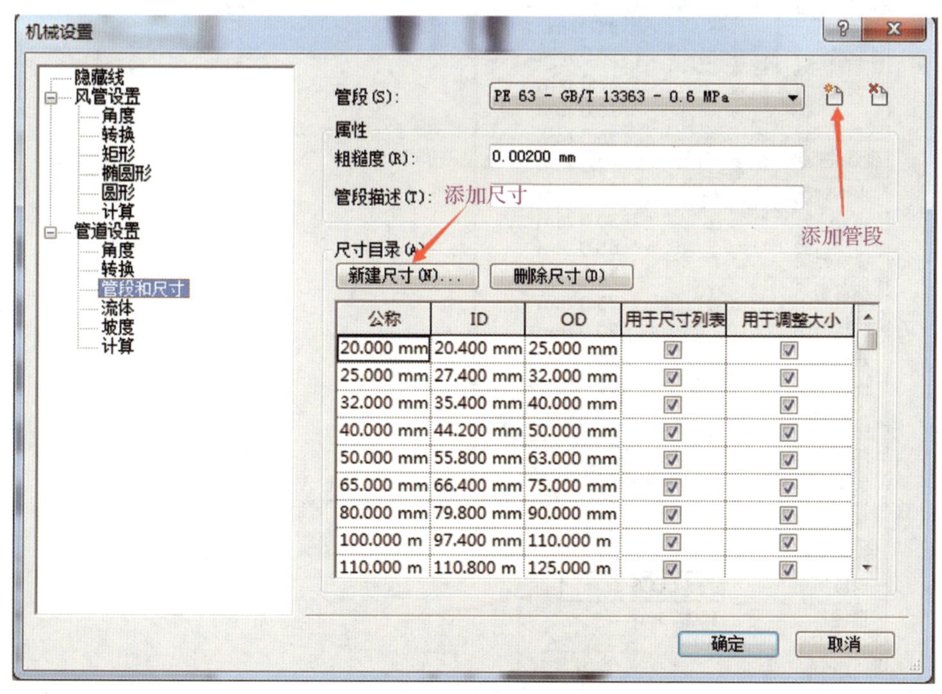

图 3-2-20 “机械设置”对话框

单击“项目浏览器”中的“族”—“管道系统”，单击鼠标右键复制任意管道系统并重命名为“空调冷媒系统”，即可在管道系统中创建空调冷媒系统，如图 3–2–21 所示。绘制前注意先选择好管道直径，修改垂直方向的偏移量、管道系统类型、管段材质信息（见图 3–2–22），并按图样回路走向在相应位置进行绘制即可。

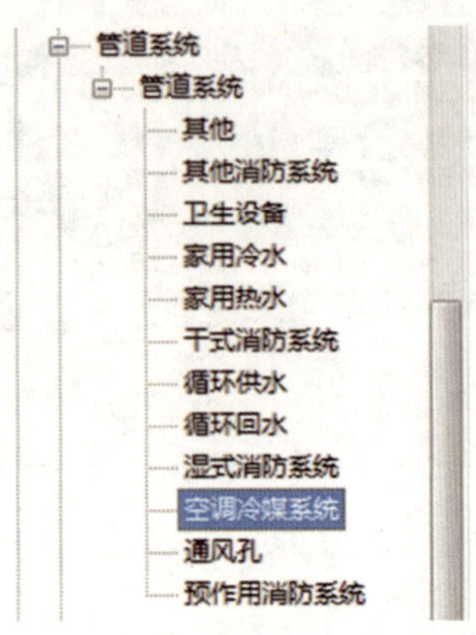

图 3–2–21　选择“空调冷媒系统”

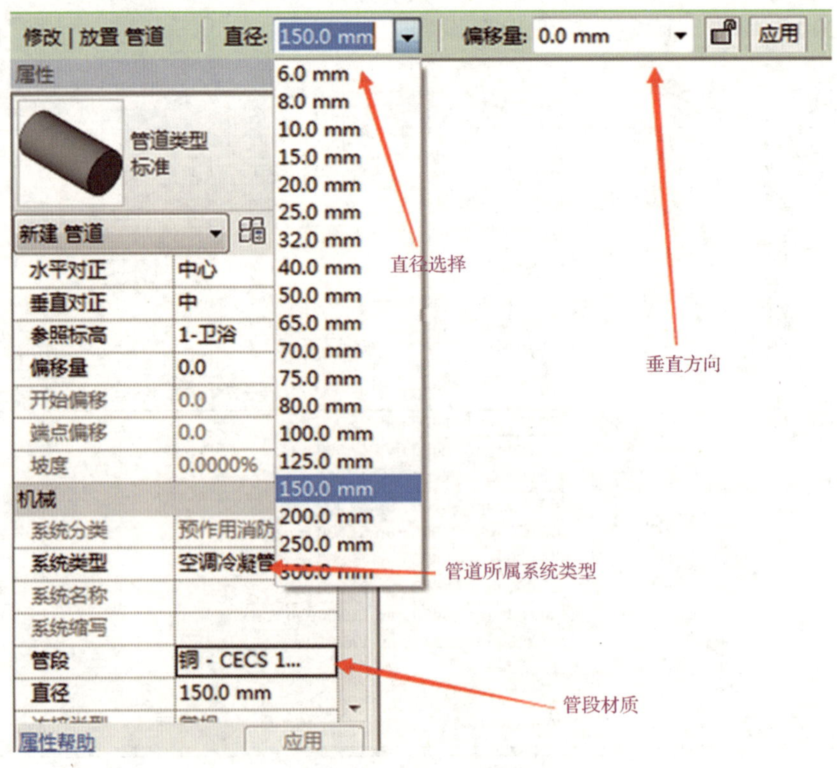

图 3–2–22　编辑管道属性

3. 立管绘制

单击快捷工具栏中的剖面工具（见图 3–2–23），平行于水平管道顺时针绘制剖切，双击剖面蓝色标头，转入剖面视图，修改界面状态控制栏详细程度为精细，修改显示状态为着色（见图 3–2–24），在剖面（立面）上从管道端口开始绘制，自动生成弯头（见图 3–2–25）。

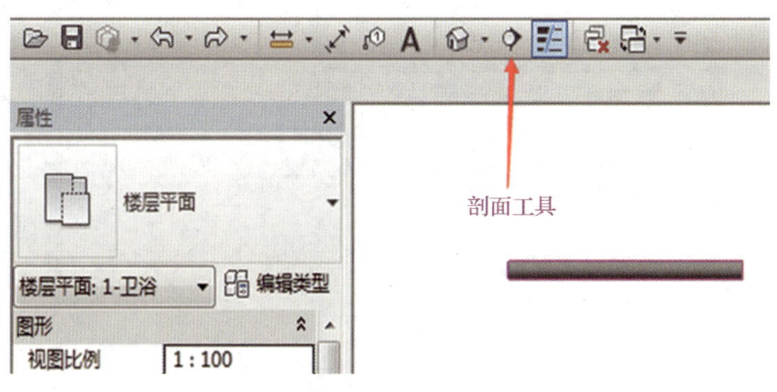

图 3–2–23 剖面工具选项卡

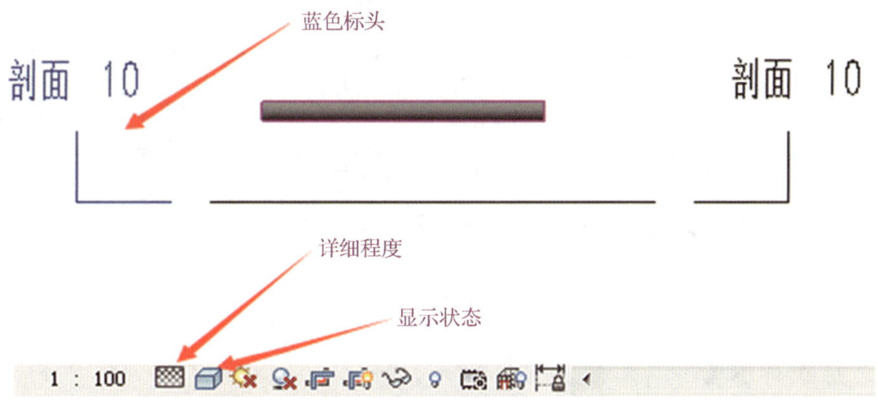

图 3–2–24 剖面编辑视图

图 3–2–25 视觉样式

4. 排水管道坡度

单击选中排水管道，在“修改 | 管道”面板中单击“坡度”，打开“坡度编辑器”功能栏（见图 3–2–26、图 3–2–27），下拉坡度值进行选择，单击“完成”按钮完成操作。

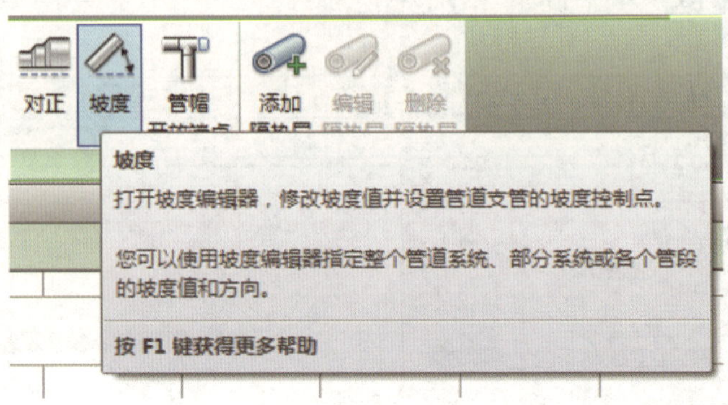

图 3–2–26　管道坡度设置

图 3–2–27　“坡度编辑器”功能栏

5. 放置存水弯

延伸垂直边方向的管道到一定长度（见图 3–2–28），单击“系统”选项卡“卫浴和管道”栏中的“管件”功能（见图 3–2–29），单击“属性”面板的“编辑类型”按钮，打开“类型属性”对话框，单击“载入”按钮（见图 3–2–30），在系统默认族库中选中 S 形存水弯管件（见图 3–2–31），单击“确定”按钮载入项目中。放置管道端口，配合旋转控件调试到所需的位置和方向上，如图 3–2–32 所示。

单击选中 S 形存水弯，在功能区布局面板中单击“连接到”工具，单击要连接到的管道，完成连接，如图 3–2–33 所示。

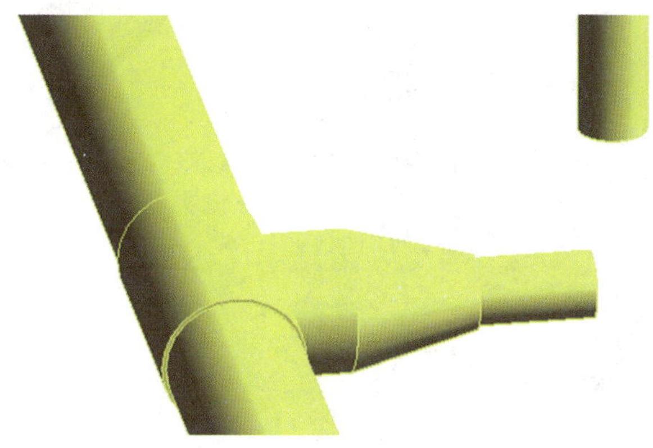

图 3-2-28　存水弯实例

图 3-2-29　“系统”选项卡“管件”功能

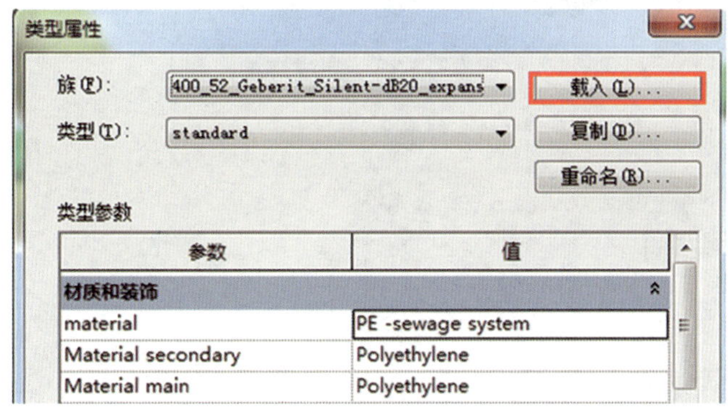

图 3-2-30　“类型属性”对话框

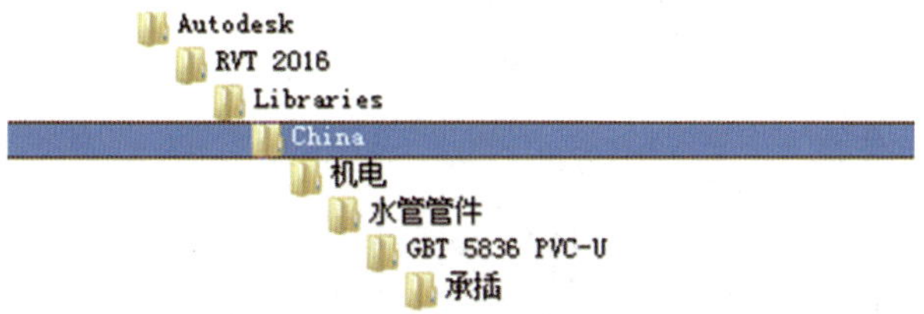

图 3-2-31　族库文件夹

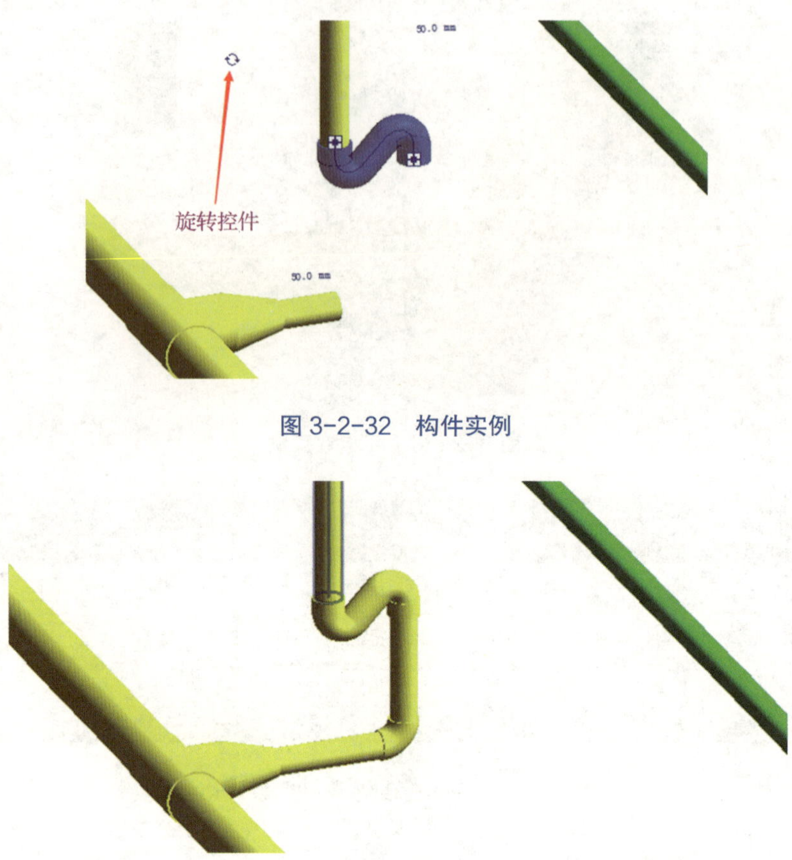

图 3-2-32　构件实例

图 3-2-33　完成连接

五、风管绘制

1. 放置风管设备

单击“系统”选项卡“机械”栏中的“机械设备”功能，选择相应的设备族（如何载入族见给排水操作），修改“属性”面板的偏移量，根据图样位置进行放置，如图 3-2-34、图 3-2-35 所示。

2. 风管信息设置

风管布管系统配置操作同给排水，需特别注意的是风管的尺寸不必在“机械设置”对话框中添加，在绘制过程中只需修改选项栏尺寸信息即可，如图 3-2-36 所示。

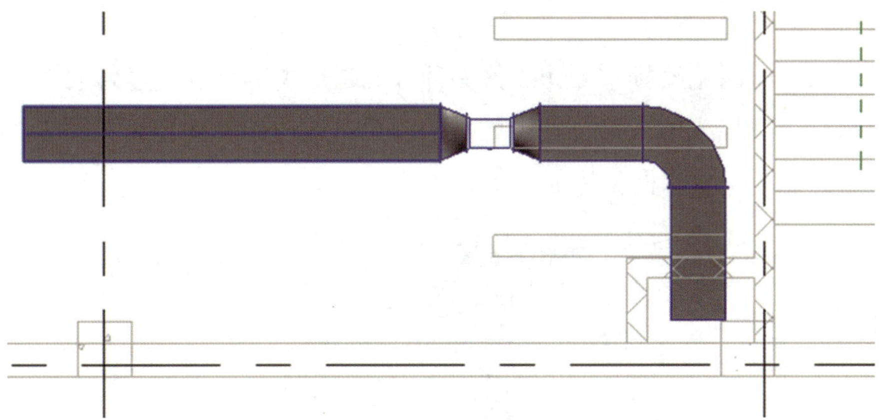

图 3-2-34　风管设备实例

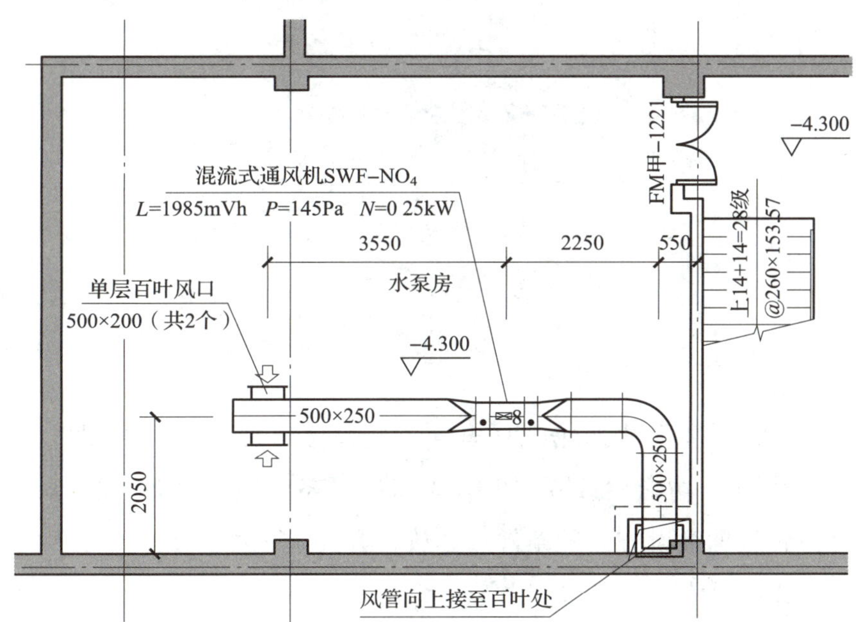

图 3-2-35　风管布置平面图

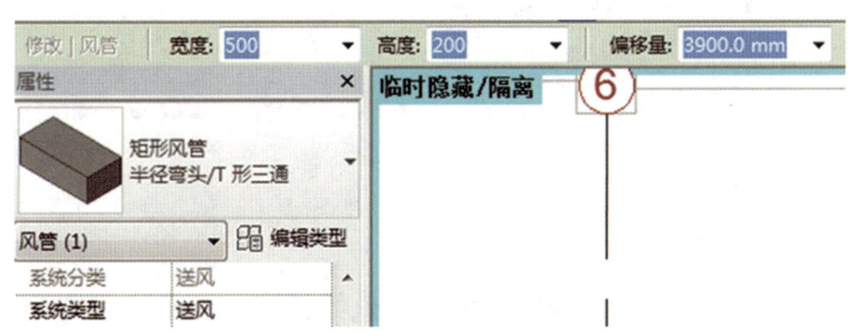

图 3-2-36　“修改 | 放置风管”信息

3. 竖向风管绘制

竖向风管绘制见给排水操作。另一种方式是单击屏幕确定竖管的第一端点，下拉偏移量，选择或输入第二端点的数值，单击“应用”按钮（见图 3–2–37），完成立管绘制（给排水同样适用）。

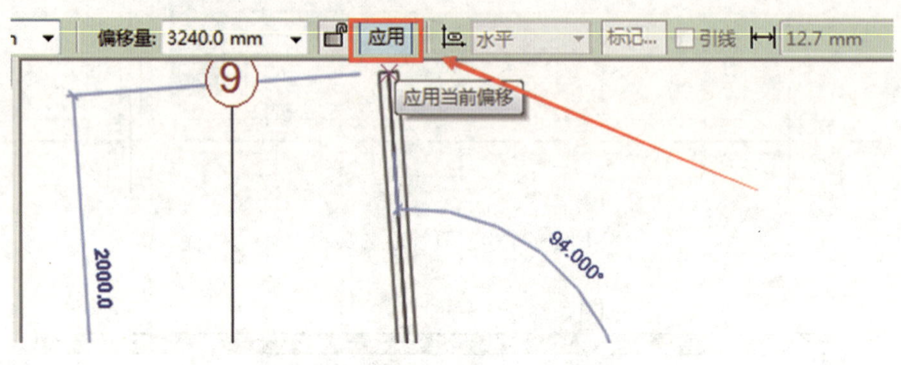

图 3–2–37　竖向风管绘制

六、电气绘制

1. 放置设备

在“项目浏览器”中双击选择电气子规程楼层视图，切换到“系统”选项卡，在“电气”功能栏选择“电气设备”设备“照明设备”进行放置（见图 3–2–38），根据敷设方式及条件选择放置方式。注意：基于天花板的照明设备等非独立族需要依附指定构件才能放置。

图 3–2–38　“电气”功能栏

2. 电缆桥架布置

单击“系统”选项卡“电气”功能栏“电缆桥架”功能，在选项栏修改桥架尺寸和偏移量，根据图样桥架走向在空白绘制区进行绘制，如图 3–2–39 所示。

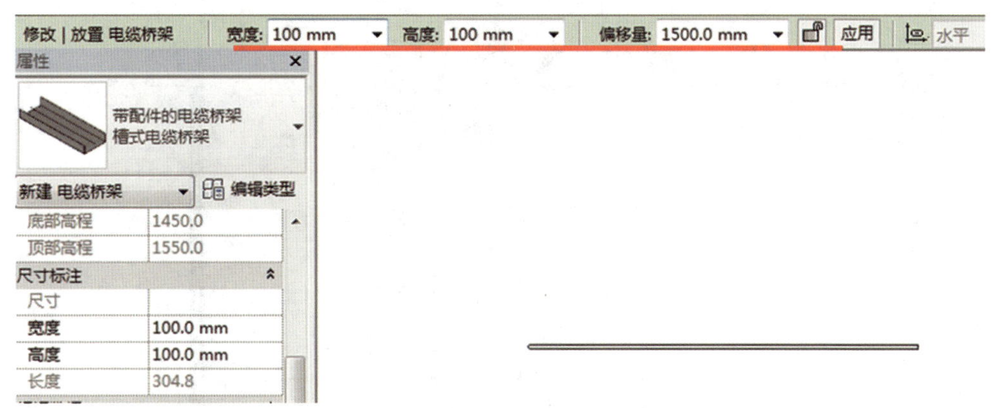

图 3-2-39 电缆桥架布置

（1）线管绘制。切换到“管理”选项卡，单击“MEP 设置”按钮，在下拉列表中单击“电气设置”，然后在“电气设置”对话框中单击“尺寸”按钮切换到尺寸管理界面，单击“新建尺寸”按钮添加项目所需线管尺寸，如图 3-2-40 所示。

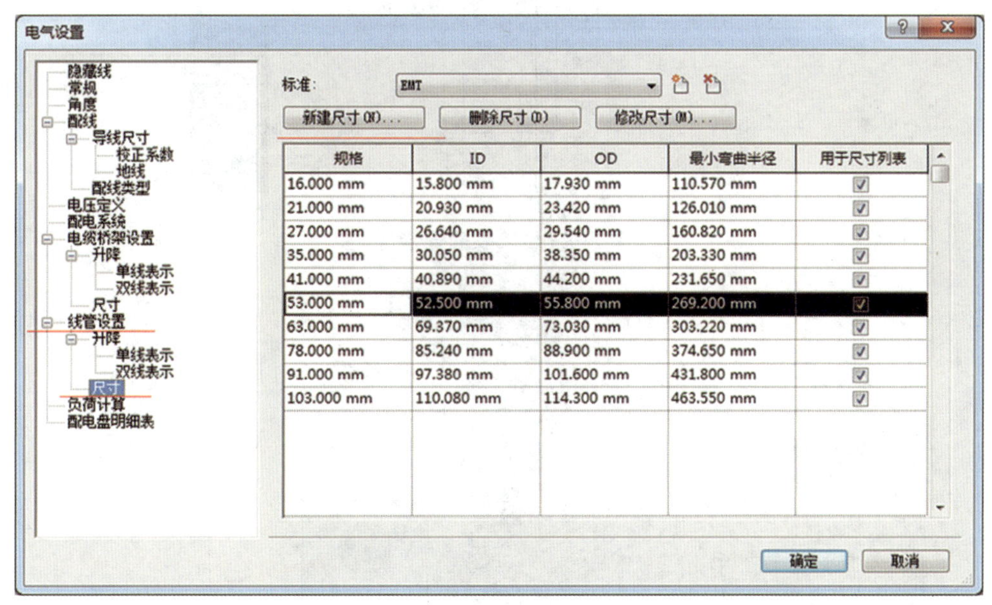

规格	ID	OD	最小弯曲半径	用于尺寸列表
16.000 mm	15.800 mm	17.930 mm	110.570 mm	☑
21.000 mm	20.930 mm	23.420 mm	126.010 mm	☑
27.000 mm	26.640 mm	29.540 mm	160.820 mm	☑
35.000 mm	30.050 mm	38.350 mm	203.330 mm	☑
41.000 mm	40.890 mm	44.200 mm	231.650 mm	☑
53.000 mm	52.500 mm	55.800 mm	269.200 mm	☑
63.000 mm	69.370 mm	73.030 mm	303.220 mm	☑
78.000 mm	85.240 mm	88.900 mm	374.650 mm	☑
91.000 mm	97.380 mm	101.600 mm	431.800 mm	☑
103.000 mm	110.080 mm	114.300 mm	463.550 mm	☑

图 3-2-40 “电气设置”对话框

（2）表面连接绘制线管。鼠标右击设备表面连接件，在右键菜单栏选择“从面绘制线管”命令（见图 3-2-41），进入连接件绘制模式（见图 3-2-42），用鼠标左键拖曳绿色线管到合适位置，单击“√”按钮完成连接。

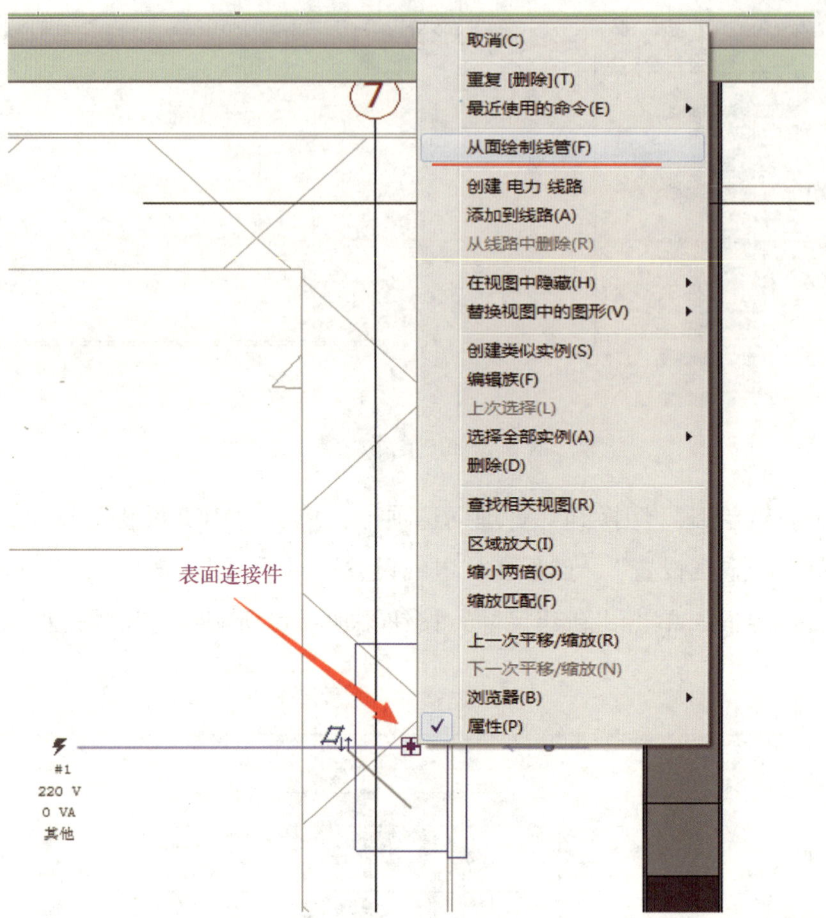

图 3-2-41　表面连接件

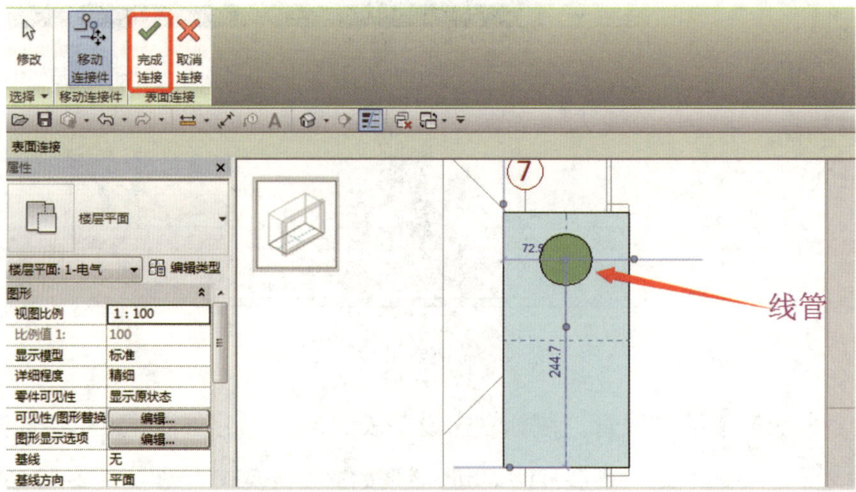

图 3-2-42　进入连接件绘制模式

第三节 结构布置

一、基础

打开一个“结构样板”，在“结构”选项卡下“基础”功能栏中，单击“独立”功能，进入“修改 | 放置 独立基础”界面，在“属性”面板中单击小三角展开下拉列表，选择需要的基础类型并修改标高与偏移量，在平面视图上单击即可完成布置基础，如图 3–3–1 所示。

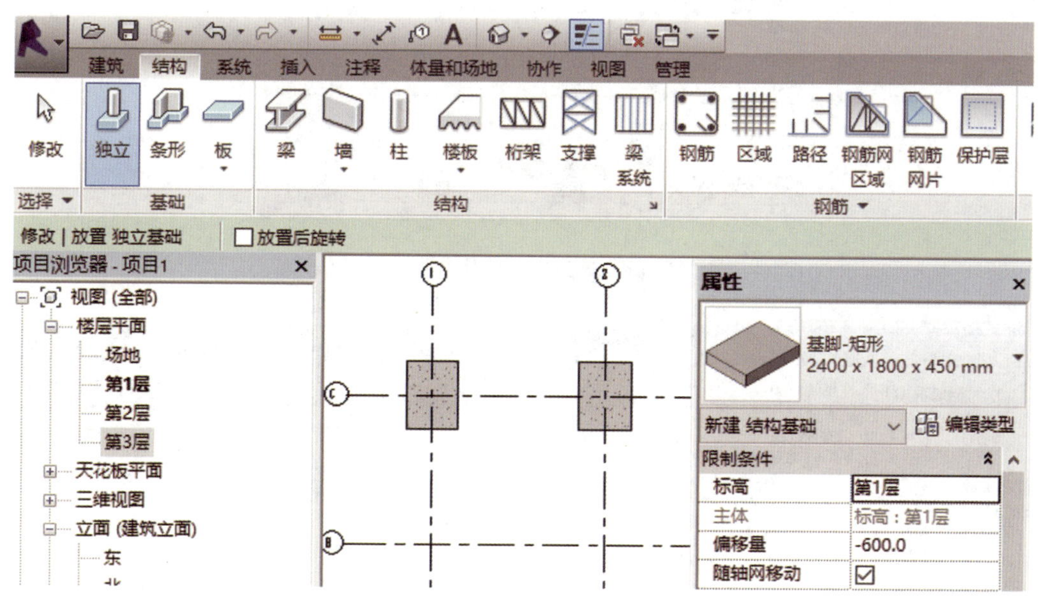

图 3–3–1　布置基础

选中构件后在“属性”面板中，单击“编辑类型”按钮进入到“类型属性”对话框可修改基础构件的尺寸标注以及复制、重命名，如图 3–3–2 所示。

在“修改 | 放置 独立基础”界面中单击“载入族”选项，进入到“载入族”界面，单击按钮（组合键 Alt+2），返回到上一级文件，依次双击“China”，进入下一级，选择“结构”进入下一级，选择“基础”进入下一级，最后选择对应需要的基础类型，双击即可在平面图上进行布置，如图 3–3–3 所示。

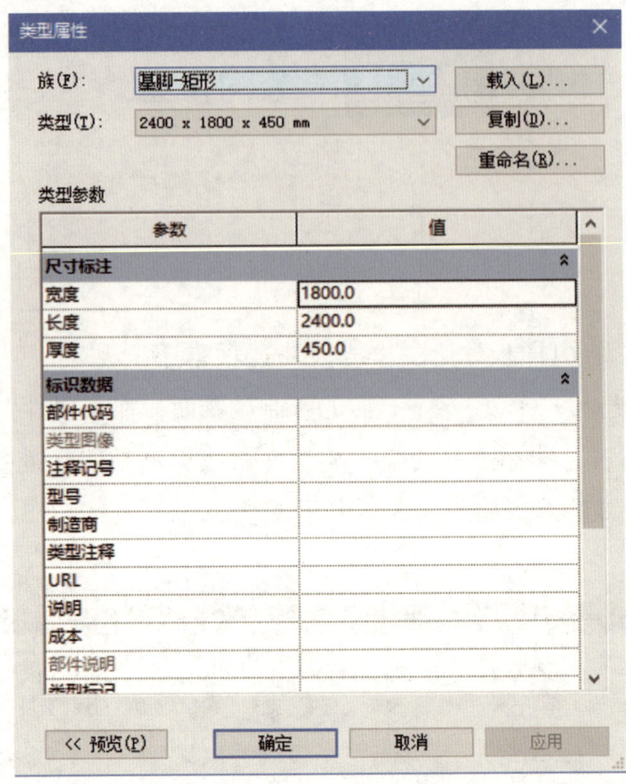

图 3-3-2　编辑属性

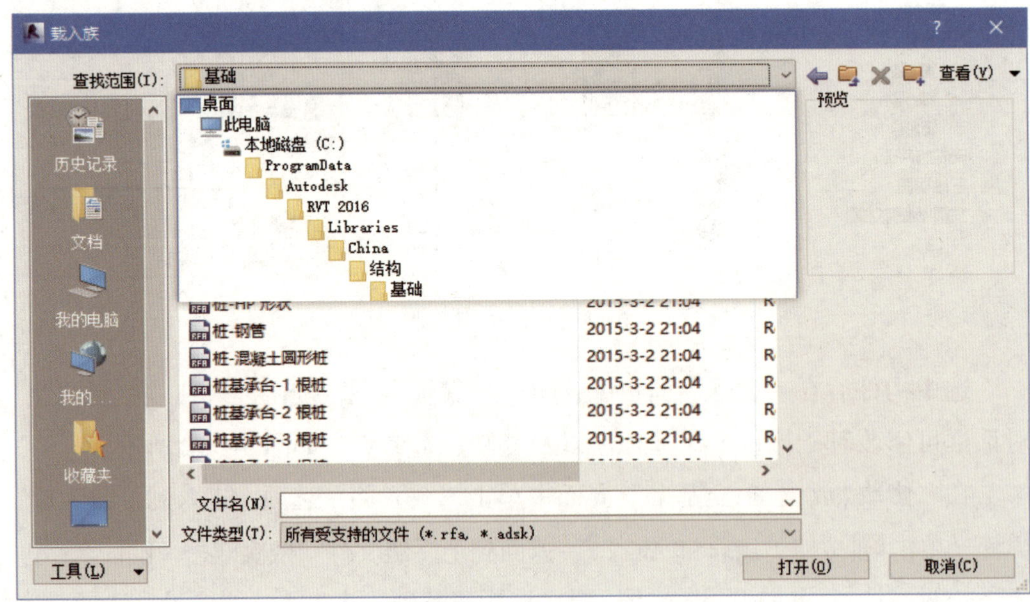

图 3-3-3　载入族

二、结构柱

在“结构”选项卡“结构”功能栏中，单击“柱”功能，如图 3-3-4 所示。

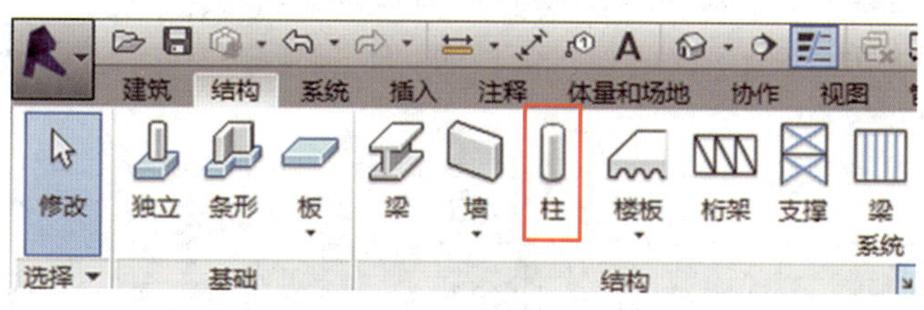

图 3-3-4 “柱”功能

单击“柱”功能进入“修改 | 结构柱”界面，选择“垂直柱”“高度”“第 2 层”，如图 3-3-5 所示。单击“属性”面板中小三角按钮，在下拉列表中选择“柱的构件类型”，选中“随轴网移动”“房间边界”复选框。在平面视图上单击轴网交点处布置柱即可。

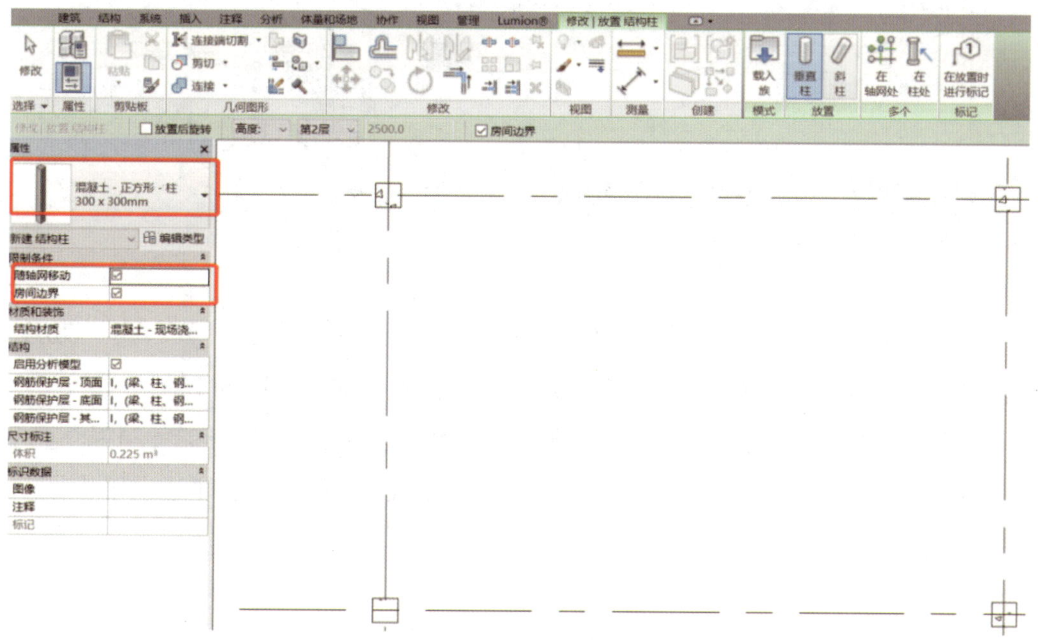

图 3-3-5 构件布置

单击“柱”构件，可在“属性”面板中修改柱的底部标高和顶部标高及偏移量。单击“编辑类型”按钮进入“类型属性”对话框，可修改其截面尺寸标注以及复制、重命名，如图 3–3–6 所示。

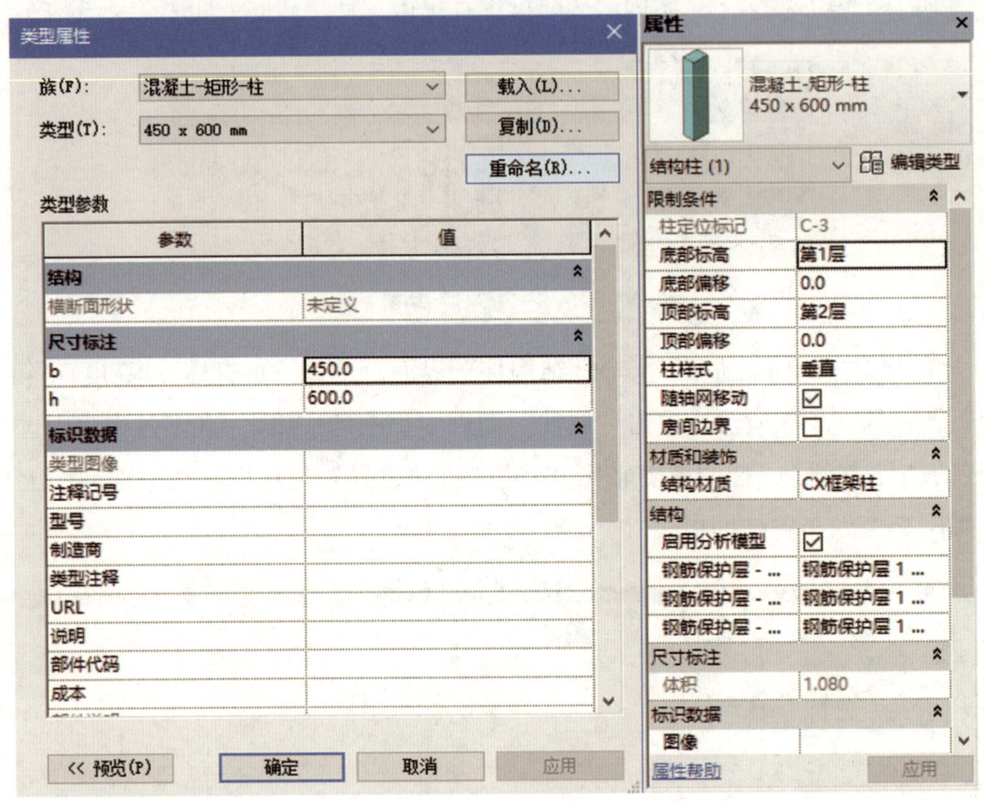

图 3–3–6　修改属性

在“修改 | 放置结构柱”选项卡“模式”功能栏中，单击“载入族”功能，打开“载入族”对话框，单击按钮（组合键 Alt+2），返回到上一级文件，依次双击“China”，进入下一级，选择“结构”进入下一级，选择“柱”进入下一级，单击“混凝土”，最后选择对应需要的柱类型，双击即可在平面图上完成布置，如图 3–3–7 所示。

三、结构梁

在“结构”选项卡“结构”功能栏中，单击“梁”功能，如图 3–3–8 所示。

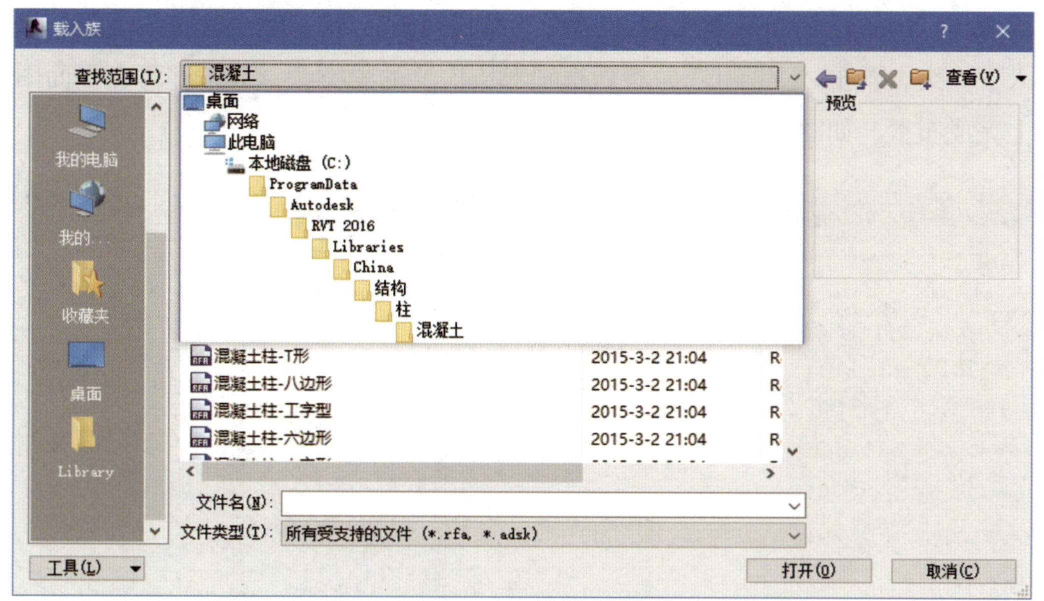

图 3-3-7 “载入族”对话框

图 3-3-8 “梁”功能

单击“梁”功能进入“修改 | 放置 梁”界面，在“放置平面”下拉列表中选择“标高：第 2 层”，在“属性”面板中“参照标高”选择“第 2 层”，单击“属性”面板中小三角按钮，在下拉菜单中选择“梁的构件类型”。单击“绘制”面板中的“直线”，根据图样进行绘制，单击一点为起点，移动光标，再次单击为终点，即完成梁布置，如图 3–3–9 所示。

单击“梁构件”，在“属性”面板中可修改梁的起点标高偏移和终点标高偏移。单击“编辑类型”按钮，打开“类型属性”对话框，可进行梁的截面尺寸标注修改以及复制、重命名，如图 3–3–10 所示。

在“修改 | 放置 梁”选项卡“模式”功能栏中，单击“载入族”功能，打开“载入族”对话框，单击按钮（组合键 Alt+2），返回到上一级文件，依

次双击“China”，进入下一级，选择“结构”进入下一级，选择“框架”进入下一级，单击“混凝土”，最后选择对应需要的梁类型，双击即可在平面图上完成布置，如图 3–3–11 所示。

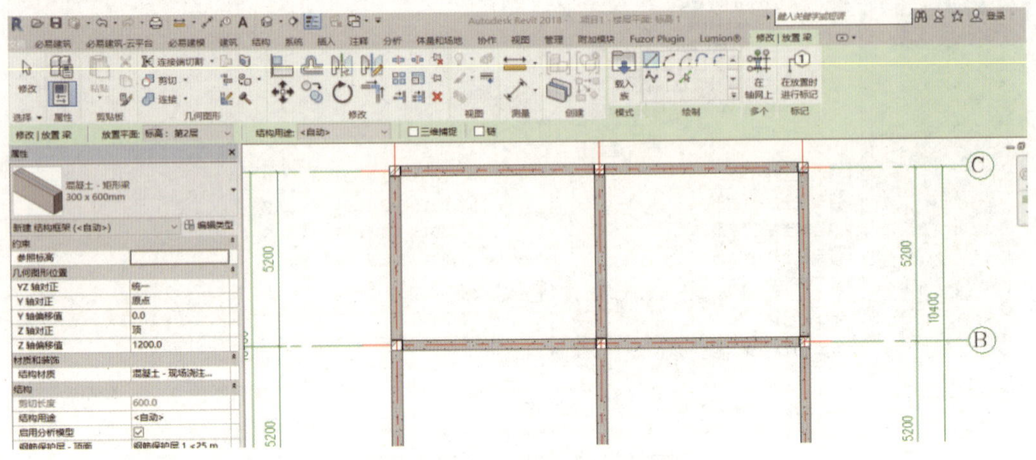

图 3–3–9　构件布置

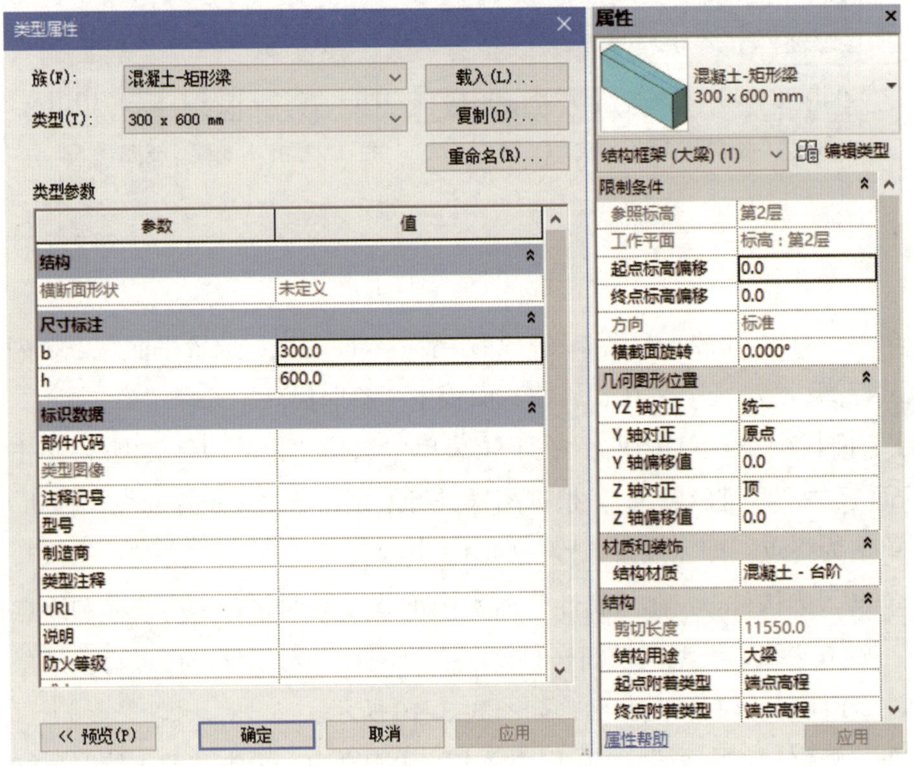

图 3–3–10　编辑类型

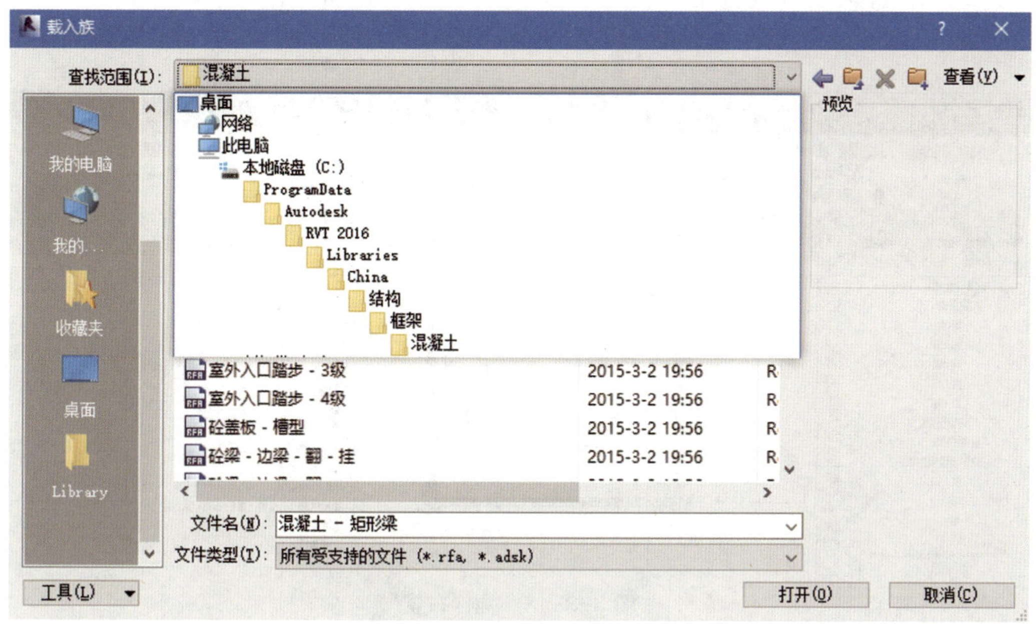

图 3-3-11 “载入族”对话框

四、结构墙

在“结构”选项卡“结构”功能栏的“墙”选项下拉列表中选择“墙：结构”，如图 3-3-12 所示。

图 3-3-12 墙选择

进入“修改 | 放置 结构墙”界面，在“绘制”面板中选择“直线”，下方选择“高度”“第 2 层”。在“属性”面板中单击小三角按钮，在下拉列表中选择“墙的构件类型”选项。“限制条件”下可选择“底部限制条件”“顶部约束”“底部与顶部的偏移量”。根据图样进行绘制，单击一点为起点，移动鼠标，再次单击为终点，即完成墙布置，如图 3-3-13 所示。

在“属性”面板中单击“编辑类型”按钮，打开“类型属性”对话框，可进行墙的截面尺寸修改以及复制、重命名，如图 3-3-14 所示。

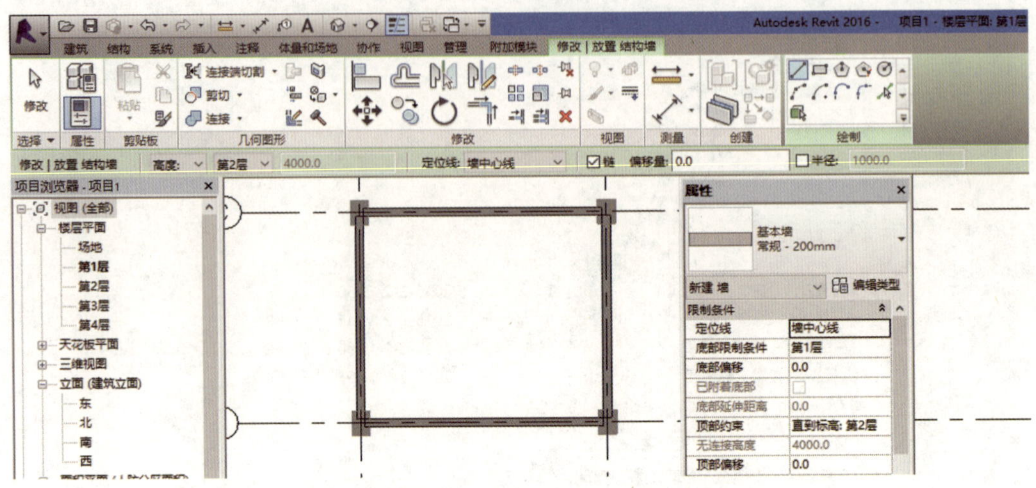

图 3-3-13　构件布置

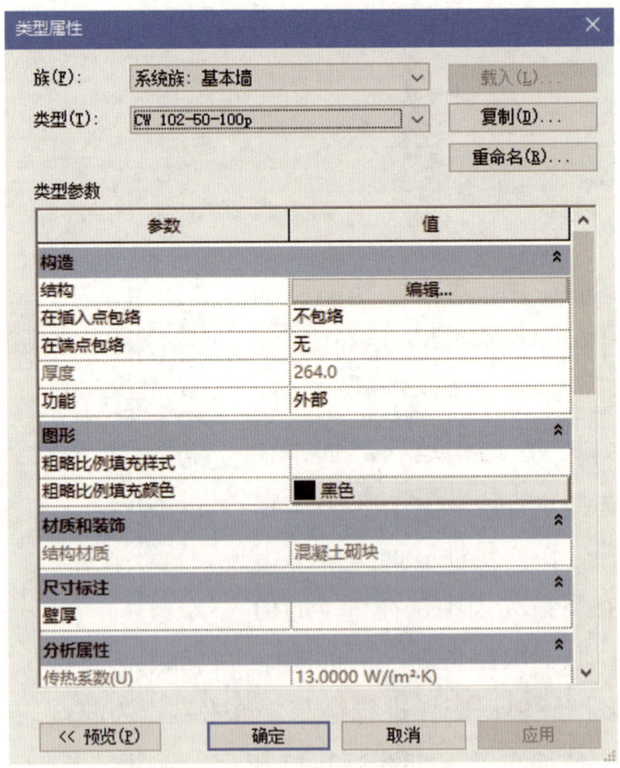

图 3-3-14　编辑类型

五、结构板

在“结构”选项卡“结构”功能栏中“楼板”选项下拉列表中选择“楼板：结构”，如图 3-3-15 所示。

图 3-3-15 楼板选择

单击“楼板：结构”，进入“修改 | 创建楼层边界”界面，在“绘制”面板中单击“边界线”中的“直线”，单击“属性”面板中小三角按钮，在下拉列表中选择“板的构件类型”在“限制条件”中修改“标高”和“自标高的高度偏移”，然后在平面视图上绘制一个封闭的区域，最后在“修改 | 创建楼层边界”下的“模式”面板中单击“√”按钮完成绘制，如图 3-3-16 所示。

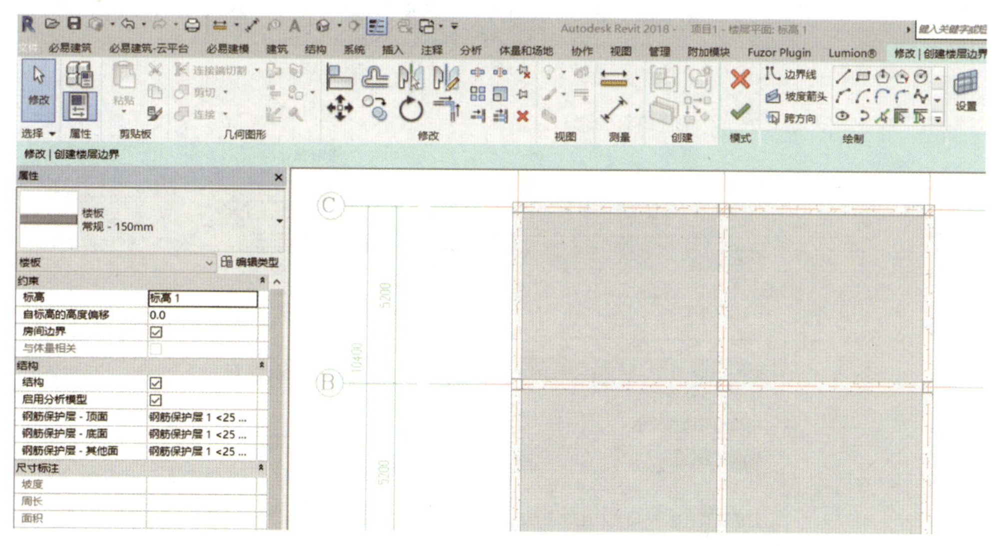

图 3-3-16 构件布置

若出现“Revit”提示框，需要“跨方向符号族”就单击“是”按钮（可参考“柱的载入族”），如果不需要则单击“否”按钮即可，如图 3-3-17 所示。

若出现“是否希望将高达此楼层标高的墙附着到此楼层的底部？”提示时，可根据使用者具体情况进行选择，如图 3-8-18 所示。

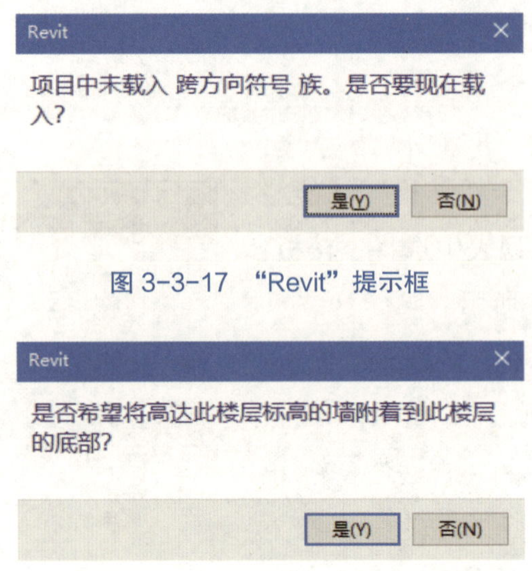

图 3-3-17 “Revit”提示框

图 3-3-18 “Revit”提示框

选中结构板构件后，在“属性”面板中单击“编辑类型”按钮进入“类型属性”对话框，可进行板的厚度修改以及复制、重命名，如图 3-3-19 所示。

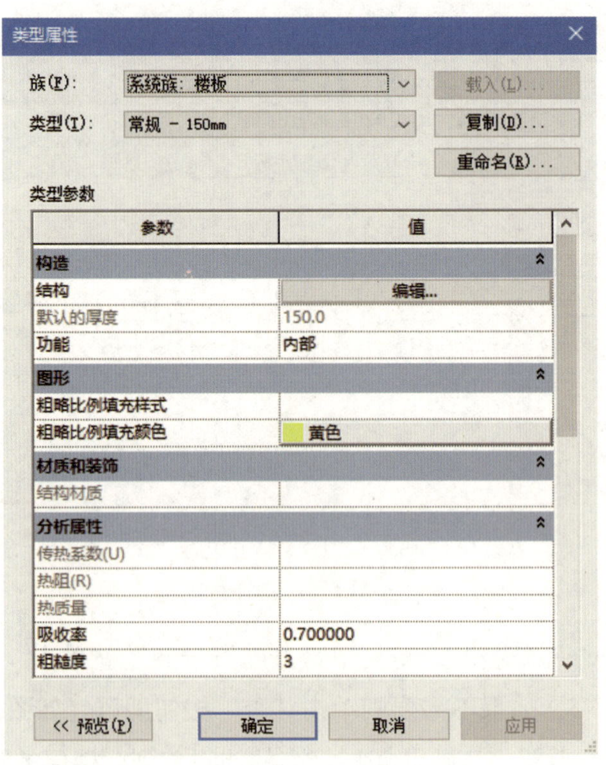

图 3-3-19 编辑类型

以上部分已完成结构构件的绘制，绘制完成的结构模型效果图如图 3-3-20 所示。

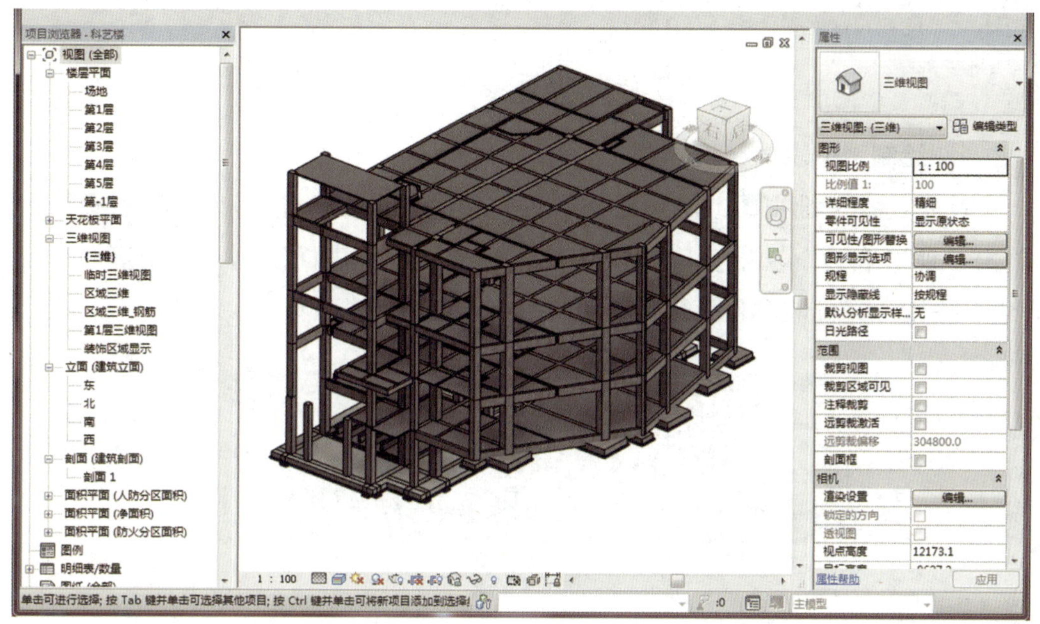

图 3-3-20 结构模型效果图

第四节 场地与场地构件

在 Revit 中可以创建项目的三维场地模型，使用地形表面绘制三维场地模型是场地设计的基础，三维场地创建好后，可以在其上布置相应的构件，使模型更加美观。

一、创建地形表面

打开 Revit 软件，用“建筑样板”创建一个新项目，切换到“体量和场地”选项卡，可以选择相对应的场地创建功能进行场地模型的创建，如图 3-4-1 所示。

图 3-4-1 “体量和场地”选项卡

1. 绘制地形表面

首先选择三维视图或场地平面视图，然后切换到“体量和场地”选项卡，单击“地形表面”功能，以布置点的方式进行地形表面绘制，绘制好后单击“√”按钮，完成地形表面的绘制，如图 3-4-2 所示。

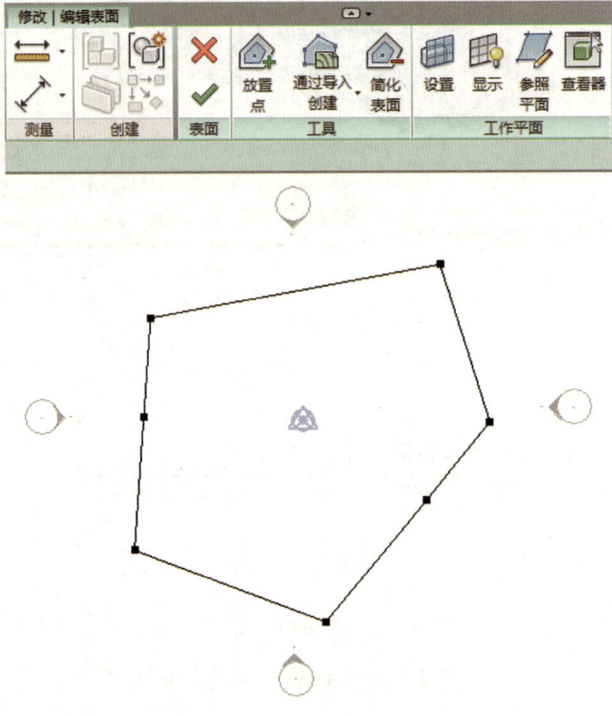

图 3-4-2 地形表面的绘制

2. 修改高程点

（1）打开图 3-4-2 所示绘制完成后的模型，在绘图区域选中地形表面模型，单击“编辑表面”按钮，进入“修改 | 编辑表面”上下文选项卡，如图 3-4-3 所示。

（2）单选或框选已放置的高程点后，可在“属性”面板修改立面高程，也

可通过“修改 | 编辑表面”面板的“放置点”来增添新的高程（放置新的点时，可提前在“修改 | 编辑表面”栏输入高程），然后单击“√”按钮，完成修改高程点的操作并退出“修改 | 编辑表面”选项卡，如图 3-4-4 所示。

图 3-4-3　修改高程点 1

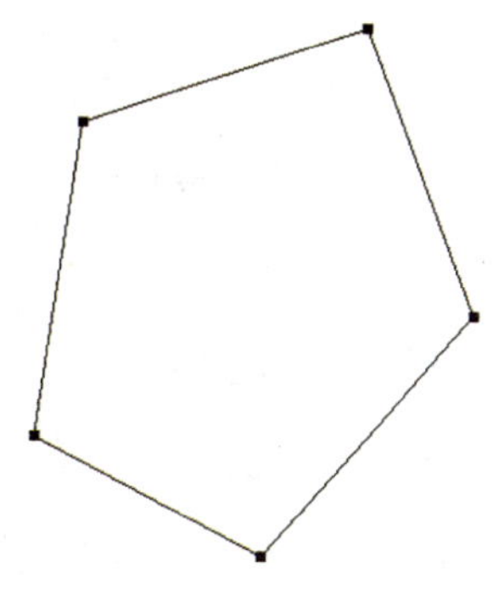

图 3-4-4　修改高程点 2

3. 场地信息设置

在“体量和场地”选项卡中单击“对话框启动器”对场地设置进行编辑，如图 3-4-5 所示。

二、通过导入数据创建和简化表面

1. 导入数据创建表面

如果已有 DWG、DXF 或 DGN 等三维等高线数据，可以将其导入，Revit 会自动分析数据并沿等高线放置一系列高程点。其具体操作如下。

（1）切换到“插入”选项卡，选择“导入 CAD”，弹出“导入 CAD 格式”对话框，选择需要导入的 CAD 文件，导入单位设置为“米”，定位方式为“自动

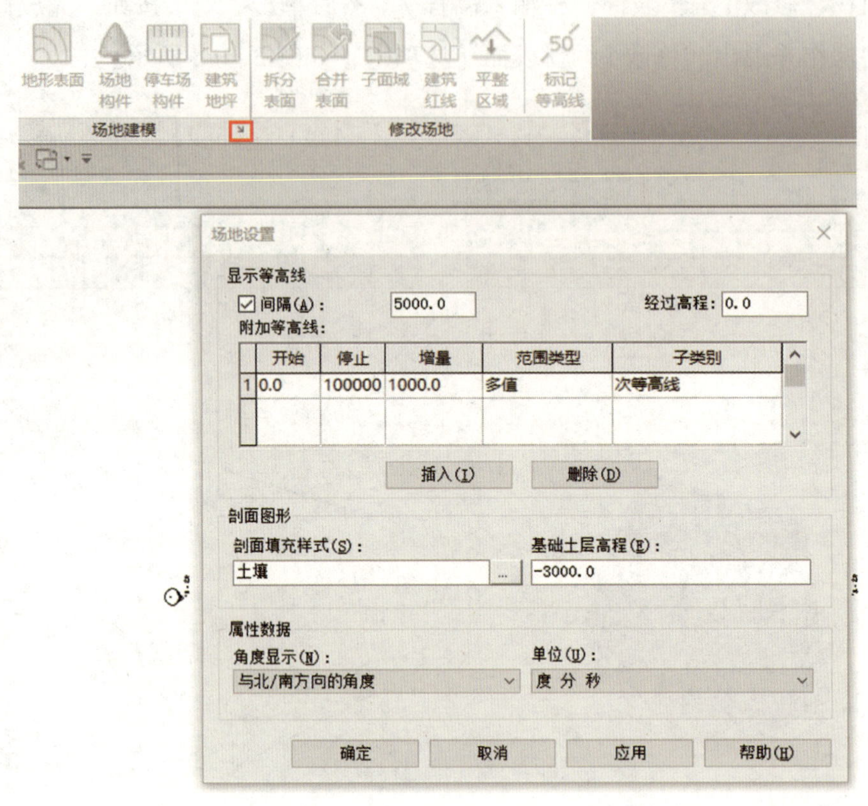

图 3-4-5 “场地设置”对话框

原点到原点”，确定放置于“标高 1”，选中“定向到视图”复选框，其他保持默认，单击“打开”按钮，如图 3-4-6 所示。

（2）切换到“体量和场地”选项卡，选择“地形表面”，进入“修改 | 编辑表面”上下文选项卡，单击“通过导入创建”功能中的“选择导入实例”并单击“完成表面”按钮（见图 3-4-7），完成地形表面模型可删除该 DWG 文件。

2. 使用指定点文件

点文件通常由土木工程软件应用程序生成。使用高程点的规则网格，为该文件提供等高线数据。点文件中必须包含 *X*、*Y* 和 *Z* 坐标值作为文件的第一个数值。该文件必须使用逗号分隔的文件格式（可以是 CSV 或 TXT 文件）。如果该文件中有两个点的 *X* 和 *Y* 坐标值分别相等，则 Revit 会使用 *Z* 坐标值最大的点。使用点文件如图 3-4-8、图 3-4-9 所示。

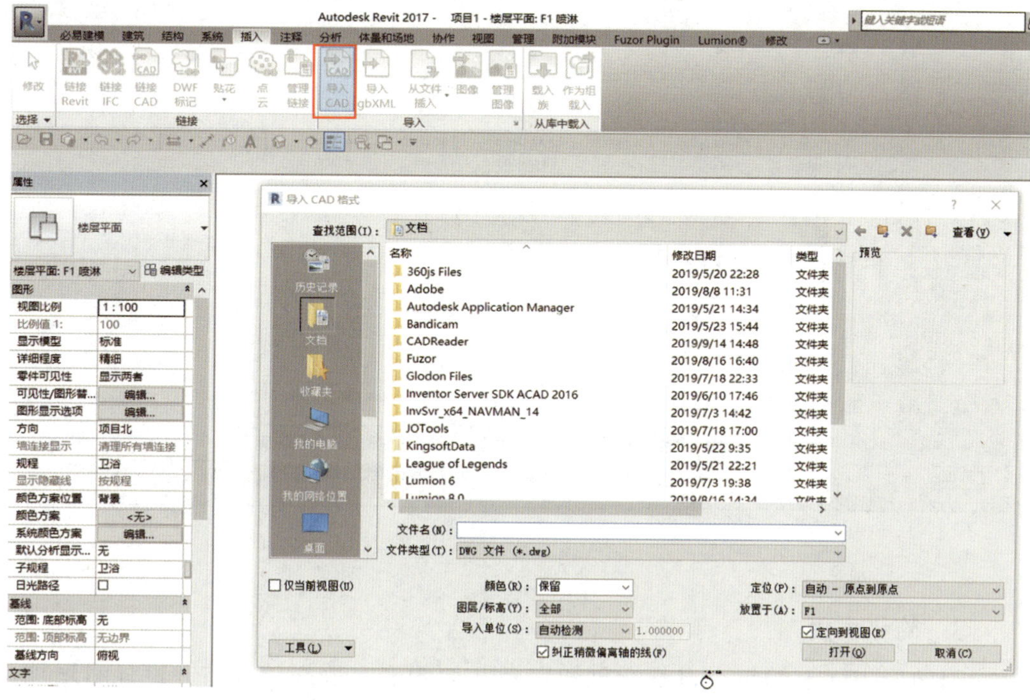

图 3-4-6 “插入”选项卡

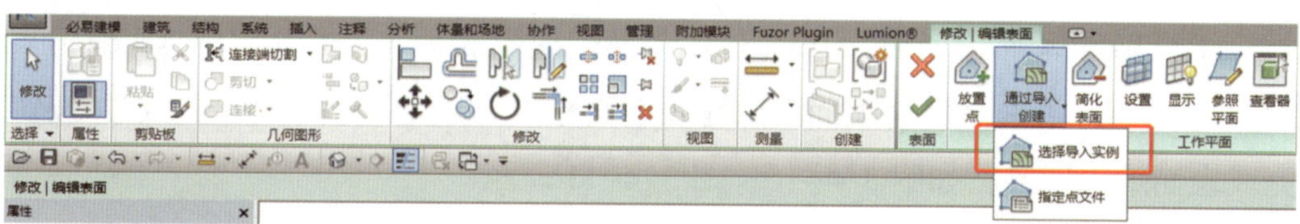

图 3-4-7 “修改 | 编辑表面”选项卡

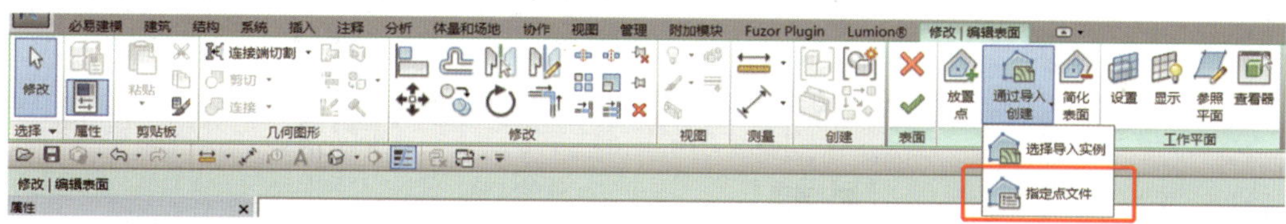

图 3-4-8 放置点文件

图 3-4-9 选择文件

3. 简化表面

因地形表面上的每个点都会创建三角几何图形，这样就会使计算耗时增加，当使用大量的点创建地形表面时，可以使用简化表面来提高系统性能，具体操作如下。

切换到“体量和场地”选项卡，选择“地形表面”，进入“修改 | 编辑表面”选项卡，单击“简化表面”，输入表面精度并确定，最后单击“√”按钮完成表面编辑即可，如图 3-4-10、图 3-4-11 所示。

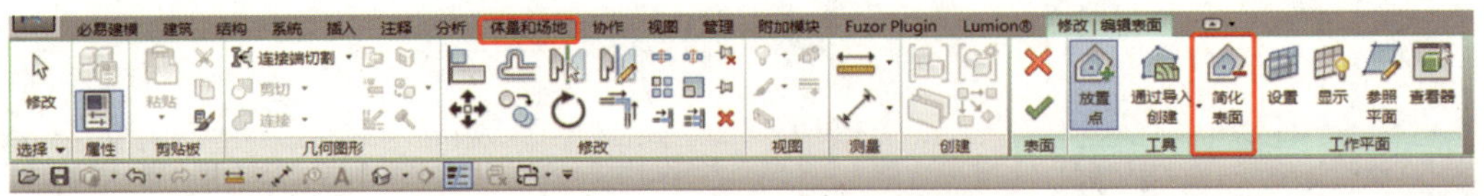

图 3-4-10 “修改 | 编辑表面”选项卡

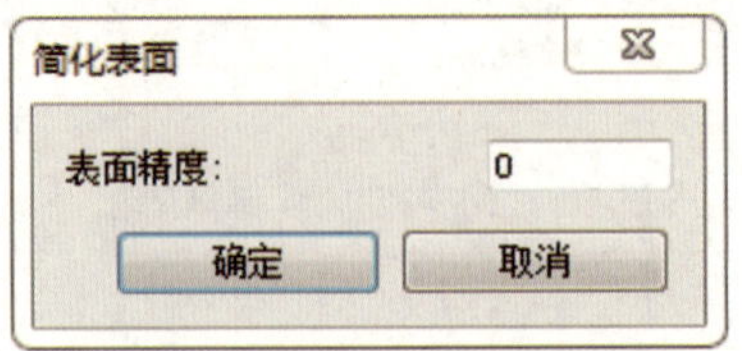

图 3-4-11 输入表面精度

三、创建场地构件

在创建好的场地中，可以放置特定的图元，从而使场地更加美观，具体操作如下。

1. 添加场地构件

在场地平面视图或三维视图中切换到“体量和场地”选项卡，选择“场地构件”功能，在“属性”面板中单击“编辑类型”，在弹出的“类型属性”对话框中选择并修改构件的类型和尺寸，如图 3-4-12 所示。

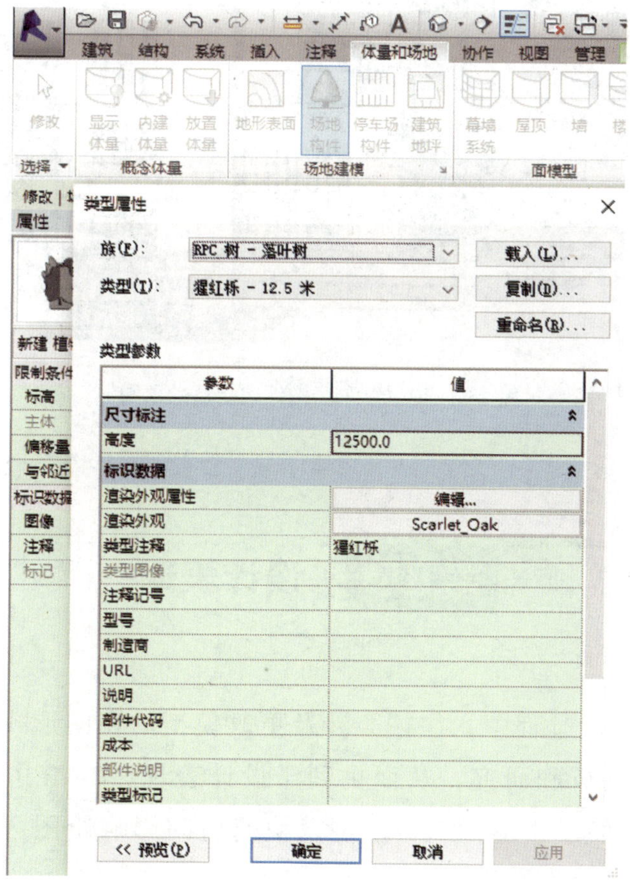

图 3-4-12 “场地构件”的“类型属性”设置

2. 添加停车场构件

选择创建好的场地，切换到“体量和场地”选项卡，选择“停车场构件”

功能，将“停车场构件”放置在所创建的场地中并放置汽车形状族，如图 3-4-13 所示。

图 3-4-13 停车场构件功能及效果图

第五节 设计表现

设计师在设计过程中，往往会涉及更改模型的视图形式以便对模型进行更加深入的剖析和研究，从而更利于设计表现。Revit 中视图控制栏位于 Revit 窗口底部、状态栏上方，可以快速访问影响绘图区域的功能，如图 3-5-1 所示。

以下就常用的命令进行介绍。

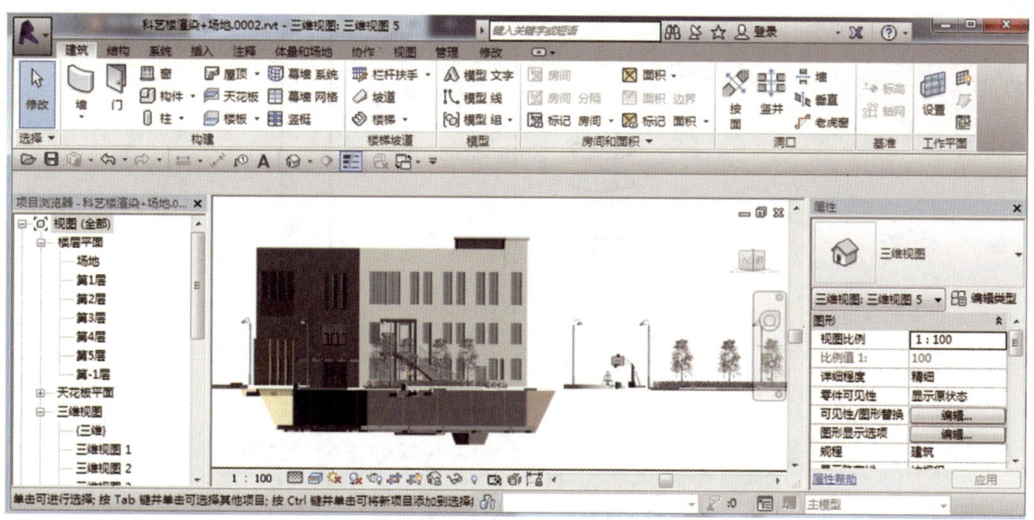

图 3-5-1 Revit 视图控制栏

一、比例

此命令用于修改视图比例，图 3-5-2 和图 3-5-3 所示分别是比例为 1 : 100 和 1 : 200 的视图比例。

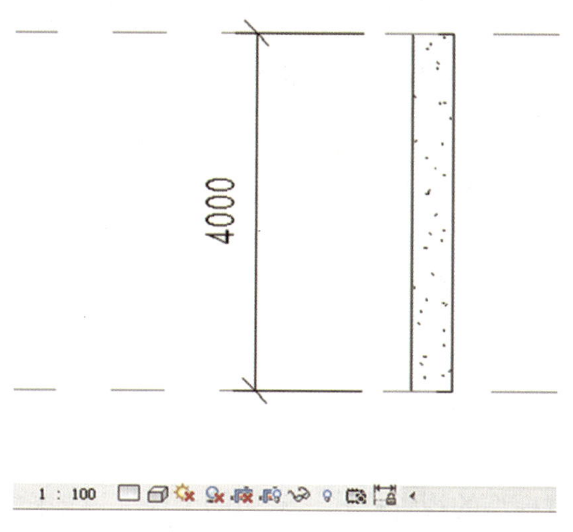

图 3-5-2 1 : 100 视图比例

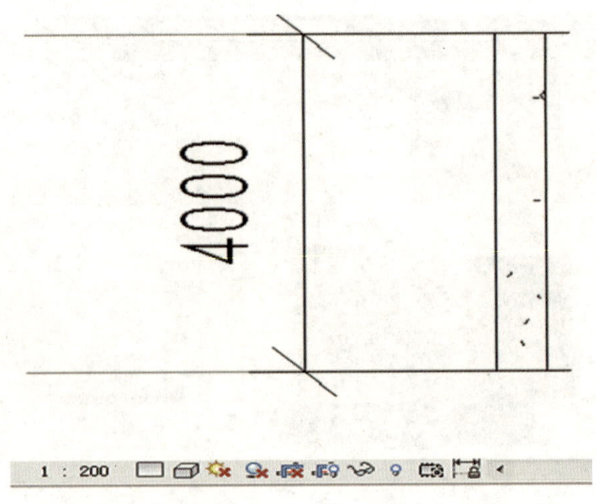

图 3-5-3　1∶200 视图比例

二、详细程度

此命令用于修改模型的详细程度，分为粗略、中等和精细三种。

视图的详细程度和视图比例有关。

在功能区单击“管理”选项卡“设置”栏中的“其他设置”工具，选择“详细程度”工具，打开“视图比例与详细程度的对应关系”对话框。单击选项中的某一个比例，然后通过单击向左或向右的箭头符号，即可将该比例移动到对应的粗略、中等、精细三种详细程度的比例列表中。

单击“确定”完成设置，视图按其比例对应的详细程度更新显示。操作完成后应保存文件。

三、视觉样式

此命令用于修改模型的视觉样式，常用的为线框视觉样式、着色视觉样式、真实视觉样式、光线追踪视觉样式等，如图 3–5–4、图 3–5–5、图 3–5–6 和图 3–5–7 所示。

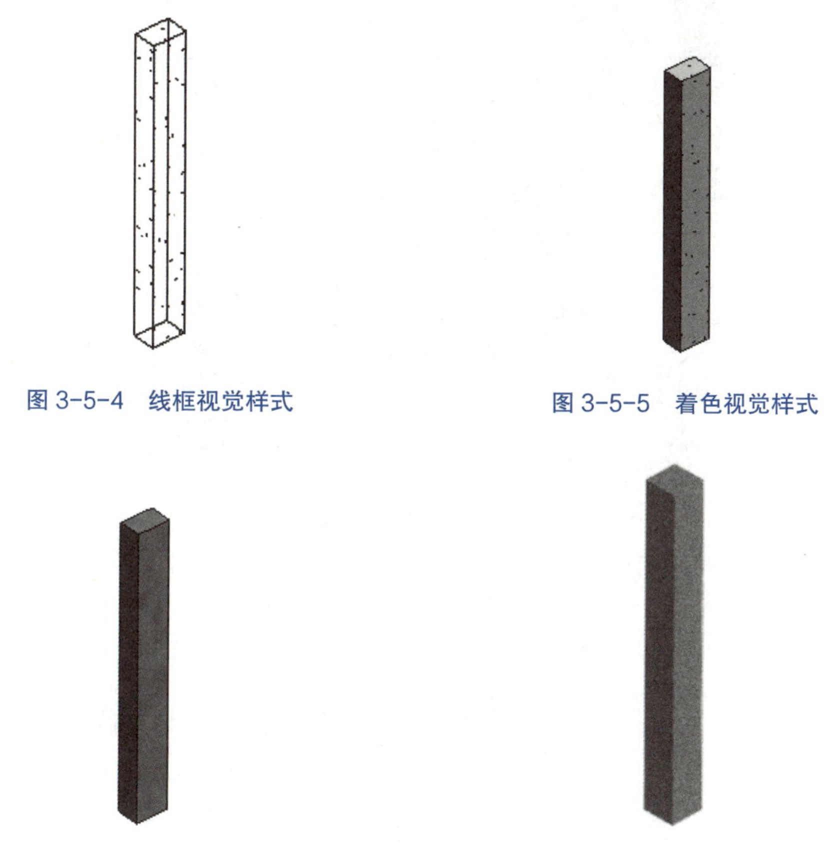

图 3-5-4 线框视觉样式

图 3-5-5 着色视觉样式

图 3-5-6 真实视觉样式

图 3-5-7 光线追踪视觉样式

四、临时隔离 / 隐藏

此命令用于将模型中的构件进行临时隔离 / 隐藏，以“科艺楼模型”为例，具体操作如下。

选中模型中的一个或者部分构件，选中部分为高亮显示，如图 3–5–8 所示。

单击“临时隔离 / 隐藏”，弹出图 3–5–9 所示的选择框，选择所需要的操作命令即可。

图 3–5–10 所示为选择“隔离图元”后的显示视图，通过单击“显示隐藏的图元”按钮即可将所隐藏的图元显示出来。

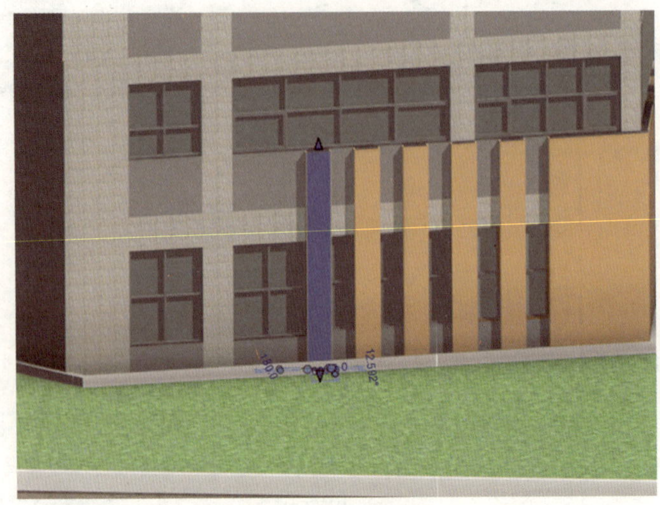

图 3-5-8　选中构件

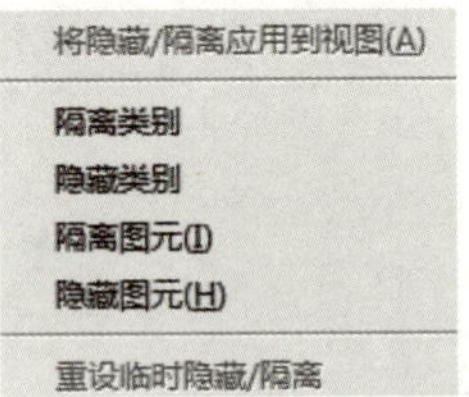

图 3-5-9　“临时隔离 / 隐藏”选择框

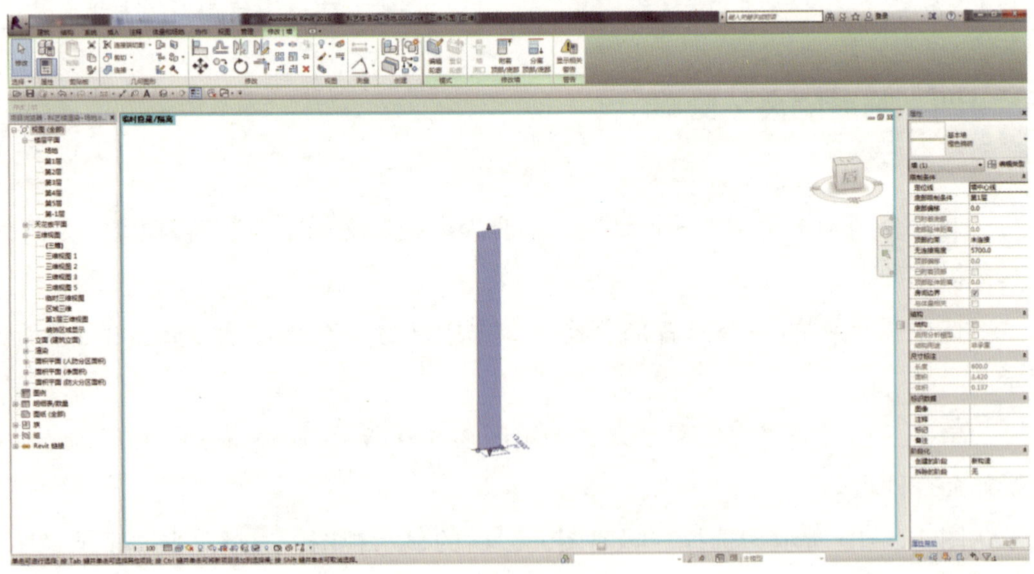

图 3-5-10　隔离图元

五、打开 / 关闭日光路径

此命令是用于显示自然光和阴影对建筑和场地产生影响的交互式工具。

在任何视图中，通过单击视图左下角的按钮激活视图中的阳光路径，如图 3–5–11 所示。

图 3–5–11 激活阳光路径

当阳光路径被打开后，就可以在视图中看到项目样板中预先设置好的默认阳光路径，如图 3–5–12 所示。

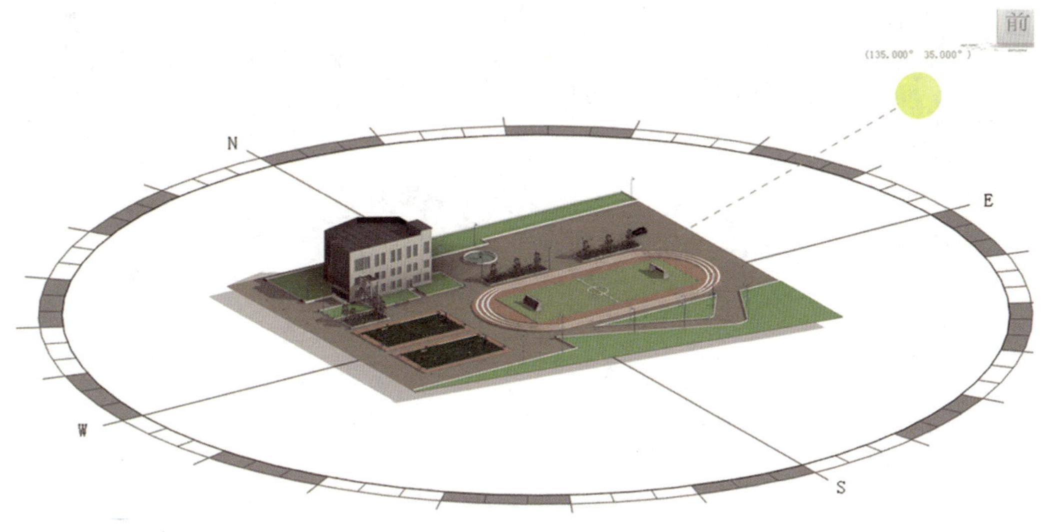

图 3–5–12 默认阳光路径

通过直接拖曳“太阳”（见图 3–5–13），或修改时间模拟不同时间段的光照情况，也可以在“日光设置”对话框中进行设置，如图 3–5–14 所示。

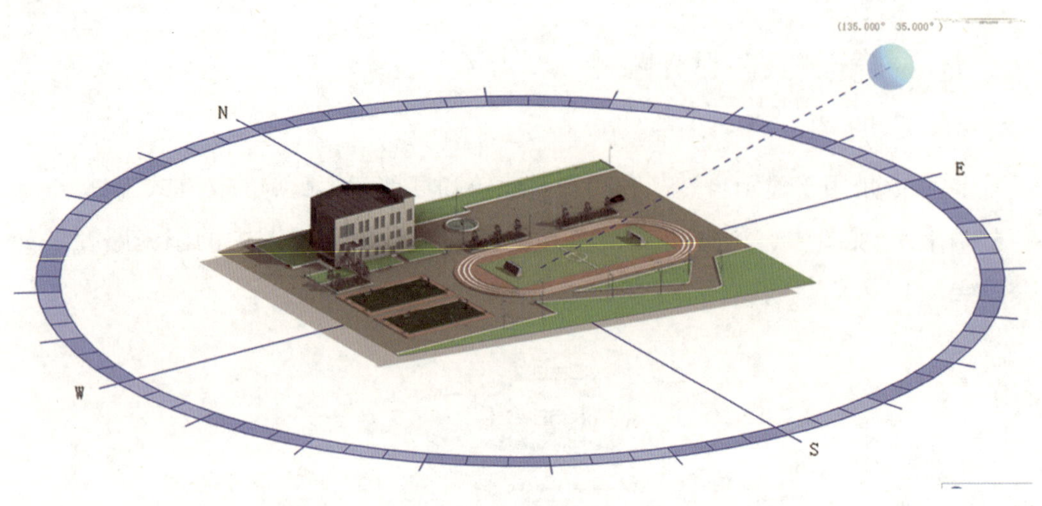

图 3-5-13　直接拖曳“太阳”

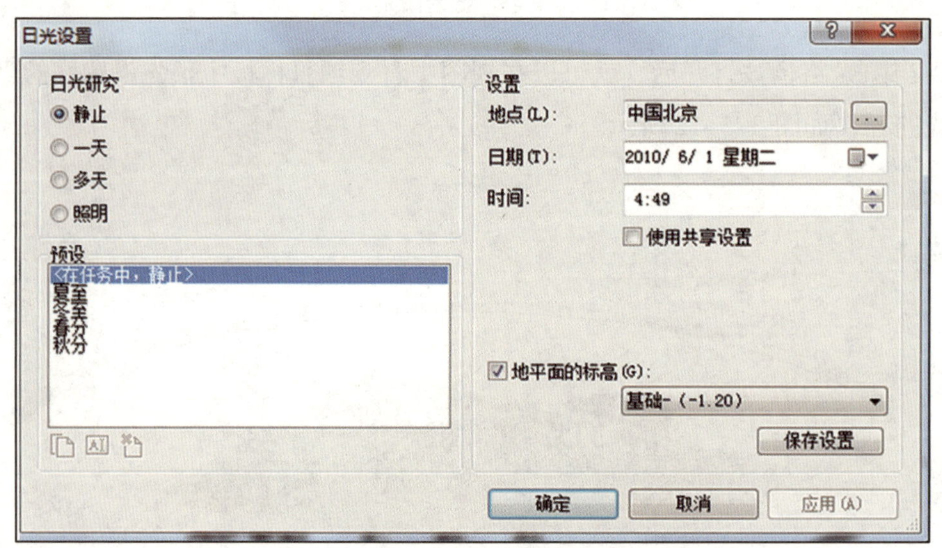

图 3-5-14　“日光设置”对话框

六、其余视图控制栏上的命令

“视图”功能栏从左至右分别是“打开 / 关闭阴影”、“显示 / 隐藏渲染对话框”（仅当绘图区域显示三维视图时才可用）、“裁剪视图”、“显示 / 隐藏裁剪区域”、“锁定 / 解锁的三维视图”（仅当绘图区域显示三维视图时才可用）、“临时视图属性” 等。项目进行日照模拟后的效果图如图 3-5-15 所示。

图 3-5-15 日照模拟后的效果图

第六节 创建体量

Revit 为用户提供了概念体量工具，用于项目概念设计阶段的模型搭建。体量的特点是可以利用其设计环境中的点、线、面图元快速生成概念性的模型，能够方便、快捷地让设计师的设计理念具体化；在完成概念模型后，还可以用“体量楼层”等工具进行更加具体的设计，将概念模型进一步深化为设计模型，由粗到细、由抽象到具体，实现由概念设计阶段向施工图设计阶段的快速转换。

一、体量的创建

Revit 为用户提供了内建体量和体量族两种创建体量的方式，虽然创建体量的方式不一样，但其创建的过程却大同小异，且最终的结果及应用方式也相似。内建体量与体量族的区别见表 3-6-1。

表 3-6-1　　内建体量与体量族的区别

	内建体量	体量族
使用方法	在项目中创建，不可单独保存，只能在本项目中运行	创建于项目外，可载入任何项目中
创建环境	不能显示三维参照平面、标高等用于定位的工作平面	显示三维参照平面、标高等用于定位的工作平面
形状创建方法	形状创建方法类似	—

1. **新建内建体量**

在项目环境中，选择“体量和场地”选项卡下的“概念体量”栏，单击“内建体量”功能，如图 3-6-1 所示。

图 3-6-1　新建内建体量

在弹出的“名称”对话框中输入内建体量的名称，然后单击“确定”按钮，即可进入内建体量的编辑窗口，如图 3-6-2 所示。

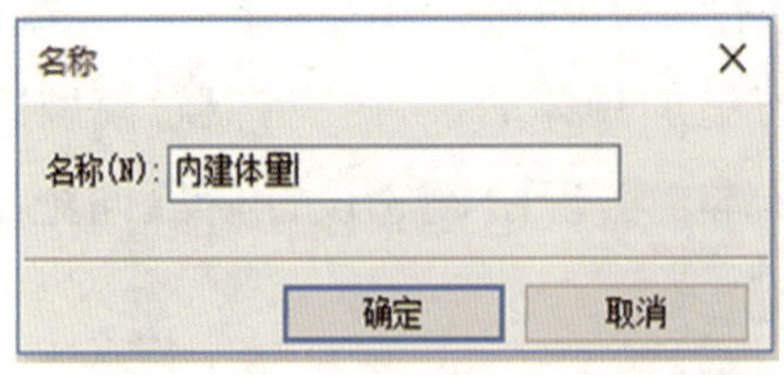

图 3-6-2　“名称”对话框

在内建体量“创建”选项卡中的“绘制”栏具有多种体量绘制方法；内建体量编辑窗口中也提供了常用的尺寸标注命令。

注意：在项目环境中，默认体量是不可见的，在创建内建体量之前，可先激活显示体量模式；如果在内建体量时尚未激活显示体量模式，Revit 将自动激活并弹出如图 3-6-3 所示的提示框，只需直接单击“关闭”按钮即可。

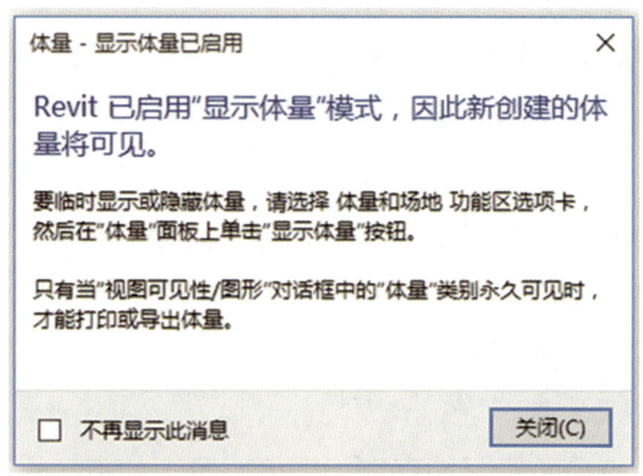

图 3-6-3 “体量 - 显示体量已启用”提示框

2. 新建体量族

在应用程序菜单中选择“新建”，在弹出的选项卡中选择“概念体量”命令，在弹出的“新概念体量 - 选择样板文件”对话框中双击“公制体量 .rft”样板文件即可进入体量族的编辑窗口，如图 3-6-4 所示。

图 3-6-4 体量族的编辑窗口

3. 体量环境

点、线、面是创建体量的基本要素，它组成了体量的创建环境。在创建体量的过程中，灵活应用不同的点、线、面工具，将给模型的创建带来新的思路，这也是体量和构件族创建的最大区别。

（1）参照点。参照点又可以分为自由点和基于主体上的点。自由点是一个自由的空间点，可以在三维中随意移动。在体量的编辑窗口中，单击“绘制”面板中的“点图元”按钮，在绘图区域中任意位置单击放置一个点图元，单击放置的这个点图元出现三个相互垂直的坐标，该点图元可以沿着任一方向自由移动。将光标放置在该点图元上，按 Tab 键可以切换选中的坐标轴，如图 3-6-5 所示。

基于主体上的点是一个只能存在于主体对象上的点，这个主体可以是参照线、模型线，也可以是三维模型上的表面或者边。单击“绘制”面板中“点图元”按钮，在绘图区域中任意主体对象上单击创建参照点，选中该参照点将出现一个垂直于线或者平行于面的参照平面，如图 3-6-6 所示。选中基于主体的参照点，单击“拾取新主体”命令即可重新放置参照点的位置。

图 3-6-5　点图元

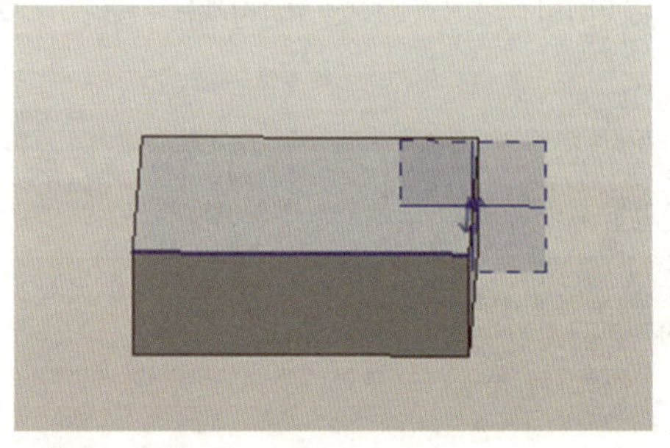
图 3-6-6　基于主体的参照点

（2）模型线、参照线

1）模型线。模型线工具可以通过绘制直线、矩形、多边形、圆、圆弧、样条曲线等方式创建面或者三维模型。需要注意的是：在这些绘制方式中，用“样条曲线”和“通过点的样条曲线”命令无法创建闭合的形状，但可以用第二条同样的样条曲线使其闭合；“通过点的样条曲线”可以移动曲线上的参照点以控制其形状，而普通的“样条曲线”是通过移动线外控制点来控制曲线形状的，如图 3-6-7 所示。

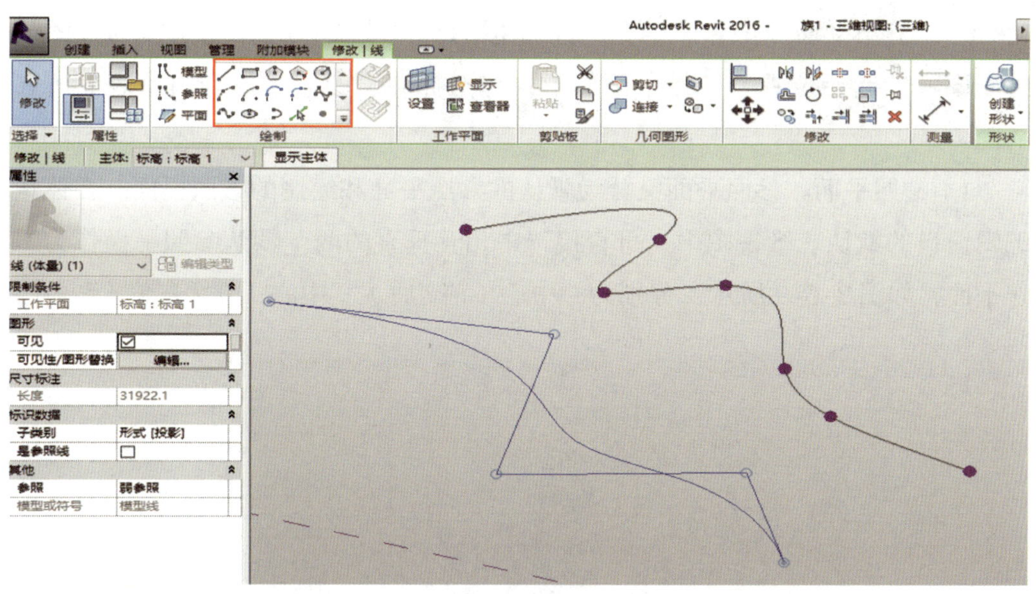

图 3-6-7　样条曲线和通过点的样条曲线

2）参照线。参照线与模型线的区别是除了创建新的体量模型外，还可以作为创建体量模型的限制条件。通过参照线绘制的直线或者由直线组成的四边形、多边形等形状，其中每一条直线都有四个工作平面，可以通过这条参照线控制其在四个工作平面上的几何图形，如图 3-6-8 所示。

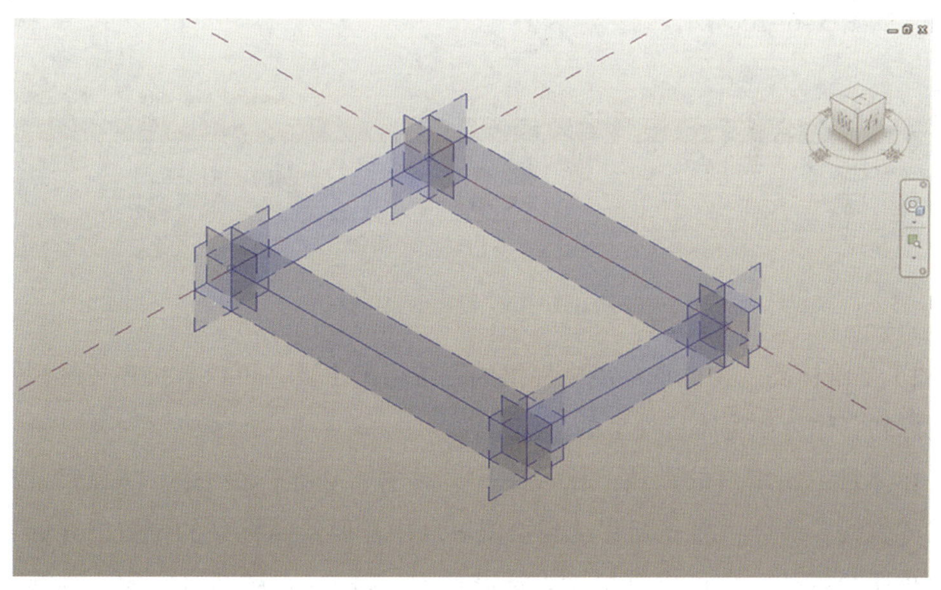

图 3-6-8　参照线

（3）工作平面。工作平面是一个虚拟的二维表面，其作用是作为视图或绘制图元的起始位置。工作平面的形式包括标高、参照平面和模型表面所在的面。

1）参照平面。参照平面又分为默认的参照平面和绘制的参照平面。在体量编辑窗口的默认三维视图中，可直接选中相互垂直的两个默认参照平面作为工作平面，如图 3–6–9 所示，分别为“中心（前 / 后）”“中心（左 / 右）”。

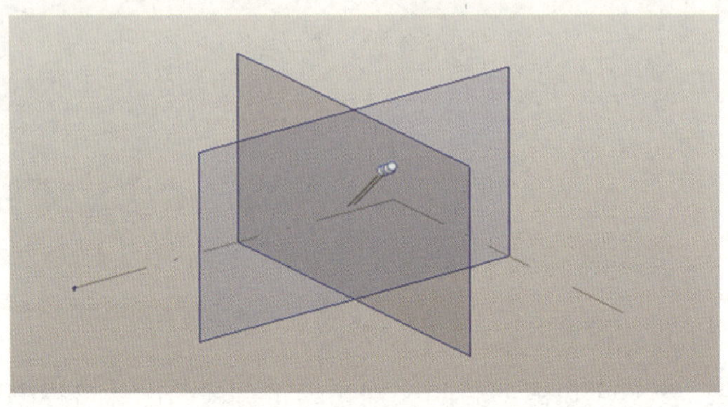

图 3–6–9　默认参照平面

在体量编辑窗口的默认三维视图中，单击“绘制”选项卡中的“平面”按钮，选择“直线”命令，在绘图区域可以绘制任意空间直线来创建更多的工作平面，如图 3–6–10 所示。

图 3–6–10　绘制参照平面

2）三维标高。在体量环境中提供的三维标高工具，可以直接在三维视图中绘制标高，作为创建体量模型的工作平面。

在体量编辑窗口的默认三维视图中，单击“基准”栏中的“标高”按钮，选择“直线”命令，将光标移动到绘图区域中需要绘制标高的位置，光标下方会出现距离标注，也可以直接输入标高数据，按 Enter 键即可完成三维标高的绘制，如图 3–6–11 所示。

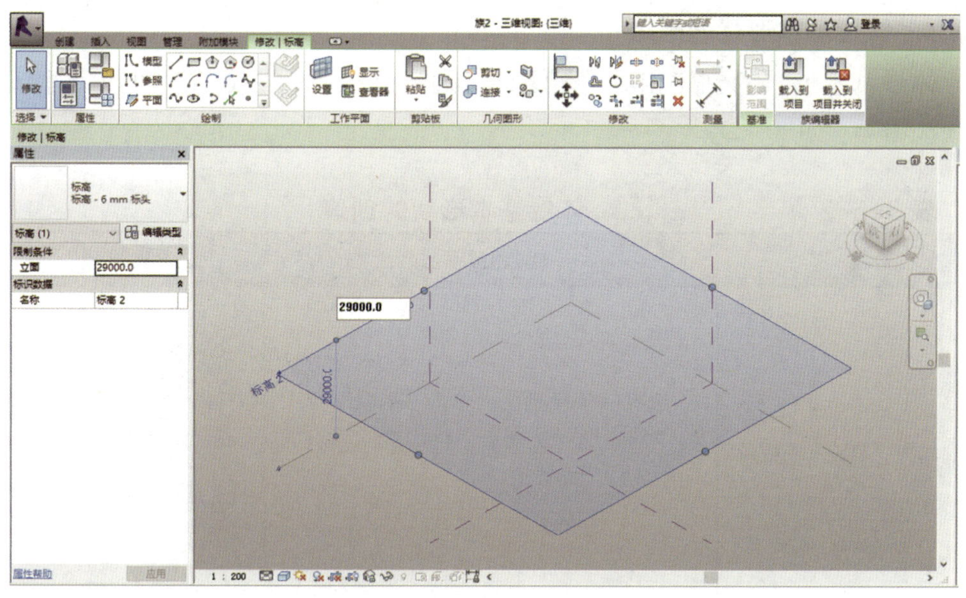

图 3-6-11　绘制三维标高

3）模型表面所在的面。在体量环境中，任意模型的表面都可作为一个工作平面。在体量编辑窗口的默认三维视图中，单击“创建”选项卡下“工作平面”栏中的“设置”命令，选择任意模型表面即可将该表面设置为工作平面，然后单击“显示”命令，该工作平面变为蓝色，如图 3-6-12 所示。

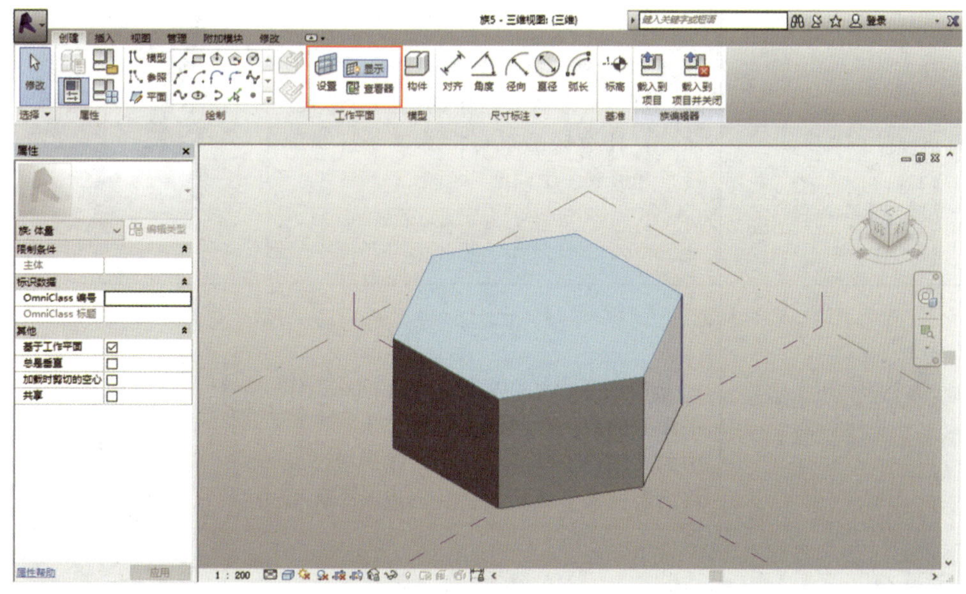

图 3-6-12　模型表面所在的面

4. 体量基本形状的创建

体量基本形状的创建相对比较灵活，通过这些灵活的方式，可以创建任意形状的模型，见表 3–6–2。

表 3-6-2　体量基本形状的创建

选择形状	创建过程	模型结果
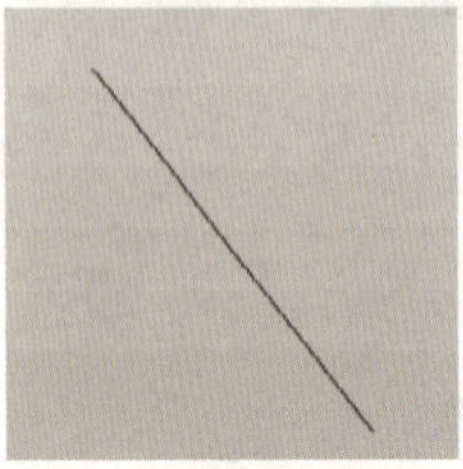	选择一条模型线，单击“形状”栏中的“创建形状”命令，将沿线的垂直方向生成一个面模型	
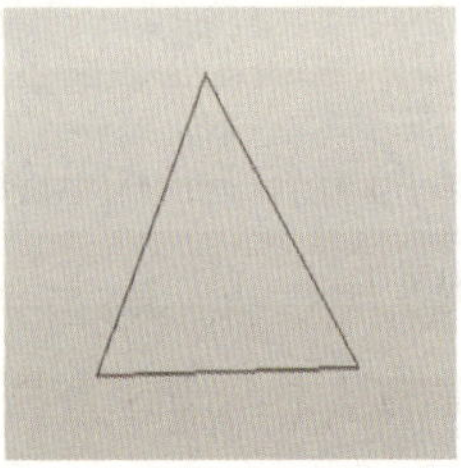	选择一条闭合的模型线，单击“形状”栏中的“创建形状”命令，将沿线的垂直方向生成一个体模型	
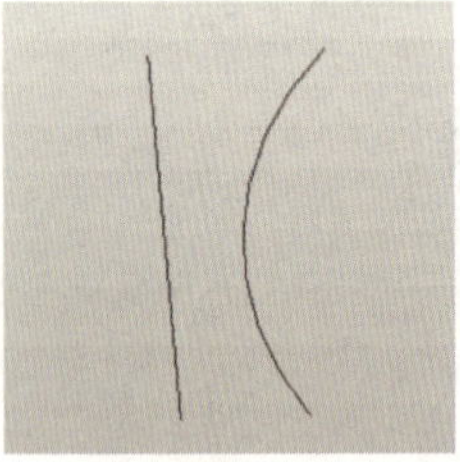	选择一条直线和另外一条任意模型线，单击“形状”栏中的“创建形状”命令，任意模型线将沿着这条直线旋转，并形成一个曲面	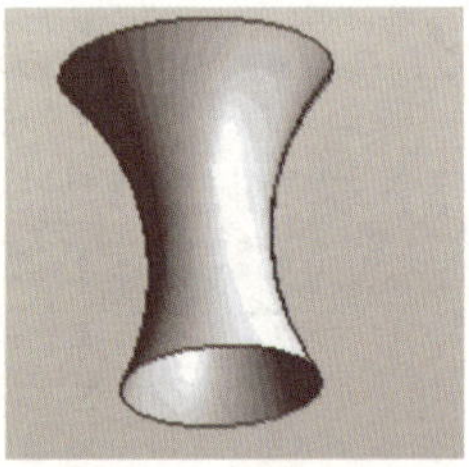
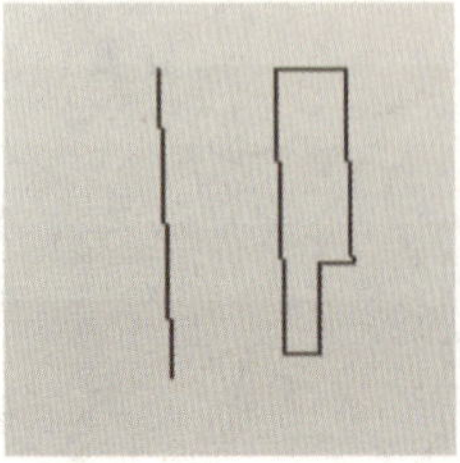	选择一条直线和另外一条在同一工作平面上的封闭模型线，单击“形状”栏中的“创建形状”命令，封闭的模型线将沿着这条直线旋转，并形成一个体模型	

续表

选择形状	创建过程	模型结果
	选择一条任意线和这条线的垂直工作平面上的闭合模型线，单击“形状”栏中的“创建形状”命令，闭合的模型线将沿着任意线的路径形成一个体模型	
	选择一条任意线和这条线的垂直工作平面上的多个闭合模型线，单击“形状”栏中的“创建形状”命令，闭合的模型线将沿着任意线的路径形成一个融合的体模型	
	选择多个不同工作平面上的闭合模型线，单击“形状”栏中的“创建形状”命令，不同平面的闭合模型线将融合生成一个体模型	

“形状”栏中的“创建形状”命令，除了可以创建实心体量模型外，还可以创建空心模型，在“创建形状”的下拉菜单中即可看到“空心形状”命令。

二、体量的编辑

在创建体量模型后，Revit 可提供编辑轮廓、添加边、添加轮廓、空心转换等多种编辑体量模型的方式，另外还可以对体量模型表面进行 *UV* 网格划分和分割表面填充等操作，实现体量更加丰富多样的应用。

1. 点、线、面的编辑

（1）形状编辑。在体量编辑窗口的默认三维视图中，将光标移至之前创建的体量模型上，循环按 Tab 键，选择要编辑的点、线、面要素，就会出现三个轴相互垂直的三维坐标系，将光标移至任意坐标轴上，该方向箭头将变为显亮，此时选择并拖曳箭头，选中的点、线、面要素将沿着拖曳的方向移动，如图 3–6–13 所示。需要注意的是，只有用模型线生成的体量模型才可以用以上方式进行编辑，而基于参照线生成的体量模型则必须通过选择原始的参照线进行形状编辑。

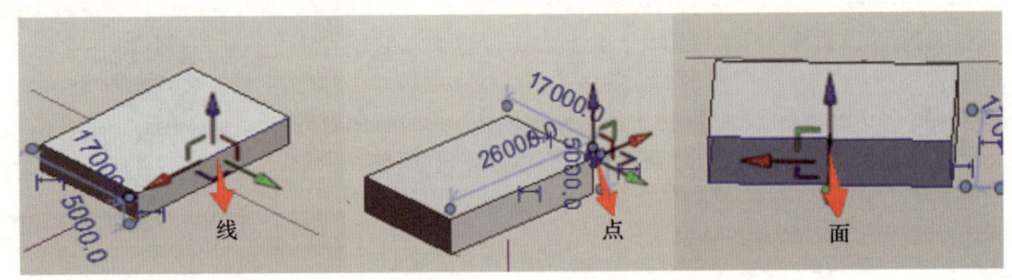

图 3–6–13　体量形状编辑

（2）透视。在体量编辑窗口的默认三维视图中，选择体量模型，单击“修改 | 形式”选项卡下“形状图元”栏中的“透视”按钮，此时绘图区可以看见，之前选中的体量模型已变成透视模式，如图 3–6–14 所示。当再次单击“透视”按钮时，将恢复到原来的视图。

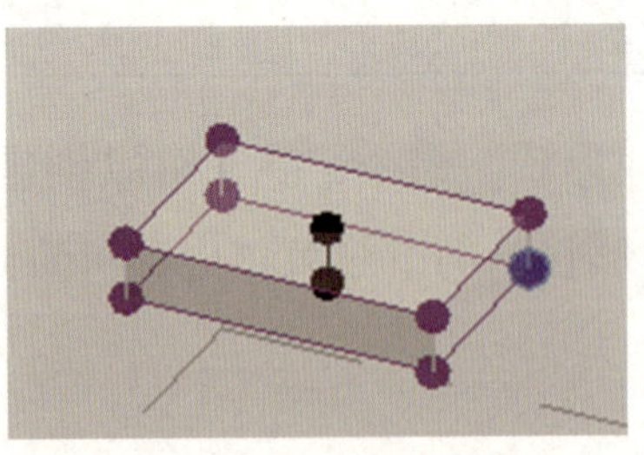

图 3–6–14　体量透视模式

（3）添加边。在创建体量模型的过程中，有时为满足编辑的需要，需添加额外的边。单击“修改 | 形式”选项卡下“形状图元”栏中的“添加边”命令，把光标移动到需要编辑的体量模型上，将出现新的边的预览，在适当位置单击

即可完成新添加的边，同时也添加了与其相交边的新的控制点，如图 3–6–15 所示。

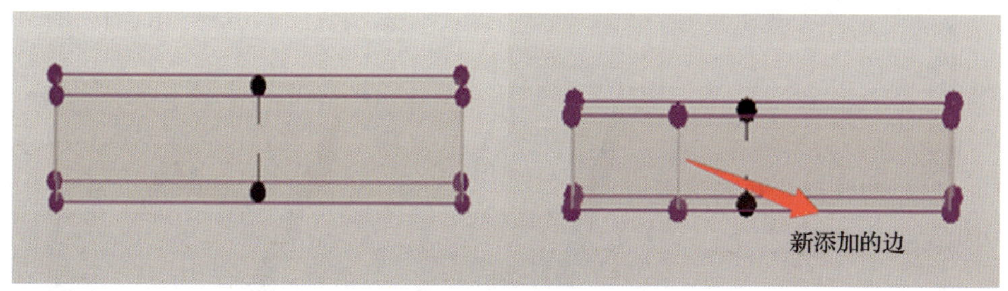

图 3–6–15 为体量添加边

（4）添加轮廓。选择要添加轮廓的体量模型，单击“修改 | 形式”选项卡下“形状图元”栏中的“添加轮廓”命令，把光标移动到体量模型上，将出现与初始轮廓平行的新轮廓的预览，在适当位置单击即可添加新的轮廓，如图 3–6–16 所示。

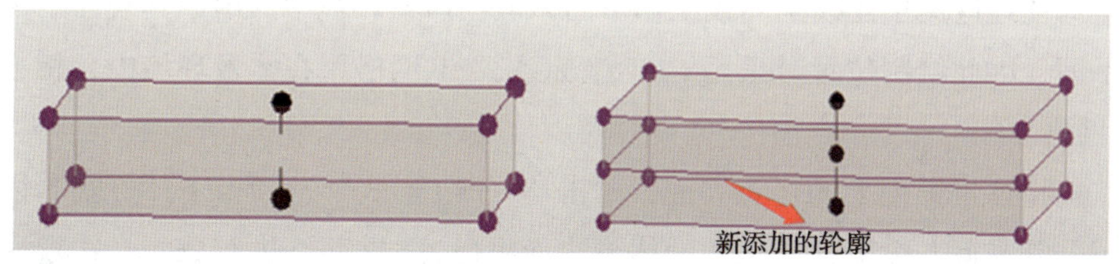

图 3–6–16 为体量添加轮廓

（5）拾取新主体。选择要改变主体的体量模型，单击“修改 | 形式”选项卡下“形状图元”栏中的“拾取新的主体”命令，可以拾取新的工作平面或将该体量模型移动到其他主体上。

（6）锁定轮廓与解锁轮廓。选择体量模型中的任意轮廓，单击“修改 | 形式”选项卡下“形状图元”栏中的“锁定轮廓”命令，体量将简化为所选轮廓的拉伸，手动添加轮廓将失效，并且操控方式会受到限制，而且无法为其添加新的轮廓；此时选择“解锁轮廓”命令，体量将恢复到原来的特性。

（7）空心转换。选择任意体量，在“属性”面板中单击“实心 / 空心”下拉按钮，选中“空心”命令，则实心体量就会转换为空心体量。选中空心体量表面，通过操纵手柄向下拖曳，与实心体量相交的部分进行剪切，如图 3–6–17 所示（空心形状有时不能自动剪切为实心形状，可使用“修改”选项卡下“几何图形”栏中的“剪切”工具，选择需要被剪切的实心形状，即可完成剪切）。

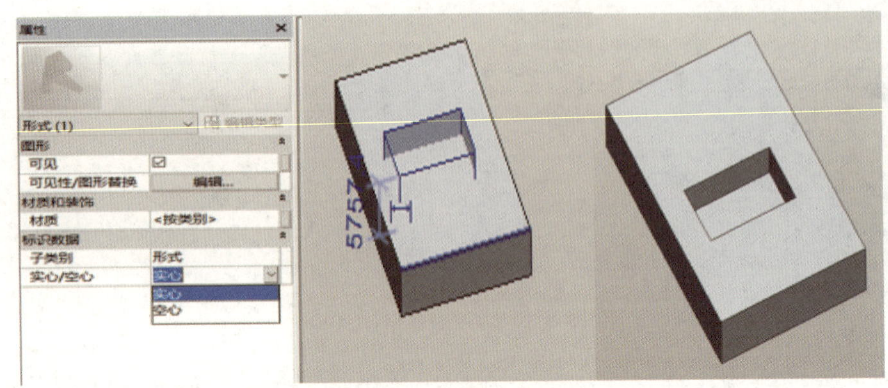

图 3-6-17　空心转换

2. 体量分割面的编辑

通常情况下，三维空间中的位置是基于 *XYZ* 坐标系进行定位的，该坐标系可全局性地应用于建模空间或工作平面，但在体量环境中，由于其表面不一定是平面，因此绘制位置时采用 *UVW* 坐标系，*UV* 网格用在体量环境中，相当于 *XY* 网格。

选择体量模型上的任意表面，单击“修改 | 形式”选项卡下“分割”栏中的“分割表面”命令，所选中的体量表面将通过 *UV* 网格进行分割，在默认的情况下，其表面的分割数为 12×12（英制单位）和 10×10（公制单位），如图 3-6-18 所示。

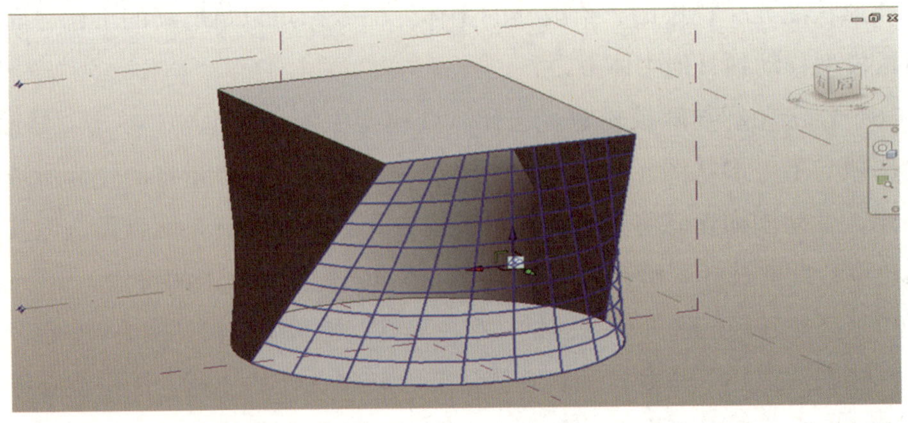

图 3-6-18　创建 *UV* 网格

UV 网格的两个坐标轴是相互独立的。选中所创建的 UV 网格，可以在其“属性”面板 *U* 网格和 *V* 网格面板中的“布局”下拉菜单中选择网格的显示与不显示，也可以在“修改 | 分割的表面”选项卡下“*UV* 网格和交点”栏中控制网格的显示与不显示，如图 3-6-19 所示。

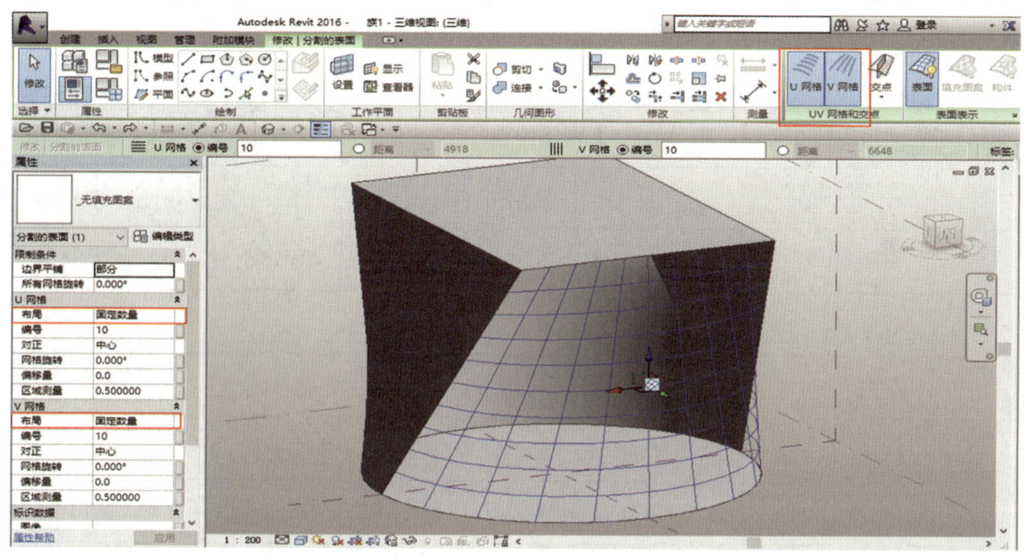

图 3-6-19　关闭、开启 *UV* 网格

UV 网格的数量可以通过“编号”“距离”两种方式进行控制。“编号”即以固定的数量控制 *UV* 网格的数量。用“距离”参数控制网格的数量时有三个选项，分别为“距离”“最大距离”“最小距离”（见图 3-6-20），三个选项对 *UV* 网格的影响如下。

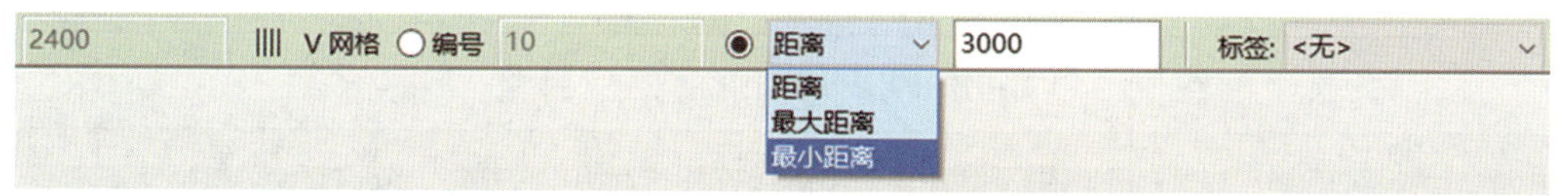

图 3-6-20　*UV* 网格数量的控制方式

距离：表示以固定间距排列 *U* 网格，第一格和最后一格不足固定距离也自成一格。

最大距离：以不超过最大距离的相等间距排列 *U* 网格。

最小距离：以不小于最小距离的相等间距排列 *U* 网格。

除此之外，在 *UV* 网格的属性面板中，还有一系列参数控制 *UV* 网格的样式，其具体属性所代表的意义见表 3-6-3。

表 3-6-3　　　　*UV* 网格属性对话框的意义

限制条件	代表的意义
边界平铺	确定填充图案与表面边界相交的方式：空、部分或悬挑。请参见使用已填充表面
所有网格旋转	*U* 网格、*V* 网格的旋转
U 网格	
布局	*U* 网格的间距单位："固定数量"或"固定距离"
数目	*U* 网格的固定分割数
距离	*U* 网格的固定分割距离
对正	用于测量 *U* 网格的位置："起点""中心"或"终点"
网格旋转	*U* 网格的旋转
偏移	网格原点的 *U* 向偏移
区域测量	沿分割的弯曲表面 *U* 网格的位置，网格之间的弦距离将由此进行测量。请参见关于面管理器
V 网格	
布局	*V* 网格的间距单位："固定数量"或"固定距离"
数目	*V* 网格的固定分割数
距离	*V* 网格的固定分割距离
对正	用于测量 *V* 网格的位置："起点""中心"或"终点"
网格旋转	*V* 网格的旋转
偏移	网格原点的 *U* 向偏移
区域测量	沿分割的弯曲表面 *V* 网格的位置，网格之间的弦距离将由此进行测量。请参见关于面管理器
面积	所选分割表面的总面积

3. 体量分割面的填充

创建体量模型分割表面后，可以基于分割后的 *UV* 网格创建表面进行填充。Revit 提供了包含六边形、八边形、菱形等 14 种图案的填充。除了平面填充图案外，还可以根据需求，添加三维的填充模型。

选择创建的已经分割 *UV* 网格的体量模型表面，在“属性”面板下拉菜单中选择想要设置的填充图案，则该模型表面根据 *UV* 网格进行图案填充，如图 3-6-21 所示。

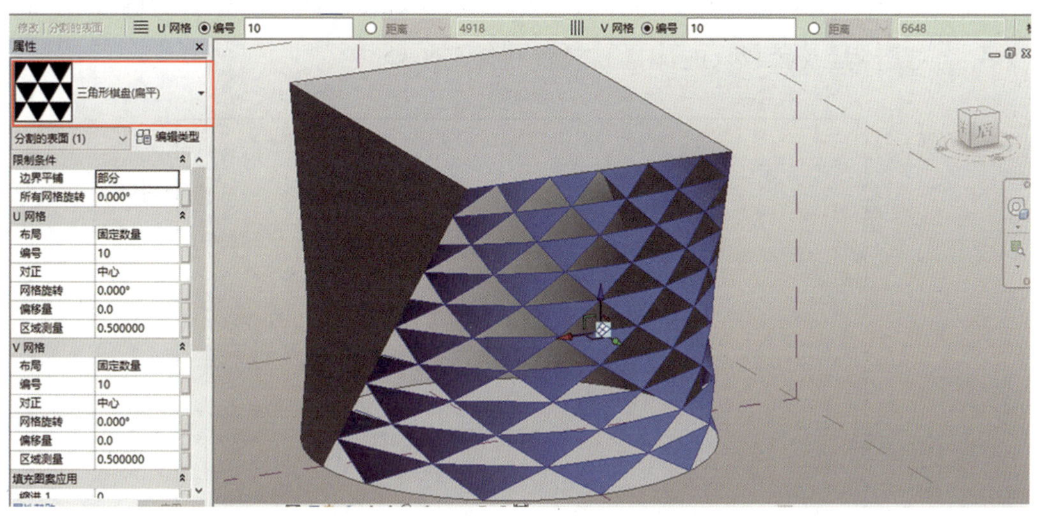

图 3-6-21 体量分割面的填充

当添加完表面填充图案后，还可对填充图案进行编辑，可以通过“属性”面板中对正、旋转、偏移量等参数实现填充图案的编辑。

应该注意的是，若要对体量分割面进行三维模型填充，需在项目中新建内建体量模型来实现，且填充的三维模型需要用“基于公制幕墙嵌板填充图案 .rfa”族样板进行制作。

三、体量的应用

体量模型的神奇之处在于，在完成体量模型建模后，在项目环境里可以选取体量模型中的一些曲面、斜面生成幕墙系统、墙、楼板、屋顶等，还可以生成体量楼层，然后对体量模型楼层的面积、外表面积、体积和周长进行分析。

1. 体量楼层

利用体量楼层命令划分体量模型，是在项目每个标高处对体量模型形成的一个切面，这个切面就是体量楼层，体量楼层提供了有关这个切面上方的体量直至下一个切面或者体量顶面范围内的相关几何信息，这些信息可以通过楼层明细表进行统计与分析。

新建项目，首先需要新建标高视图，创建如图 3-6-22 所示的标高视图，然后将内建体量或者载入的体量族放置在标高 1 处。

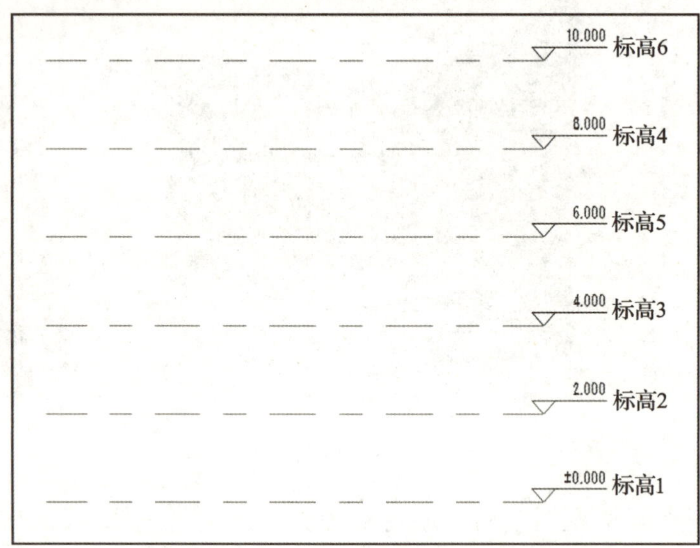

图 3-6-22　创建体量楼层的标高

在三维视图中选择体量模型，单击“修改 | 体量”选项卡下“模型”栏中的“体量楼层”命令，弹出“体量楼层”对话框，选中对话框中需要选择的标高后，单击“确定”按钮，完成体量楼层的创建，如图 3-6-23 所示。

在创建完体量楼层之后，可以创建这些体量楼层的明细表，进行周长、面积、体积等参数的统计。单击“视图”选项卡下“创建”栏中的“明细表”命令，选择下拉菜单中的“明细表 / 数量”，在弹出的对话框中选择“体量楼层”类别，输入明细表名称，选中“建筑构件明细表”单选按钮，单击“确定”按钮，如图 3-6-24 所示。

图 3-6-23 “体量楼层”对话框

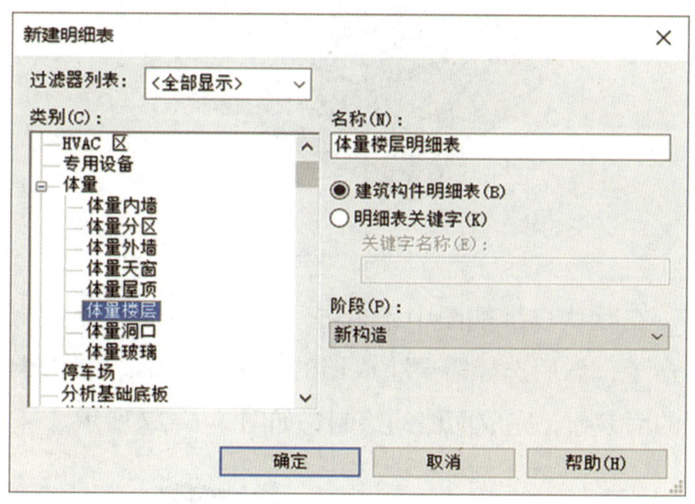

图 3-6-24 新建体量楼层明细表

单击“确定”按钮后，将会弹出“体量楼层明细表”对话框，然后将需要的“字段”添加到“明细表字段”中，如“楼层体积”“楼层周长”“楼层面积”“外表面积”等，最后单击“确定”按钮，创建好的明细表将出现在明细表视图中，如图 3-6-25 所示。

2. 面模型的应用

（1）面屋顶。在默认三维视图中，单击“体量和场地”选项卡下“面模型”栏中的“屋顶”命令，然后选择需要生成屋顶的体量模型面，在“属

<体量楼层明细表>				
A	B	C	D	E
标高	楼层体积	楼层周长	楼层面积	外表面积
标高 1	919.80	97800	459.90	195.60
标高 2	919.80	97800	459.90	195.60
标高 3	919.80	97800	459.90	195.60
标高 4	919.80	97800	459.90	655.50
标高 5	919.80	97800	459.90	195.60

图 3-6-25　体量楼层明细表

性”对话框中输入需要创建的屋顶参数，再单击“修改 | 放置面屋顶”选项卡下“多重选择”栏中的“创建屋顶”命令，面屋顶创建成功，如图 3-6-26 所示。

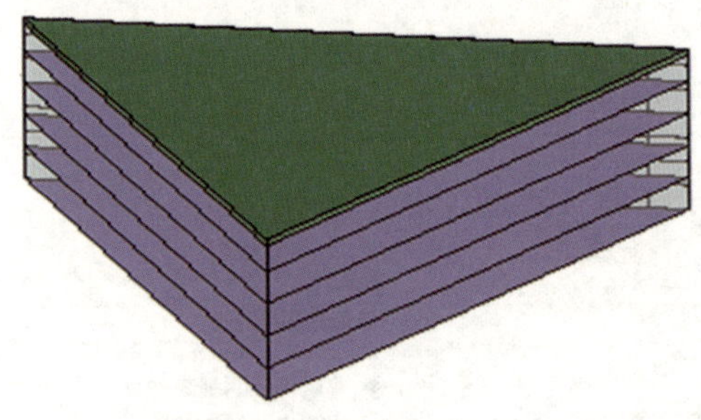

图 3-6-26　创建面屋顶

（2）面墙。在默认三维视图中，单击“体量和场地”选项卡下“面模型”栏中的“墙”命令，然后选择需要生成墙的体量模型面，在“属性”对话框中输入需要创建的墙参数，完成面墙的绘制，如图 3-6-27 所示。

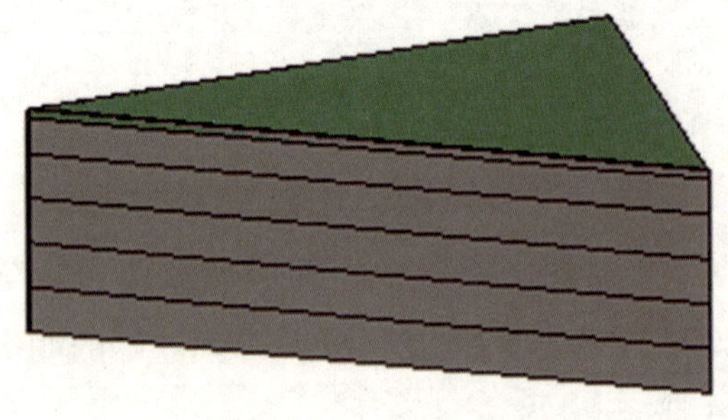

图 3-6-27　创建面墙

（3）面楼板。在默认三维视图中，单击“体量和场地”选项卡下“面模型”栏中的“楼板”命令，然后选择需要生成楼板的体量模型面，在“属性”面板

中输入需要创建的楼板参数，再单击“修改 | 放置面楼板”选项卡下“多重选择”栏中的“创建楼板”命令，面楼板创建成功。

（4）面幕墙。在默认三维视图中，单击“体量和场地”选项卡下“面模型”栏中的“幕墙系统”命令，然后选择需要生成幕墙的体量模型面，在“属性”面板中输入需要创建的幕墙参数，再单击“修改 | 放置面幕墙系统”选项卡下“多重选择”栏中的“创建系统”命令，面幕墙创建成功，如图 3–6–28 所示。

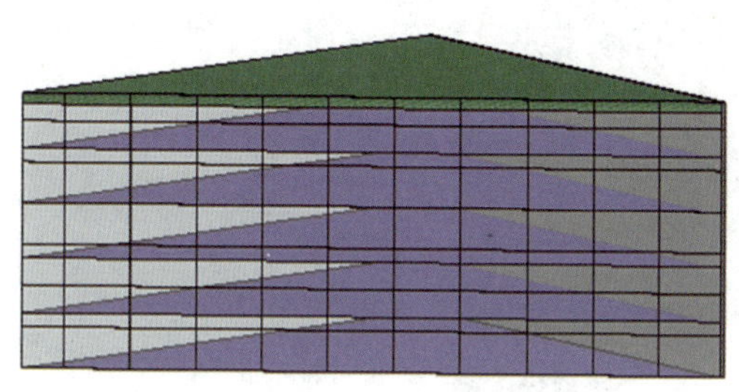

图 3-6-28 创建面幕墙

第七节 有理化表面

在 Revit 中，常用分割来对体量的表面进行有理化处理，将表面划分成多个均匀的小方格，使原表面被平面方格的形式所取代，对表面进行有理化处理。

一、*UV* 分割

单击需要进行有理化的表面，在“修改 | 形式”上下文选项卡中选择“分割表面”功能，对体量表面进行分割，如图 3–7–1 所示。

单击完成分割表面后，可以根据要求编辑 *U* 网格及 *V* 网格中的编号，对横向及竖向的网格数量进行调整，如图 3–7–2、图 3–7–3 所示。

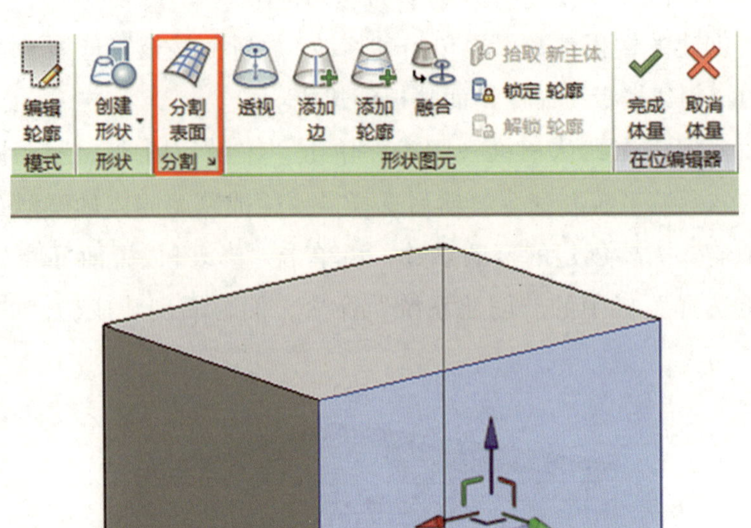

图 3-7-1　分割表面体量模型

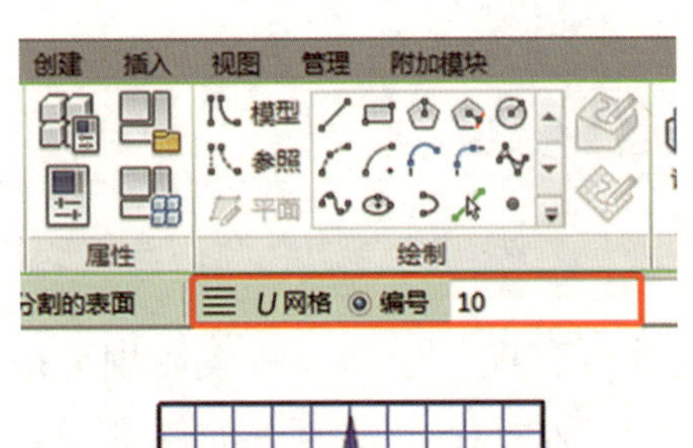

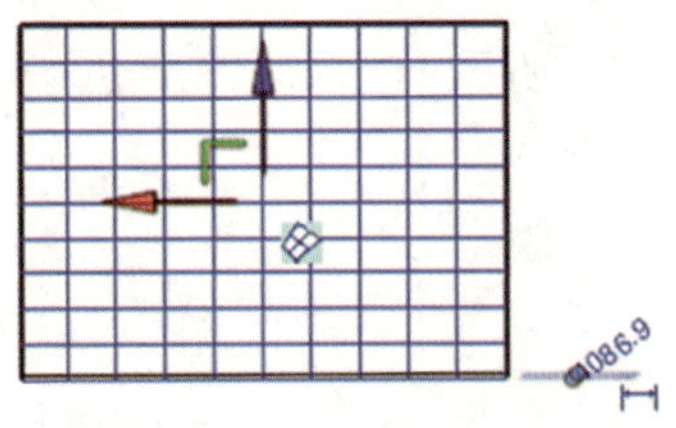

图 3-7-2　*U* 网格编号

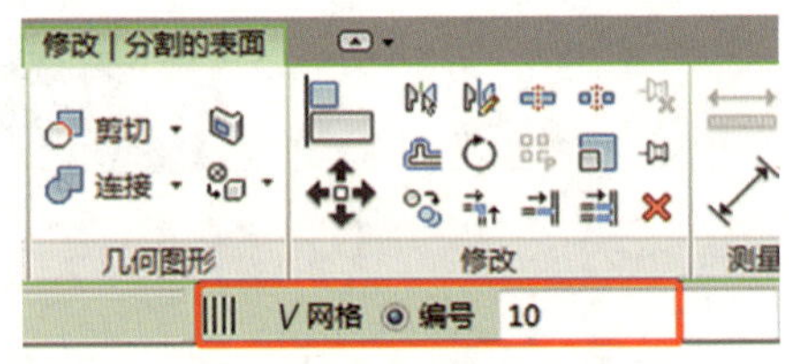

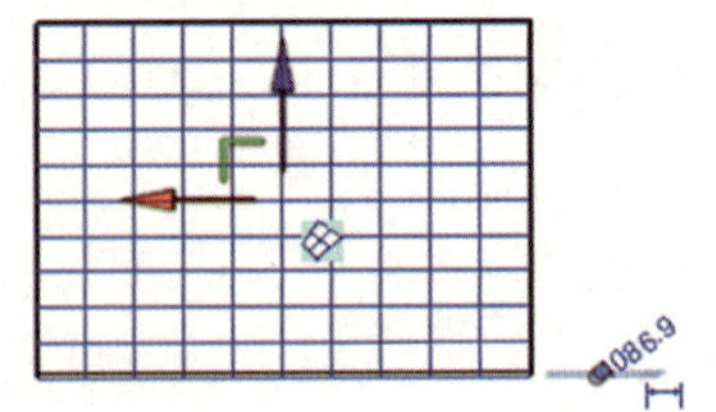

图 3-7-3　*V* 网格编号

编辑好 *UV* 网格数量后，可以在“属性”面板中对 *U* 网格及 *V* 网格中的相关参数进行设置，如图 3–7–4 所示。

在默认参数中分割网格线是无填充图案的，如需添加图案，可在属性框中选择所需要的图案，如图 3–7–5 所示。

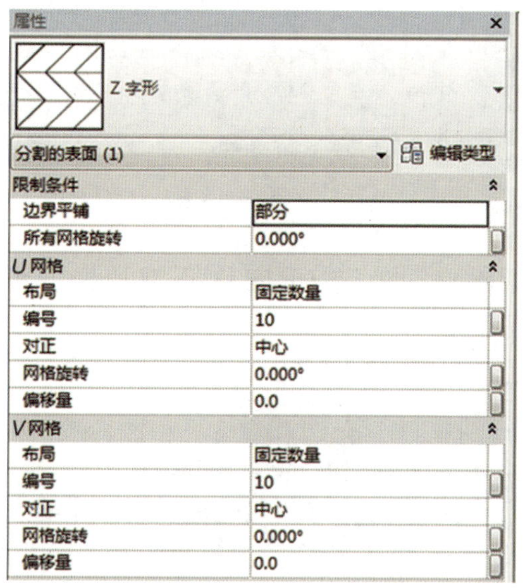

图 3-7-4 “属性”面板

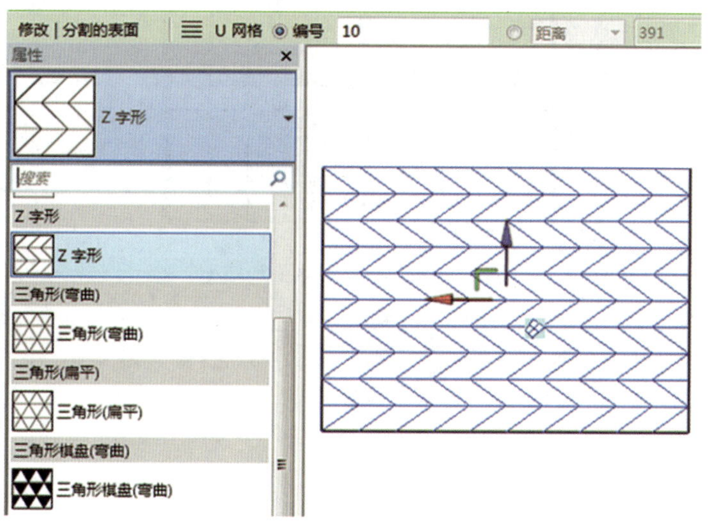

图 3-7-5 分割表面图案

二、交点分割

有理化分割表面中除了选择 *UV* 分割外，还可以选择交点分割。交点分割可以使用从绘制区域中选择的相交平面来分割其表面，如图 3-7-6 所示。

图 3-7-6　交点分割

单击 *U* 网格和 *V* 网格，取消 *UV* 网格分割功能，再选择交点分割，如图 3-7-7、图 3-7-8 所示。

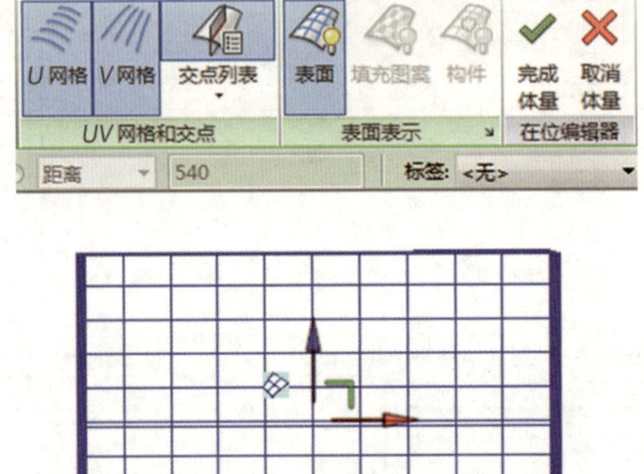

图 3-7-7　*UV* 网格分割模型

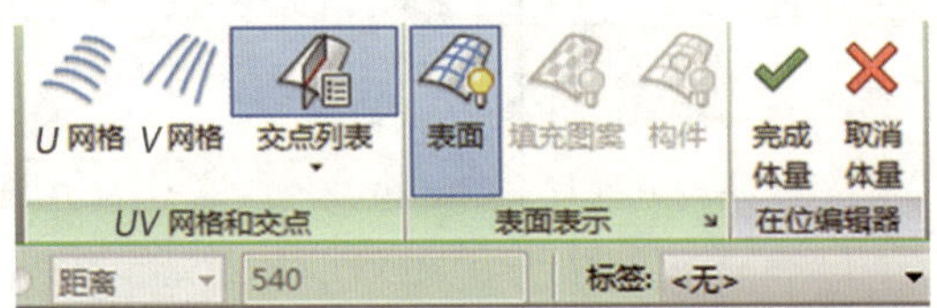

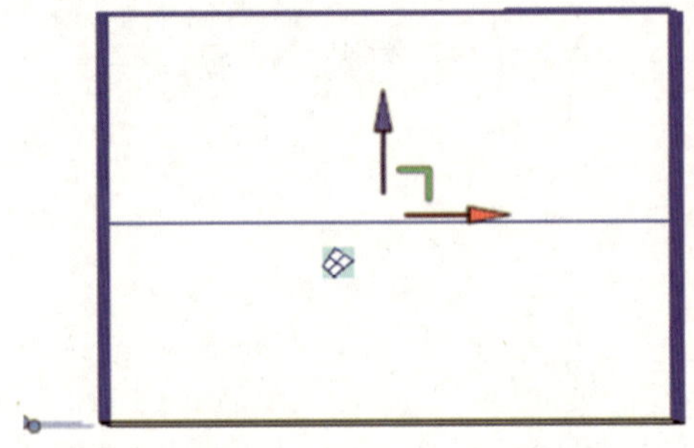

图 3-7-8　取消 *UV* 网格分割模型

取消 *UV* 网格分割后单击交点列表，选中相应的标高及参照面完成交点分割，如图 3-7-9 所示。

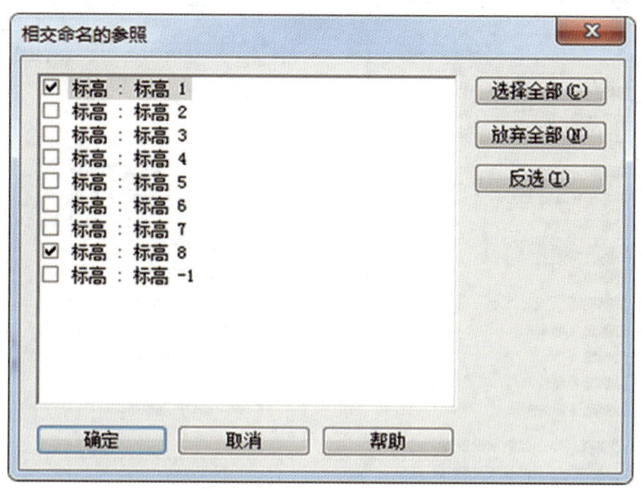

图 3-7-9 相交命名的参照

第八节 主体放样与构件

放样是将一个二维形体对象作为沿某个路径的剖面而形成的复杂三维对象。同一路径上可在不同的段给予不同的形体。可以利用放样来实现很多复杂模型的构建，工程上用于把图样上的方案“搬挪”到实际现场。

一、样板的选择

创建族时，同项目准备一样，需要先选择一个族样板。打开 Revit 软件，单击“族”下的“新建”，有多种样板可供选择（见图 3-8-1）。通常情况下，选择“公制常规模型”，单击“打开”按钮进入软件操作界面。

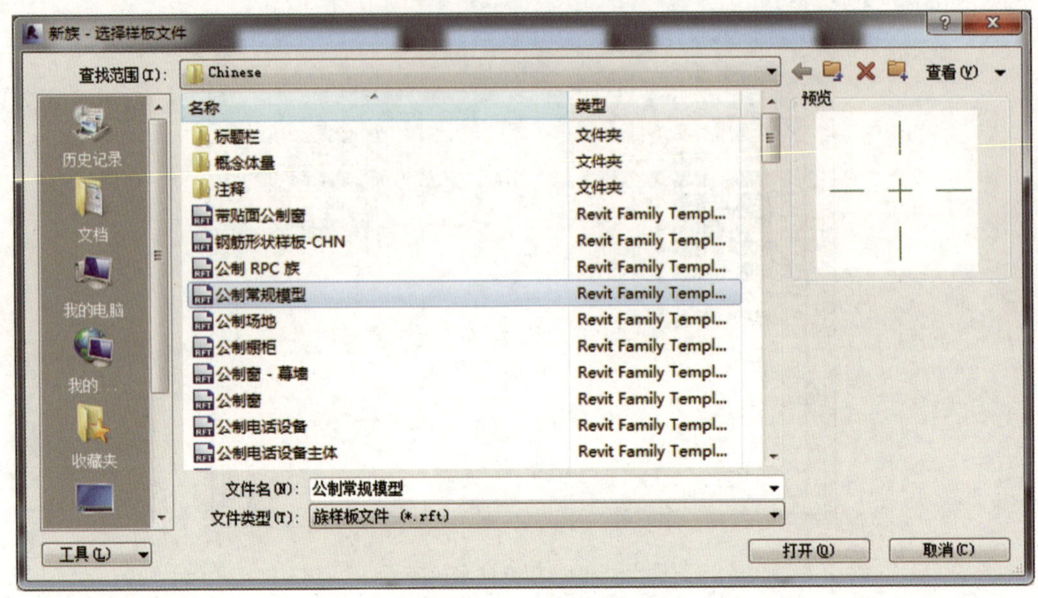

图 3-8-1　族样板的选择

二、放样构件的创建

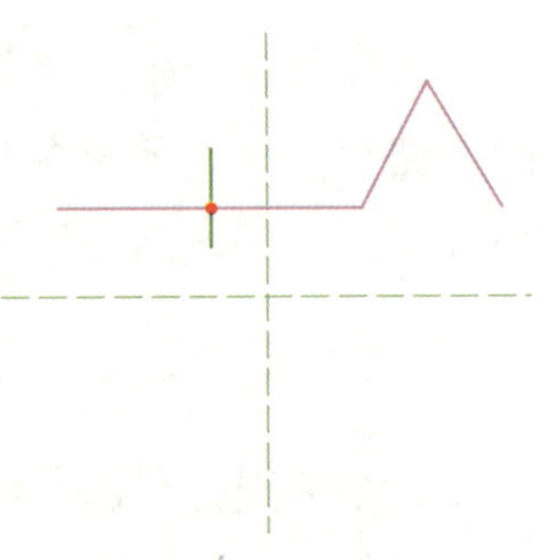

图 3-8-2　绘制路径

放样是用于创建需要绘制或应用轮廓（造型）并沿路径拉伸此轮廓族的工具。

切换至“参照标高”楼层平面视图，单击“创建”选项卡下“形状”栏上的“放样”按钮，进入“修改 | 放样”上下文选项卡，在“放样”栏中单击绘制路径，选择绘制的方式为直线，如图 3-8-2 所示。

单击“√”按钮完成路径绘制，单击“编辑轮廓”，在弹出对话框中选择“三维视图：视图 1”（见图 3-8-3），再单击选择绘制的方式为矩形，绘制轮廓（见图 3-8-4），单击“模式”栏中的“√”按钮，完成草图绘制，切换至“视图 1”三维视图，如图 3-8-5 所示。

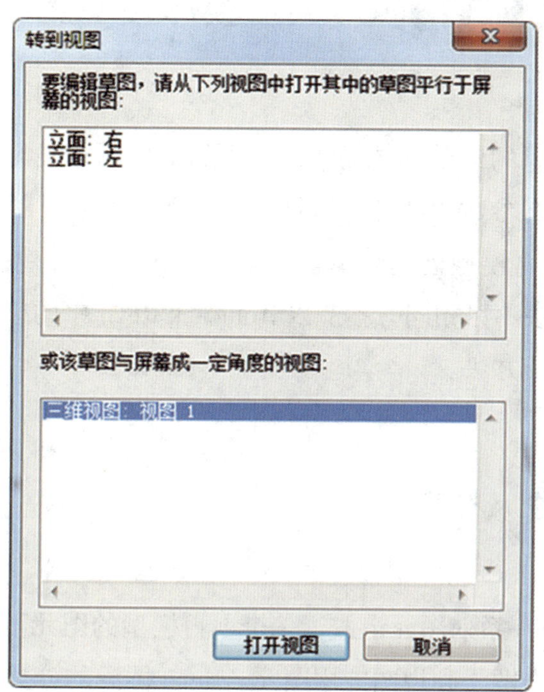

图 3-8-3 视图选择

图 3-8-4 绘制轮廓

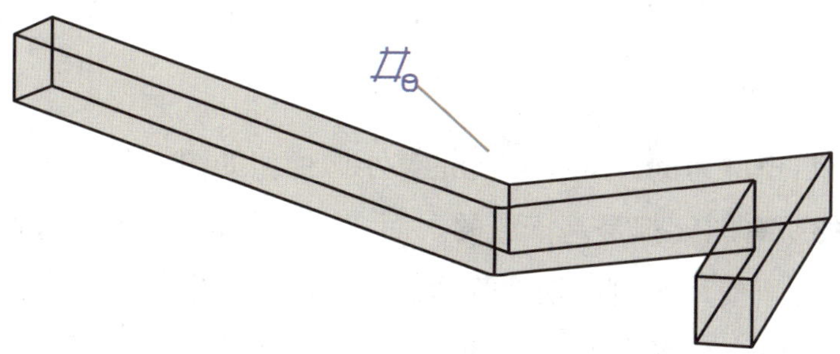

图 3-8-5 三维视图

第九节 族及族样板使用

构件是承载信息的建模基础元素，丰富的构件库在很大程度上可提高 BIM 建模的效率。而具有参数化特性的构件，可以通过参数控制实现多样性构件的复用，能够大大提高模型创建效率。目前，主流的 BIM 建模软件对构件的定义、创建及使用方法不尽相同，本节以 Autodesk Revit 中的族为例介绍参数化构件创建的基本理论及方法。

一、族的概念及分类

Revit 模型是由一系列图元组成，一个项目模型的图元可以分为三大类，分别是模型图元、基准图元和视图专用图元。Revit 图元的分类如图 3-9-1 所示。

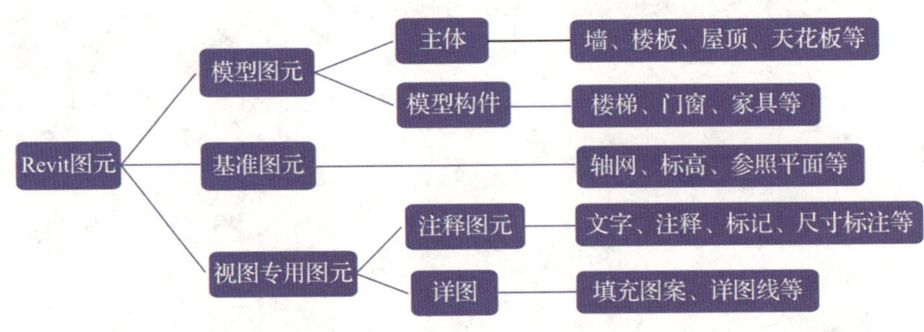

图 3-9-1 Revit 图元的分类

以一个项目模型为例，Revit 图元的某小区模型如图 3-9-2 所示。

Revit 中的所有图元都是基于族的。而“族”是 Revit 中使用的一个功能强大的概念，有助于使用者更轻松地管理数据并进行数据修改。每个族图元能够在其内定义多种类型。根据族创建者的设计，每种类型可以具有不同的尺寸、形状、材质设置或其他参数变量。

Revit 族根据其使用的方法可分为系统族、可载入族和内建族，如图 3-9-3 所示。

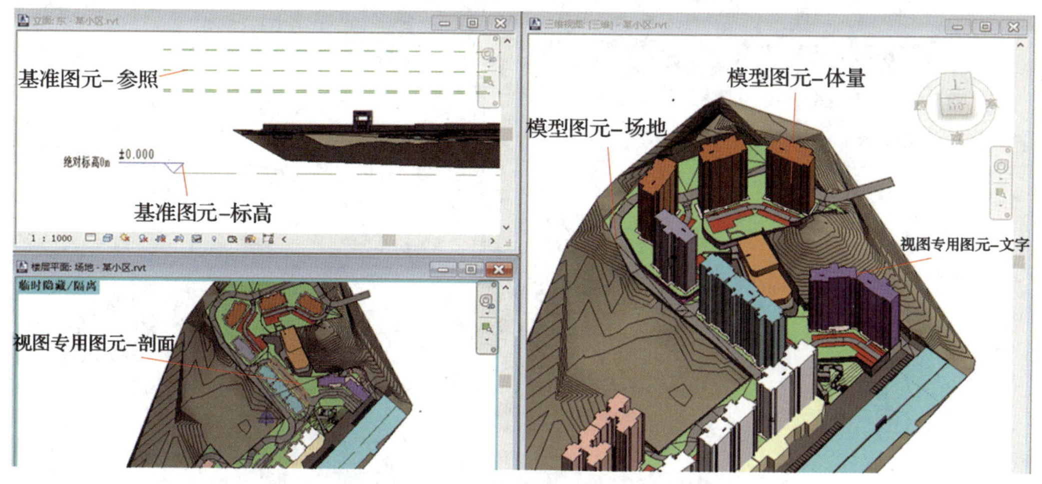

图 3-9-2 Revit 图元的某小区模型

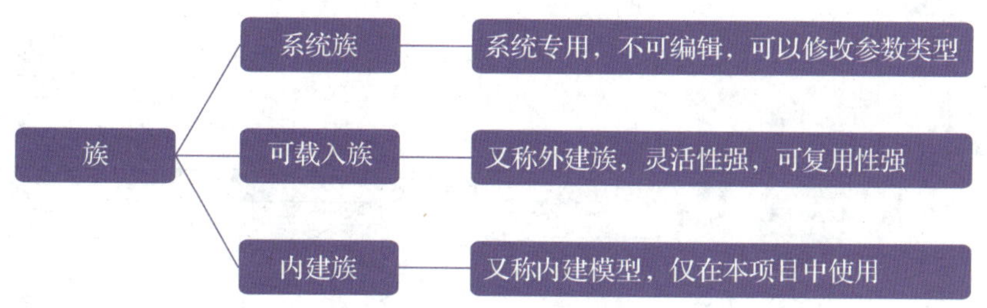

图 3-9-3 Revit 族按其使用方法的分类

1. 系统族

系统族是已在 Revit 中提前预定义且保存在样板和项目中的族，无须从外部文件中载入到样板和项目中。系统族不可以进行编辑，但可以复制并修改系统族中的类型，以创建新的系统族类型。如基准图元中的标高、轴网、参照平面，以及视图专用图元中的标识、注释、标签等都属于系统族；模型图元也有部分主体和模型构件系统预定义为系统族。下面举两个例子予以说明。

（1）视图专用图元：立面。打开 Revit，显示的图元立面就是“系统族：立面”，如图 3-9-4 所示。该族不支持编辑，但允许用户通过“编辑类型”，根据提示对话框对其类型进行编辑。通过修改该系统族“立面标记”参数值，形成新的立面类型，如图 3-9-5 所示。

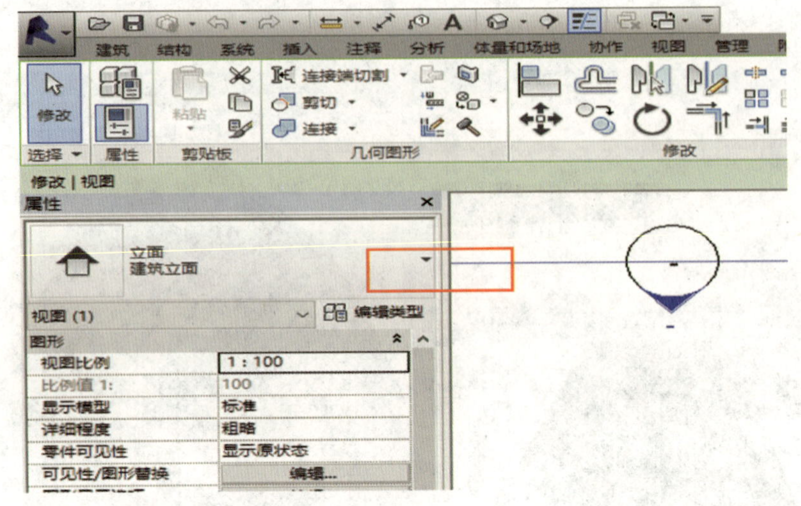

图 3-9-4　打开 Revit 后的图元立面

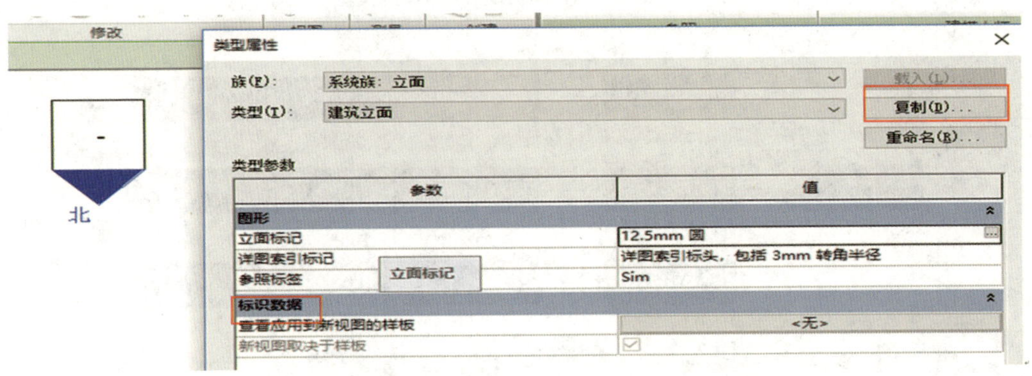

图 3-9-5　形成新的立面类型

注意族名称右侧“载入”按钮为灰显状态，说明该系统族在本项目样板中不支持载入新的族。

（2）主体系统族：基本墙。创建模型中常常用到系统族基本墙，除了因为墙是建筑中不可或缺的构件外，还有一个重要的原因，就是 Revit 中有大量的族是基于墙主体才可生成的构件，如门、窗以及其他主体是基于墙的构件。

打开选项卡“建筑”，选择构建“墙”，单击下拉菜单选“墙：建筑”工具，即进入墙的模型创建工作界面，系统默认给出了系统族“基本墙”及默认族类型“常规 -200 mm”，同时给定“修改 | 放置墙”的信息提示（见图 3-9-6）。结合前几节讲解的具体操作，即可进行构件“墙”的模型创建。

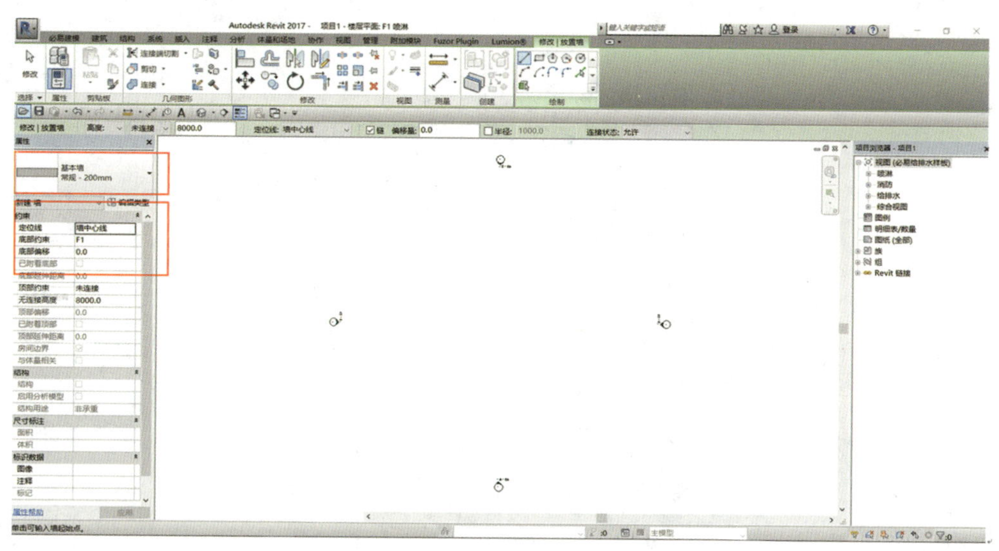

图 3-9-6　墙的模型创建工作界面

同样，作为系统族，该类构件无须操作者自行创建，系统对所有的墙参数都进行了预设置，包括基本墙体构造、几何参数、材质、标识数据等参数，操作者只需对以上参数根据实际建模需要进行编辑即可，如图 3-9-7 所示。通过结构编辑确定拟创建墙体的详细构造，并进行预览。

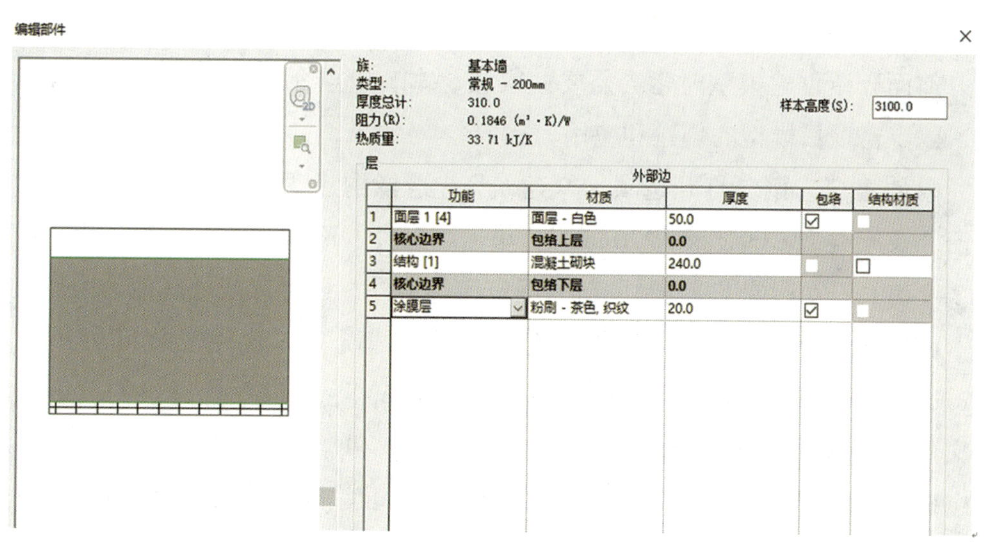

图 3-9-7　编辑基本墙部件

Revit 根据主体墙功能的不同，预设了“墙：建筑”“墙：结构”“面墙”“墙：饰条”“墙：分隔条”等系统族，如图 3-9-8 所示。

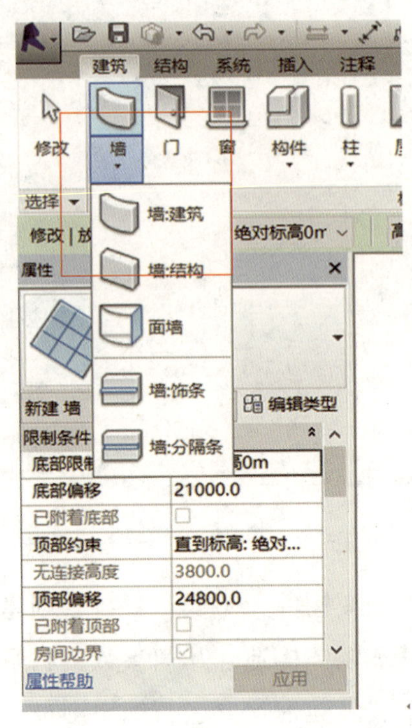

图 3-9-8　Revit 预设的墙系统族

2. 可载入族

前面介绍创建模型时常会需要载入族，本节重点介绍如何自行创建可载入族，以丰富项目模型的创建和应用。

以创建窗为例，打开选项卡“建筑”，选择构建“窗”，系统默认族“固定窗”及族类型“0915 × 1 220 mm”。单击“属性”面板“编辑类型”按钮（见图 3-9-9），除了可以“复制”新的固定窗类型外，还可以载入其他的窗族。

Revit 为使用者提供了丰富的族库，一般情况下，软件安装后可按路径“Program Data\Autodesk\RVT 2016\Libraries\China\...”查询系统提供的可载入的族文件，如图 3-9-10 所示。

Revit 可载入族具有可自定义、灵活性强，可编辑、可复用强的特点。可载入族的创建是掌握和提高 Revit 建模效率和应用价值的核心技术。

在一定的时候，若发现现有的族不能满足具体项目的实际要求，也可以通过编辑类似的族，通过修改或调整，运用到项目模型的创建中。

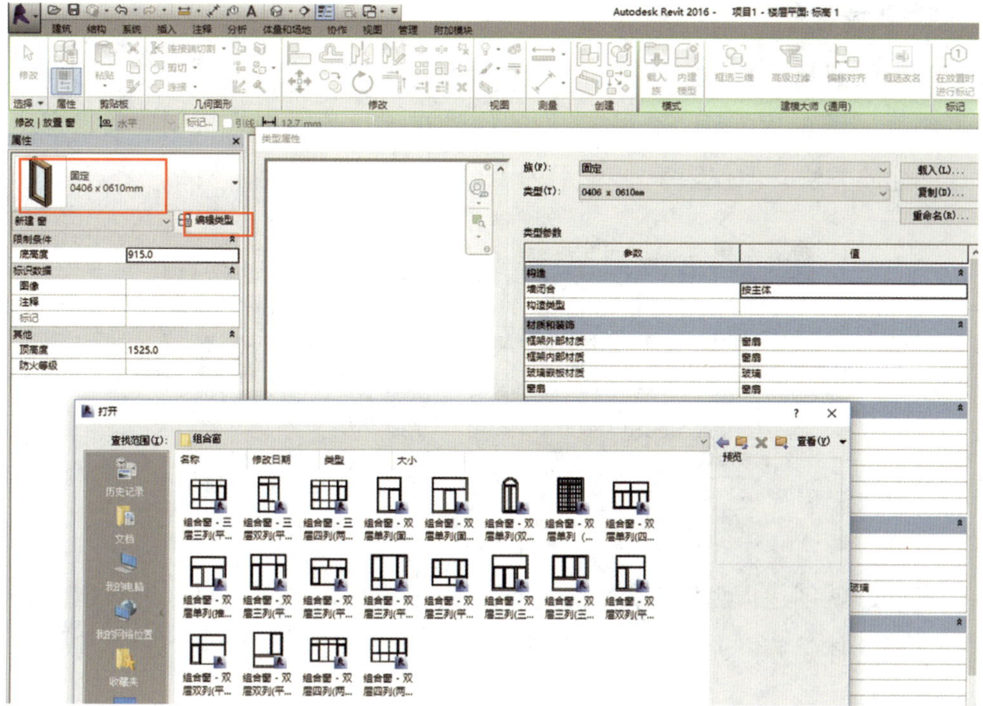

图 3-9-9 创建窗时载入其他窗族

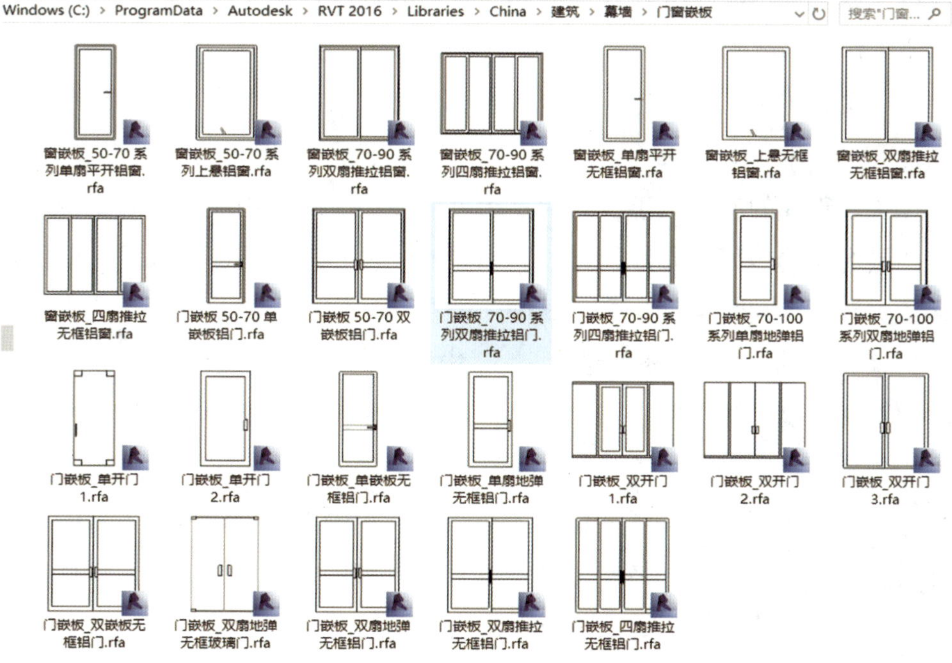

图 3-9-10 Revit 自带族库

3. 内建模型

内建模型又称为“内建族”。“内建模型”在“建筑”选项卡的“构件”工具栏中，如图 3-9-11 所示。该类型的族是在项目环境中进行创建的，它运用常规的建族方法，但仅限于本项目应用，不具有可复用性。

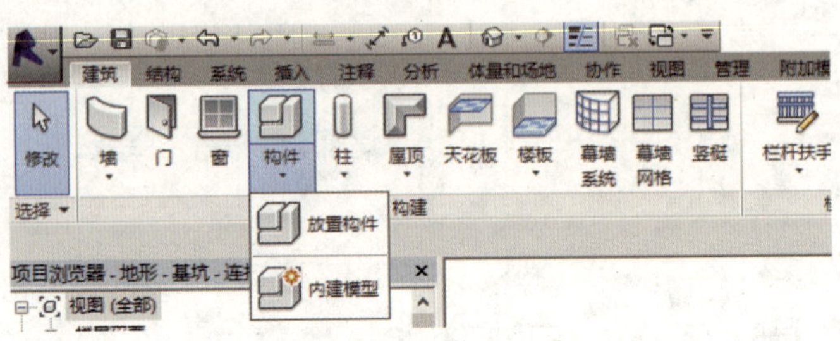

图 3-9-11　内建模型工具

另外，就创建模型图元用到的族而言，根据族的特性不同，还可以分为常规族、概念体量族、基于线的族、基于面的族、基于主体的族、自适应族、其他族共七种。

（1）常规族。常规族是指对构件族的设计、载入项目放置没有特殊要求，构件参数或构件模型行为共性少的族。该类族创建灵活、简单，载入项目不受主体或工作面约束的限制。

（2）概念体量族。概念体量族常用于概念方案的设计推敲、复杂造型模型的创建等。

（3）基于线的族。基于线的族是指可以在项目环境中通过画线或拾取线快速创建具有相同截面或有规律且连续布置的构件。除了能够大大提高建模效率外，该类族系统还可自动生成“长度”的参数，构件放置后，参数值直接形成“报告参数”显示在属性列表实例属性栏中，可进入明细表进行统计。

（4）基于面的族。基于面的族是指可以创建依附于面的族，该族在项目环境中必须依附在“面”上才可以放置。也正因为如此，若该构件依附的面发生变化，则该族也会发生关联变化。如插座、橱柜等可以创建为基于面的族；但实际情况是开关、插座和橱柜等都是放置在竖向构件“墙”上的，因此，也可以创建依附于墙的其他基于主体的族。

（5）基于主体的族。如基于墙的族、基于天花板的族等，其实都是基于面的族样板中，族参数预设得更多。例如，公制幕墙嵌板就是基于幕墙的，嵌板和幕墙关联的参数及构件模型行为更具体。

（6）自适应族。自适应族可以根据捕捉点的位置变化而变化，通过拾取自适应点，在项目环境或体量环境中形成自适应构件，更多的是在体量环境中使用，常用于体量设计方案推敲或异型构件之中。

（7）其他族。有一部分族，是系统族属性类型参数的值。例如，轮廓是为创建楼板边缘构件必须创建的轮廓族，如图 3-9-12 所示。

图 3-9-12 轮廓族

二、族编辑环境、族样板、族类别、族类型简介

Revit 为用户创建了项目环境和族编辑器，分别用于模型组装和构件创建。打开 Revit 软件，其初始工作界面（见图 3-9-13）分别提供了“项目”和“族”的“打开”和“新建”，右侧显示最近打开的项目或族文件。在项目栏系统提供了“构造样板”“建筑样板”“结构样板”“机械样板”以及族中“新建概念体量”。

1. 族编辑环境

（1）族编辑环境简介。单击“新建”按钮，弹出族样板选择对话框，如图 3-9-14 所示。每个族样板均有其特点，暂不一一介绍。本文以“公制常规模型 .rft”为例介绍，如图 3-9-15 所示。

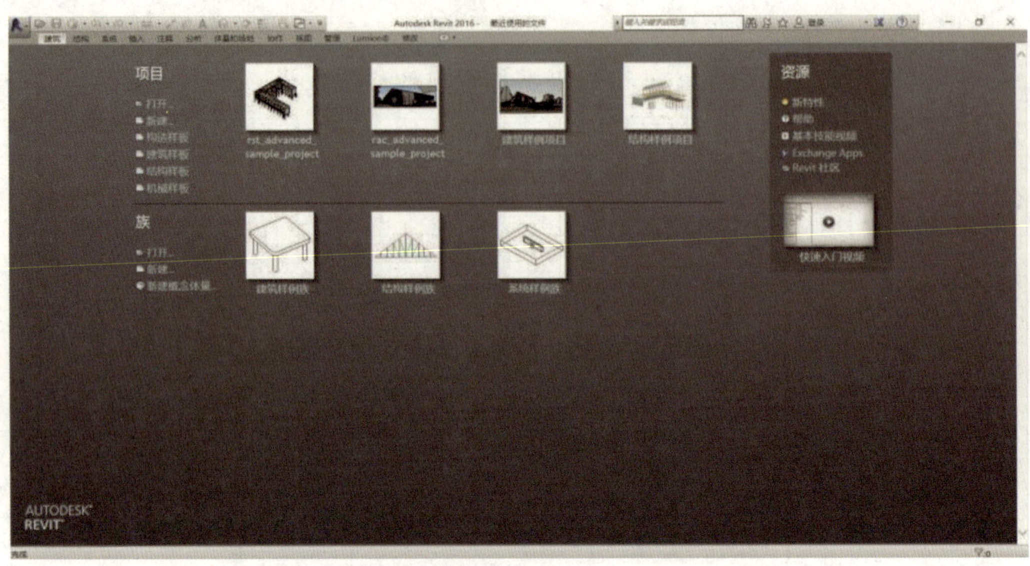

图 3-9-13　Revit 软件初始工作界面

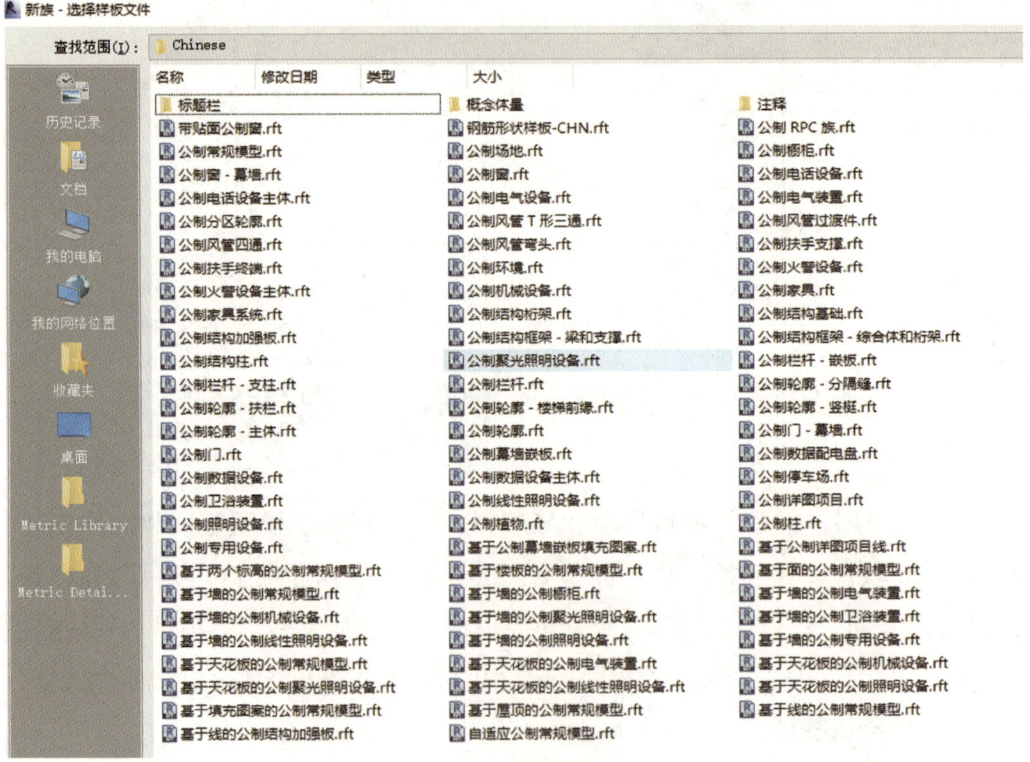

图 3-9-14　族样板选择

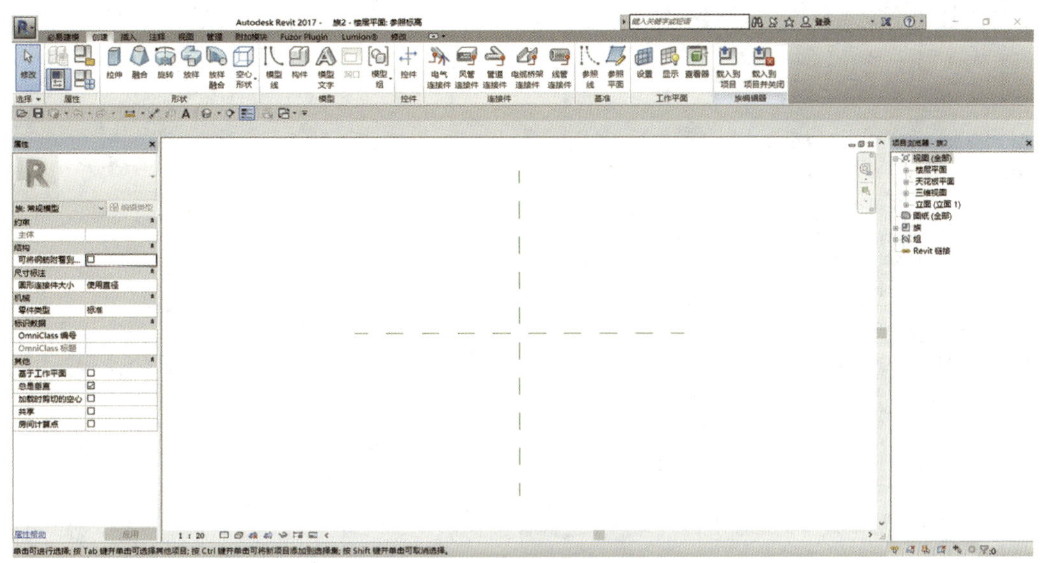

图 3-9-15 公制常规模型族样板界面

打开后的默认工作界面是“参照标高”“楼层平面视图”，其为一个平面视图。系统提供了两条垂直相交的“线”，分别是“中心（前 / 后）”和“中心（左 / 右）”。单击其中一条“线”查看该图元属性，这其实是一个参照平面，是垂直平面视图的一个“面”。两个垂直相交的参照平面将平面视图“上方”空间划分为“前 / 后”和“左 / 右”四个空间，用于确定拟建构件形体的位置和定义原点，如图 3–9–16 所示。

属性栏同项目环境一样，单击图元即可显示该图元的相关属性。如上图选择的是“参照平面”，其标识数据是“中心（前 / 后）”，未选择任何图元，则显示视图的相关属性。

项目浏览器与项目环境不尽相同。楼层平面仅提供了参照标高，天花板平面提供的也是参照标高，立面视图则分别是前、后、左、右四个立面。

打开“右”立面视图（见图 3–9–17），该样板仅仅提供了一个参照标高，在族中不能像在项目中重建新的标高，这也是楼层平面只有“参照标高”的原因。在其他族样板中有预设两个标高的情形，如“公制结构柱”，就给出了“低于参照标高”和“高于参照标高”两个参数。

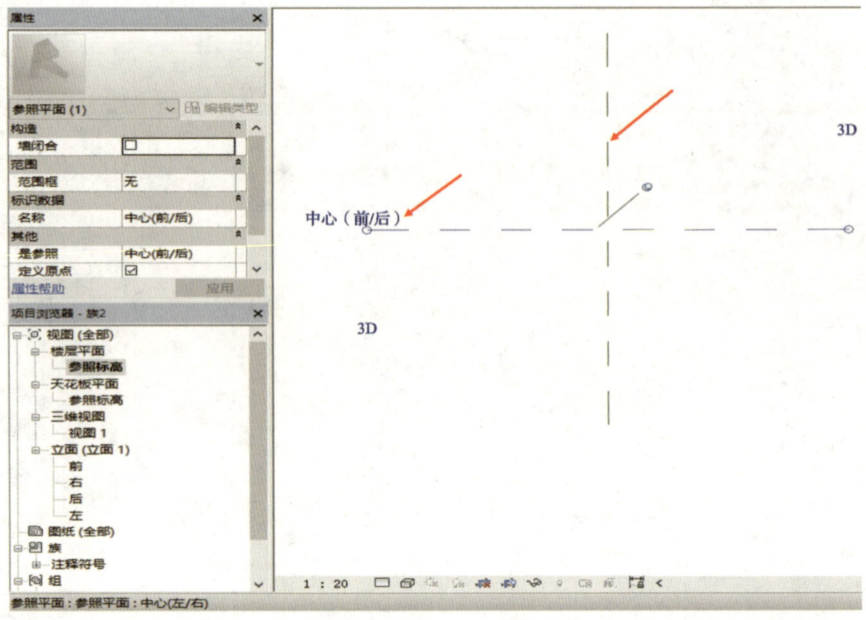

图 3-9-16　参照平面

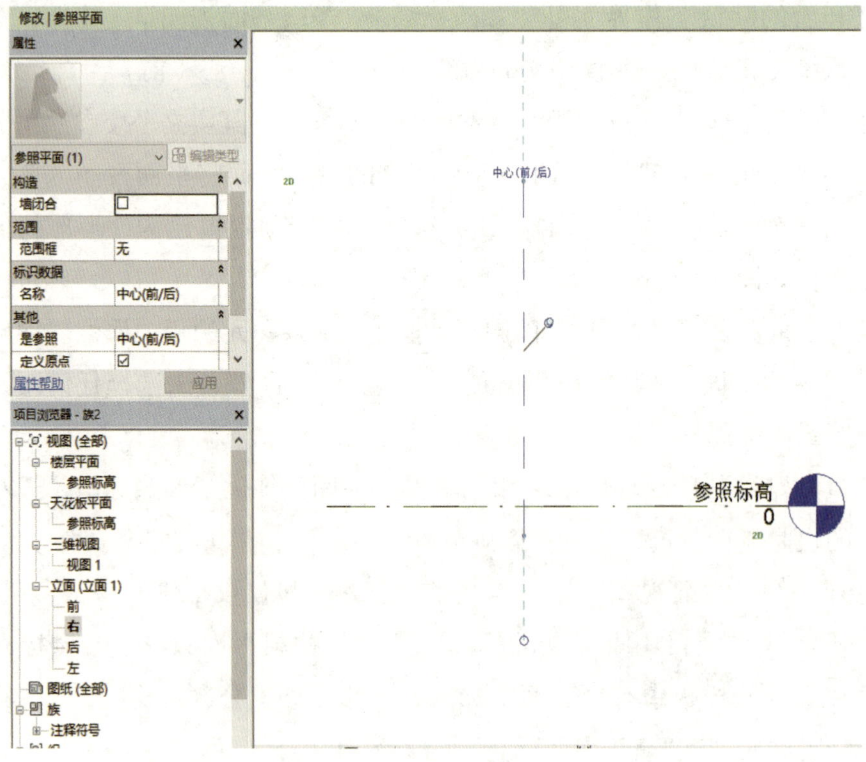

图 3-9-17　公制常规模型样板“右”立面视图

在立面视图中，框选当前视图所有图元，再利用过滤器功能可发现，在绘图工作区域存在两个“参照平面”和一个“标高”，如图 3-9-18 所示。值得注意的是，其中水平方向的参照平面与参照标高相“重合”，需要按 Tab 键进行切换选择。在创建模型时应特别注意锁定参照平面，而非锁定“参照标高”，可采用临时隐藏参照标高图元的方法，以免造成误操作。

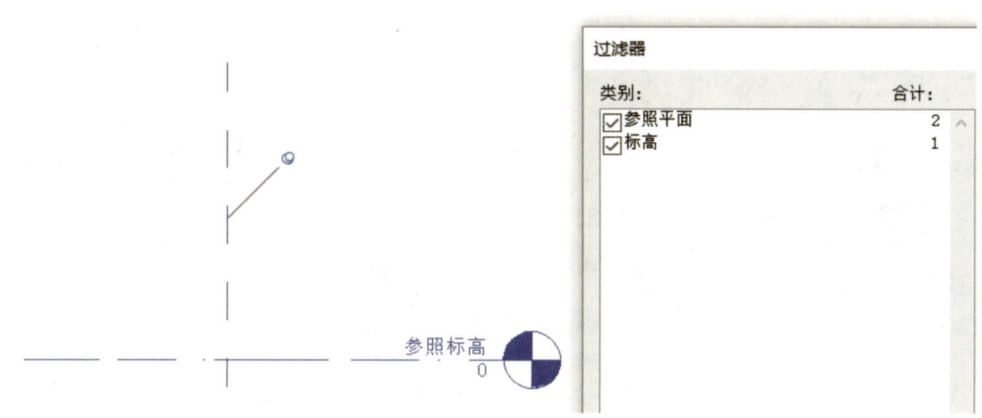

图 3-9-18　族编辑环境中过滤器的使用

与项目环境基本类似，项目浏览器中的“族”是指载入本族的其他族，也就是后面要介绍的嵌套族。例如，作为新建的空族，项目浏览器中已经将标高族用到的嵌套族罗列出来，这类嵌套族均属于注释符号，是系统族，因此不可编辑，如图 3-9-19 所示。

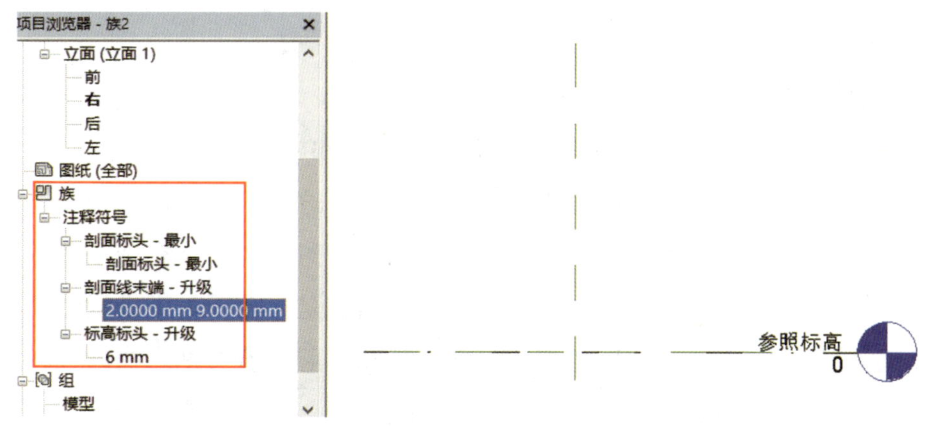

图 3-9-19　项目浏览器中族的示意图

同项目环境一样，族编辑器左下方是模型绘制区域的状态显示栏，如图 3-9-20 所示。所不同的是，最后是“显示约束”按钮，用以显示本族相关的约束情况。在复杂的族中，可以帮助快速查看分析约束关系。在新的版本中其功能得到加强。

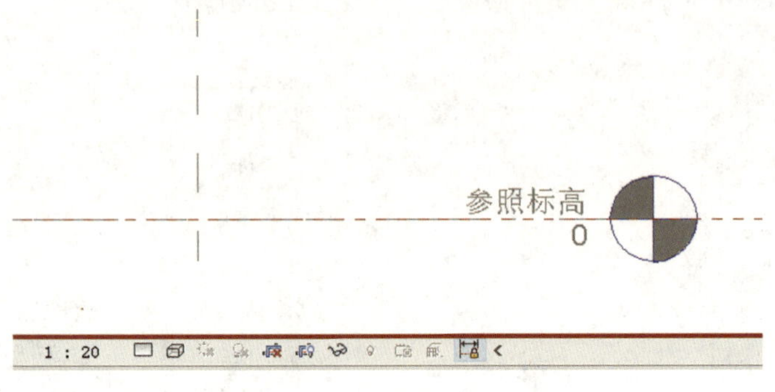

图 3-9-20　族编辑器状态显示栏

（2）族编辑环境功能选项卡。下面介绍新建族功能选项卡，如图 3-9-21 所示。

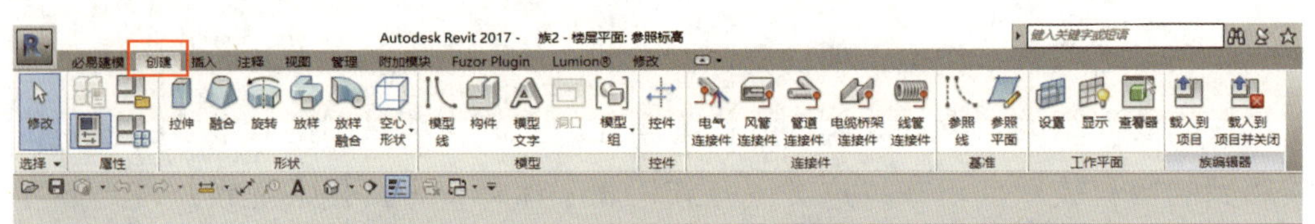

图 3-9-21　族编辑器选项卡及工具栏

1）“创建”选项卡提供了族初始创建所用到的工具。

①“选择”工具栏同项目环境应用。

②“属性”栏在族编辑器中应用于确定族类别和族类型。

任何一个族在创建前都需要明确该族的类别。这样一方面可以更好地对所创建的族进行管理及项目应用；另一方面，系统针对不同的族类别预设了族参数，大大方便了族的应用。其中一个简单的应用就是，在项目中进行明细表统计时，系统会自动将确定的该类别的构件统计在一起。若类别未明确或者设置错误，就会导致后期明细统计出现问题。究其原因，并非是明细表统计出现错误，而是在族类别设置中出现了问题。可通过“族类别和族”参数对话框（见图 3-9-22）对族的创建确定基本的思路。

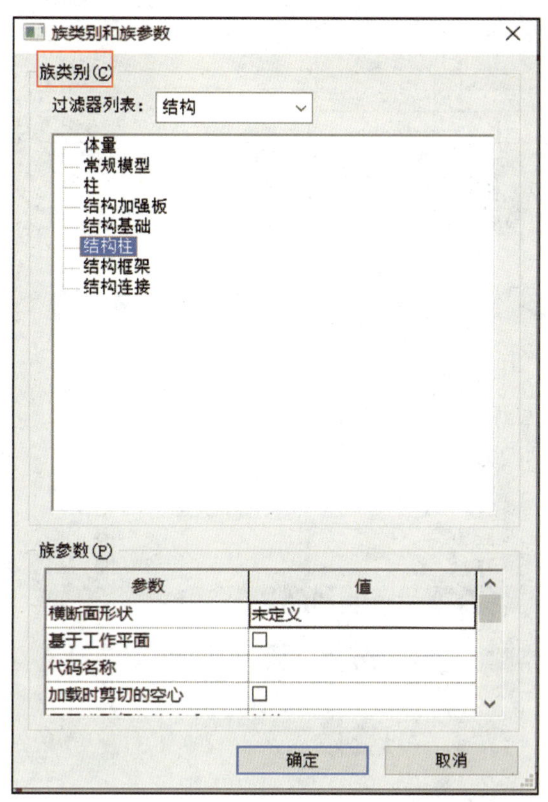

图 3-9-22 “族类别和族参数”对话框

对具有相似放置方式、使用功能和同样形体造型的构件，通常要进行该构件族的创建。正如之前所述，为实现族的通用和复用，将对族进一步设置参数，由参数驱动族形体的变化，如此就需要新建族类型，通过创建不同的族类型达到上述目的。而“族类型”对话框则提供了新建族类型、添加族参数的功能，如图 3-9-23 所示。

新建、重命名和删除“族类型”。族载入项目后，在明细表进行构件统计的时候，族类别确定要统计构件的类，字段“族”和“类型”则分别统计新建族的名称和该族应用到项目实际的不同类型。

例如，在项目中载入了族“固定窗”。通过“视图”选项卡，“创建”“明细表”“明细表 / 数量”，进入“新建明细表”对话框后，首先选择“建筑”“窗”（族类别），然后选择“族”“类型”“合计”等字段（见图 3-9-24），单击确定后，Revit 就形成了该项目窗的明细表。

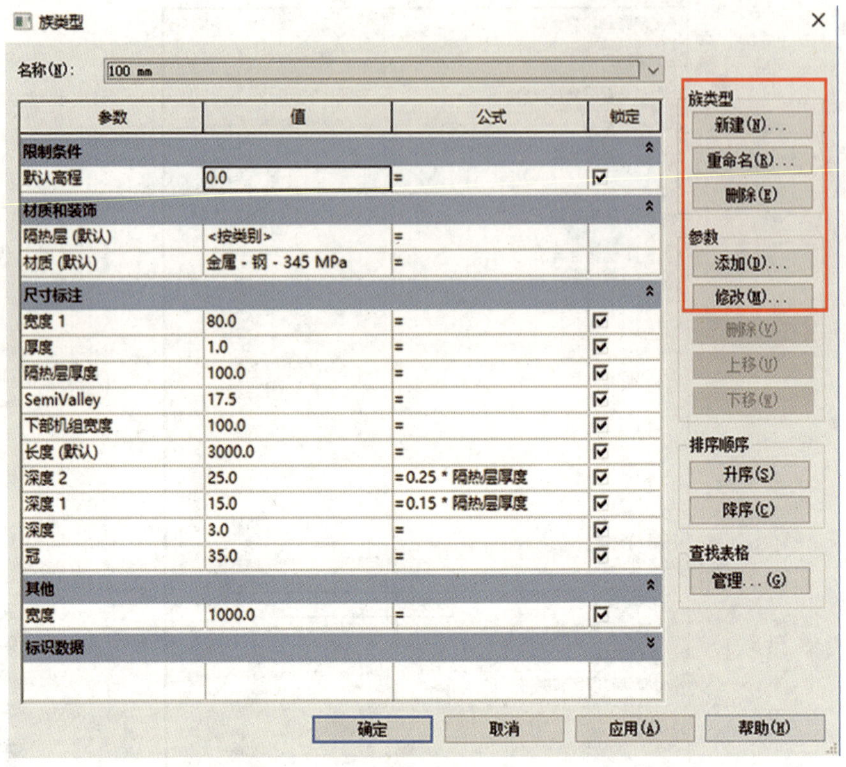

图 3-9-23 “族类型”对话框

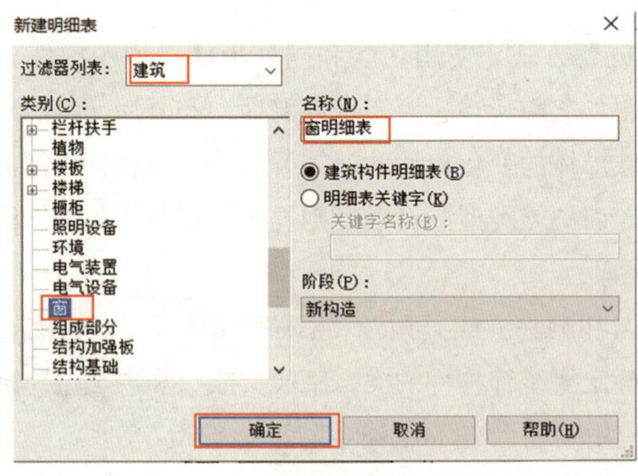

图 3-9-24 “新建明细表”对话框

单击“确定”按钮，进入“明细表属性”对话框，根据统计需要选择可用“字段”，逐个添加到右侧“明细表字段”栏中，如图 3-9-25 所示。

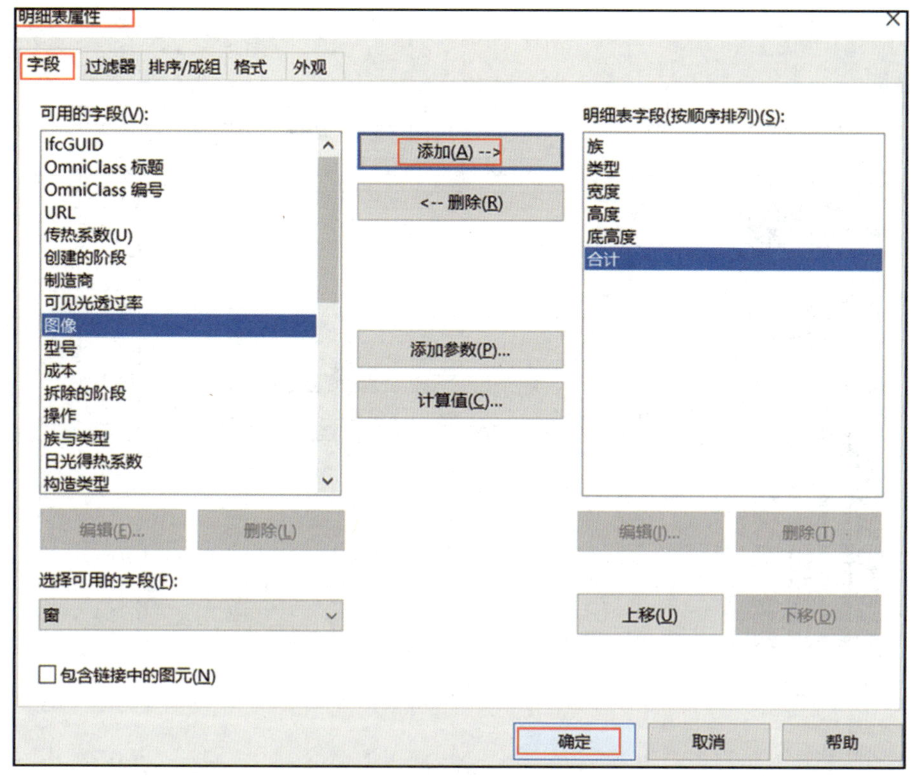

图 3-9-25 “明细表属性”对话框

单击“确定”按钮，则该明细表创建完成，如图 3-9-26 所示。

以上实例说明了族类别、族、族类型的不同。上述例子中，同一个族的类型有很多种，这些多种规格的类型，都是通过参数值的变化驱动构件形体变化的。不同的参数赋值生成不同的类型，可通过“复制”创建新的类型。百叶窗的参数设置如图 3-9-27 所示。

综上所述，族类型无论是在族编辑时预设，还是在族载入项目中对类型进行复制、重命名，都必须对族进行参数设置。本小节暂不介绍如何进行参数设置。族类型及族参数编辑对话框如图 3-9-28 所示。

③“形状”工具栏是族编辑器中提供的“拉伸”“融合”“旋转”“放样”“放样融合”“空心形状”六种构件形体创建的工具。其中，空心形状是对前几种实体形体的剪切行为，同时，空心也有“拉伸”“融合”“旋转”“放样”“放样融合”五种形状创建方式。

<窗明细表>

A	B	C	D	E	F
族	类型	窗规格			数量
		宽度	高度	底高度	
百叶窗-基于墙-度数可变	2000×600	2000	600	3550	1
2000x600: 1					1
百叶窗-基于墙-度数可变	2000×1000	2000	1000	2449	1
百叶窗-基于墙-度数可变	2000×1000	2000	1000	2450	1
2000x1000: 2					2
百叶窗-基于墙-度数可变	DK1 500×700	500	700	1200	1
百叶窗-基于墙-度数可变	DK1 500×700	500	700	550	1
百叶窗-基于墙-度数可变	DK1 500×700	500	700	550	1
百叶窗-基于墙-度数可变	DK1 500×700	500	700	550	1
百叶窗-基于墙-度数可变	DK1 500×700	500	700	550	1
百叶窗-基于墙-度数可变	DK1 500×700	500	700	550	1
百叶窗-基于墙-度数可变	DK1 500×700	500	700	550	1
DK1 500x700: 7					7
百叶窗-基于墙-度数可变	DK2 900×500	900	500	3950	1
百叶窗-基于墙-度数可变	DK2 900×500	900	500	4000	1
DK2 900x500: 2					2
百叶窗-基于墙-度数可变	DK3 700×1150	700	1150	500	1
百叶窗-基于墙-度数可变	DK3 700×1150	700	1150	500	1
百叶窗-基于墙-度数可变	DK3 700×1150	700	1150	550	1
百叶窗-基于墙-度数可变	DK3 700×1150	700	1150	550	1
百叶窗-基于墙-度数可变	DK3 700×1150	700	1150	550	1
百叶窗-基于墙-度数可变	DK3 700×1150	700	1150	550	1
百叶窗-基于墙-度数可变	DK3 700×1150	700	1150	550	1
百叶窗-基于墙-度数可变	DK3 700×1150	700	1150	550	1
百叶窗-基于墙-度数可变	DK3 700×1150	700	1150	550	1
百叶窗-基于墙-度数可变	DK3 700×1150	700	1150	550	1
百叶窗-基于墙-度数可变	DK3 700×1150	700	1150	550	1
百叶窗-基于墙-度数可变	DK3 700×1150	700	1150	550	1

图 3-9-26 形成“窗明细表”

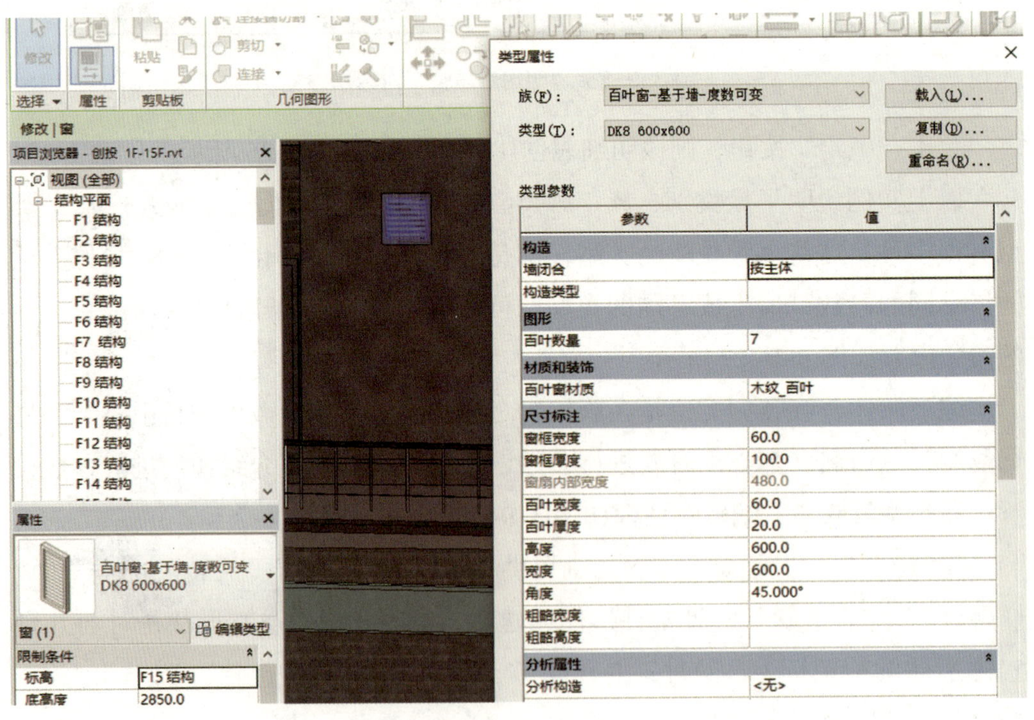

图 3-9-27 百叶窗的参数设置

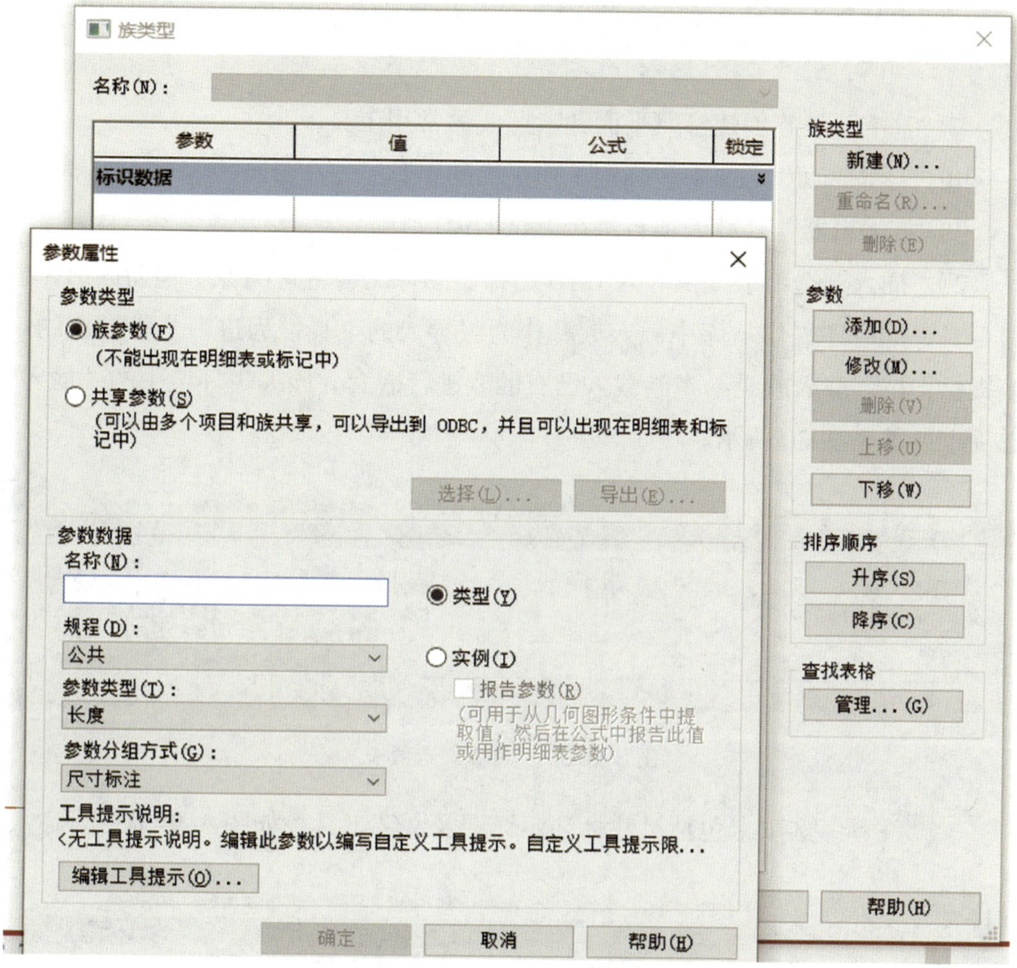

图 3-9-28 “族类型”及“参数编辑”对话框

④“模型”是指给族模型添加新的模型图元，如模型线图元、文字模型、载入新的模型构件、剪切的洞口和模型组，也支持模型图元成组操作。

⑤“控件”是控制模型载入项目后放置方向的控制工具。控件分为四种，可根据构件在项目中的翻转行为进行设置，只需直接单击拉入族平面视图即可。在项目中可以单击控件标识符号和用空格键控制构件的翻转。“控制点类型”选项如图 3-9-29 所示。

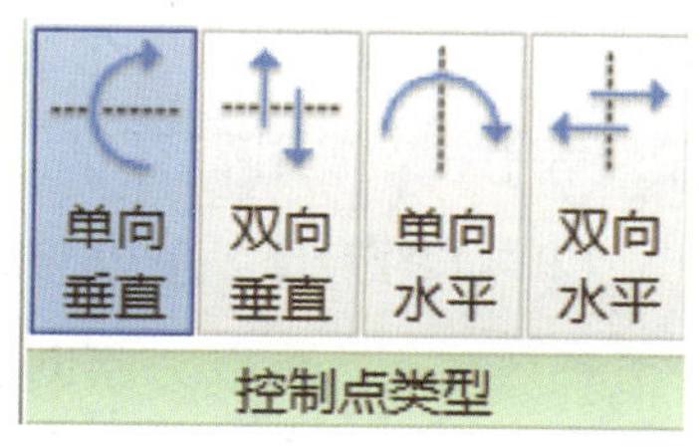

图 3-9-29 “控制点类型”选项

⑥“连接件”是所创建模型需要与其他构件进行自动识别并连接的重要工具。

⑦“基准”是族创建参照平面和参照线的常用工具。

⑧“工作平面”是选中和确定工作平面的工具。

⑨“族编辑器”是载入项目进行测试的窗口。

2）“插入”选项卡提供导入 CAD 图样、图像（含管理图像）辅助族形体创建工具，同时还提供从库中载入族和作为组导入的工具，为进一步扩展族的规模提供支持。载入族是给本族载入已有的族进行嵌套。族编辑环境中的“插入”选项卡如图 3–9–30 所示。

图 3–9–30 “插入”选项卡

3）“注释”选项卡包括尺寸标注、详图及文字工具，如图 3–9–31 所示。

图 3–9–31 “注释”选项卡

①“尺寸标注”是在编辑族的过程中对参照平面、参照线及参照点进行对齐、角度、圆弧或圆形径向、直径和弧长的尺寸标注，是族参数关联的重要步骤。

②“详图工具”可以为族创建各视图及详图表达方式。

③“文字”可以为族创建文字标签或注释。

3）“视图”“管理”“修改”选项卡提供的工具功能同项目环境，如图 3–9–32 所示。

图 3-9-32 “视图”“管理”“修改”选项卡

2. 族样板

以上介绍的是公制常规模型族样板下的族编辑环境。不同的族类别预设了不同的族参数，不同的族样板除了族形体绘制工作界面不同外，还预设了独特的类型参数。以下举几个简单的例子予以说明。

（1）基于线的公制常规模型。新建族，选择“基于线的公制常规模型.rft”，打开该族样板，在“族类型”可查看相关参数信息，如图 3-9-33 所示。该样板比公制常规模型多给定了一条参照线和右侧的一个参照平面。参照线的特点就是给定了两个参照点和四个工作平面（见图 3-9-34），在族形体绘制时需要充分利用以上工作平面和参照点。预设的族参数“长度”即参照线两个参照点（端点）的长度。

（2）基于面的公制常规模型。新建族，选择“基于面的公制常规模型.rft”，打开该族样板，在“族类型”可查看相关参数信息，如图 3-9-35 所示。族样板给出了主体“面”的参照。若构件是嵌入“面”，则无论这个面是平面、立面还是曲面，都需要设置嵌入深度参数，可以参考参照标高进行深度参数设置。

（3）基于墙的公制常规模型。新建族，选择“基于墙的公制常规模型.rft”，打开该族样板，在“族类型”可查看相关参数信息，如图 3-9-36 所示。族样板给出了主体“墙”的参照。若构件是嵌入墙体，则需要设置嵌入深度参数，可以参照放置边进行深度参数设置。

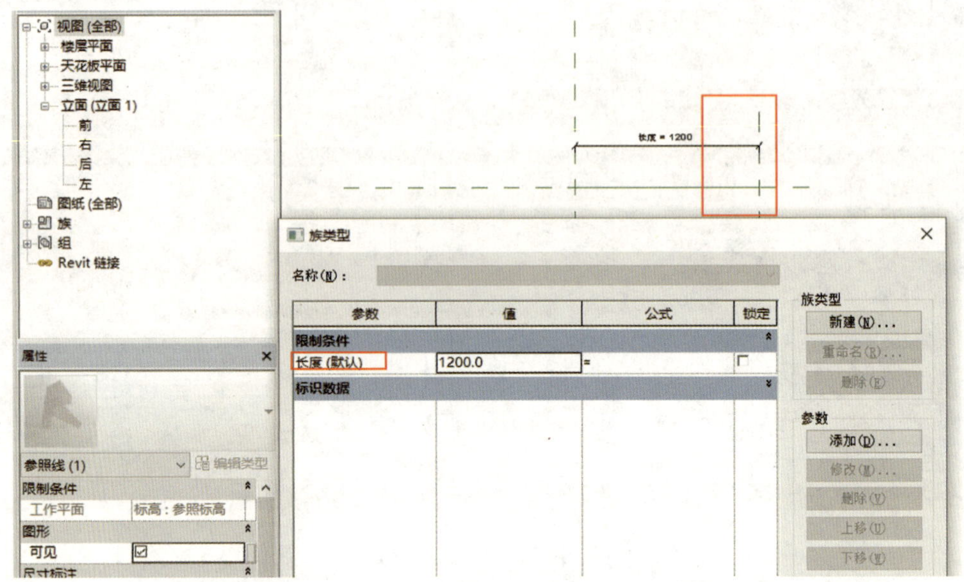

图 3-9-33　基于线的公制常规模型族样板绘制界面

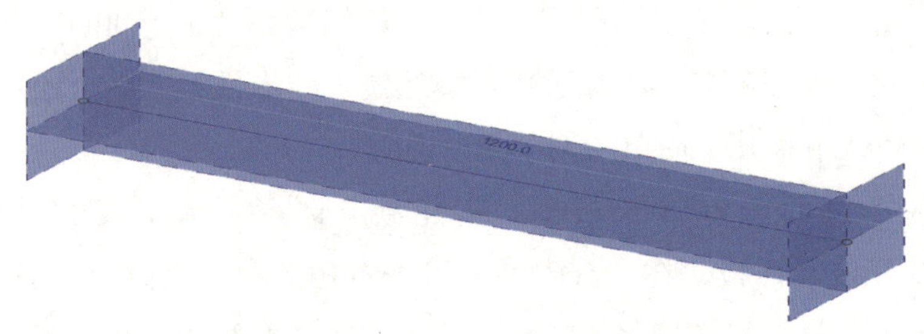

图 3-9-34　参照线包含的两个参照点和四个工作平面

其他基于主体（墙、楼板、天花板、屋顶）的专用设备、公制橱柜等，均是在以上基础上对族参数及形体绘制工作界面进行进一步预设的。公制窗、带贴面的公制窗、公制门等也是基于墙的窗或门，主体均为墙。

（4）公制幕墙嵌板。幕墙工程在项目中常用幕墙创建，确定幕墙网格，载入幕墙嵌板。幕墙嵌板具有自适应幕墙网格的特点。虽然幕墙嵌板多种多样，但 Revit 提供了公制幕墙嵌板的族样板文件。该族文件提供了中心（左 / 右）参照平面外的两个参照平面以及参照上方的顶部参照平面，其围合的矩形区域可以理解为项目中的幕墙分格。创建幕墙嵌板形体时，需要和以上参照平面对齐锁定，方可形成可自适应幕墙网格尺寸的幕墙嵌板。公制幕墙嵌板族样板模型绘制界面如图 3-9-37 所示。

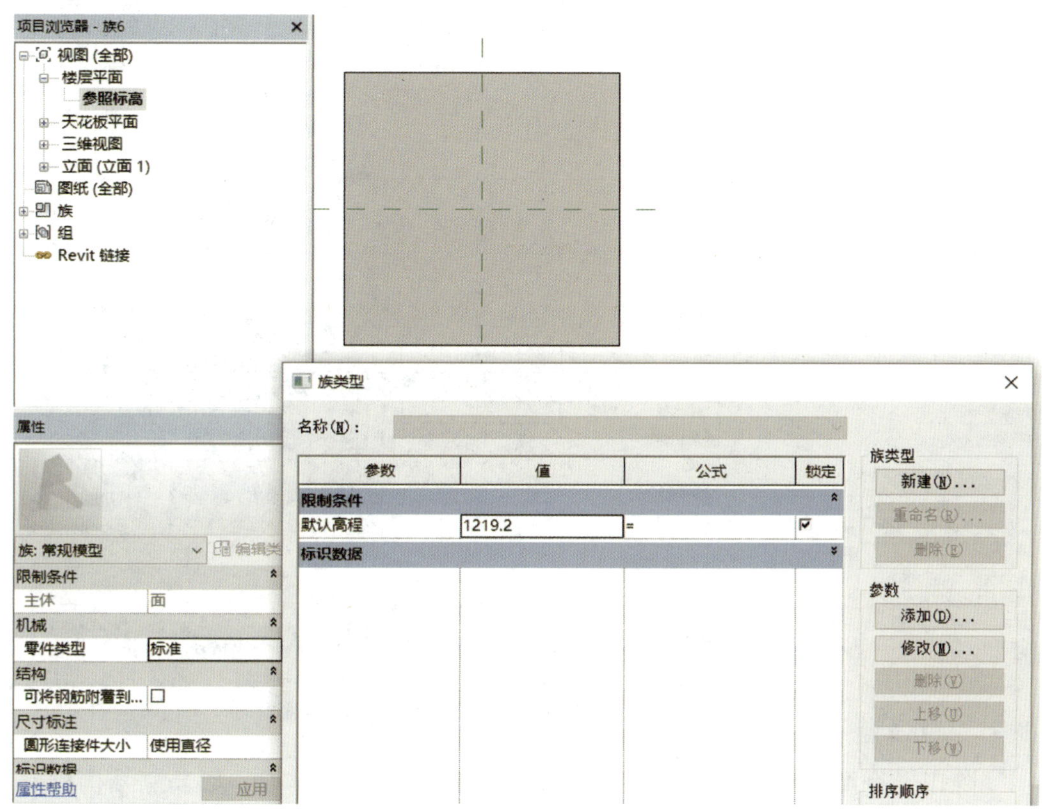

图 3-9-35　基于面的公制常规模型族样板绘制界面

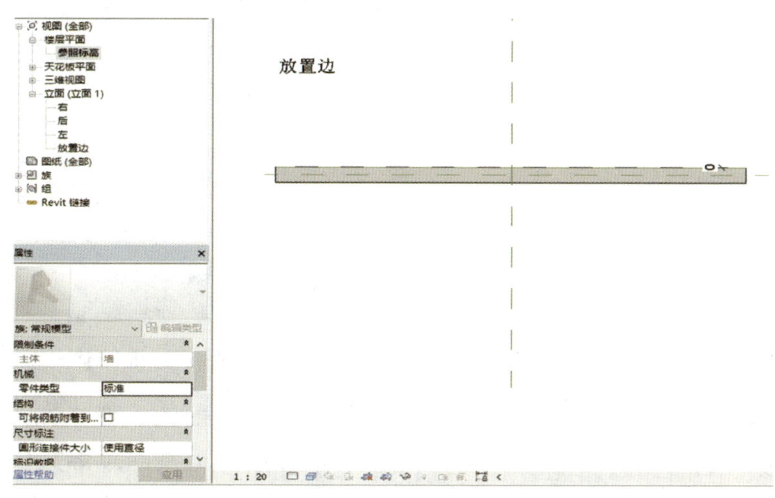

图 3-9-36　基于墙的公制常规模型族样板绘制界面

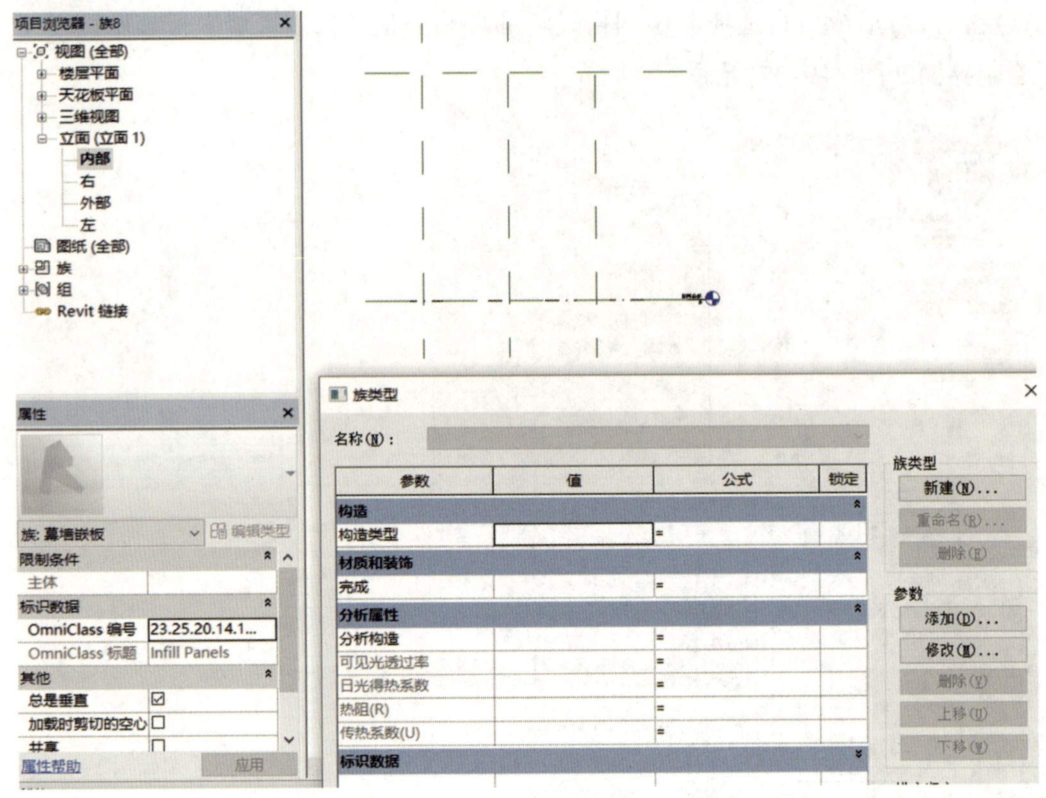

图 3-9-37 公制幕墙嵌板族样板模型绘制界面

除以上介绍的族样板外，还有很多比较有特点的族样板，如公制结构框架与支撑、公制门、幕墙等，在此不再一一赘述。操作者可将每个族样板都打开，试着做一下，以理解族样板的设置和参数预设的作用。

三、参照平面、参照线和参照点

1. 参照平面

在创建族几何图形之前，特别是创建参数化族时，必须绘制参照平面，以便构件建族创建形体时将草图或几何图形对齐到参照平面上并将其锁定。在“属性”面板中命名每个参照平面，从而将其指定为当前的工作平面。名称可以用来识别参照平面，以便能够选择其作为工作平面。为参照平面指定属性，用以在族被放入项目后对参照平面进行尺寸标注，并与设定的参数进一步进行关联。以下以公制常规模型族样板为例进行介绍。

（1）创建参照平面。“创建”基准“参照平面”，在系统预设的参照平面“中心（左/右）”的两侧分别创建参照平面，并命名为“构件左”和“构件右”，如图 3-9-38 所示。

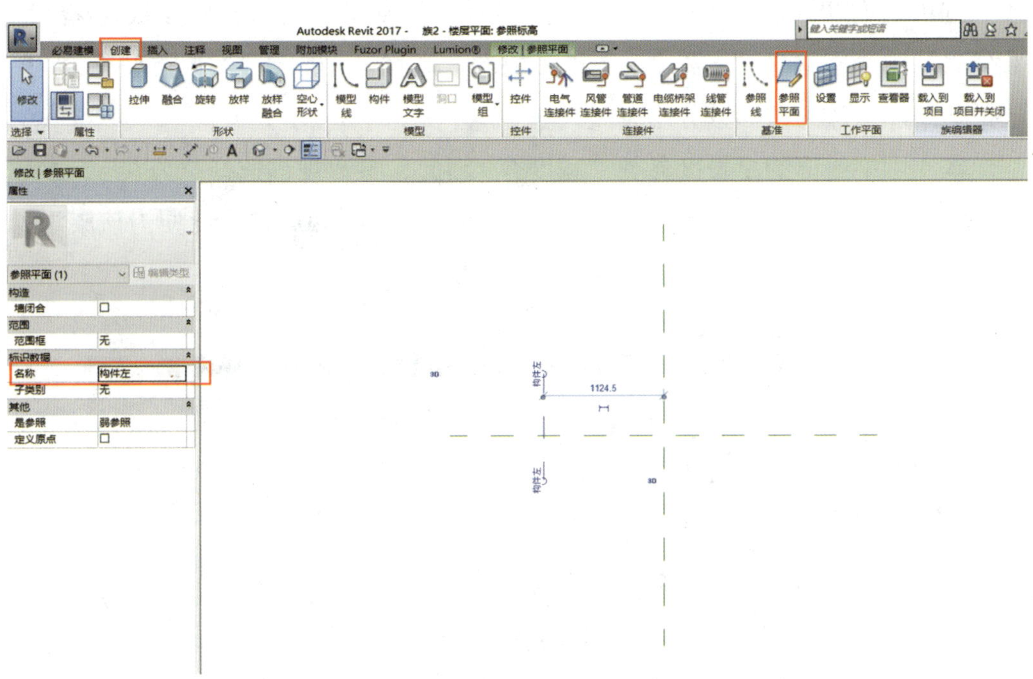

图 3-9-38　创建参照平面并命名

（2）标注参照平面。“注释”尺寸标注“对齐”，分别单击参照平面“构件左”“中心（左/右）”“构件右”，视图中再单击“EQ”，即距离均分，如此参照平面“构件左”“构件右”，等距布置在“中心（左/右）”两侧。重复标注操作，为参照平面“构件左”和“构件右”之间添加尺寸标注，如图 3-9-39 所示。

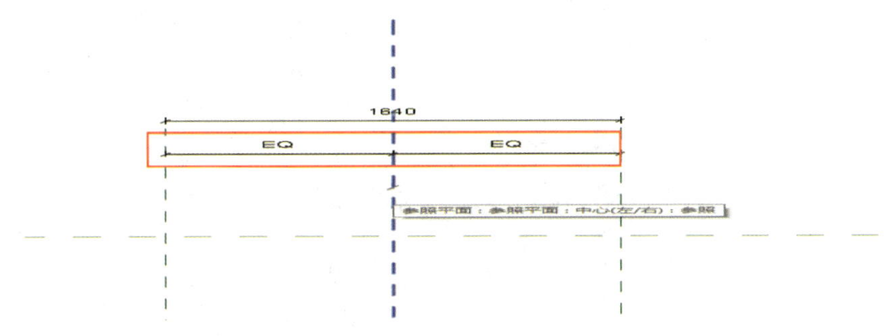

图 3-9-39　为参照平面添加尺寸标注

在这里，将“EQ”等分是为了后期进行族载入项目中便于拾取参照而将构件准确定位，根据创建族时形体创建的需要进行设置。

（3）参数设置

1）设置参数。“属性”栏选择“族类型”，在“族类型”对话框中单击“参数”选项组的“添加”按钮，弹出“参数属性”对话框。选择族参数，在“参数列表”中分别输入“名称”，选择参数的“规程”，确定“参数类型”，最后选择新添加参数的“参数分组方式”。

本实例中给出的是长度参数“宽度”，因此，参数规程选择“公共”，参数类型为“长度”，将其分组给“尺寸标注”（见图 3-9-40），如此便为该族添加了一个“宽度”类型参数。

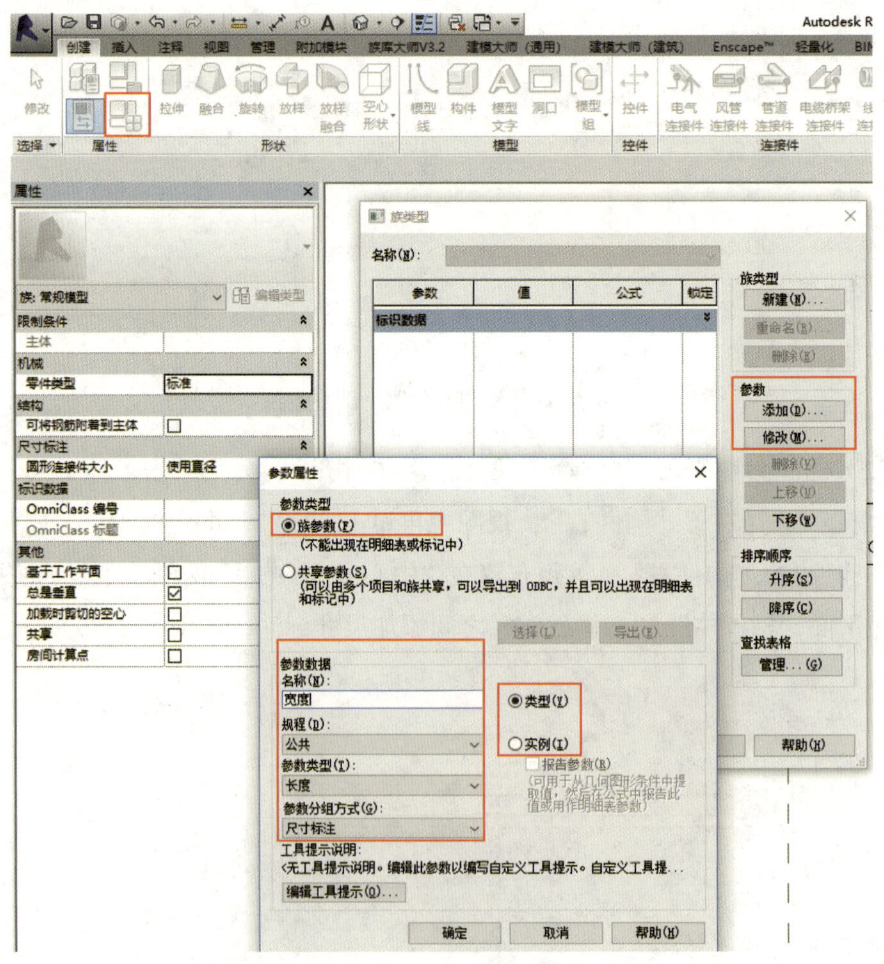

图 3-9-40　添加参数

根据参数后期在项目中的应用，可以选择类型或者实例参数，其实就是确定参数对族的影响范围。实例参数仅对项目中选择的构件实例产生影响，而类型参数数值变化时会对所有该类型的构件产生影响。本实例选择类型参数。

2）关联参数。进入绘图操作区，选中两个参照平面间的尺寸标注。提示栏“修改 | 尺寸标注”中标签可选中已创建好的“宽度”增加为本参数标签，如此便为该尺寸标注添加了参数，如图 3–9–41 所示。当然也可以“添加参数”为该标注新建另一个名字的类型参数。

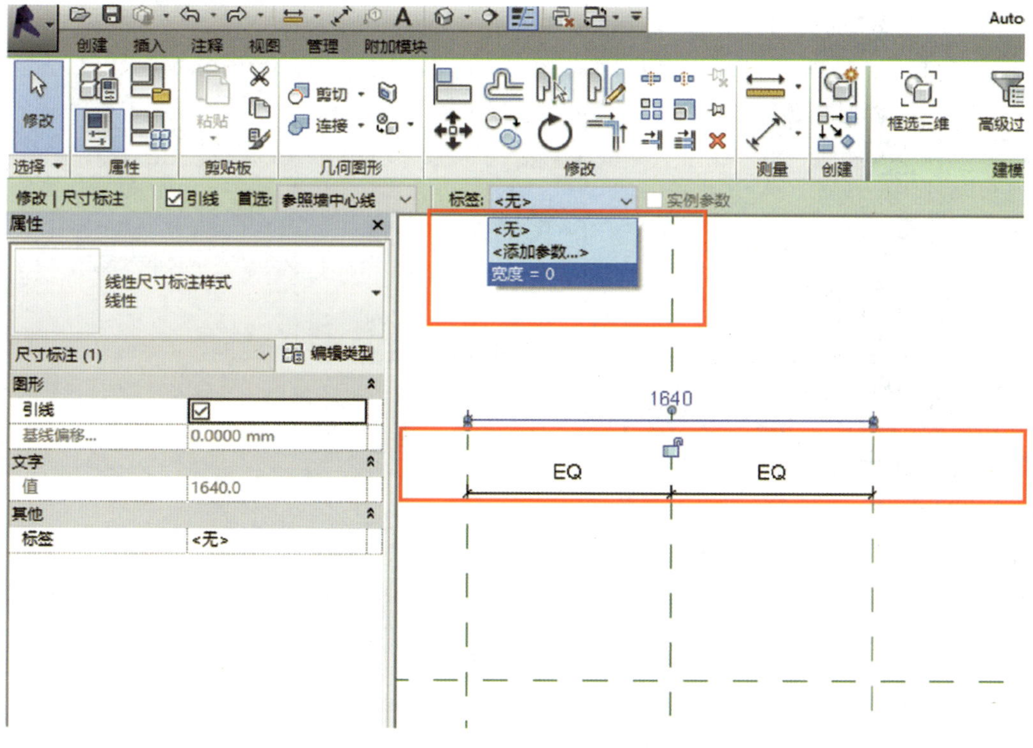

图 3–9–41　为标注添加参数

3）修改参数。可以通过“族类型”对话框对参数进行修改或重命名，如图 3–9–42 所示。

（4）参数测试。通过调整参数“宽度”值，或拖动参照平面，查看参照平面是否发生变化（见图 3–9–43），参数设置完成。

总的来说，是参数驱动参照平面、参照线或者参照点的变化，将模型绘制的工作平面与参照平面进行关联锁定，从而达到参数驱动模型形体变化的目的，这就是族模型形体参变的基本原理。

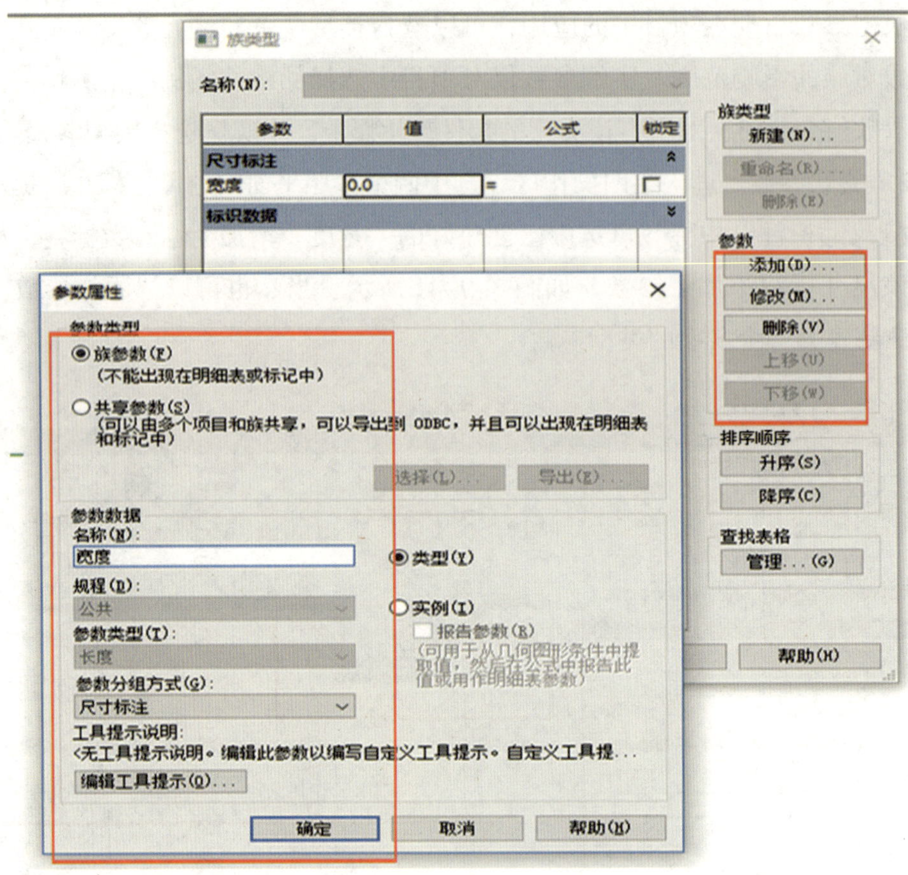

图 3-9-42　参数修改或重命名

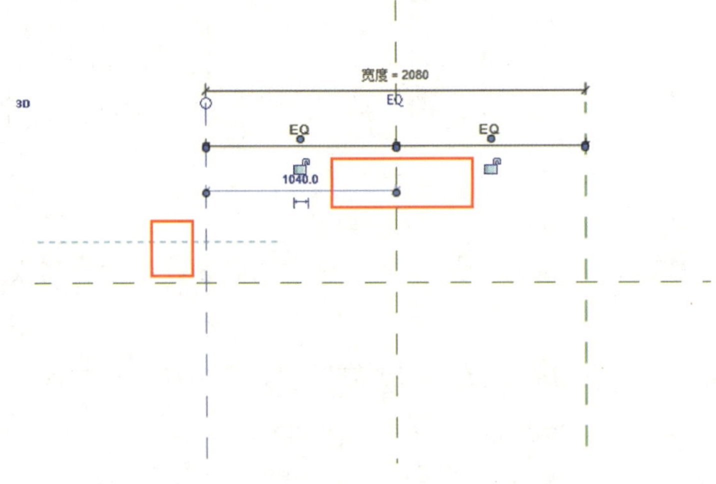

图 3-9-43　参数测试

2. 参照线

参照线是在 Revit 族编辑环境中相对比较特殊的手段，前面已经提到过，它具有两个参照点和四个工作平面。参照线的运用非常灵活，可以通过直线、矩形、多边形、圆形、圆弧及拾取线等工具进行创建。参照线用于控制形体多样造型的变化，一般情况下，构件旋转多用参照线进行控制。参照线创建工具如图 3-9-44 所示。

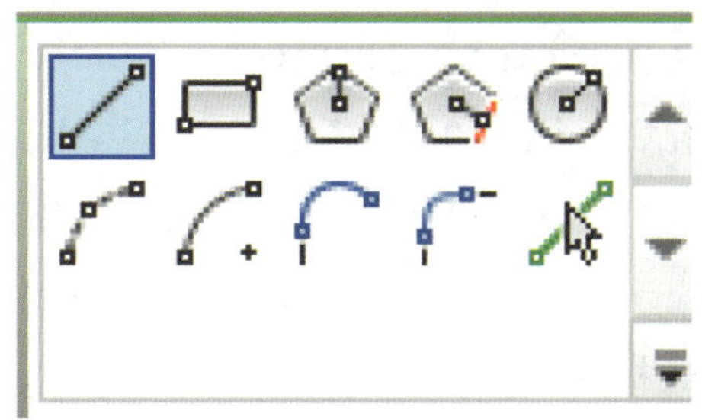

图 3-9-44　参照线创建工具

下面以公制常规模型为例，介绍创建参照线、标注、参数关联的方法。

（1）创建参照线。基准“参照线”用直线创建，绘制在参照标高楼层平面上，如图 3-9-45 所示。参照线与参照平面的显示状态明显不同。参照线为一条“实线”。

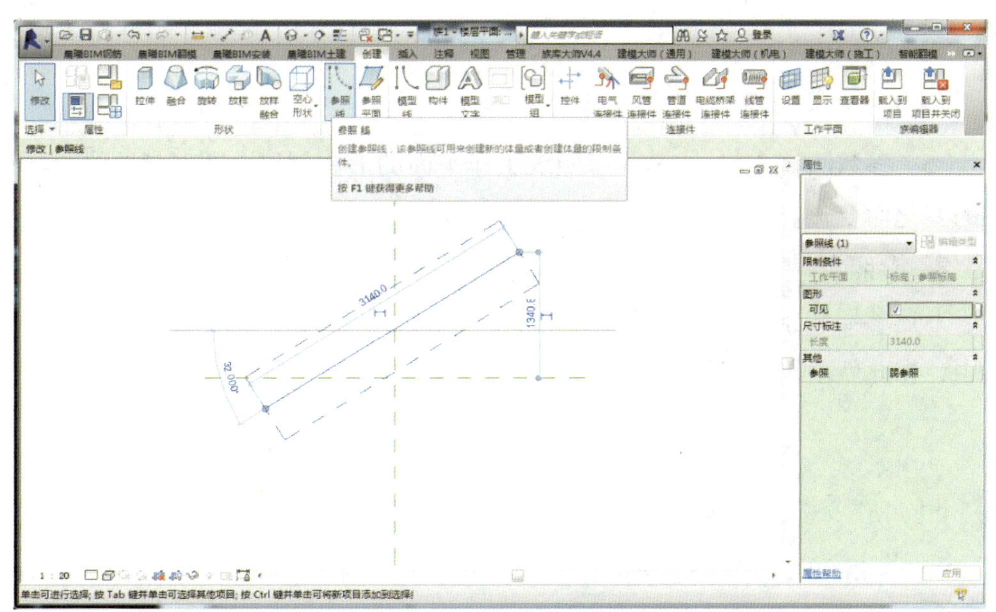

图 3-9-45　创建参照线

（2）参照线设置。参照线一端点分别与参照平面“中心（左 / 右）”和“中心（前 / 后）”对齐锁定。“对齐”采用“修改”选项卡“修改”工具的“对齐”

命令。先选中参照平面，按 Tab 键选中参照线的端点，出现锁定提示，单击锁定，再将该端点锁定到另一个工作平面上，该参照线就会在楼层平面以该端点为圆心进行“自由旋转”，临时标注数值会随着参照线旋转和端点的拖曳而变化，如图 3–9–46 所示。

（3）创建旋转角度和长度参数，方法同上。

（4）单击临时标注角度和参照线长度标注使其变为正式标注，分别单击正式标注并赋予其“旋转角度”和“长度”参数，如图 3–9–47 所示。在这里应注意的是，角度参数的类型为“角度”，需选择正确。

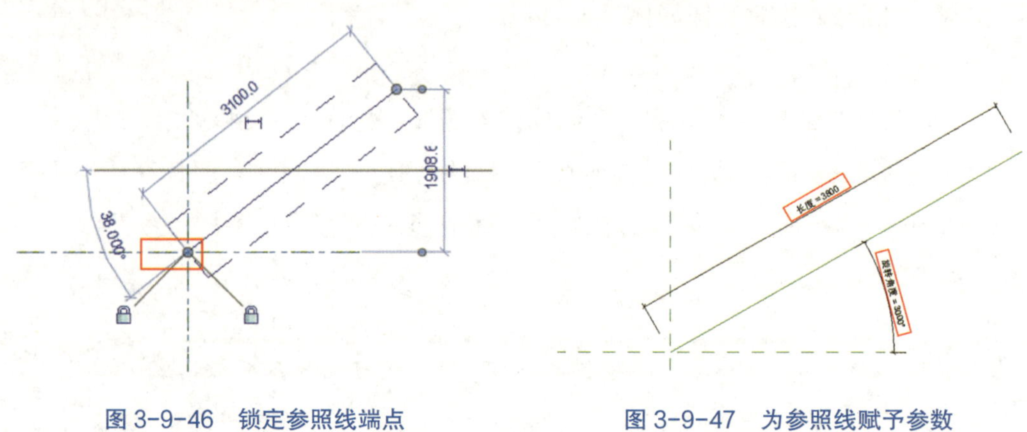

图 3–9–46　锁定参照线端点

图 3–9–47　为参照线赋予参数

（5）参数测试（略）。基于参照线工作平面的形体创建会随着参照线关联参数的变化而变化。

3. 参照点

上述参照线本身就具有两个参照点。参照点多应用于自适应族和概念体量族中，在此就不再进行说明。

四、族参数与共享参数

参数化设计是 Revit 的一个重要思想。Revit 模型图元都是以构件形式出现的，多样性的构件则是通过参数控制来实现的，参数保存了图元作为数字化构件的所有信息，为后期模型应用提供了强大的数据支持。族参数和共享参数的区别，主要在于其是否为用户自行创建和是否可以在明细表中提取可用字段；

当然这方面也不是绝对的，例如，有些族样板提供的族参数不用用户设置为共享参数，也一样可以在明细表中应用该参数字段。

1. 族参数

族参数多为族类别和族样板预定义内置的参数。不同族类别和族样板其内置的参数也不尽相同，其目的是方便用户选择应用。因此，如前所述，在创建族伊始就要确定好族类别和族样板。

例如，对于“结构”“结构框架”的族类别，系统提前预设了“结构框架长度舍入”“截面形状”“基于工作平面”“总是垂直”“加载时剪切的空心”“符号表示法”“用于模型行为的材质”等族参数。

如果要为“截面形状”赋值，则系统就会将与该形状相关的参数进行预设，而无须用户再逐一进行设置，如图 3–9–48、图 3–9–49 所示。

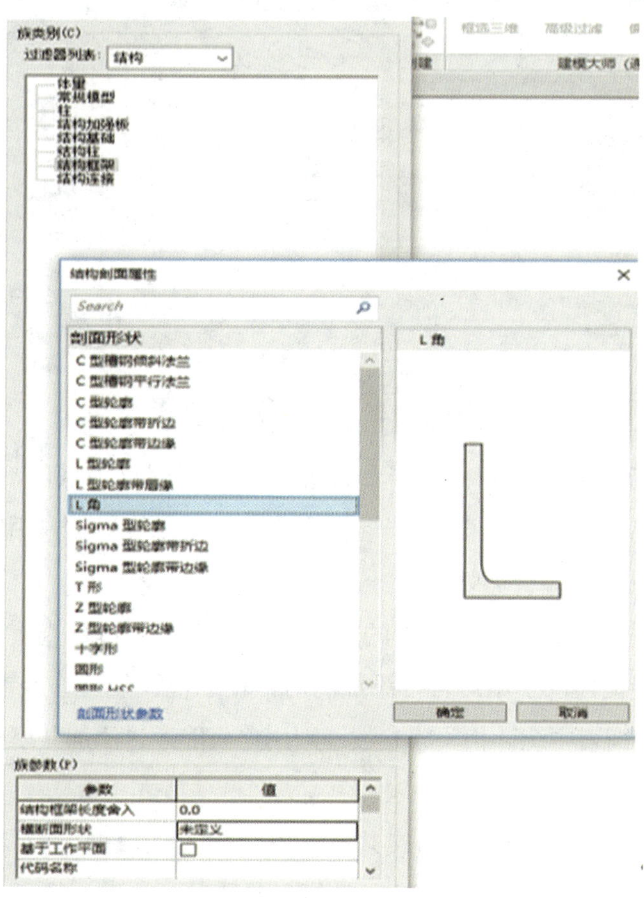

图 3-9-48 选择截面形状族参数

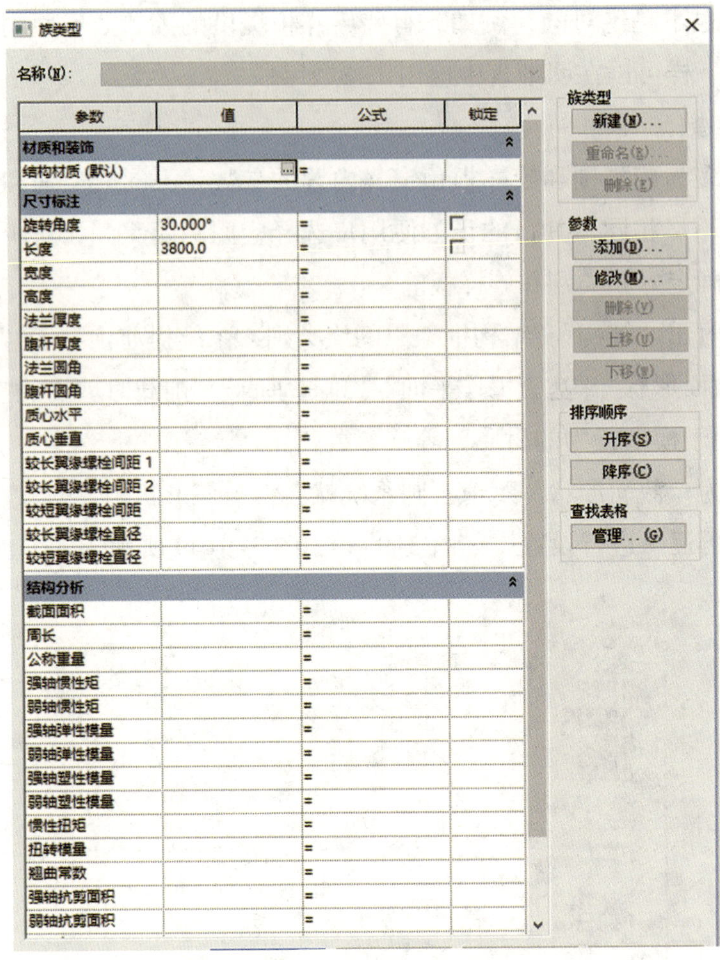

图 3-9-49　系统族参数预设

如果为用于模型行为的材质族参数进行赋值，则每种赋值都取决于模型加载到项目中的行为。例如，选择“混凝土”，则表示在项目中用该族创建的梁在相交时可实现自动融合剪切。

不同的族样板也有预设的不同的族参数，操作者可自行查看。

族参数设置也提供了用户自行添加的对话提示框，但这些族参数无法进入明细表。若要在明细表中统计相关族参数，则用户只能通过添加共享参数得以实现。

2. 共享参数

共享参数可以由多个项目和族共享，可以导出到数据库中，并且可以出现在明细表和标记中。可按如下方法创建共享参数。

（1）参数“添加”，在“参数属性”对话框中选择“共享参数”，弹出

“共享参数”对话框，提示“选择参数组，然后选择所需参数”。若参数组中的参数为空，则需要用户单击“编辑”按钮编辑共享文件，如图 3-9-50 所示。

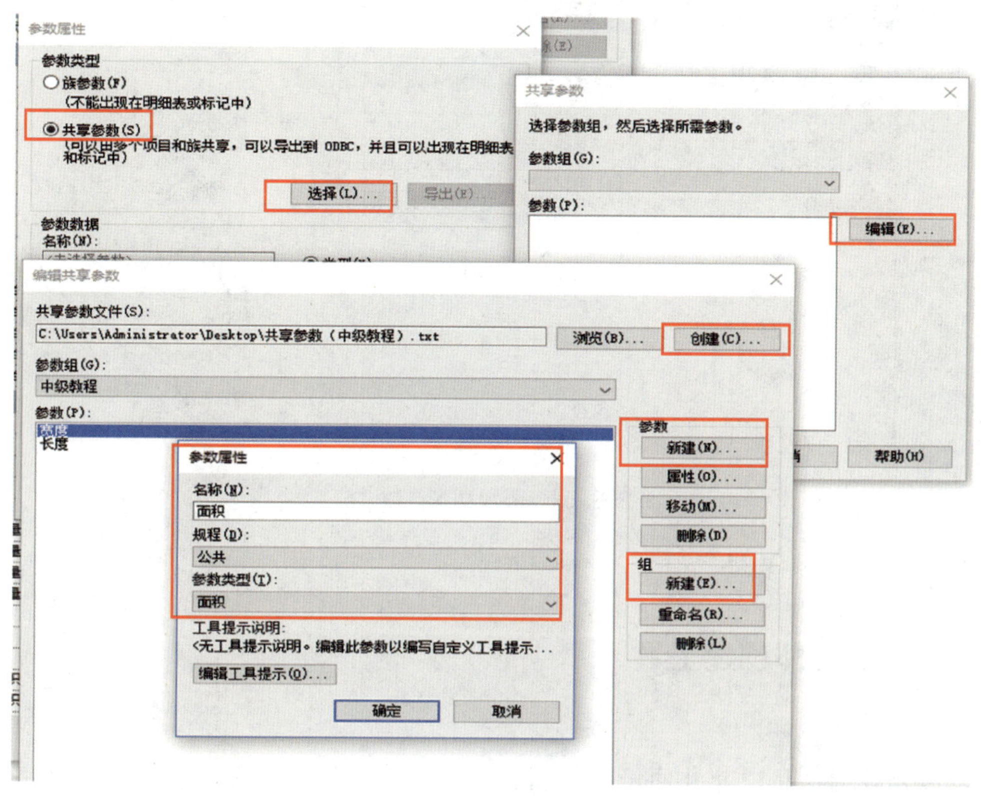

图 3-9-50 新建共享参数

（2）“创建”一个“共享参数 .TXT”文件，“新建”组，新建“参数”，根据参数属性创建新的共享参数。本例创建了“面积”“长度”“宽度”三个共享参数。值得注意的是，“面积”的参数类型必须为“面积”，否则可能会在后期出现参数参与公式编辑计算“单位不一致”的情形。

（3）创建完成后，便可在族中“添加”该共享参数。由于共享参数的“长度”和族参数“长度”重名，所以需要重命名族参数“长度”或者另行新建共享参数“*L*”。添加后通过公式编辑给“*L*”赋值，使得“*L*”等于“长度”。如此，族参数“长度”这个值通过共享参数“*L*”被带到明细表中，如图 3-9-51 所示。

（4）为了区分“*L*”和“长度”，用户可以对新建的共享参数另行分组。本例中将共享参数“*L*”分组到“数据”这一参数组中。

关于类型参数和实例参数的区别已经在前面有所提及。

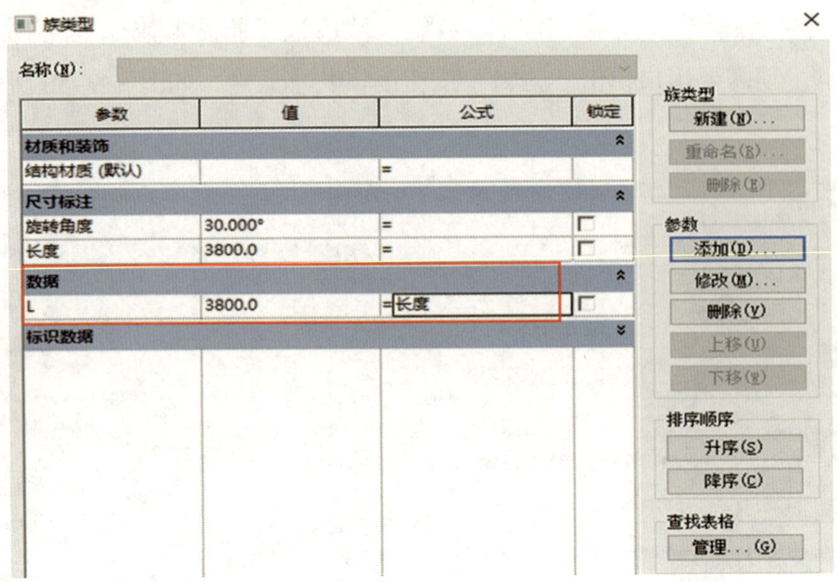

图 3-9-51　添加共享参数“*L*”

五、族形体创建工具

族是几何信息、非几何信息的组合表达。涉及几何信息，就是本小节要介绍的族的形体创建及关联参数信息。

1. 常规族形体创建的工具

（1）拉伸。拉伸是最基础也是最简单的一类形体创建方法，多适用于等截面连续直线形状的创建。其方法是在选定的工作平面上绘制二维轮廓，然后单击“完成编辑模式”，软件会自动按照垂直于工作平面的方向，从拉伸起点开始到拉伸终点，以该轮廓生成形状。也可以根据指定的图元表面、参照线所携带的平面、参照平面作为创建拉伸形状轮廓的工作平面。

以公制常规模型族样板为例，创建拉伸方法如下。

1）在工作平面工具栏选择“设置”，根据提示勾选“拾取一个平面”作为拉伸工作平面，如图 3-9-52 所示。

2）拾取已新建的参照平面“杆件左”为工作平面，转入参照平面杆件左右视图绘制拉伸轮廓，单击“√”按钮完成编辑模式，如图 3-9-53 所示。

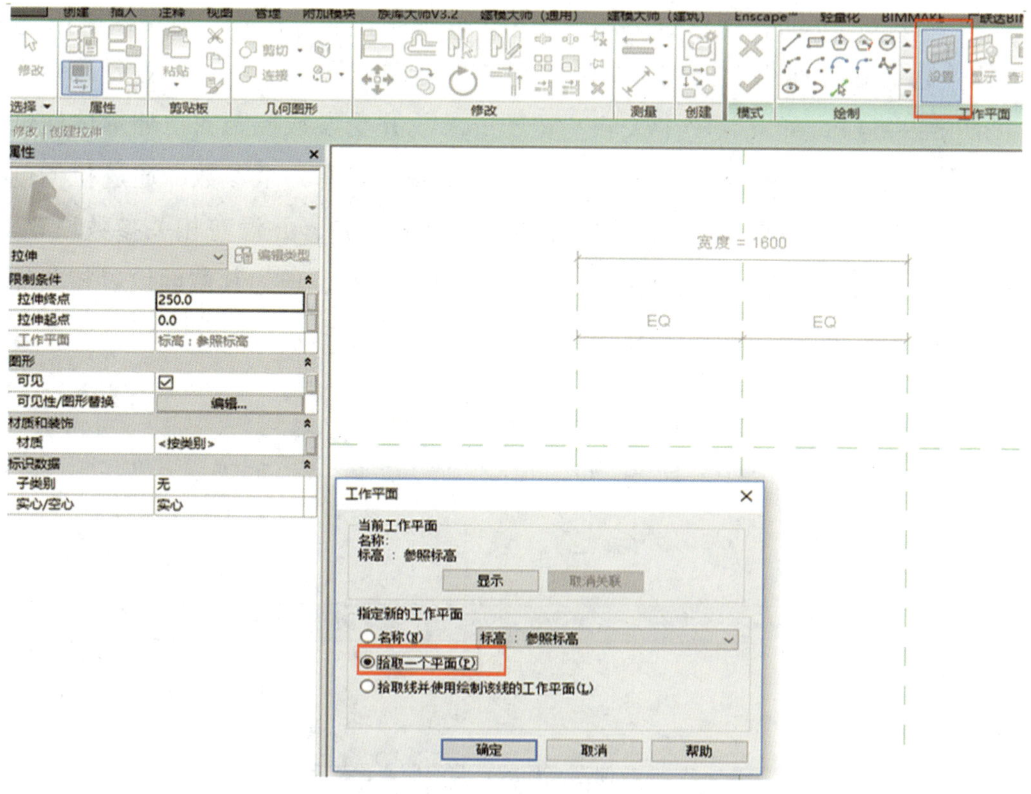

图 3-9-52 创建拉伸工作平面

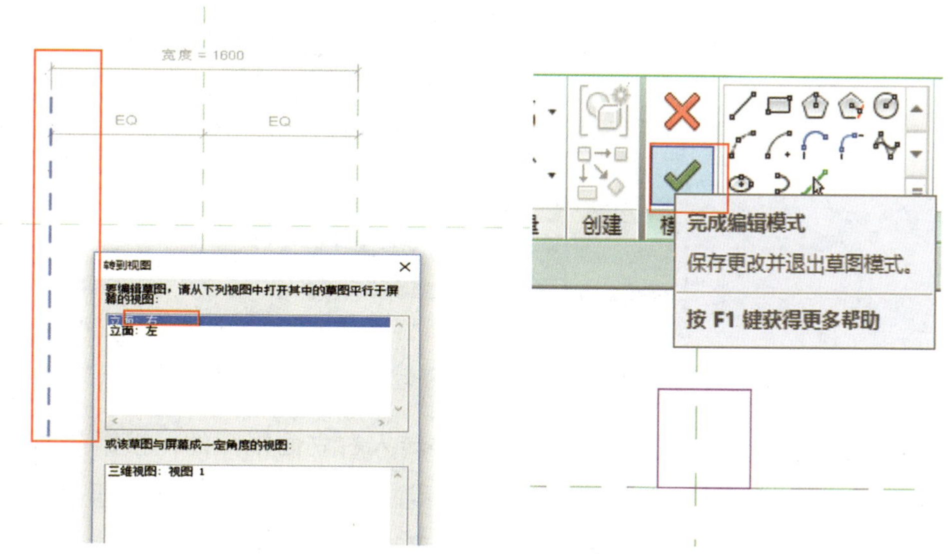

图 3-9-53 确定轮廓绘制立面视图，完成编辑模式

3）转入前立面视图或参照标高楼层平面视图，通过控制“造型操纵柄”，将拉伸起点和拉伸终点分别与参照平面“杆件左”和“杆件右”对齐并锁定（见图 3–9–54），如此，一个关联“宽度”参数并受参数控制的拉伸形体便创建完成了，如图 3–9–55 所示。可见，这个简易且具有一个参数，通过拉伸创建的杆件族已经完成。但是，该杆件的截面是固定的，并没有相关参数设置，仅仅是“宽度”可参变。为了让该族更具有可复用性，现为其截面设置相关的参数。

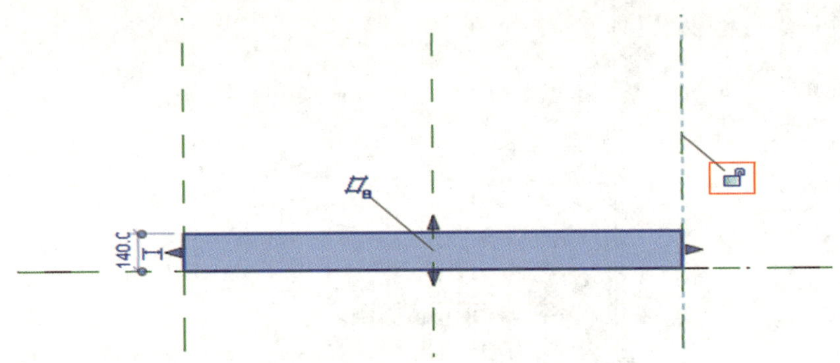

图 3–9–54　将拉伸起点和终点与参照平面对齐并锁定

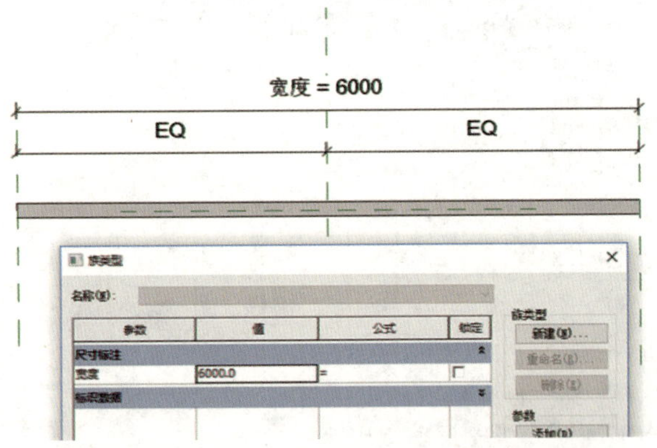

图 3–9–55　完成拉伸形体创建并关联参数测试

4）拉伸轮廓是在右立面视图创建并转入右立面视图的，根据前面介绍的方法，分别创建三个参照平面，并予以标注及参数设定。同样，通过拖曳“造型操纵柄”，分别将该“形状”与各参照平面对齐并锁定（见图 3–9–56）。

通过以上操作，创建了具有“长度”“宽度”“高度”三个参数的族，可满足所有矩形等截面杆件的使用。

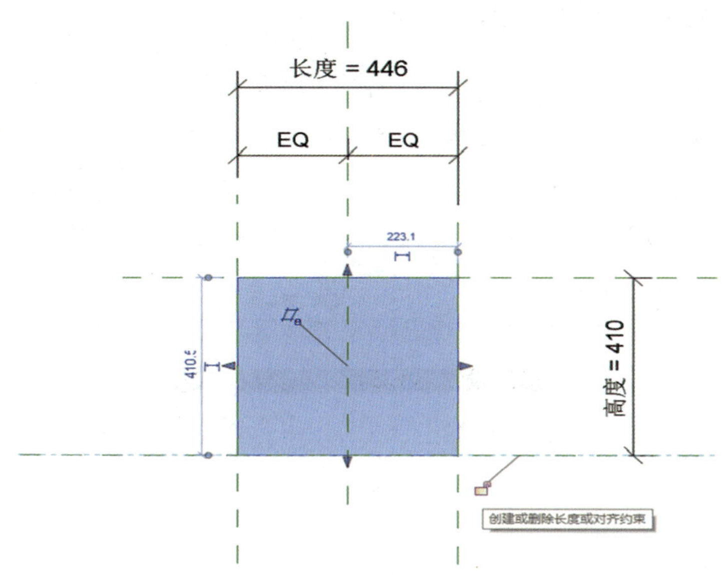

图 3-9-56　为族添加新的参数并将形体锁定在参照平面上

5）选中拉伸形体，可以在“属性”—“材质和装饰”参数中进行该形体的“材质”参数设置，如图 3-9-57 所示。在此不详细说明，操作者可自行研究完成，方法同项目环境中的杆件材质参数设置。

根据杆件在项目中的具体应用，本族又增加了“截面面积”“杆件体积”“供应商”“进货批次”等参数，如图 3-9-58 所示。

需要注意的是，一定要根据参数用途确定参数的类型。例如，参数“杆件体积”，若参数类型为“数值”，则族的编辑公式将无法使用，提示为“单位不一致”。Revit 软件在参数规程中给出了大量的参数类型供选择使用，公共规程则是公用性很强的参数，该软件将它们归类为“公共”规程。

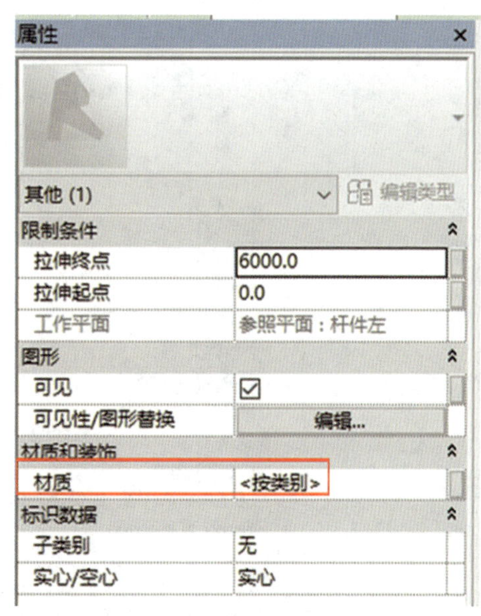

图 3-9-57　族材质参数设置

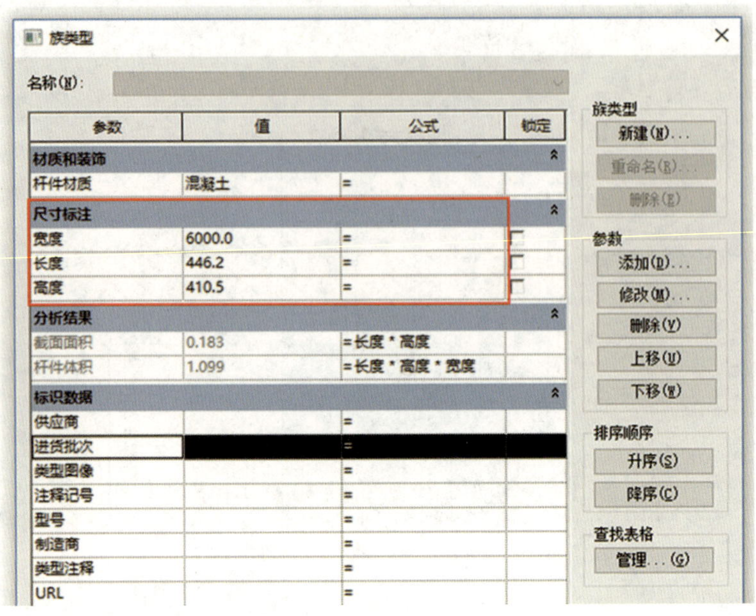

图 3-9-58　为该拉伸族添加其他参数

再进一步说明，若给该杆件加入线密度参数，则参数类型需要在选择“结构”规程后再选择“质量 / 单位长度”，如图 3-9-59 所示。

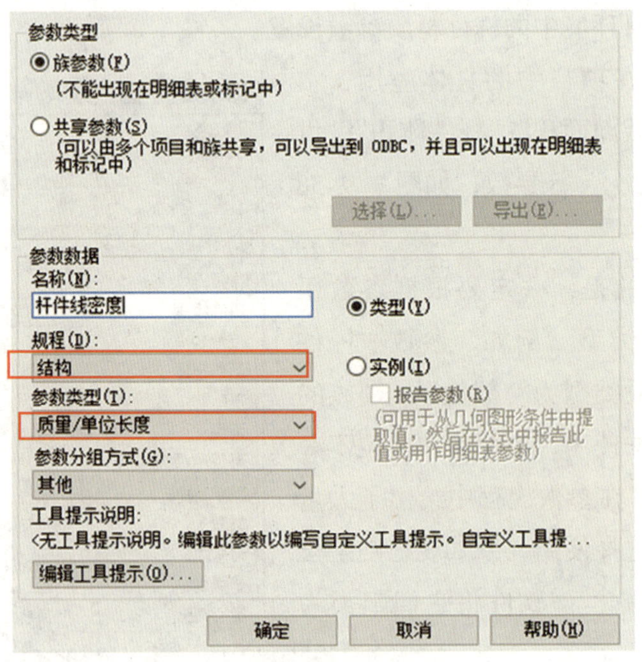

图 3-9-59　参数类型的选择

（2）旋转。旋转是指围绕轴线旋转一个或者多个二维闭合轮廓而生成的形状，它能以任意角度进行旋转。如果轴线和旋转的轮廓发生接触，则会产生一个封闭的形体；如果轮廓远离轴线，则旋转后会产生一个环形的形状（见图 3-9-60）。在右立面视图拉伸形体上方创建一个旋转体，完成旋转闭合轮廓的创建，将轮廓草图边线和相关参照平面锁定，圆弧端点同参照平面锁定，选取“中心（前 / 后）”参照平面为“轴线”并锁定，单击“完成编辑模式”，则形成图 3-9-61 所示的形状。

（3）放样。放样是指创建沿路径拉伸二维轮廓的三维形状。路径可以与参照线进行锁定，通过参数来驱动放样的路径变化，轮廓可以根据自身的参数进行形变。但需要注意的是，对于特定的路径，如特别的多段弧形或折线的路径，如果

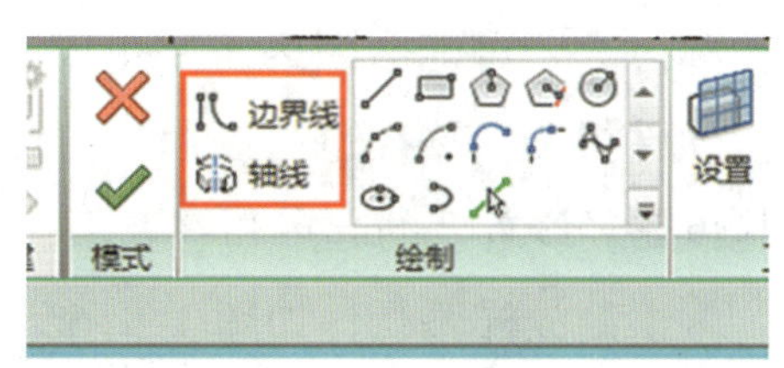

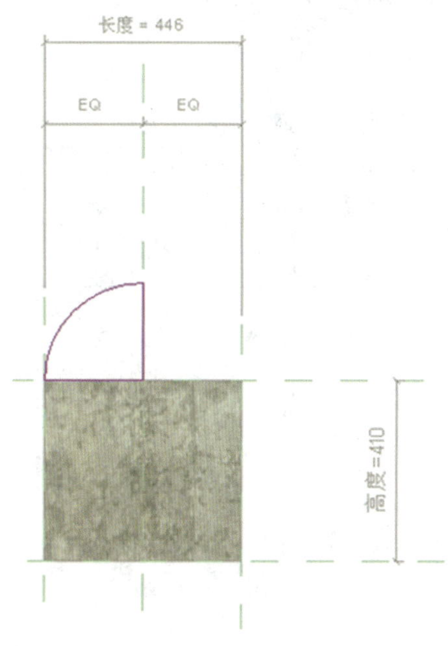

图 3-9-60　创建旋转形体

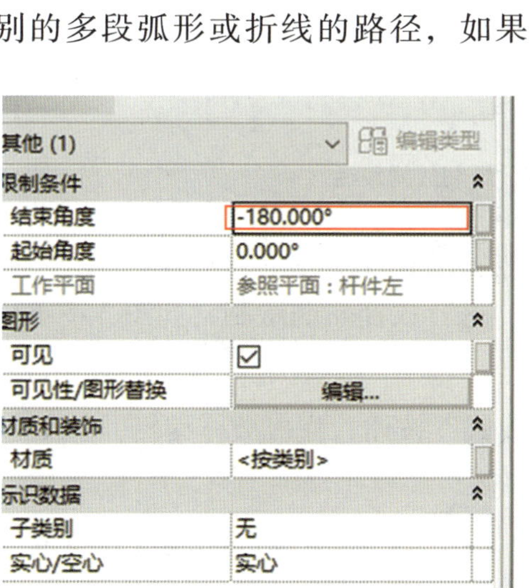

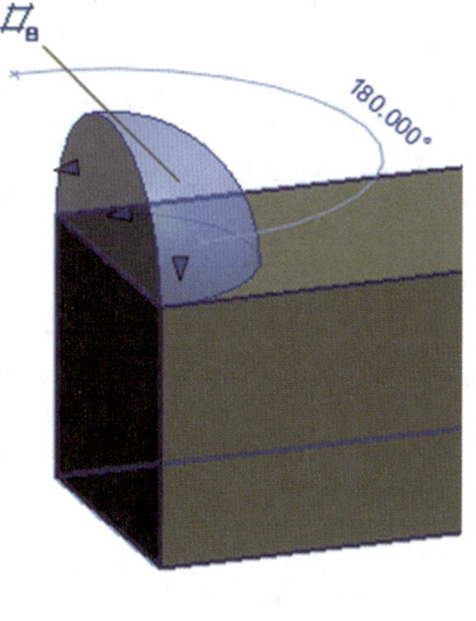

图 3-9-61　旋转形体形成

轮廓过大，可能会因为将要生成的形状与自身产生相交而导致形状无法生成，使软件报错。路径也可以通过“拾取路径”或者“拾取三维边”，绘制时可以拖曳路径线首尾的起点和终点。

绘制放样路径，如图 3–9–62 所示。绘制放样路径时，要确定其工作平面。本实例是参照标高楼层平面进行绘制的。在绘制放样路径时，能够自动生成放样轮廓的工作平面。

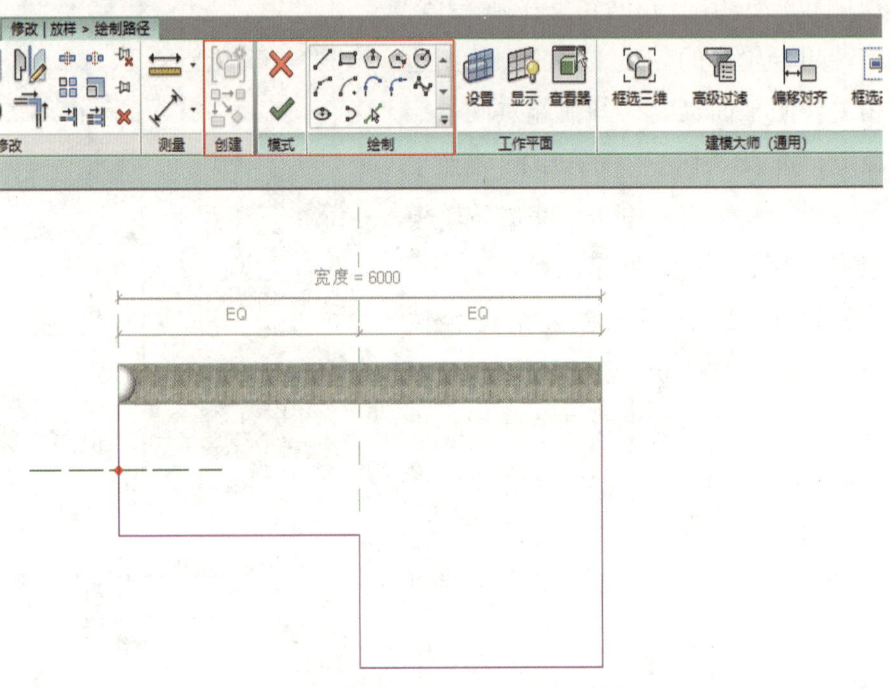

图 3–9–62　绘制放样路径

选择轮廓可以载入已经绘制好的轮廓族，也可在绘制区进行“编辑轮廓”。进入轮廓工作平面，转到前立面视图，进行放样轮廓绘制，如图 3–9–63 所示。放样轮廓必须是闭合的二维图形。

绘制完成轮廓，单击“完成编辑模式”按钮，完成放样编辑，如图 3–9–64 所示。完成放样的效果如图 3–9–65 所示。

（4）融合。融合是指将两个轮廓的边界，按照给定的深度融合在一起从而生成实心或者空心形状，并沿长度发生变化，但起始轮廓不变的形体创建方式。融合的相关参数有轮廓参数和融合深度参数，且轮廓可以与关联参照平面或既有形状对齐锁定。

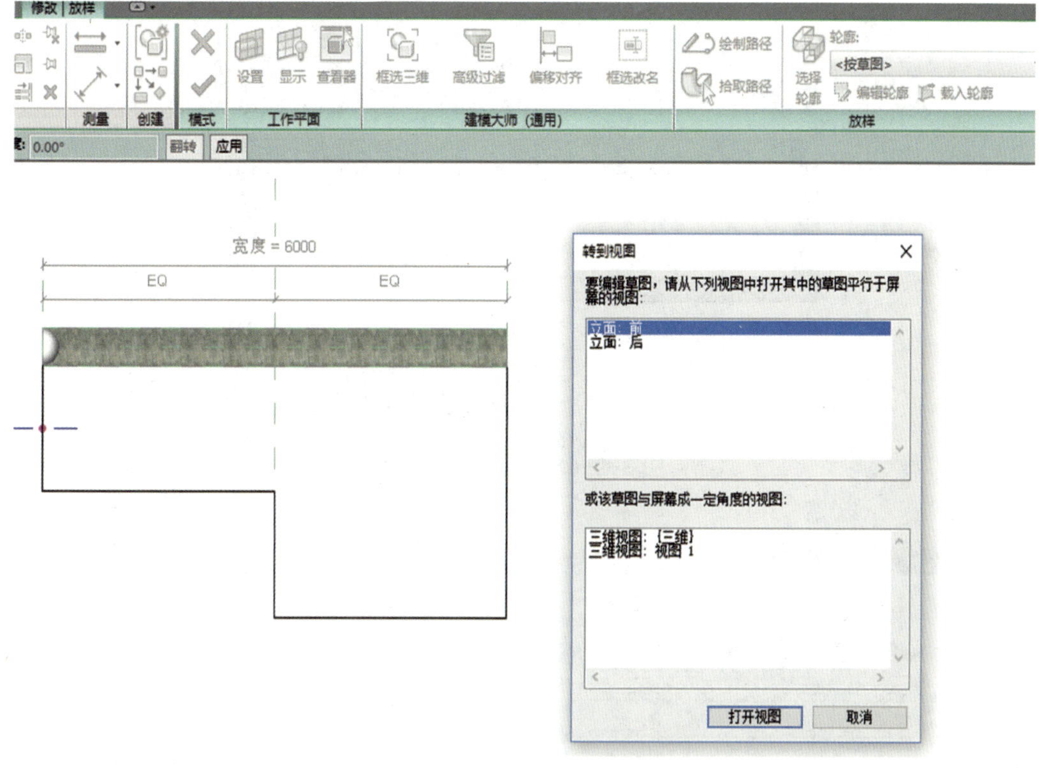

图 3-9-63 转入轮廓绘制视图

创建底部轮廓与顶部轮廓，单击“完成编辑模式”，即可完成融合形体的创建（见图 3-9-66），创建完的形状如图 3-9-67 所示。

（5）放样融合。放样融合，顾名思义，是放样和融合组合的形体创建方法，是由起始轮廓、最终轮廓和指定的二维路径确定。可以沿着某个路径创建一个具有两个不同轮廓的融合体。路径可以绘制或拾取已有形状的边缘；位于路径两端的两个轮廓，可以通过绘制或载入轮廓族的方式来指定。

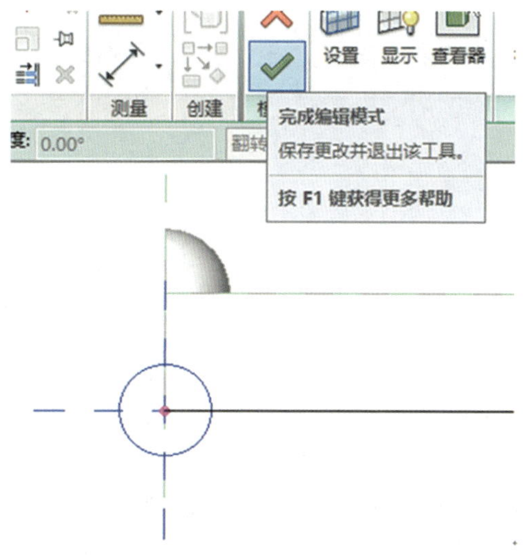

图 3-9-64 放样轮廓编辑

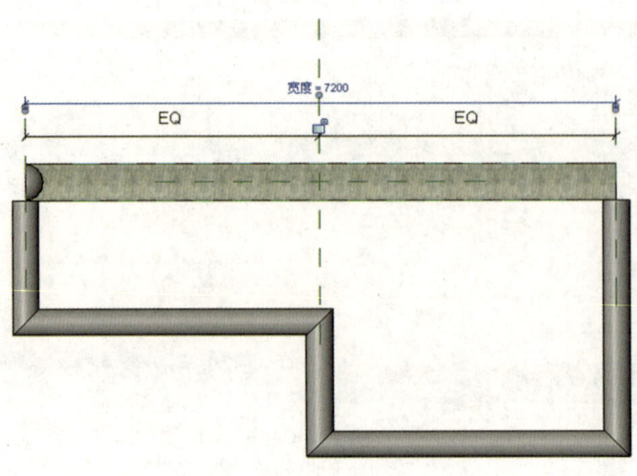

图 3-9-65　完成放样效果

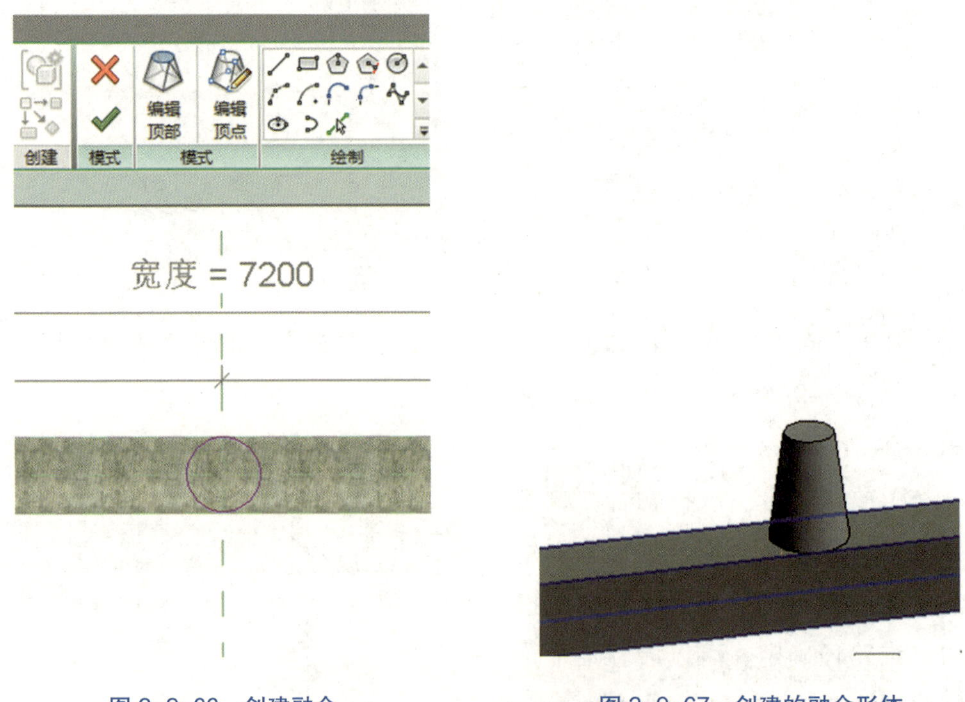

图 3-9-66　创建融合

图 3-9-67　创建的融合形体

（6）空心形状。空心形状与实心形状不同，但同样适用于通过拉伸、旋转、放样、融合和放样融合来完成空心形状的创建。空心形状多用于实体形状的空心剪切。对于复杂造型的形体，需要实心与空心的组合方可创建出其形体。如图 3-9-68 所示，座机族的形体就是通过实体创建、空心形状剪切而形成的物体形状。

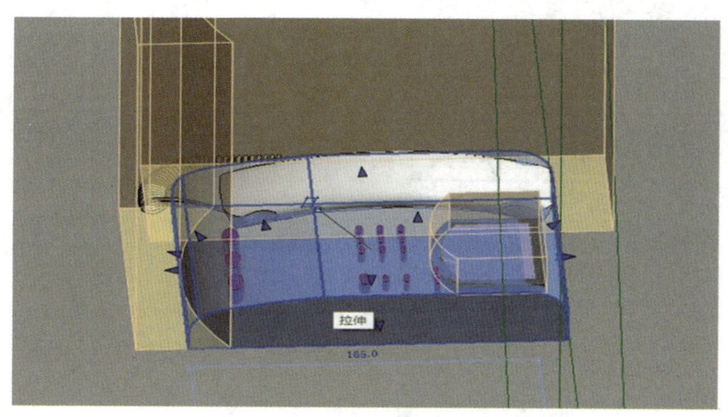

图 3-9-68　空心形状在形体创建中的应用

2. 阵列

Revit 提供了批量形体创建的方法。当以上形体创建完成后，某些构件就具有了按一定规律布置的同样形体。例如，铝合金百叶窗中的百叶片可以通过阵列的方式在族内进行布置，阵列成组，阵列个数与高度通过公式关联，快速创建形体，如图 3-9-69 所示。该族的阵列方式是一个百叶片形体，通过控制等间距方式阵列，以确定百叶片的阵列数量，相关参数设置如图 3-9-70 所示。

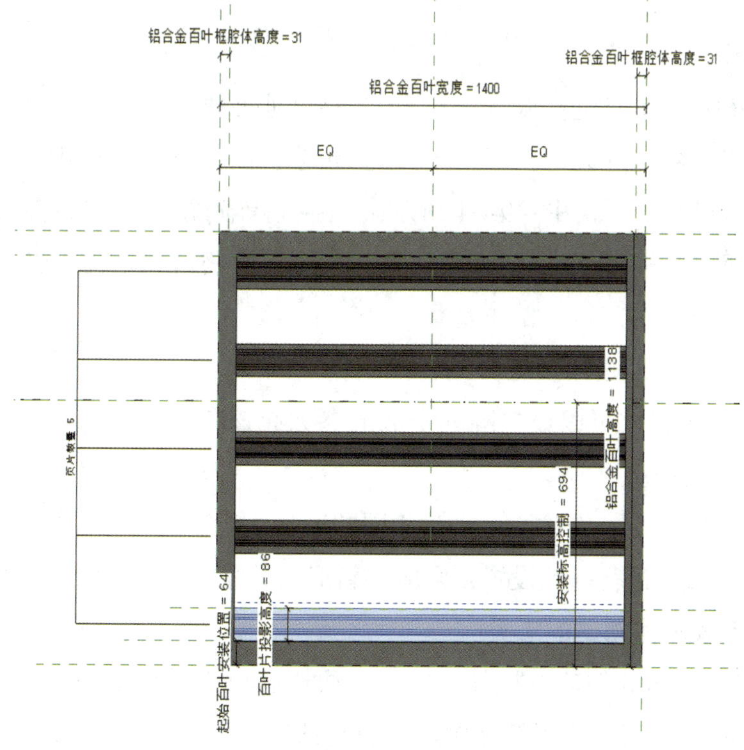

图 3-9-69　铝合金百叶窗族

名称(N)：1400*1138

参数	值	公式
材质和装饰		
铝合金百叶页片	铝合金百叶页片	=
铝合金窗百叶片	铝合金百叶框	=
尺寸标注		
安装标高控制	694.0	=
百叶框型材厚度	2.5	=
百叶片投影高度	86.0	=
百叶长度	1338.9	=铝合金百叶宽度 - 2 * 铝合金百叶框腔体高度
起始百叶安装位置	63.7	=
铝合金百叶宽度	1400.0	=
铝合金百叶框宽度	95.0	=
铝合金百叶框腔体高度	30.5	=
铝合金百叶框高度	60.0	=
铝合金百叶高度	1138.0	=
页片间距	210.0	=
数据		
铝合金百叶框长度	5076.0	=2 * (铝合金百叶宽度 + 铝合金百叶高度)
铝合金百叶片长度	6694.7	=页片数量 * 百叶长度
铝合金百叶窗宽度	1400.0	=铝合金百叶宽度
铝合金百叶窗高度	1138.0	=铝合金百叶高度
铝合金百叶面积	1.593	=铝合金百叶窗宽度 * 铝合金百叶窗高度
其他		
页片数量	5	=rounddown((铝合金百叶高度 - 2 * 铝合金百叶框高度) / 页片间距) + 1

图 3-9-70　铝合金百叶片阵列数量参数设置

在 Revit 中，阵列包括线性阵列和径向阵列两种。线性阵列可以通过“移动到第二个”（控制阵列等间距）和“移动到最后一个”（控制阵列区间数量）两种方式进行控制，如图 3-9-71 所示。当控制等间距时，需将前两个阵列形状与参照平面对齐锁定；控制区间数量时，则需要将阵列首尾的两个形状与首尾参照平面对齐锁定。

径向阵列可以通过角度等分进行控制。

阵列必须成组才可以设置阵列个数的参数，该参数可以和阵列方向的相关参数通过公式进行关联。

复制、复制多个、镜像均可创建相同的形状，但需要注意的是，通过该方法创建的形状若需要进行参数设置，则应和新形状关联的参照平面进行对齐锁定。

3. 体量族形体创建的工具

体量族中形体的创建有拉伸、旋转、放样、放样融合及扫描等方式，其方法与常规族不同，可结合本章相关内容自行研究。

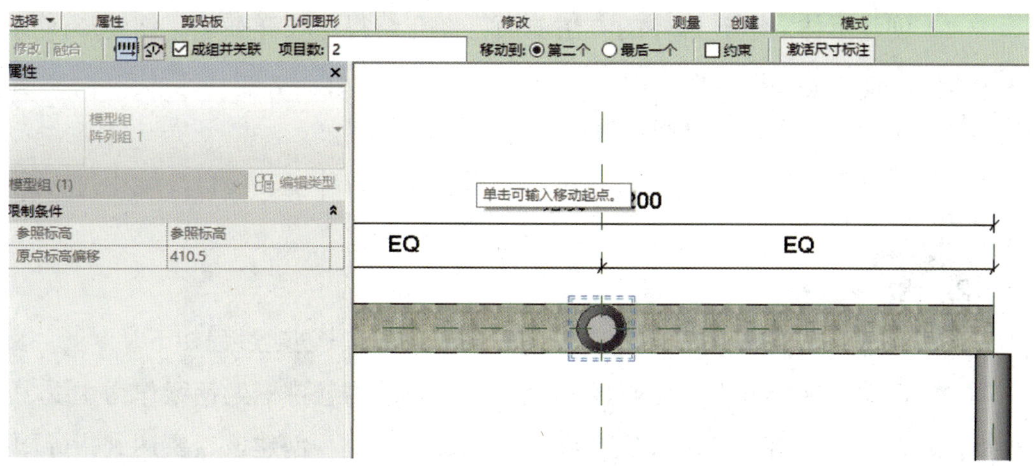

图 3-9-71 阵列方式图示

六、建族

以上内容对族的基本操作和理论知识进行了梳理。而创建一个族，需要一个明确的思路。尽管每个人对族的理解和应用深度不同，思路和习惯也不同，但均需遵循相关步骤才能创建好一个族。

1. 建族步骤

（1）建族策划。建族之前需要充分考虑该族的功能特点、关键参数设置、族载入项目是否快捷方便、族的大小对项目文件的影响等，以充分研究族的创建方案、形体的精细程度和参数设置。

（2）确定族类别，选择族样板。只有明确族的应用，才能明确其类别并选择合适的族样板文件。

（3）创建参照平面、参照线等，进行几何形体参数设置并测试，以确保参数可以有效驱动参照平面和参照线。有操作者偏好先创建形体，以编者长期的建族经验来看，最好先创建参照平面、参照线，并设置参数、完成测试。可以明确形体创建的工作平面，将形体与参照锁定，并进行测试，形成边建边测试的好习惯。为避免参照或者形状过多，在完成一个形状创建后，可以随时进行隐藏处理，以免影响其他形体的创建。

（4）创建形体。创建形体的方法前面已经介绍得比较详细了。创建形体前首先要确定形体创建的工作平面。

（5）添加共享参数及参数设置。

（6）族项目测试。完成族的创建，分别在族编辑环境和项目环境中进行测试。

2. 建族实例

下面通过一个玻璃雨棚族的创建过程进行说明，其创建过程如下。

（1）策划。玻璃雨棚是常见的建筑构件，多采用悬挑框架钢梁作为主受力框架，通过点式驳接爪将玻璃安装固定在悬挑钢梁上。创建该族要达到指导雨棚玻璃订货采购、真实表达设计安装节点的目的。鉴于项目中同类型的玻璃雨棚规格较多，因此要求采用参数化建模。

（2）确定族类别，选择族样板。族类别为建筑常规模型，族样板采用基于墙的公制常规。对雨棚进行统计时只需直接统计常规模型即可。

（3）创建参照平面。本族需表达雨棚分格、确定点驳爪位置及雨棚安装高度等参数，必须创建相应的参照平面。本族不涉及旋转，因此不用创建参照线。

（4）创建形体。由于已经提前创建好中空玻璃、钢梁以及点驳爪等族，可以通过载入族嵌套到本族中。因此本族仅需要创建玻璃之间胶缝形体即可，可通过拉伸或者放样进行创建。

（5）共享参数设置。设置共享参数是为便于后期在项目环境中提取相关信息字段。

（6）族项目测试。该族创建操作如图 3-9-72 ~ 图 3-9-75 所示。

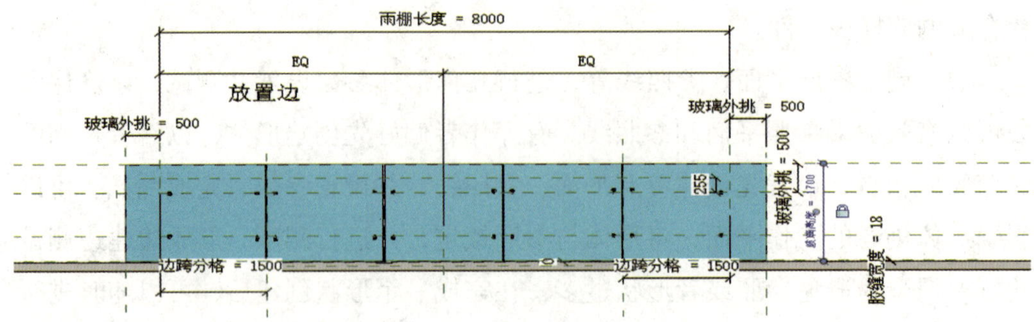

图 3-9-72　参照标高楼层平面视图

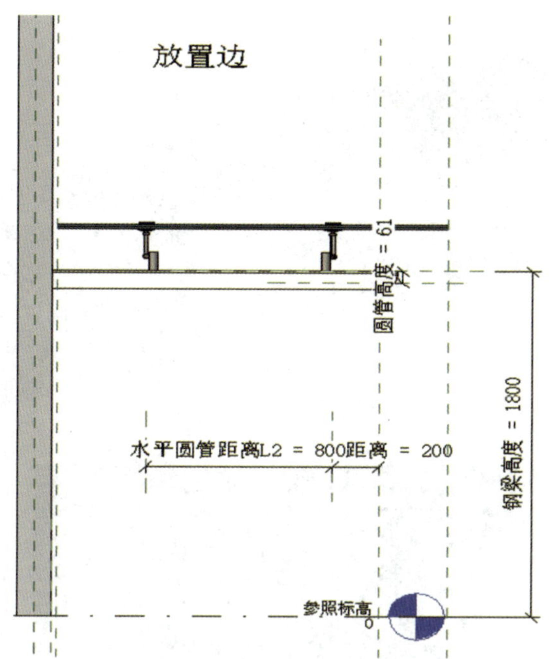

图 3-9-73　右立面视图

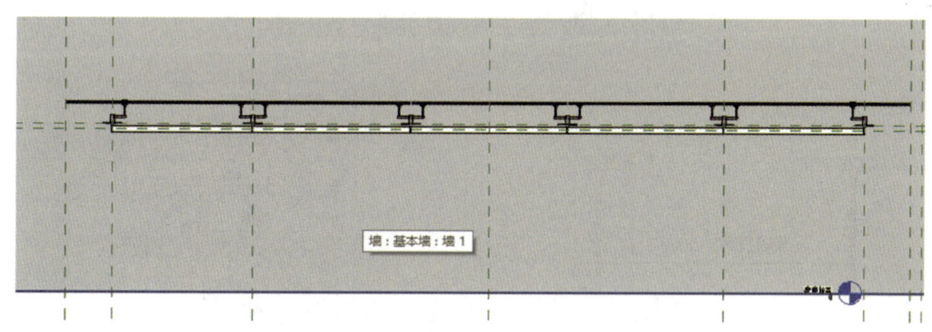

图 3-9-74　放置边立面视图

本族最大的特点就是对点驳雨棚细节的表达比较到位，包括面板间的胶缝预留、面板开孔与点驳爪的位置及开工尺寸的匹配。如此，可以直接利用此族进行面板材料计划的下单，并指导玻璃加工，如图 3–9–76 所示。

本族大量使用嵌套、钢梁与标准玻璃面板的阵列并关联阵列参数。族参数设置如图 3–9–77 所示。

将族载入项目，提供变化“雨棚长度”参数，在项目环境中自动生成三种不同类型的构件，并通过明细表功能统计出玻璃面板的采购计划。族项目测试如图 3–9–78 所示。

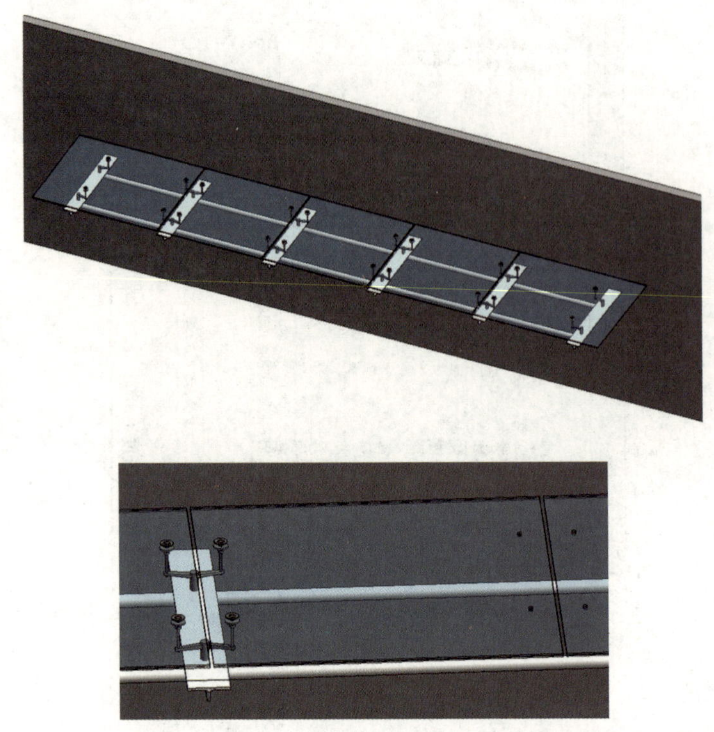

图 3-9-75　族三维视图及局部放大图

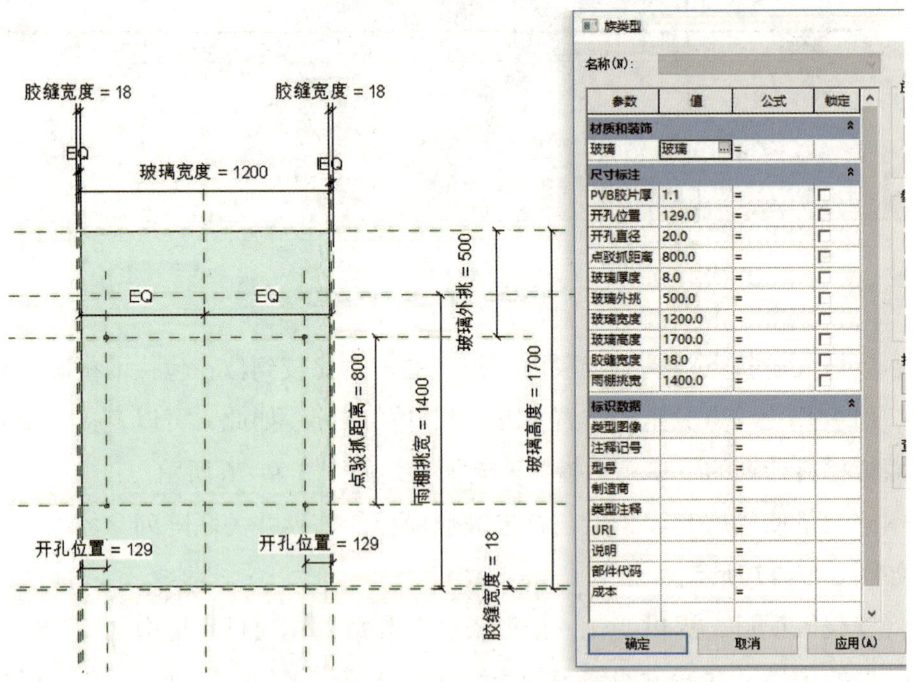

图 3-9-76　雨棚玻璃族及相关参数

名称(N)：门厅雨棚

参数	值	公式	锁定
接驳材质	灰色喷砂不锈钢	=	
钢架材质	金属漆 - 黑色	=	
尺寸标注			
雨棚长度	8000.0	=	☑
边跨分格	1500.0	=	☑
阵列数	4	=rounddown(雨棚长度 / 边跨分格) - 1	☑
雨棚梁间距	1666.7	=(雨棚长度 - 2 * 边跨分格) / (阵列数 - 1)	☑
玻璃外挑	500.0	=	☑
单玻厚度	8.0	=	☐
圆管高度	60.9	=	☐
开孔直径	20.0	=	☐
水平圆管直径	64.0	=	☐
水平圆管距离	200.0	=	☐
水平圆管距离L2	800.0	=	☐
玻璃延深长度	8.6	=	☐
玻璃高度	1700.0	=	☑
胶缝宽度	18.0	=	☑
钢梁高度	1800.0	=	☐
数据			
加工说明	按加工图开驳接孔	=	
标准板宽度 (默	1648.7	=雨棚梁间距 - 胶缝宽度	☑
标准板高度 (默	1682.0	=玻璃高度 - 胶缝宽度	☑
标准板面积 (默	2.773	=标准板宽度 * 标准板高度	
标准玻璃面板数	3	=玻璃阵列数量	☑
边跨板宽度 (默	1991.0	=边跨分格 + 玻璃外挑 - 胶缝宽度 / 2	☑
边跨板高度 (默	1682.0	=玻璃高度 - 胶缝宽度	☑
边跨板面积 (默	3.349	=边跨板宽度 * 边跨板高度	
边跨非标准玻璃	2	=	☐
其他			
玻璃阵列数量	3	=阵列数 - 1	☑
钢架宽	1400.0	=	☐

图 3-9-77 族参数设置

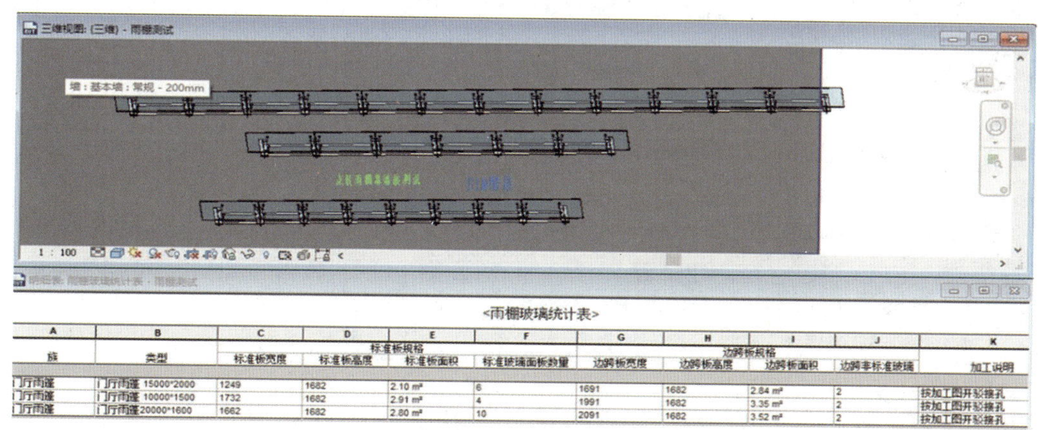

<雨棚玻璃统计表>

A	B	C	D	E	F	G	H	I	J	K
		标准板规格				边跨板规格				
族	类型	标准板宽度	标准板高度	标准板面积	标准玻璃面板数量	边跨板宽度	边跨板高度	边跨板面积	边跨非标准玻璃	加工说明
门厅雨篷	门厅雨篷 15000*2000	1249	1682	2.10 m²	6	1691	1682	2.84 m²	2	按加工图开驳接孔
门厅雨篷	门厅雨篷 10000*1500	1732	1682	2.91 m²	4	1991	1682	3.35 m²	2	按加工图开驳接孔
门厅雨篷	门厅雨篷20000*1600	1662	1682	2.80 m²	10	2091	1682	3.52 m²	2	按加工图开驳接孔

图 3-9-78 族项目测试

七、嵌套族

在日常 BIM 模型创建过程中，为了节省建模时间，可以将已有族的实例载入其他族中以创建新的族。这些被载入新族的就是嵌套族。例如，创建公制门就可以将现有的把手族嵌套到门族中。又如，上面介绍的玻璃雨棚族就大量使用了嵌套族，钢梁、点驳爪（单、双爪）、中空玻璃都是现有的族嵌套到本族中使用的。

嵌套族的参数可以与母族族参数进行关联。本例所示的是一个基于线的成品雨棚族（见图 3–9–79），其中“金属铝板雨棚（中间块）”即为该族的嵌套族，该嵌套族的尺寸标注参数“中间板分格尺寸”“铝单板”等都与母族参数进行了关联，如图 3–9–80 所示。

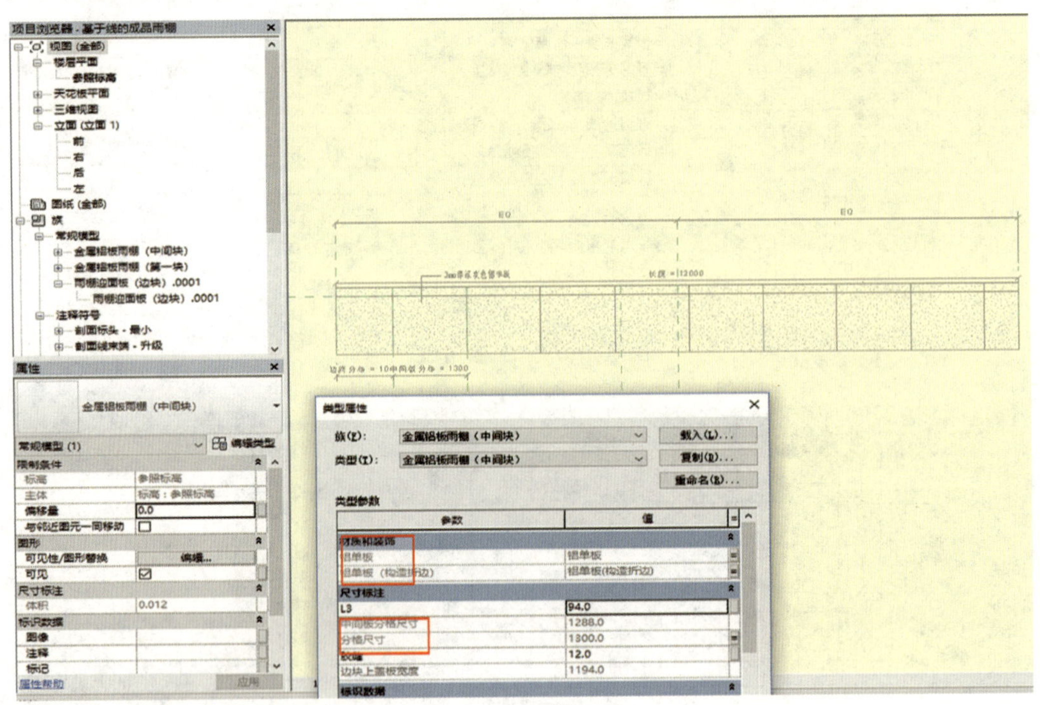

图 3–9–79　基于线的成品雨棚族

经过参数关联，母族的参数变化会直接驱动关联嵌套族相关参数的数值。

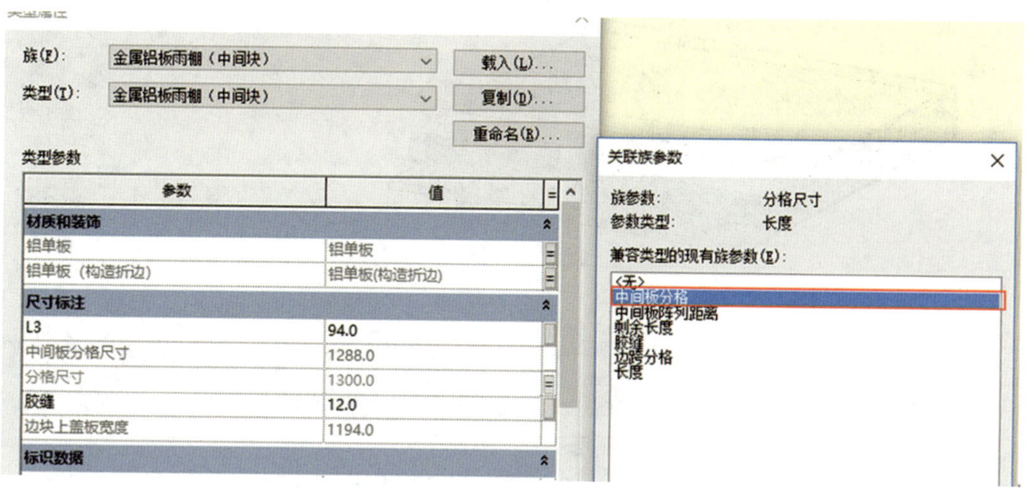

图 3-9-80　嵌套族相关参数与母族的参数关联

母族相关参数如图 3-9-81 所示。

名称(N):

参数	值	公式	锁定
限制条件			
长度（默认）	12000.0	=	
文字			
颜色	深灰色	=	
材质和装饰			
铝单板	铝单板	=	
铝单板（构造折边）	铝单板(构造折边)	=	
尺寸标注			
中间板分格	1300.0	=	
中间板阵列距离（默认）	3988.0	=	
剩余长度（默认）	609.3	= 长度 - 边跨分格 - 中间板分格 * 阵列数量 +	
胶缝	9.3	=	
边跨分格	1000.0	=	
其他			
阵列数量（默认）	8	= rounddown((长度 - 边跨分格) / 中间板分	

图 3-9-81　母族相关参数

该族是基于线的，确定中间板分格及边跨分格，通过画线或拾取线便可生成该铝板雨棚构件。中间板为嵌套族，创建该族时，应为该族创建与母族相关联的参数，如图 3-9-82 所示。

下面介绍嵌套族的共享。嵌套族作为一个独立的族，可以通过设置共享，在项目中单独被选中，也可以被明细表所统计。共享的嵌套族只能嵌套一层，否则就会在明细表中被重复统计。

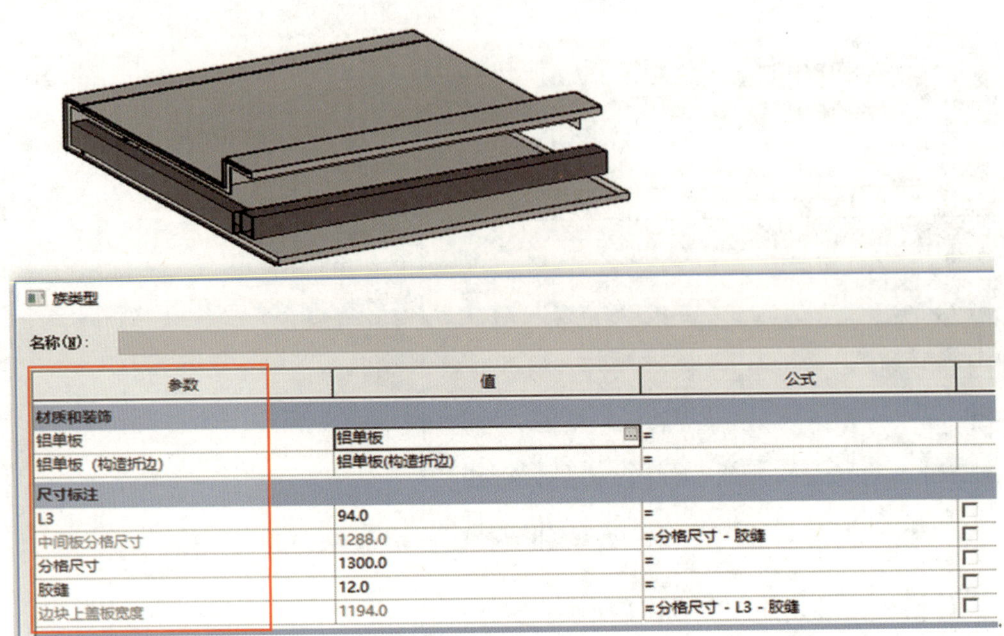

参数	值	公式	
材质和装饰			
铝单板	铝单板	=	
铝单板（构造折边）	铝单板(构造折边)	=	
尺寸标注			
L3	94.0	=	☐
中间板分格尺寸	1288.0	=分格尺寸 - 胶缝	☐
分格尺寸	1300.0	=	☐
胶缝	12.0	=	☐
边块上盖板宽度	1194.0	=分格尺寸 - L3 - 胶缝	☐

图 3-9-82　嵌套族及参数设置

图 3-9-83 所示桥塔是由 8 个构件嵌套形成的一个族，所有的嵌套族在设置共享后，均可在项目明细表中统计出每个构件的工程量。

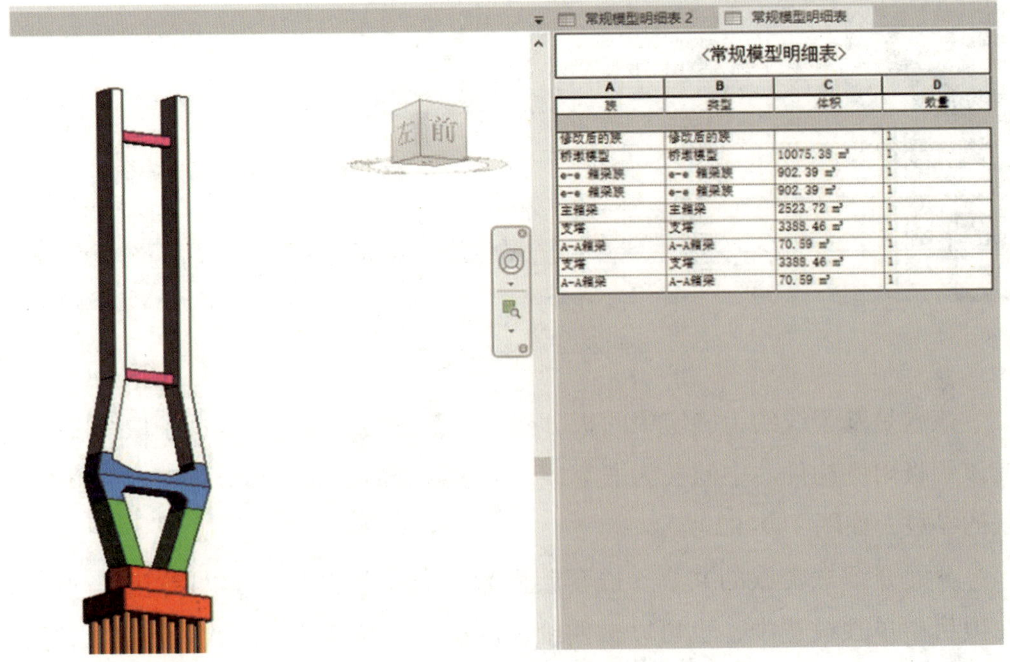

<常规模型明细表>

A	B	C	D
族	类型	体积	数量
修改后的族	修改后的族		1
桥墩模型	桥墩模型	10075.38 m^3	1
e-e 箱梁族	e-e 箱梁族	902.39 m^3	1
e-e 箱梁族	e-e 箱梁族	902.39 m^3	1
主箱梁	主箱梁	2523.72 m^3	1
支墩	支墩	3388.46 m^3	1
A-A箱梁	A-A箱梁	70.59 m^3	1
支墩	支墩	3388.46 m^3	1
A-A箱梁	A-A箱梁	70.59 m^3	1

图 3-9-83　由多个（8 个）构件嵌套形成的族

八、族参数公式编辑及应用

由以上实例可以看出，族的参数之间可以通过公式运算使其存在一定的逻辑关系，比较常见的就是面积计算和阵列数量个数计算等，这需要利用 Revit 的公式计算。常用的计算公式如下。

四则运算：+− × ÷。

幂运算：Revit 中的调用（注意参数类型）：X^y。

圆周率：Revit 中调用 PI（ ）。

平方根：Revit 中调用 SQRT（X）或 X^0.5。

绝对值：Revit 中调用 abs（ ）。

是与否：后面公示栏输入判定条件。

条件判断：if（<判断>，<结果为真>，<结果为假>）。

支持的运算：>，<，=，not（<）或 not（>）。

And（ ）两个条件同时成立，结果为真。

Or（ ）两个条件成立一个，结果为真。

三角函数：sin（ ），cos（ ），tan（ ）；asin（ ），acos（ ），atan（ ）。

e^x（Revit 中调用）：exp（ ）。

对数函数（Revit 中调用）：log（ ）。

四舍五入：round（X）。

进一法：roundup（X）。

去尾法：rounddown（X）。

以下举例说明族参数公式的应用。

大型乔木的移植会因树高、胸径等的不同，其移植的费用也不一样，为了区分不同规格乔木的移植费用，可用布尔运算法来确定套用的项目编码。

if（and（not（胸径 >200 mm），not（高度 >6 000 mm）），编码 1，if（or（and（胸径 >200 mm，胸径 <250 mm），and（高度 >6 000 mm，高度 <8 000 mm）），编码 2，编码 3））

族参数所用到的公式运算如图 3-9-84 所示。图 3-9-85 所示电影院横排座椅案例是通过布尔运算控制物体的可见性以及相关数量增加的公式应用。

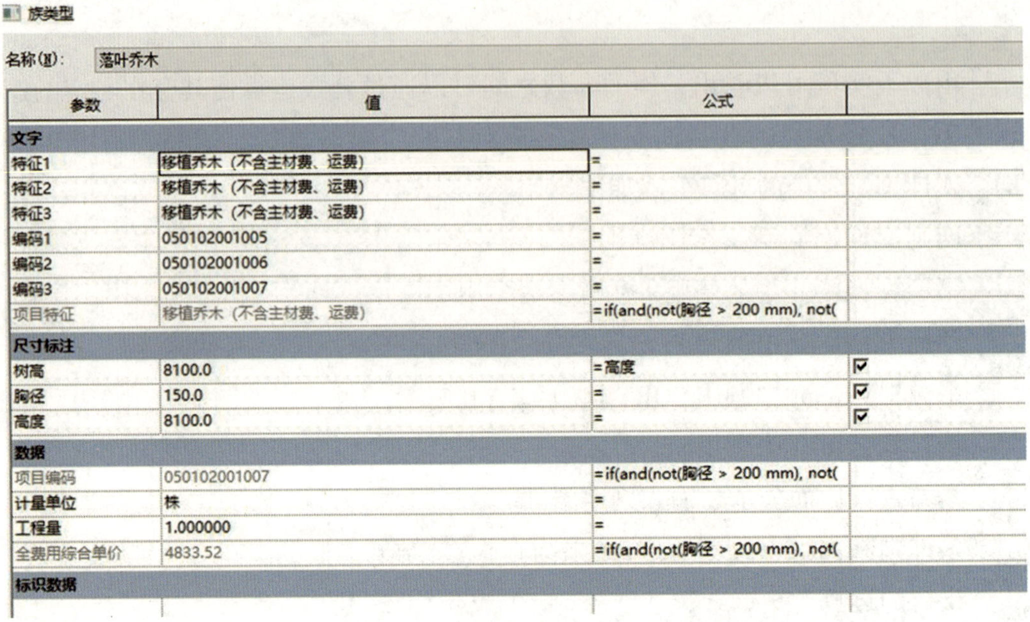

族类型

名称(N)：落叶乔木

参数	值	公式	
文字			
特征1	移植乔木（不含主材费、运费）	=	
特征2	移植乔木（不含主材费、运费）	=	
特征3	移植乔木（不含主材费、运费）	=	
编码1	050102001005	=	
编码2	050102001006	=	
编码3	050102001007	=	
项目特征	移植乔木（不含主材费、运费）	=if(and(not(胸径 > 200 mm), not(	
尺寸标注			
树高	8100.0	=高度	☑
胸径	150.0	=	☑
高度	8100.0	=	☑
数据			
项目编码	050102001007	=if(and(not(胸径 > 200 mm), not(	
计量单位	株	=	
工程量	1.000000	=	
全费用综合单价	4833.52	=if(and(not(胸径 > 200 mm), not(	
标识数据			

图 3-9-84　族参数所用到的公式运算

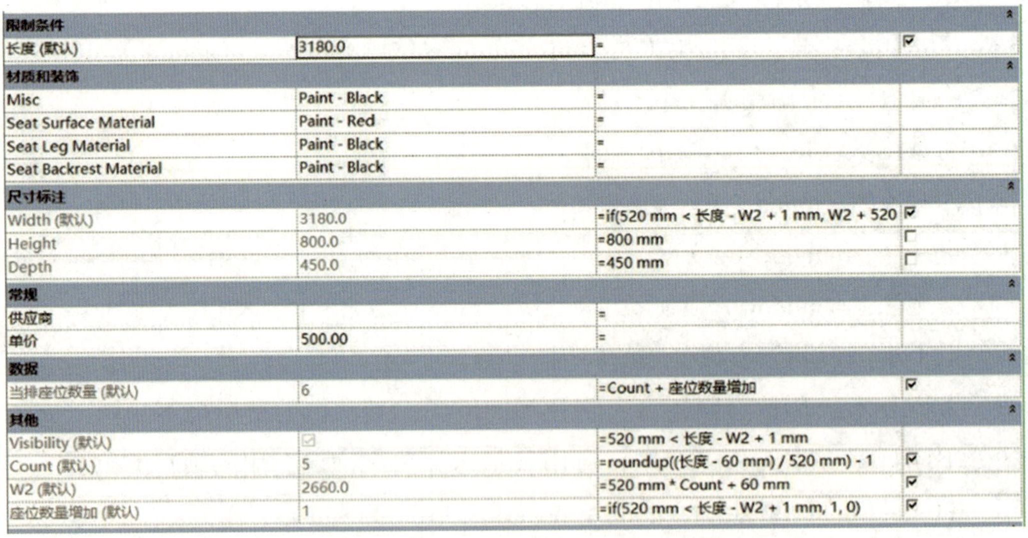

限制条件			
长度 (默认)	3180.0	=	☑
材质和装饰			
Misc	Paint - Black	=	
Seat Surface Material	Paint - Red	=	
Seat Leg Material	Paint - Black	=	
Seat Backrest Material	Paint - Black	=	
尺寸标注			
Width (默认)	3180.0	=if(520 mm < 长度 - W2 + 1 mm, W2 + 520	☑
Height	800.0	=800 mm	☐
Depth	450.0	=450 mm	☐
常规			
供应商		=	
单价	500.00	=	
数据			
当排座位数量 (默认)	6	=Count + 座位数量增加	☑
其他			
Visibility (默认)	☑	=520 mm < 长度 - W2 + 1 mm	
Count (默认)	5	=roundup((长度 - 60 mm) / 520 mm) - 1	☑
W2 (默认)	2660.0	=520 mm * Count + 60 mm	☑
座位数量增加 (默认)	1	=if(520 mm < 长度 - W2 + 1 mm, 1, 0)	☑

图 3-9-85　电影院横排座椅数量及可见性控制

第四章 4 模型信息管理

第一节　对象管理和视图控制

第二节　碰撞检查

第三节　各专业协同建模

第四节　施工图应用注释

第五节　使用设计选项

第六节　工程阶段化应用管理

第一节 对象管理和视图控制

一、对象管理

1. 对象的定义

BIM 的对象包括建筑构件数据与操作，其不仅能表示具体的事物，还能表示抽象的规则、计划或事件；一个对象既可以用数据值来描述它的状态，也可以用操作来改变其状态，对象就是构件数据和操作的结合。

2. 对象的分类管理

BIM 针对建筑构件对象进行分类后可以在 BIM 软件中变成数据，从而形成一系列的构件联系，最终达到工程项目转化成数据进行信息管理。不同的 BIM 工具对工程项目对象的分类各有不同，以下举两个例子来说明。

（1）在 A 平台中，图元就是基本对象，而对图元的分类如下。

1）基准图元。基准图元是作用于定义项目的定位信息，如轴网、标高和参照平面等。建立模型时，工作平面的设置是重要的环节。这些基准图元为人们提供了条件。

2）模型图元。模型图元是表示实际的三维几何图形。模型图元又分以下两个类型。

①主体图元。模型直接建立，不需要依附其他图元。如墙、天花板、楼板、屋顶、场地、楼梯等。对于主体图元用户不能添加新的参数，而只能修改原有的参数设置。

②构件图元。构件图元是建筑模型中除主体图元外的其他所有类型图元，如门、窗、家具、梁、风管和喷水装置等。主体图元和构件图元具有依附关系，如门窗是安装在墙主体上的。构件图元设置灵活，用户可以自定义构件图元，设计各种需要的参数类型，以达到项目所需。

3）视图专有图元。视图专有图元只显示在放置这些图元的视图中，可以对模型进行描述和归档。视图专有图元可以分为以下两类。

①注释图元。注释图元是对模型进行归档并在图样上保持比例的二维标识，

如尺寸标注、标记和注释记号等。

②视图图元。视图图元包括楼层平面图、天花板平面图、三维视图、立面图、剖面图及明细表等。它们既相互关联又相互独立，可通过对象样式来控制每个视图的对象显示。

（2）在 B 平台中，对象主要分成以下三大类。

1）基础类。它们是具备基本图形显示、变化和处理的纯几何图形和符号，如线、几何体、文字、标注、洞口等。

2）描述类。它们不具备图形显示能力，主要是用一些复杂的几何数据和计算来表达一些抽象的对象，如截面、路径、面定义等。

3）专业构件类。专业构件类包括专业的构件数据和操作，具备构件的一切专业的表达和变化，包括各专业所有的专业构件。主要保存在单元库中，就像 A 平台中的族库一样。

二、视图控制

1. 视图的分类

BIM 模型中的视图是 BIM 模型根据不同规则显示的投影。常用的视图有三维视图、平面视图、立面视图、剖面视图、详图索引视图、图例视图、明细表视图等，其控件如图 4-1-1 所示。每种视图都有其各自的特点和用途，可以根据需要创建不同的视图。下面介绍各视图。

图 4-1-1　常见的视图控件

（1）三维视图。三维视图可以直观查看模型的状态，它分为正交三维视图和透视图两种。

1）正交三维视图。正交三维视图中所有的对象都是按真实大小展示的。各 BIM 建模工具都可以快速显示正交三维视图，大多数情况下也可以用 Shift+ 鼠标中键来调整模型视图的角度。正交三维视图如图 4-1-2 所示。

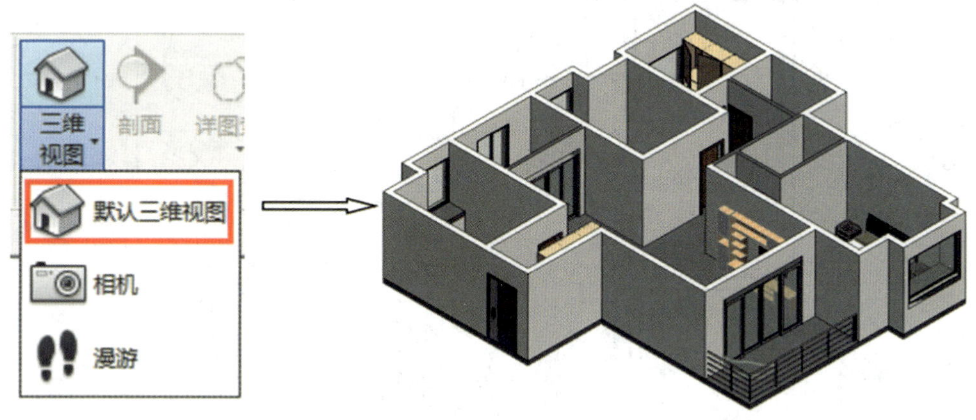

图 4-1-2 正交三维视图

2）透视图。透过相机工具设定相机和目标的位置，设定好相机的高度和视角范围，相机视图默认透视图显示。在透视图中，对象显示更符合人眼睛的观察视角。透视图如图 4-1-3 所示。

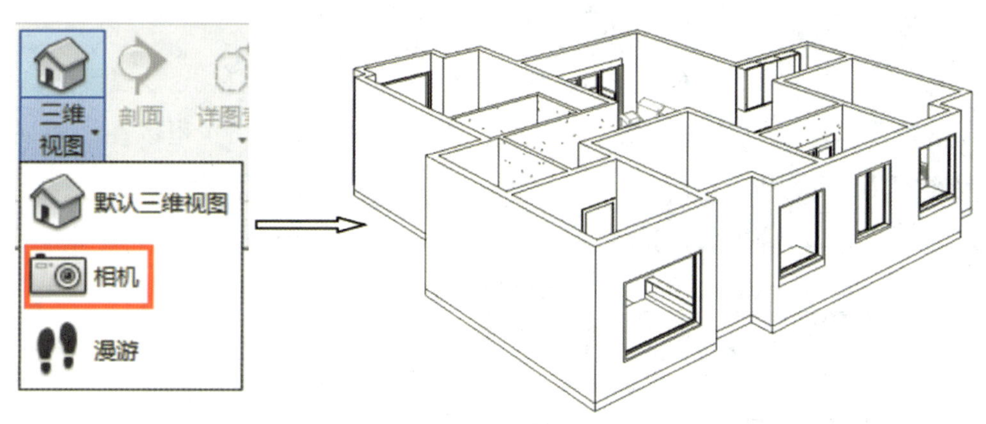

图 4-1-3 透视图

（2）平面视图。平面视图主要包含楼层平面视图和天花板平面视图，它们都是沿项目水平方向按指定标高位移位置剖切项目所生成的视图，但二者的观察方向相反，楼层平面视图是从剖切面位置向下查看模型投影显示，而天花板平面视图则是向上查看的。在创建项目标高时一般默认可以自动创建其对应的平面视图，也可以使用工具手动创建平面视图。平面视图如图 4-1-4 所示。

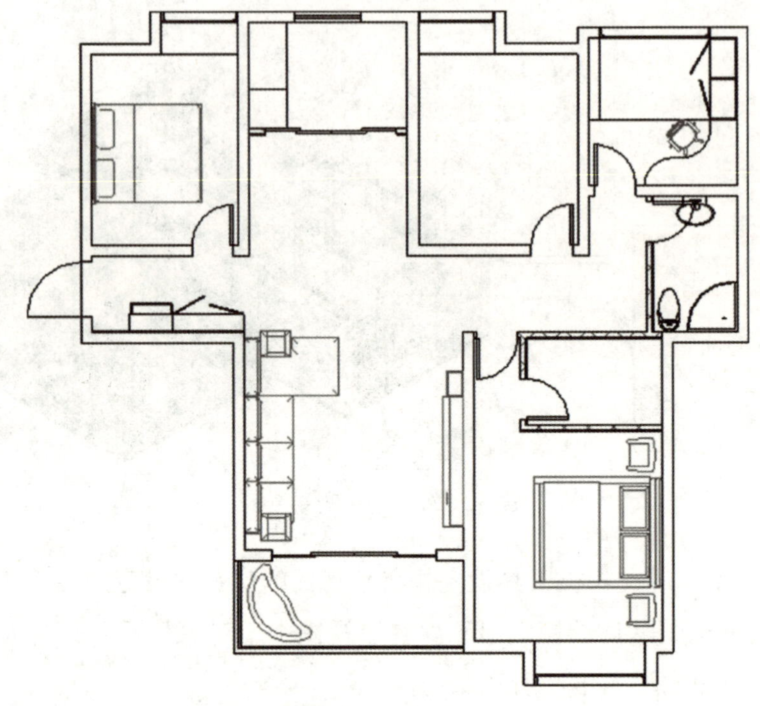

图 4-1-4　平面视图

（3）立面视图。立面视图是项目模型在立面方向上的投影视图，如图 4-1-5 所示。一般默认包含东、南、西、北四个立面视图，也可以在平面视图上创建任意立面视图。

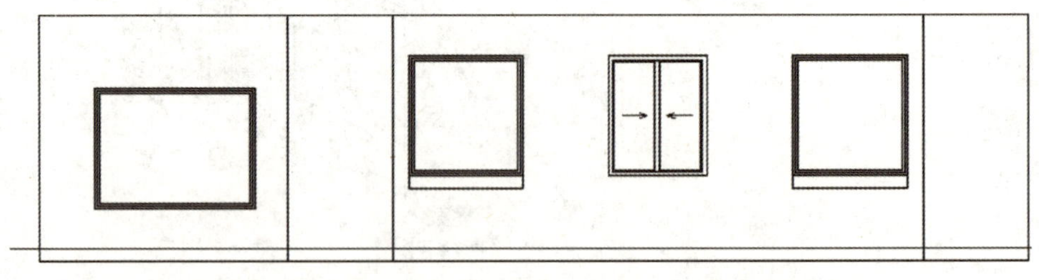

图 4-1-5　立面视图

（4）剖面视图。在 BIM 中，剖面视图是在平面、立面或详图视图中通过设定剖切位置和剖切深度得到的模型投影视图，如图 4-1-6 所示。剖面视图有明确的剖切范围，可以根据需要进行确定。

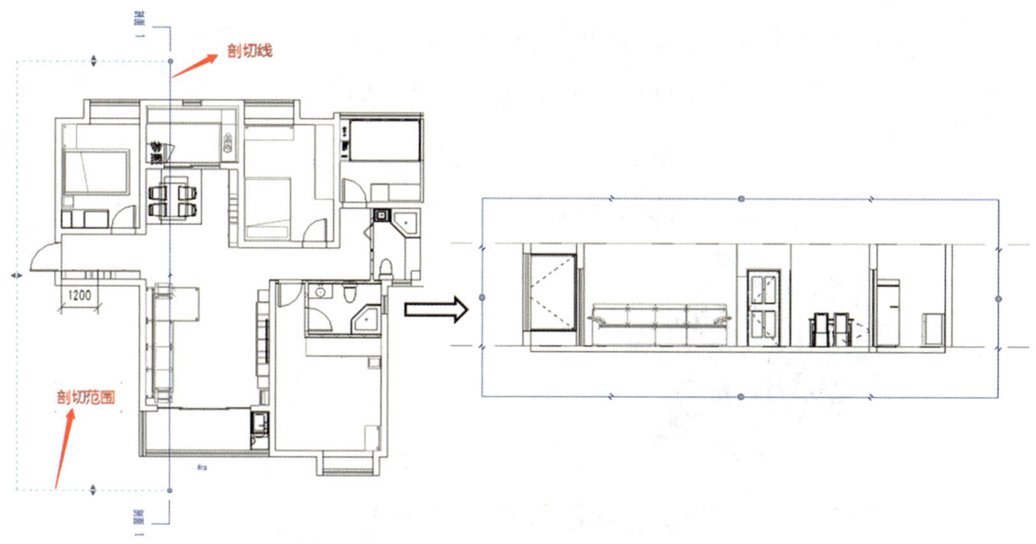

图 4-1-6 剖面视图

（5）详图索引视图。当需要对项目细部放大显示时就要用到详图索引视图，如图 4-1-7 所示。在详图索引视图范围内的模型根据视图中设定的比例独立地显示在视图中。绘制详图索引的视图是其父视图，如果删除父视图，则将删除该视图的详图索引视图。

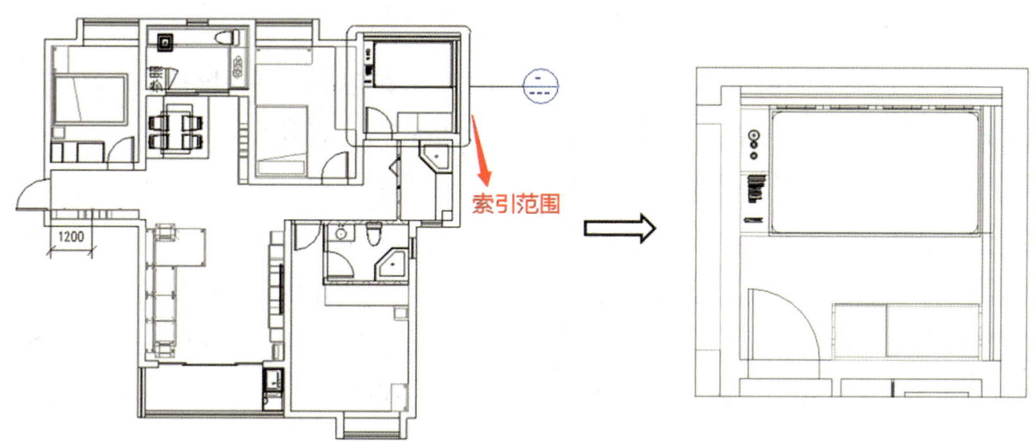

图 4-1-7 详图索引视图

2. 视图的控制

（1）视图的基本控制。视图的基本控制主要包括视图窗口的控制和图形的平移、缩放、旋转等。

1）视图布置。实际进行 BIM 绘图时，可以同时打开一个或多个视图，如图 4–1–8 所示。打开多个视图可以同时观看三维视图和二维视图、平面图和立面图，以便于绘图过程中帮助建模和随时审查模型的正确性，也可以来回切换不同的视图从而为绘图带来便利。

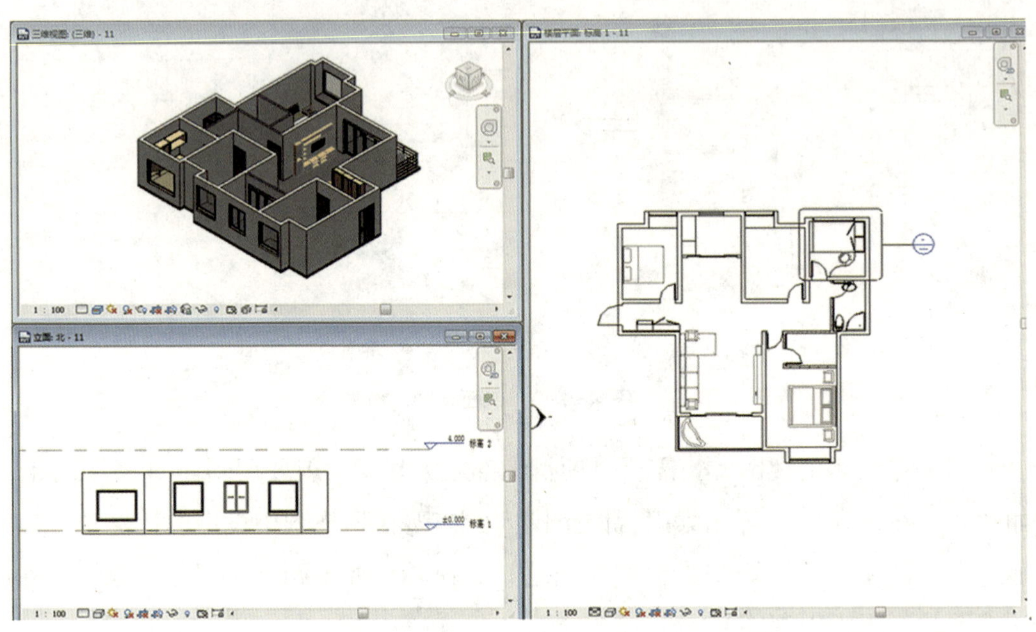

图 4–1–8　绘图界面视图布置

2）查看视图的基本操作。查看视图的基本操作包括平移、缩放、旋转。在 BIM 工具中都会有对应的工具控制这些查看的功能，下面以 Revit 为例进行介绍。如图 4–1–9 所示，通常情况下滚动鼠标中键或使用工具中的缩放功能实现视图区域的缩放；按住鼠标中键拖动鼠标或使用工具中的平移功能实现视图区域的平移；按住鼠标中键并拖动鼠标或使用工具中的旋转功能可实现视图的旋转（旋转仅对三维视图有效），通过旋转功能可以快速地查看不同方向的视图。在做项目时，结合平移、缩放、旋转功能将调整好的视图设置成主视图，从而方便绘图。

3）视图快速浏览管理。在一个项目中，不仅视图的种类有很多，而且每种视图所需的数量也很多，所以，BIM 软件中会有管理所有视图的工具，以便快速找到并使用视图，如图 4–1–10 所示。在项目浏览器中可以快速浏览和使用各种视图。

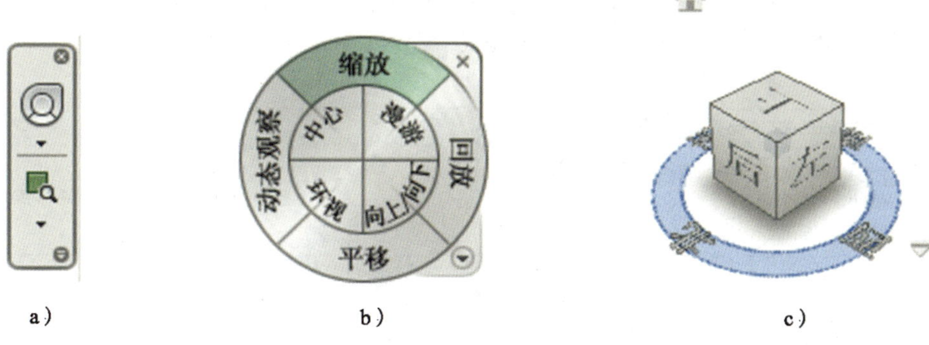

图 4-1-9 视图查看功能控件
a）导航栏 b）视图导航控制盘 c）View Cube

（2）视图的显示控制。为了能更好地利用视图展示模型的细节，需要对视图的显示进行控制，以下是 Revit 控制视图显示的几种方式。

1）隔离和隐藏。BIM 工具中的大部分都有模型对象的隔离和隐藏功能，通过这种功能可以选择需要隔离或隐藏的对象，从而只显示当前需要显示的对象，在项目中能够提高建模效率。可以设置临时或永久隐藏 / 隔离。视图隔离 / 隐藏工具如图 4-1-11 所示。

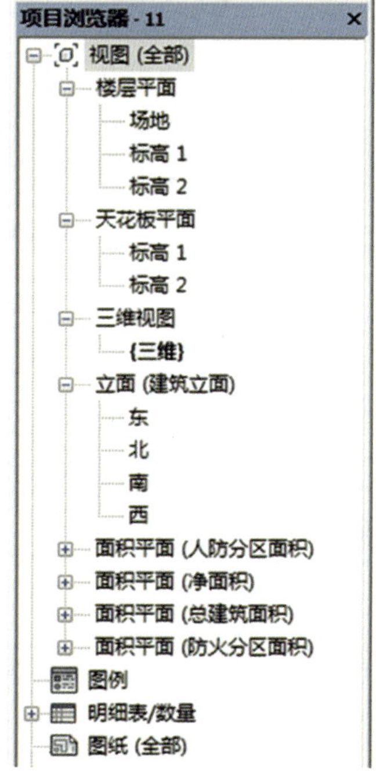

图 4-1-10 视图管理

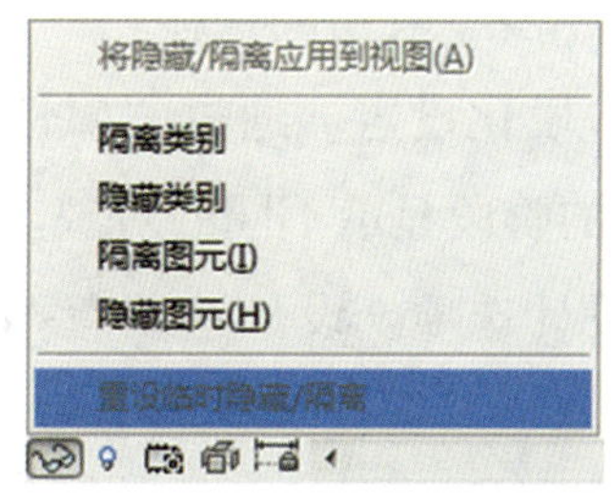

图 4-1-11 视图隔离 / 隐藏工具

2）模型对象的选择。通过“三维视图：（三维）的可见性 / 图形替换”对话框中的“模型类别”选项卡来控制对象的可见性，如图 4–1–12 所示。

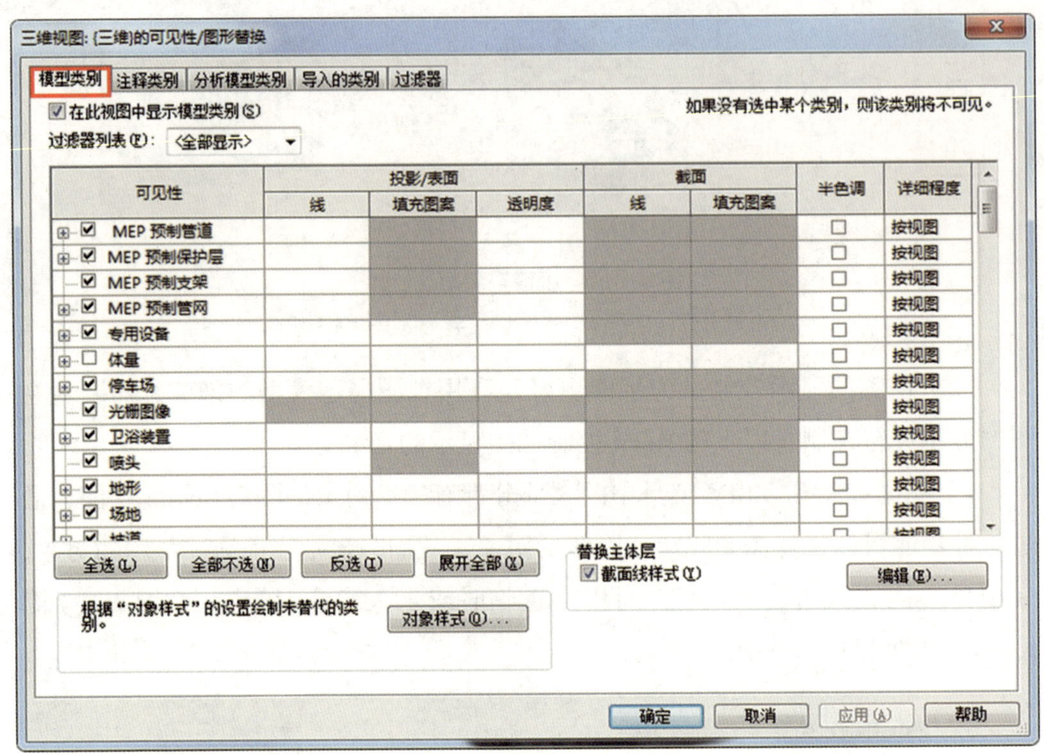

图 4–1–12　模型对象的选择

3）过滤器。打开“视图”选项卡中“图形”栏的“可见性 / 图形”，通过“三维视图：（三维）的可见性 / 图形替换”对话框中的“过滤器”选项卡来选择对象的可见性，如图 4–1–13 所示。

4）三维剖切。利用三维剖面框对模型进行 X、Y、Z 三个方向的剖切，通过对剖切框范围的调整来控制模型对象的可见性，如图 4–1–14 所示。

5）工作集。在协同状态下，可以通过工作集的设定来控制模型对象的可见性。

6）阶段化设定。通过“属性”面板中的阶段化设定（见图 4–1–15），可以在不同的阶段显示不同的对象。

7）设计选项。设计选项有不同的设计方案，不同的方案模型对象存在差异，可以通过“管理”选项卡中的“设计选项”显示不同设计方案下的模型，如图 4–1–16 所示。

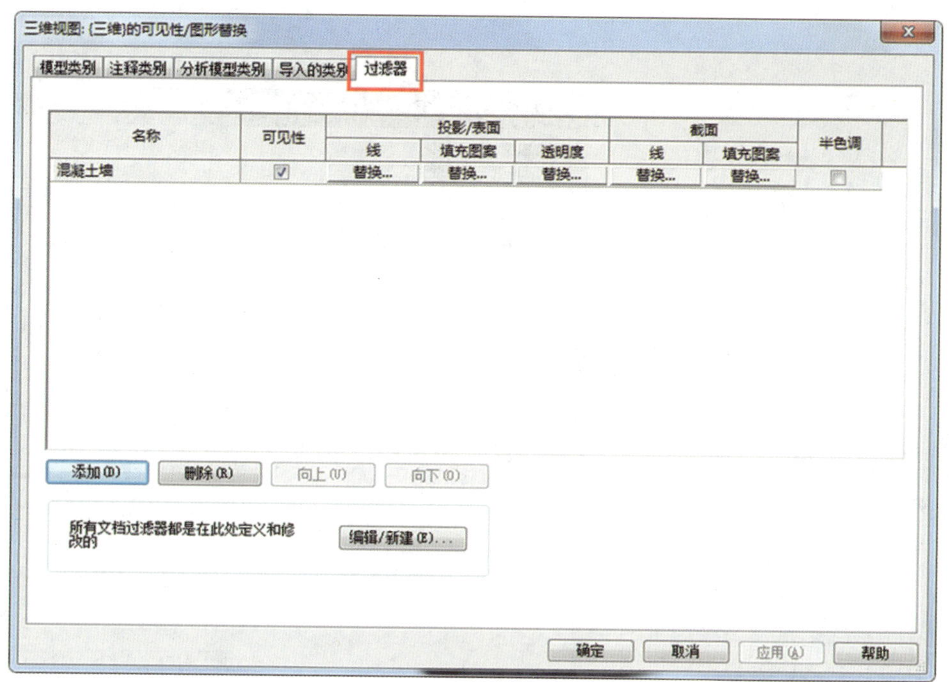

图 4-1-13　三维视图中的过滤器功能

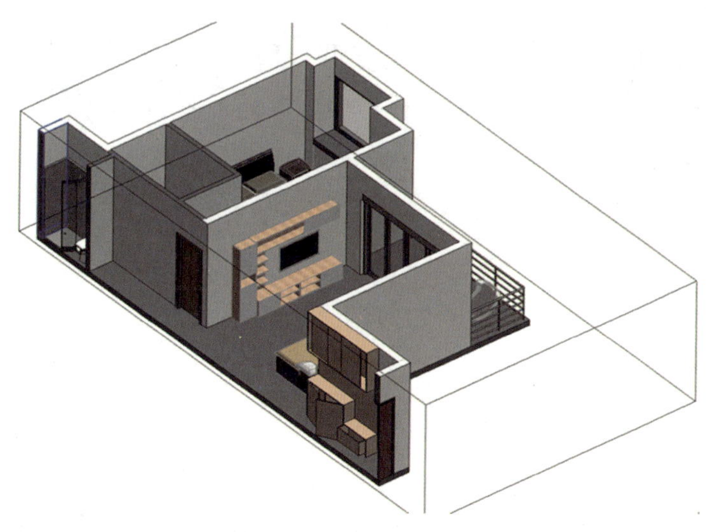

图 4-1-14　剖切视图

8）保存视图。可以把视图的显示对象、显示角度、显示位置等提前设置好，利用“视图”选项卡中的“三维视图”下拉菜单中的“相机”功能来进行视点的保存，就像拍照片一样，不管视图怎么变化，只要选择保存好的视图，就可以回到保存状态。在进行演示时，由于模型太大会对寻找模型位置和模型

图 4-1-15　阶段化设定

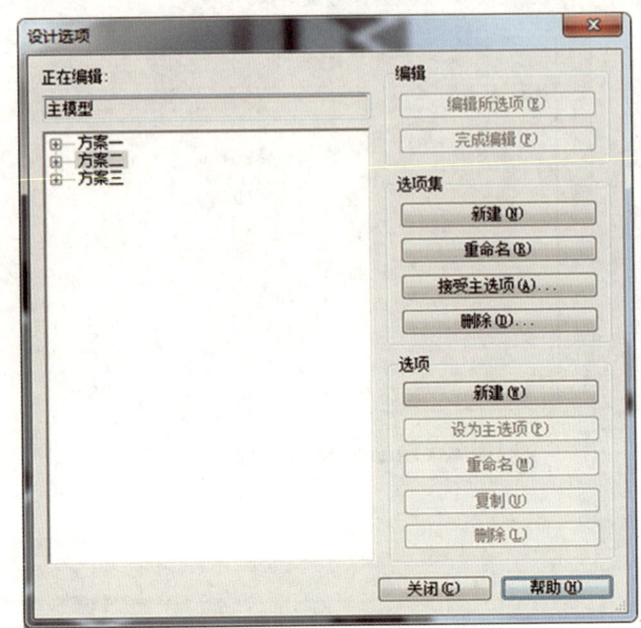

图 4-1-16　“设计选项”对话框

运转带来难度，所以在演示前可以把一些关键点保存下来，需要时直接单击“快速来到”想展示的部位，从而为模型展示提供了便利。

（3）视图的显示样式控制。为了绘图方便和项目模型显示真实，模型的显示样式控制有以下几种方式。

1）视图比例。视图比例（见图 4-1-17）表达的是模型尺寸与当前视图显示之间的关系。无论视图比例如何调整，均不会修改模型的实际尺寸，而只会影响当前视图中的尺寸标注、文字等注释信息与模型显示的相对大小。在项目中，不同的视图可以设置不同的视图比例，只需根据需要设定即可。

2）视图显示详细程度。为了让模型既能满足显示要求也能满足出图要求，可以在 BIM 中显示不同的模型详细程度，在 Revit 中包括粗略、中等、精细三种样式，如图 4-1-18 所示。在同一模型中，其显示详细程度越低，模型的运算时间越短，在实际大项目建模时越可以节省绘图时间。而有些出图就需要表现得精细，如在平面布置图中，平面视图中的窗将显示为真实的窗样式。

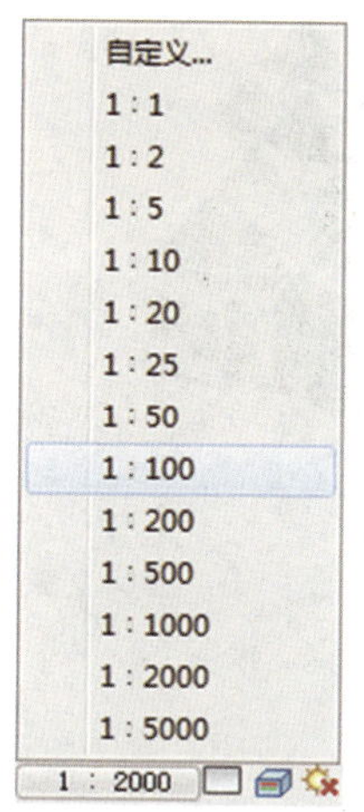

图 4-1-17 视图比例

图 4-1-18 视图显示详细程度

3）视图显示的视觉样式。视觉样式用于控制模型在视图中的显示样式，如图 4-1-19 所示。视觉样式的种类有线框、隐藏线、着色、一致的颜色、真实、光线追踪等。其效果逐渐增强，但所消耗的系统资源也越来越大。在实际做项目时，要选择合适的视觉样式以达到项目要求。例如，平面和剖面施工图一般设置成线框或隐藏线模式，因而耗费系统资源少，项目运行快，能节省项目时间。真实模式下可以显示出构件的材质样式，可以实现项目模型的渲染，让模型更接近于现实。光线追踪模式对视图中的模型进行实时渲染时，其显示的样式效果最佳，也最接近于现实模型，但要耗费大量的计算机资源。

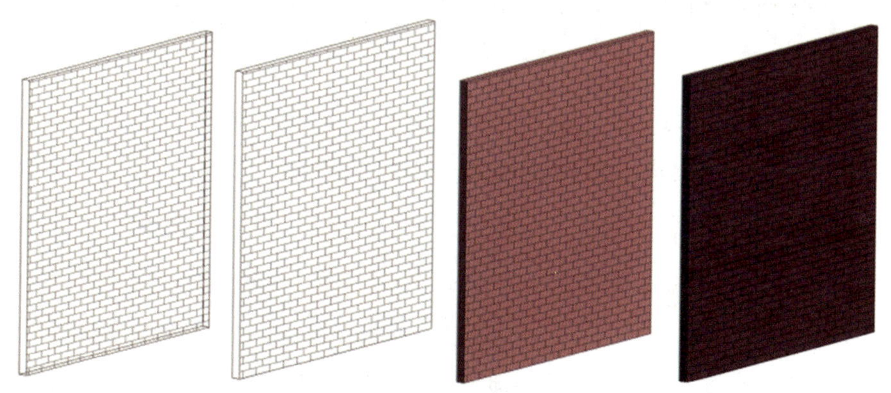

图 4-1-19 不同的视觉样式展示

4）日光路径与阴影。通过对日光路径和阴影的设置，可以在视图中显示光照阴影，增强模型表现力，如图 4-1-20 所示。

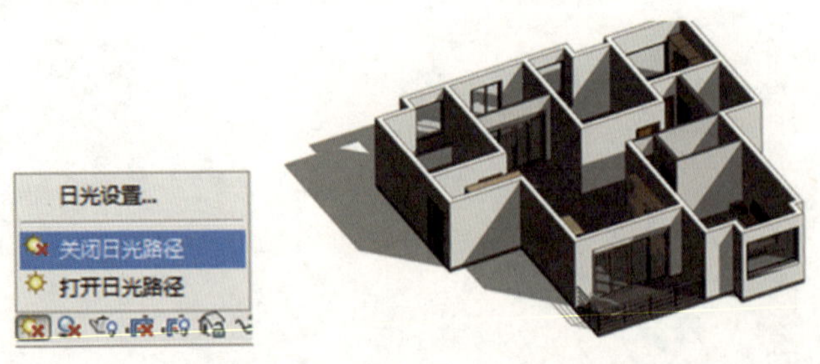

图 4-1-20 日光和阴影功能展示

第二节 碰撞检查

碰撞检查是指提前查找和报告在工程项目中不同部分之间的冲突，其工作重点集中在未开始建造前的图样会审阶段。

通过插件的碰撞检查功能，软件可以自动检查碰撞点。在建造施工之前理论上能百分之百地消除各类碰撞，从而减少工程变更，并缩短工期，降低成本。

一、碰撞检查的分类与需求

1. 碰撞检查的分类

碰撞检查分为硬碰撞、间隙碰撞和副本碰撞三种。

（1）硬碰撞。硬碰撞是碰撞检测实体之间的实际相交与碰撞。

（2）间隙碰撞。间隙碰撞是实体 1 与实体 2 在空间上并不存在交集，但两者之间的距离 d 比设定的公差 T 小时即被认定为碰撞。该类型碰撞检测主要是出于安全考虑。例如，水暖管道与电气专业的桥架、母排都有最小间距要求，可以根据专业之间设定的最小间距要求，检查其是否满足设计要求。

（3）副本碰撞。副本碰撞是碰撞检测中的重复实体。可以使用该类型的碰撞检测针对模型自身进行检查，以确保同一部分未能绘制或参考两次。

2. 碰撞检查的需求

在正向设计中，碰撞检查的需求更多地偏向于设计单位。因为图样是设计单位设计的，他们需要保证图样设计的准确性。

在反向设计中，需要碰撞检查服务的是甲方和施工单位。原因是在二维图样设计中，设计院出图出现碰撞问题是比较常见的情况，遇到问题设计院便会作出设计变更以解决问题。但对甲方而言，出现碰撞问题会导致其建造成本的增加和进度的延后，损失较为严重。有些甲方会要求把一部分图样问题所引起的返工责任转嫁给施工单位，要求施工单位在会审图样的时候纠正这些错误，从而导致施工单位也需要在施工前应用碰撞检查以减少返工。

二、碰撞检查的流程和应用思路

1. 碰撞检查的流程

利用 Revit、ArchiCAD 等软件建立 BIM 模型，在模型校核清理链接之后通过碰撞检查系统运行操作并自动查找出模型中的碰撞点。

碰撞检查功能用于完成场景中所指定的任意两个选择集合中的图元之间，根据指定条件进行碰撞和冲突检查，并对结果进行显示和管理。

目前 Revit、Navisworks 和 Bentley-ABD 等软件具备碰撞检查功能，可获得需要的碰撞检查报告。碰撞检查的流程主要分为五个阶段，如图 4-2-1 所示。

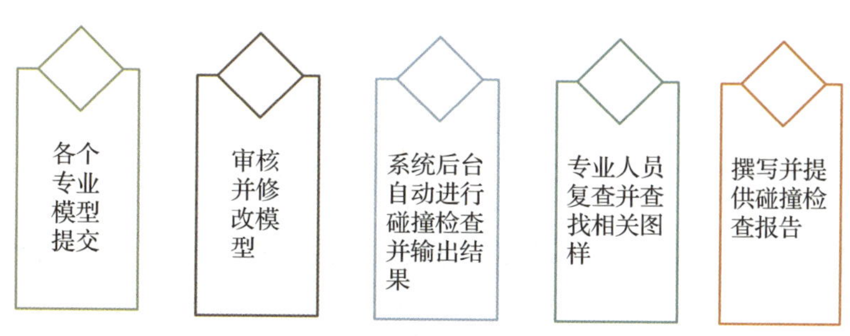

图 4-2-1 碰撞检查的流程

2. 碰撞检查的应用思路

碰撞检查的应用思路如图 4-2-2 所示。

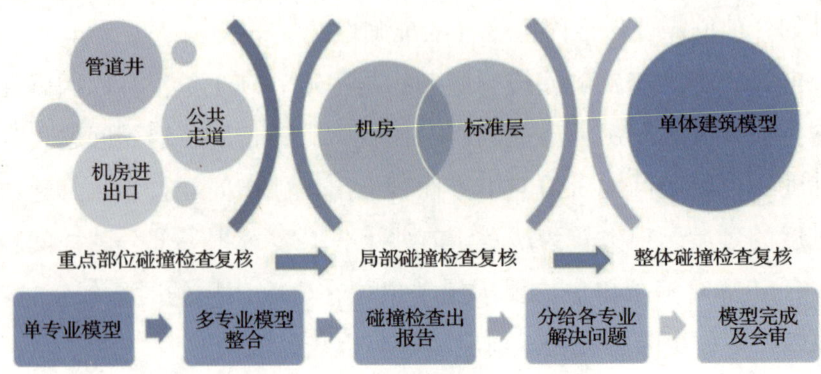

图 4-2-2 碰撞检查的应用思路

三、碰撞检查的工具和方法

碰撞检查的工具有很多，下面介绍几款常用的工具，即 Revit、Navisworks 及其他软件的碰撞检查功能。

1. Revit

Revit 中的“碰撞检查”工具可以在模型中找到图元之间的无效交点。使用“碰撞检查”工具可以找到一组选定图元中或模型所有图元中的交点。使用“碰撞检查”工具操作步骤如下。

步骤 1：在视图中选择一些需要进行碰撞检查的图元；也可以不选择图元，而直接对整个模型进行碰撞检查。

步骤 2：切换到“协作”选项卡，单击“坐标”面板的“碰撞检查”，单击“运行碰撞检查”，如图 4-2-3 所示。软件弹出“碰撞检查”对话框。

图 4-2-3 Revit 的碰撞检查命令界面

步骤 3：图 4–2–4 所示为“碰撞检查”对话框。在该对话框中，从“类别来自”下拉列表中选择一个值，如“当前项目”。

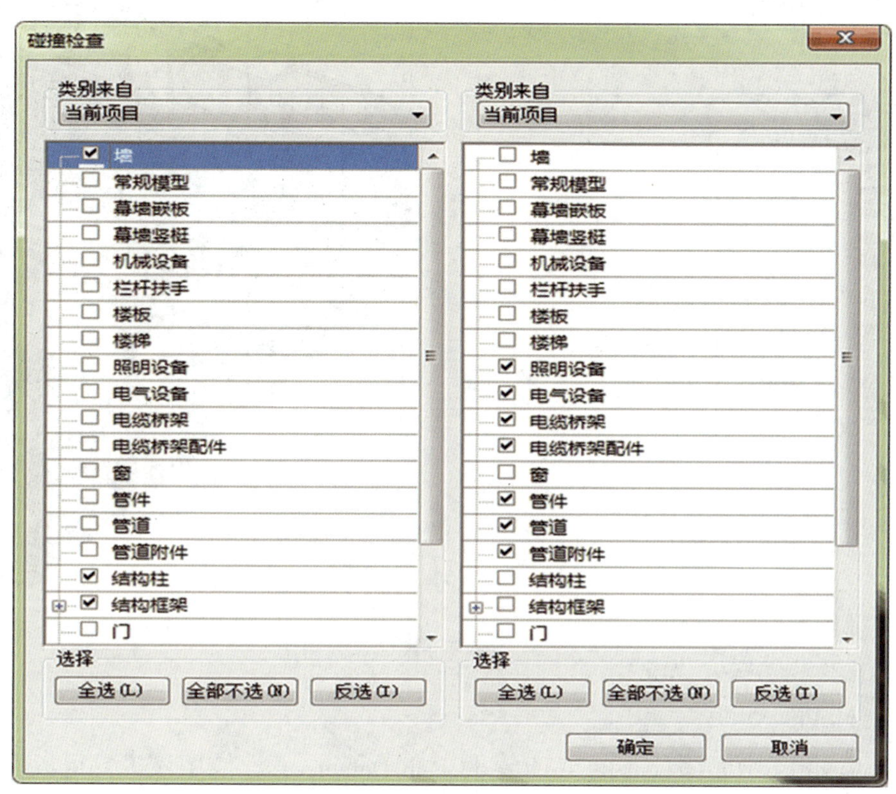

图 4–2–4 Revit 的“碰撞检查”对话框

步骤 4：选择所需的类别。从位于左侧的“类别来自”下拉列表中选择一个值。如图 4–2–4 所示，选择“墙”“结构柱”和“结构框架”。从位于右侧的“类别来自”下拉列表中选择一个值，选择相应设备和管道。软件可检查模型里的这些构件之间是否会发生碰撞。

步骤 5：单击“确定”按钮，如图 4–2–4 所示。

步骤 6：修改碰撞和整理报告。

（1）修改碰撞。如图 4–2–5 所示，单击碰撞结果，可以定位到碰撞的地方。高亮显示的位置即为发生碰撞的地方。如上操作，对发生碰撞的地方一一进行修改。

（2）整理报告。如图 4–2–5 所示，单击“导出”按钮，即可导出碰撞检查报告。

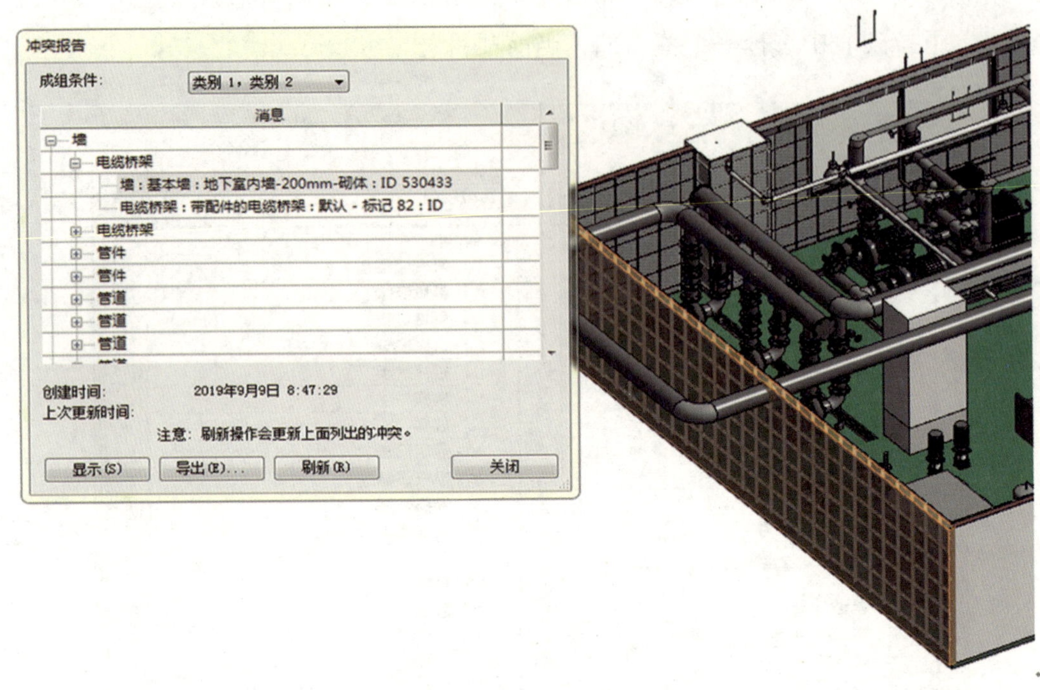

图 4-2-5　Revit 的碰撞检查结果

2. Navisworks

Navisworks 中碰撞检查的工具是“Clash Detective”。使用该工具可以搜索整个项目模型，能够在设计过程的早期确定跨专业模型之间的碰撞；可以有效地识别、检验和报告三维项目模型中的碰撞，有助于降低模型检验过程中出现人为错误的风险。

Navisworks 运行碰撞检查的步骤如下。

步骤 1：模型整合设置。在 Revit/ArchiCAD 中整理好需要进行碰撞检查的范围，导出 WC/IFC/DXF 格式。

步骤 2：把分专业链接合并成一个文件附加模型到 Navisworks 中，前提是保证各专业模型处于同一原点。接下来在集合中对模型进行分类，将需要进行碰撞检查的构件提前归类，以方便后期选择对象。

步骤 3：单击“常用”选项卡下“工具”面板上的“Clash Detective”，如图 4-2-6 所示。

步骤 4：单击“测试”面板展开按钮，如图 4-2-7 所示。

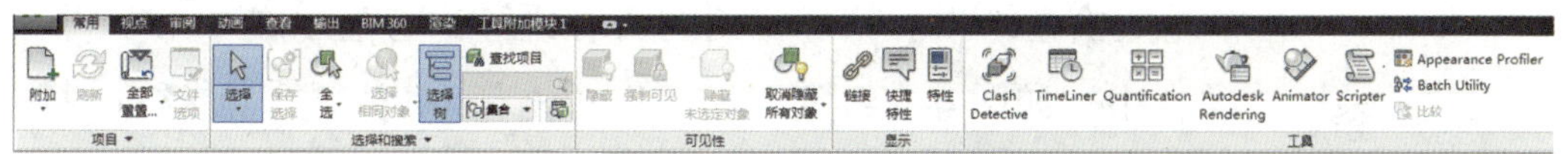

图 4-2-6 Navisworks 工具面板

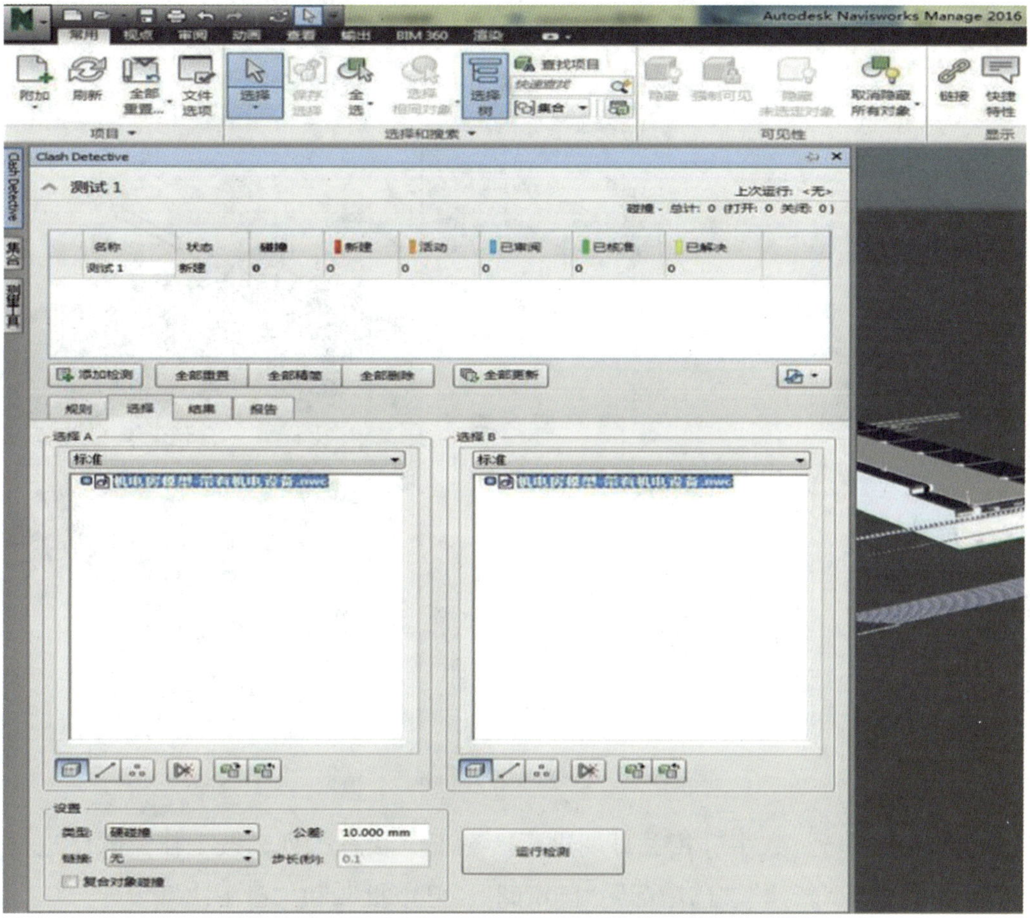

图 4-2-7 Navisworks“测试”面板

步骤 5：设置测试的规则，主要是设置忽略对象的规则。有些由于模型原因导致的碰撞不必导出报告，以免出现成千上万条错误的信息，从而增加工作量。下一步选择 A、B 对象，可按标准、紧凑、特性、集合的方式快速进行选择。注意勾选复合对象碰撞，以减少重复碰撞问题。公差是指有些小尺寸的碰撞是施工中比较容易解决的，合理设置参数，减少不必要的碰撞。最后单击“运行检测”按钮即可。

步骤 6：查看碰撞检查结果。软件找到的所有碰撞都将显示在一个多列表中的“结果”选项卡中，如图 4-2-8 所示。可以单击任一列标题，使该列的数据对该表格进行排序。

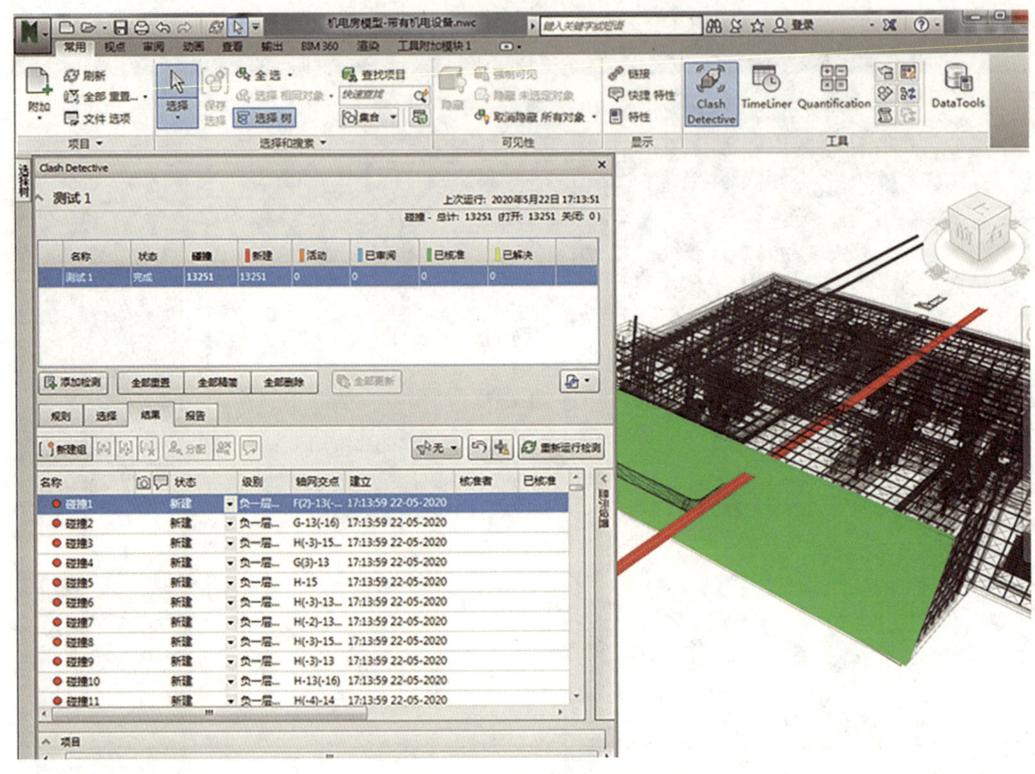

图 4-2-8　Navisworks 碰撞检查结果

排序按字母、数字、相关日期进行。对于“状态”列，按工作流顺序进行排序，分别是“新建”“已激活”“已审阅”“已审批”和“已解决”。

查看结果并将问题分配给相关负责方，设置问题状态；也可在显示设置中按要求调整画面，以方便寻找碰撞点。单击碰撞将在“场景视图”中高亮显示该碰撞中涉及的两个对象。

在“项目”面板的其中一个窗格上选择项目，然后单击“返回”按钮，将当前视图和当前选定的对象发送回原始 CAD 软件包，这样就可以通过 CAD 软件改变设计，然后在 Navisworks 中将其重新载入，从而大大缩短设计审阅时间。

步骤 7：导出碰撞检查报告。切换到“报告”选项卡（见图 4-2-9），单击“导出碰撞检查”命令，生成有关已确定问题的报告，并分发下去以进行查看和解决。推荐报告格式使用 HTML（表格），因其生成的报告比较直观，且容易读懂。

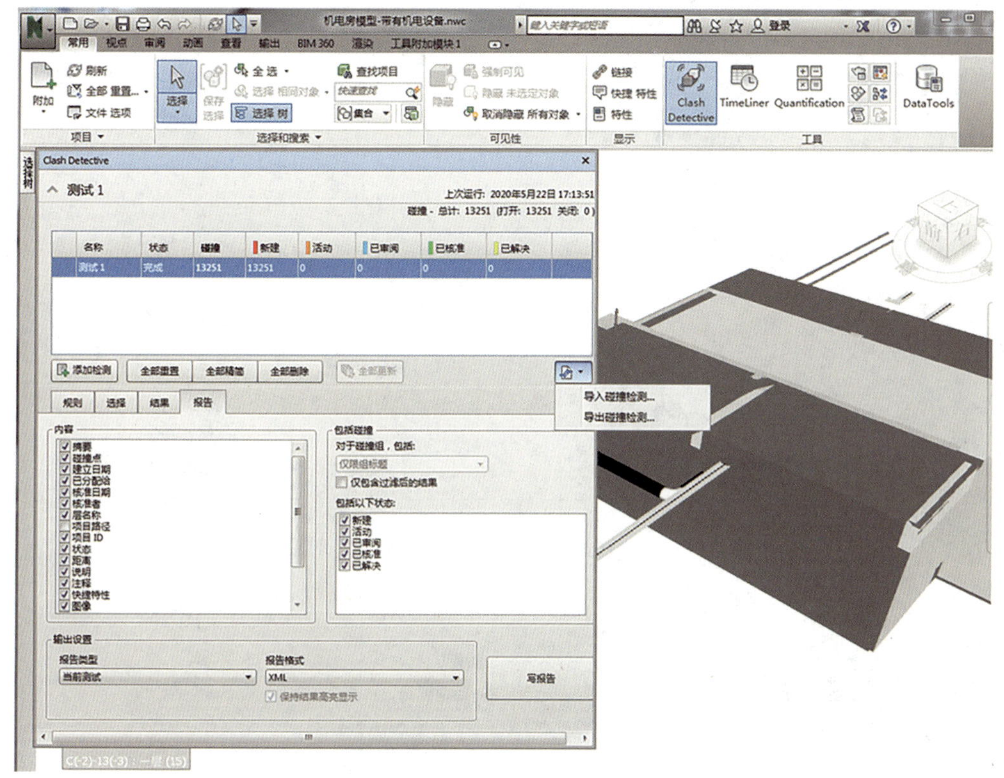

图 4-2-9 导出碰撞检查报告

3. 协同管理软件的碰撞检查功能

协同管理软件在 Revit 面板下有碰撞检查功能（此功能需要依托 BIM 插件实现）。其碰撞检查功能可以简单地理解为在 Revit 中实现了 Navisworks 形式的碰撞检查。

协同管理软件的碰撞检查操作步骤如下。

步骤 1：在“碰撞检测”对话框（见图 4-2-10）中选择检测范围、设置检测规则、水管筛选条件、间距设置，选中“检测类别自身硬碰撞”复选框。

步骤 2：单击“设置”，弹出类别“设置”对话框（见图 4-2-11），选择系统类型、构件类型，对类别 A 和类别 B 中的构件进行碰撞检测，单击“确定”按钮。

步骤 3：单击“运行检测”弹出碰撞结果。碰撞结果查看可按楼层和检测规则进行区分，如图 4-2-12 所示。

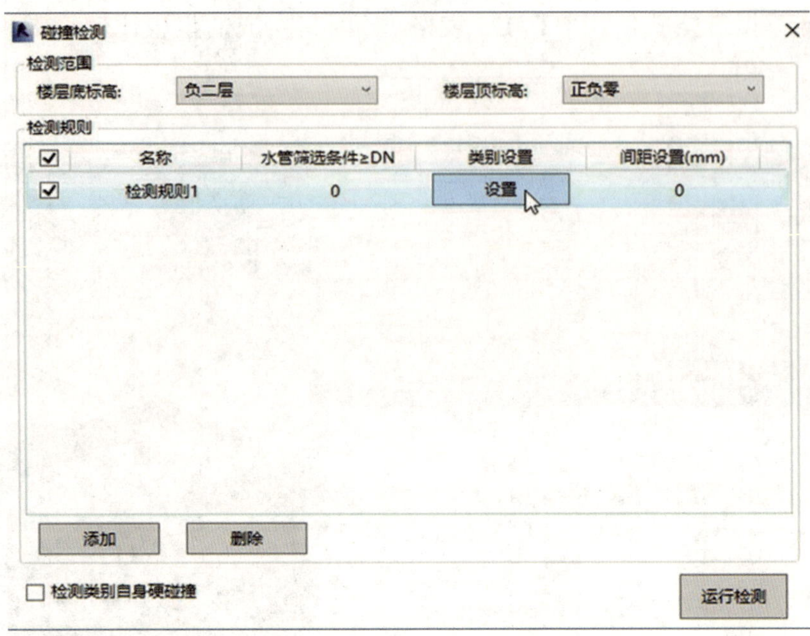

图 4-2-10 协同管理软件“碰撞检测”对话框

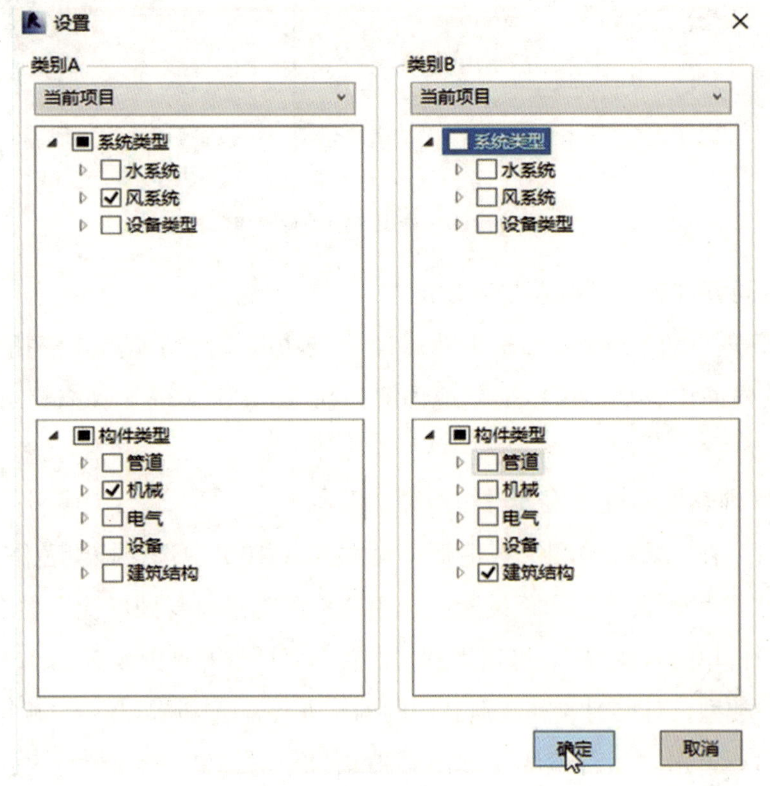

图 4-2-11 协同管理软件类别“设置”对话框

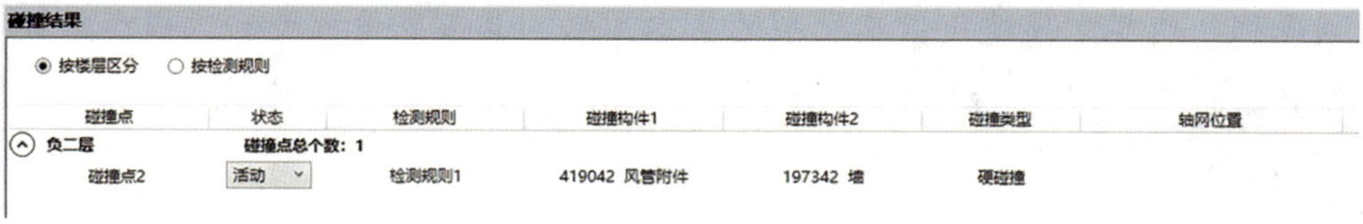

碰撞结果

◉ 按楼层区分 ○ 按检测规则

碰撞点	状态	检测规则	碰撞构件1	碰撞构件2	碰撞类型	轴网位置
负二层	碰撞点总个数：1					
碰撞点2	活动	检测规则1	419042 风管附件	197342 墙	硬碰撞	

图 4-2-12 碰撞检查结果

步骤 4：双击“碰撞点”，在模型中查看碰撞点，软件会把两个碰撞的构件选中，其他的构件都会进行相对应的透明处理，同时可以直接在模型上修改这些碰撞点。

步骤 5：单击“导出碰撞报告”，支持导出当前碰撞结果中所显示的碰撞点报告。

四、碰撞检查应用案例

1. 概况

长沙 ××× 小区二期项目位于 ××× 区：项目地上 4 层、地下 2 层，高度 23 m，框架结构，建筑面积共计约 73 458.11 m^2，工程总造价约 24 800 万元。

2. 碰撞检查的应用目标和解决的难点问题

（1）碰撞检查在 BIM 咨询服务的应用目标

1）与设计方协调。根据业主所提供的建筑、结构、机电等专业图样搭建项目 BIM 模型，提供侦错服务及提交碰撞报告（包括三维模型碰撞报告），协助设计团队解决有关设计空间上的冲突；基于设计团队提供的信息建立及更新 BIM 侦错模型；在业主的要求下，为设计团队提供基于 BIM 模型的二维及三维图像。

2）深化设计管理及施工协调。基于 BIM 侦错模型，协助设计团队解决总包提出的问题并提供侦错服务；协助业主根据要求对现场沟通，进行 BIM 协调，确保 BIM 模型有效更新并解决相关问题。

3）完成和提供竣工模型。按照业主方指示（设计图样和变更），基于施工方所提交的深化设计图样更新 BIM 竣工模型；为业主物业管理团队等提供基础培训课程，使其掌握建筑信息模型的基本用法，具备查看模型和从模型中提取基本数据的能力。

（2）碰撞检查解决的难点问题。碰撞检查主要解决的问题是公共区域局部难以满足净高要求以及各专业模型之间的碰撞问题。下面举例说明。

1）问题一描述：新风管、送风管和排烟管发生碰撞，如图 4–2–13 所示。

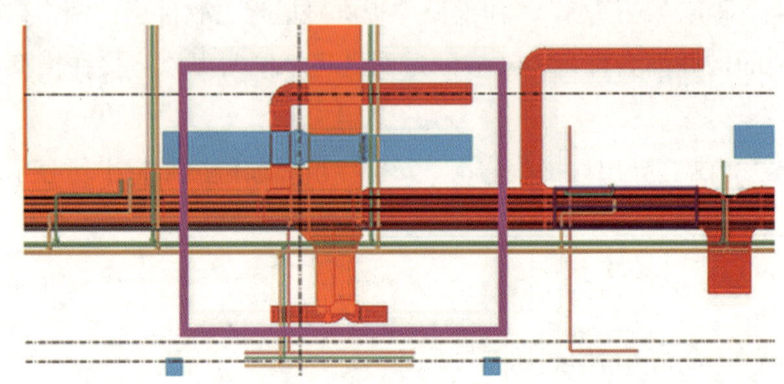

图 4–2–13　新风管、送风管和排烟管发生碰撞的模型图

解决方案：经与空调方设计师协调，新风管移至排烟管下方，相应风口向下移动，左右支管同时向下移动；送风管稍向左移动，如图 4–2–14 所示。

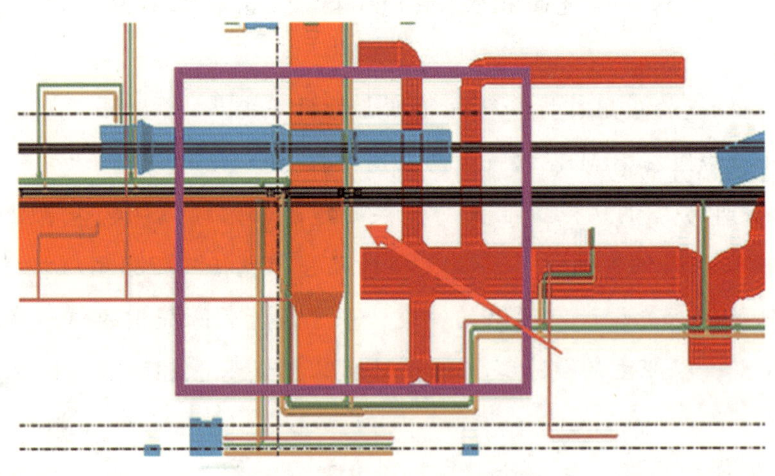

图 4–2–14　修改后的模型图

2）问题二描述：2–5 轴 ~ 2–8 轴交 1–A 轴 ~ 1–B 轴处，排烟管道与新风管道发生碰撞，如图 4–2–15 所示。

解决方案：对排烟管进行翻弯，如图 4–2–16 所示。

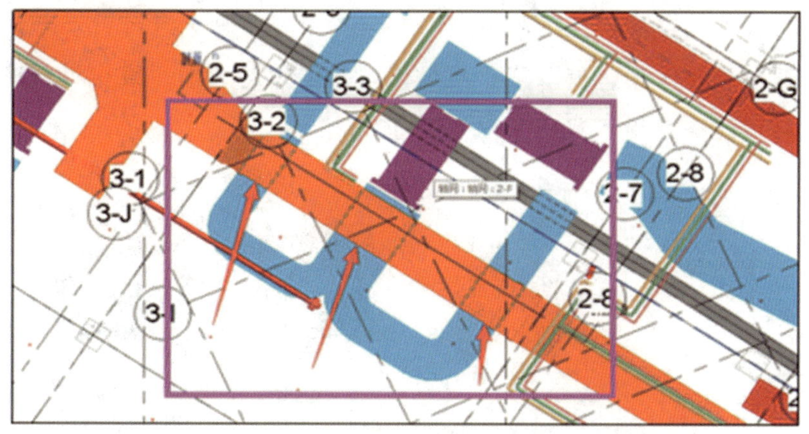

图 4-2-15　排烟管道与新风管道发生碰撞的模型图

图 4-2-16　修改后的模型图

3. 碰撞检查优化原理

（1）管线排布原则

1）总体原则。风管布置在上方（当有重力排水时，通风必须避让重力排水管道）。电管、桥架和水管在同一高度时，水平分开布置；在同一垂直方向时，电管、桥架在上，水管在下进行布置。综合协调，充分利用可用的空间。

2）避让原则。有压管让无压管，水管让风管，小管线让大管线，施工简单的避让施工难度大的；小管道避让大管道。

（2）分阶段将各专业模型进行综合碰撞检查，可提高 BIM 的工作效率。交叉作业，对碰撞、交叉部位进行预控和优化，并对安装分包单位进行交底，使后期的管道安装更合理、更美观。

（3）预演调整方案，有效减少现场返工，缩短总工期，减少材料浪费。

（4）碰撞检查应用流程图如图 4-2-17 所示。

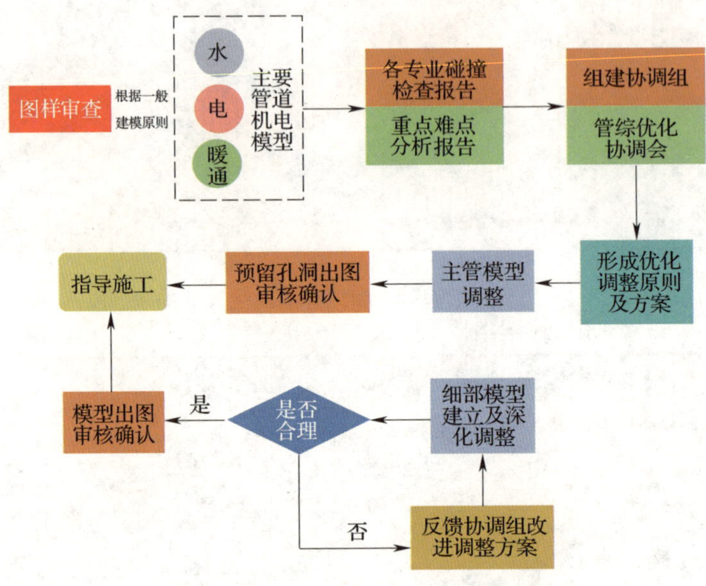

图 4-2-17　碰撞检查应用流程图

4. 项目中应用碰撞检查的方法

1）重大问题，需要业主协调各方共同解决。

2）由设计方解决的问题。

3）由施工现场解决的问题。

4）因未定因素（设备）而遗留的问题。

5）因需求变化而带来的新问题。

针对由设计方解决的问题，可以通过多次召集各专业骨干人员参加三维可视化协调会议的办法，把复杂的问题简单化，同时将责任明确到个人，从而顺利地完成管线综合设计与优化设计，以得到业主的认可。

5. 碰撞检查在项目中的应用

（1）图样会审。BIM 审图改变了传统的二维审图方式，以 BIM 模型为基础，摆脱了对经验的依赖。在工程建设前，用计算机代替人脑，提前模拟施工三维模型。

BIM 技术可快速、准确地利用软件的碰撞检查功能提前发现项目中存在的问题，并能在软件中一键返回到碰撞点，能快速修改碰撞点的问题，从而提高工作效率，减少工程变更，降低工程建设成本，提升项目管理能力。

本项目运用BIM技术进行图样会审，将三维模型作为多方会审的沟通媒介。BIM技术的应用让传统二维图样隐藏的专业配合碰撞、详图交代不清不全的问题都能直观地展示在BIM模型上，将遗留到施工配合阶段的问题得以提前解决。

审图各方可通过软件的碰撞检查进行，以直观地发现图样中不合理的地方，在会审前将图样中出现的问题在三维模型中进行标记。在会审时对问题进行逐个评审并提出修改意见，向各参建方展示图样中某些问题并提出修改意见。

通过在BIM中的漫游审查，发现净空设置等问题以及管道、管配件安装、操作、维修所必需空间的预留问题，极大地提高了模型的图样会审进度。

模型和图样的一致性审核工作也是BIM监理工作的重点内容。将设计院提供的模型和报审过的蓝图进行一致性检查，检查模型和图样中存在的问题，与设计院进行积极的协调反馈，将严重的问题消灭在施工前，可减少施工协调的时间与成本，提高BIM模型的质量。

（2）预留洞口。在BIM模型管线得到优化后，预留洞口出具平面图、剖面图、轴测图，最终经过相关单位和部门审核通过后交付项目部。其使用价值如下。

1）大幅提高预留洞口的准确性，降低洞口预留错误及返工重做的概率。

2）有效节约材料成本，缩短工期。

3）节约成本。根据以往的施工经验，在机电预埋及安装过程中，容易出现因审图不仔细或设计沟通差错而导致的机电失误，引起机电加工错误、预埋错误、安装错误等问题，从而增加大量的工程成本。

（3）综合优化。为避免现场施工中各个系统的冲撞，要求在项目前期对项目的管线进行综合优化，避免净空下降而影响建筑物的观感和使用效果。因此，应根据需要对各专业管线设备在空间上的排列走向进行优化，以提高净空高度，保证管线综合布置的可行性、美观性及实用性。

第三节 各专业协同建模

由于建筑工程的复杂性，通常需要建筑、结构、给排水、设备等各专业人员共同参与项目的实施，在传统设计模式下，项目都是分专业开展工作的，各专业之间没有紧密地结合起来，是一种点到点的方式，因而会导致沟通障碍，容易引起设计上的错误。BIM 提出了一种新的解决方案——协同工作，其特点是由点到中心，所有的设计人员都是在同一个整合的模型文件下进行工作，常见的协同方式有链接文件、中心文件。

一、坐标常见概念

1. 坐标系的类型

在协同工作中，坐标具有非常关键的作用，这里需要掌握几个基本的坐标系，不同软件的设置特点可能不一样，但其原理都是一样的。

（1）用户坐标系（User Coordinate System，UCS）。该坐标系相当于在图样中设定一个坐标原点，并以此作为项目的基点。

（2）世界坐标系（World Coordinate System，WCS）。该坐标系是一般 BIM 及相关软件默认的一个坐标系，其原点和坐标轴都是绝对固定的。

（3）笛卡尔坐标系（Cartesian Coordinate System，CCS），又称直角坐标系。该坐标系由一个原点［坐标为（0，0）］和两个通过原点的、相互垂直的坐标轴构成。其中，一个为水平向右的 X 轴，另一个为垂直向上的 Y 轴。例如，某点的坐标为（1，5）。

以 Revit 坐标系统为例，在 Revit 中有两个定位点（项目基点和测量点），其作用是帮助实现各部分之间的定位，软件默认它们在同一个位置，并且位置数值都为 0，这里应把它们移开以便于观察，如图 4–3–1 和图 4–3–2 所示。项目基点能体现三个方向的坐标值和相对正北的角度，并且其坐标值是有对应数值的；而“测量点”所有的数值都为 0。测量点和项目基点的关系是：测量点的移动会影响项目基点的坐标，且测量点移动后的坐标还为0，而项目基点是相对于测量点的坐标。

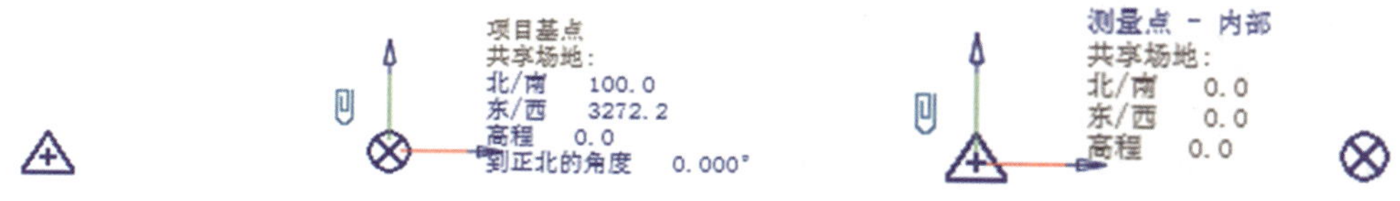

图 4-3-1 项目基点示意图

图 4-3-2 测量点示意图

在项目开始设计之前，通常会先取一个点作为整个项目的基准点，其他建筑的位置都是相对此基准点来定位的。

2. 共享坐标系

如图 4-3-3 所示，在一个完整的项目中，会存在很多个单位工程，这些单位工程的模型不是在一个项目文件中完成的，如果希望模型位置能被其他链接模型所识别，则需要共享坐标，以便更好地整合模型。

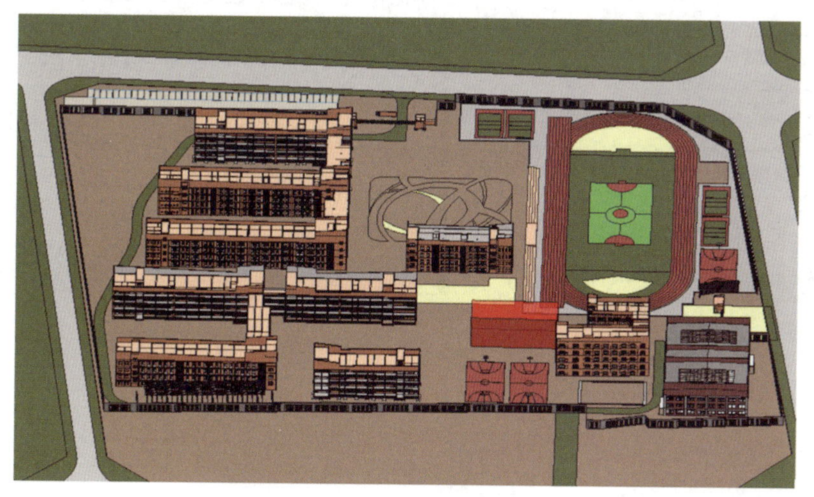

图 4-3-3 某学校项目模型

举一个简单的例子，在完成整个项目后，在 Revit 中新建一个项目文件，链接“小学教学楼二”，通过手动把“小学教学楼二”移到总图（见图 4-3-4）的位置上，再找到“管理”选项卡下“坐标”—“发布坐标”（见图 4-3-5），在当前的场地坐标下进行复制（见图 4-3-6），将它命名为“小学教学楼二”，将项目文件关闭，再次打开，链接“小学教学楼二”，把链接的定位方式切换为“自动 - 通过共享坐标系”，这样就能将其自动地定位到正确的位置上。通过报告共享坐标还可以查询链接文件中某个点的位置信息和高程。

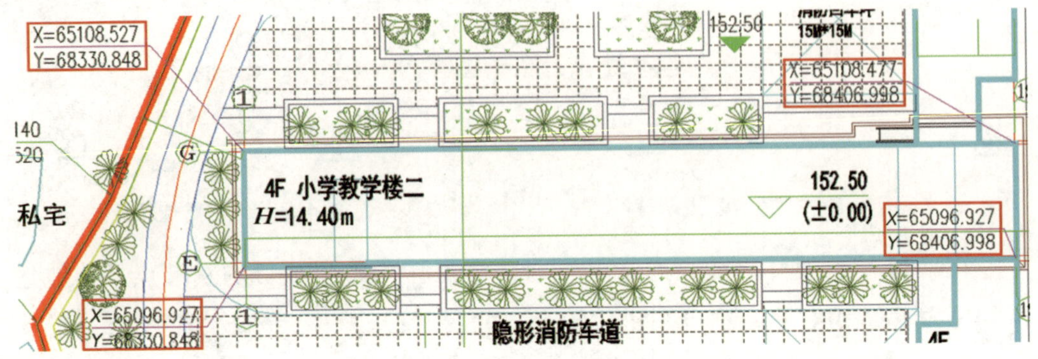

图 4-3-4 项目总图

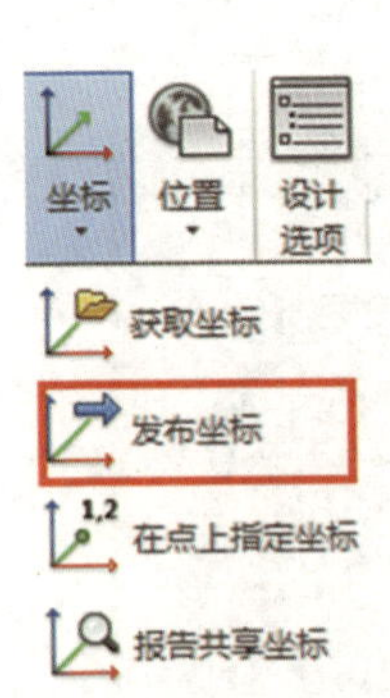

图 4-3-5 “发布坐标”选项

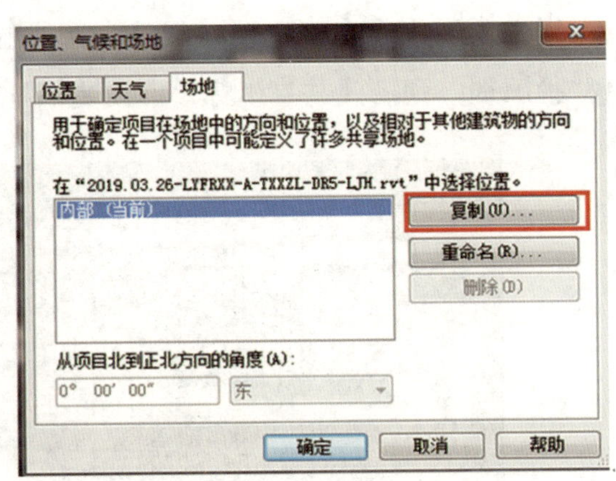

图 4-3-6 “位置、气候和场地”面板

二、模型链接的方式与管理

1. 模型链接的方式

在 Revit 模型的建立过程中经常要用到模型链接功能。早期使用 AutoCAD 的时候，大家已经习惯了用参照文件，其应用范围相当广泛。Revit 的链接文件功能原理与之非常类似。如图 4-3-7 和图 4-3-8 所示，二者的相同点都是将外部的文件暂时保留在本项目中，而没有将其作为本项目的一部分。在将本项目发给其他设计师的时候，需要把引入的文件一起“打包”给对方，否则对方打

开之后会看不到，在被引入的文件更改之后，只需要更新参照或链接文件，在此项目中就能对应地看到变化。此外，它们都需要设置一个定位点来确定被引入文件的位置，不同的是 AutoCAD 中可以在引入的时候指定图样的比例，可以指定坐标点，而 Revit 提供了六种定位方式。下面参考官方给出的解释。

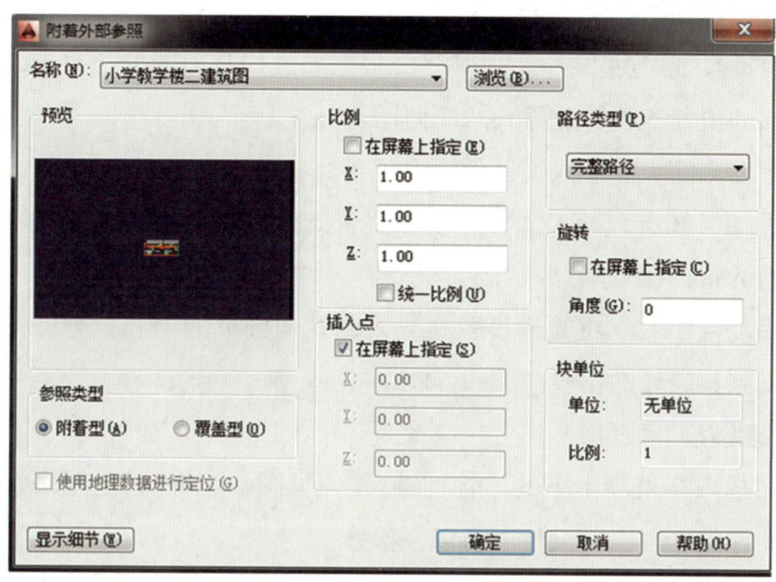

图 4-3-7　AutoCAD 引入参照文件

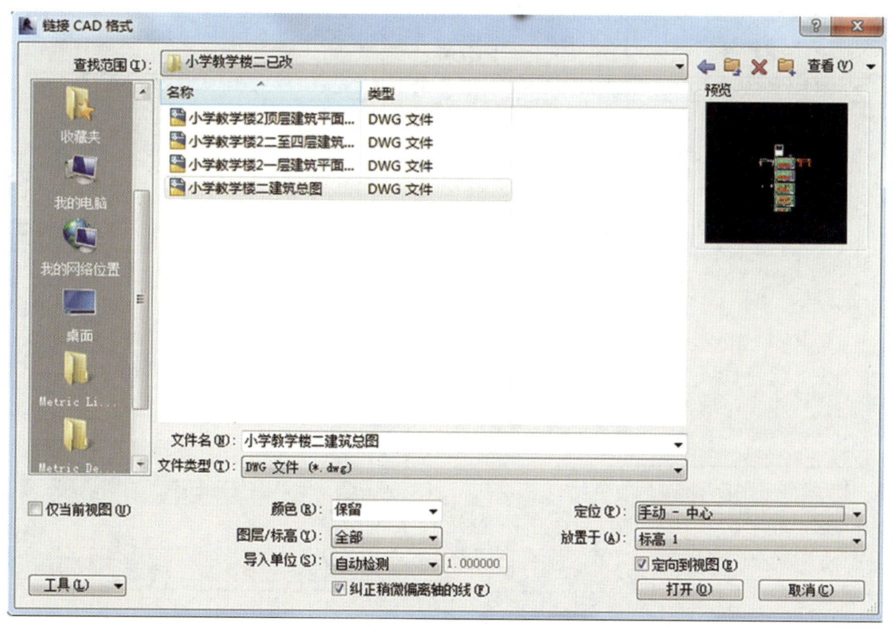

图 4-3-8　Revit 链接 AutoCAD 文件

（1）自动 – 中心到中心。Revit 将导入项的中心放置在 Revit 模型的中心。模型的中心是通过查找模型周围边界框的中心来计算的。

（2）自动 – 原点到原点。Revit 将导入项的全局原点放置在 Revit 项目的内部原点上。如果所绘制的导入对象距原点较远，则可能会显示在距模型较远的位置上。

（3）自动 – 通过共享坐标。Revit 会根据导入的几何图形相对于两个文件之间共享坐标的位置，放置此导入的几何图形。

（4）手动 – 原点。导入文件的原点位于光标的中心。

（5）手动 – 基点。导入文件的基点位于光标的中心。该选项只用于带有已定义基点的 AutoCAD 文件。

（6）手动 – 中心。将光标设置在导入的几何图形的中心。可以将导入的几何图形拖曳到其应处的位置。

2. 管理链接

Revit“插入”选项卡下的“管理链接”（见图 4–3–9），是用来管理链接进来的各种文件的，可以对文件进行以下操作。

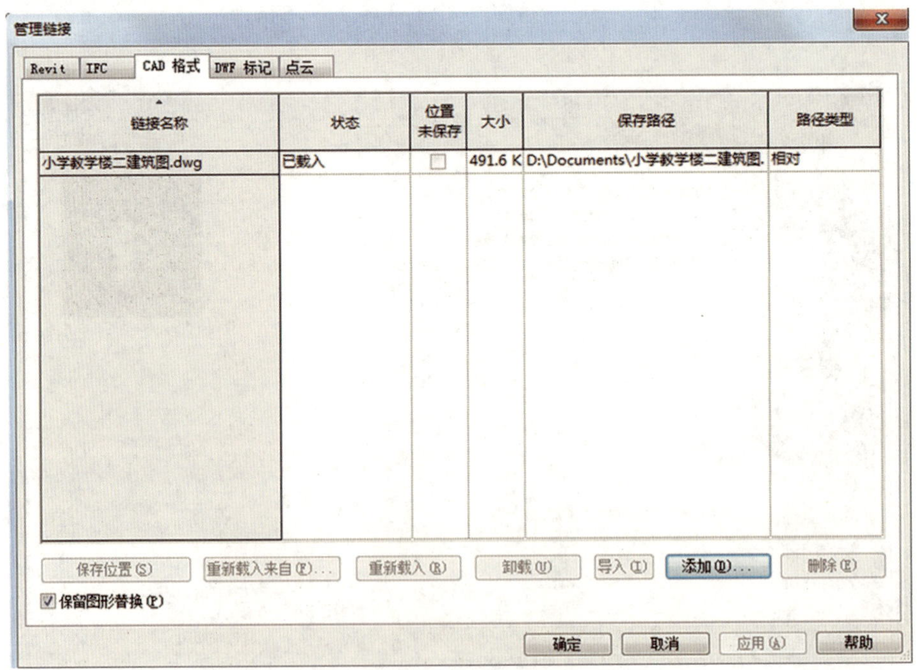

图 4–3–9 Revit“管理链接”对话框

（1）“删除”。从项目中彻底删除链接文件，需要重新链接进行恢复。

（2）“添加”。可以新链接 Revit、IFC、CAD 等文件到项目中。

（3）“卸载”。和删除不一样，它只是删除了文件在项目中的显示，在“管理链接”中仍然可以看到。

（4）“重新载入”。在模型中链接的文件被“卸载”或在原文件中被修改过，“重新载入”最新版本的链接文件。

（5）“重新载入位置”。更改链接的路径（如果链接文件被移动）。

三、模型数据的导入与导出

1. 模型数据的导入

各种软件都有自身支持的软件格式，一个软件所支持导入的格式直接影响与其他软件交互的深度和广度。例如，设计师在 A 软件中创建了一部分模型，又在 B 软件中创建了另一部分模型，可 A 软件所创建的模型不能导入 B 软件，这将会影响模型的整合。值得注意的是，模型所携带的数据是否能一起导入也至关重要，因为模型只是数据的载体，只有里面的数据才是真正具有价值的。例如，Revit 软件支持的导入格式（不同的版本之间可能会存在一些差别），以及其他软件对它的支持。

如图 4-3-10 所示，Revit“插入”选项卡包括了 Revit 软件文件交互的方式。

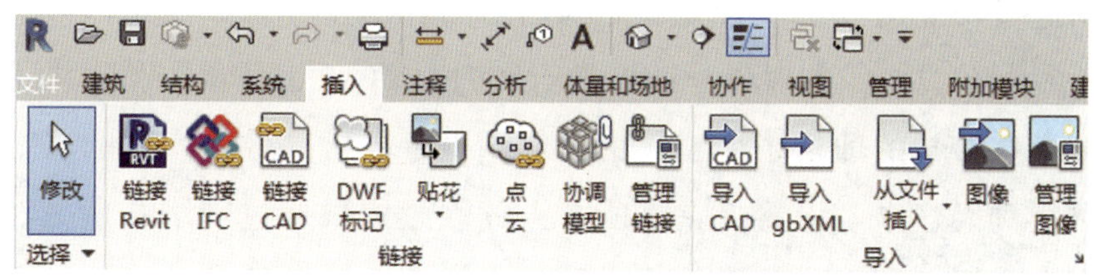

图 4-3-10 Revit“插入”选项卡

下面列举几种常见的格式。

（1）IFC 是一种应用于建筑工程的格式，它的特点是公开、开放，目前 BIM 的很多软件都支持 IFC 格式。

（2）DWG 是二维图样表达使用最为广泛的格式之一，在输入和输出中都有非常重要的作用。

（3）DWF 文件不同于 DWG 文件，它需要用专用的查看器打开，Revit 支持对它的参考。DWF 本身也是不允许修改的，它是一种安全的格式，是专为交流设计数据而设计的。

（4）JPG 和 PGN 是常见的图片格式，是做视觉表现非常重要的元素，在一些材质库中也能找到它们。

（5）点云数据是通过三维扫描仪获取海量的点的坐标数据，通过处理可以使之成为可参考的模型，常见的格式有“rcp”“rcs”。

2. 模型数据的导出

软件的“导出”功能可将模型输出到其他软件中去，这里不再对导出的格式赘述。由于现在的很多软件都是开放的，允许开发者对其进行二次开发，所以，目前也有非常多的插件可以支持导出更多的格式，这和导入是有区别的（导入支持的格式，软件限定了格式）。有了二次开发的插件，就给软件之间的交互提供了非常多的可能性，使得数据可以在更多的软件之间进行传递。

四、数据协同

1. Revit 的协同机制

使用链接功能可以实现各专业之间的协同和模型整合，但是，为了更进一步地实现多人在线协作并对设计结果进行实时互动，“工作集”就提供了解决方案。在多专业参与的项目中，工作集的使用也是非常高效和实用的。工作集需要由项目负责人建立和设置，它将所有人的修改成果通过网络共享文件夹的方式保存在中央服务器上，并将他人设计的成果实时反馈给参与设计的用户，以便在协同设计时可以及时了解他人所作的更改。要启用工作集，就必须指定共享文件存储的位置，以及参与工作的人员权限。工作集必须是多人共同工作。

这里用 Revit 工作集功能举例说明具体操作环节。也有许多软件具有类似的功能，如 ArchiCAD、Tekla 协同工作等。

打开所要启用工作集的项目文件。可以先为项目创建好标高和轴网等基本定位信息，再启用工作集。在“协作”选项卡的“管理协作”功能栏中单击“工作集”，弹出“工作共享”对话框。Revit 会自动将项目中已有标高和轴网对象移动到“共享标高和轴网”默认工作集中，其余对象将移动到“工作集 1”（默认名称）中。用户可以根据需要自行定义各工作集名称。单击“确定”按钮，Revit 将弹出“工作集”对话框，如图 4-3-11 所示。在“工作集”对话框中可以为项目新建多个工作集。需根据项目的协同设计情况为工作集命名。新建的工作集都将属于其创建者，且均为可编辑。完成后单击“确定”按钮，完成工作集设置。

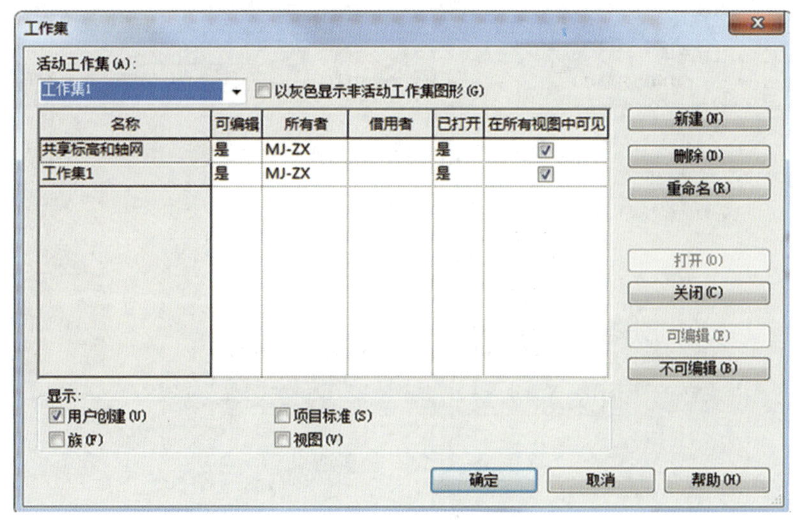

图 4-3-11 “工作集”对话框

单击保存项目文件。当第一次保存工作集时，Revit 会弹出如图 4-3-12 所示“将文件另存为中心模型”对话框。单击“是”按钮，可将工作集按项目相同的位置保存为“中心文件”；如果希望在指定位置保存为中心文件，应单击“否”按钮，并选择应用程序菜单中的“另存为”—“项目”命令，在指定位置保存为中心文件。作为中心文件，其他用户必须有权限访问读位置。可以利用网络服务器的共享文件夹存储中心文件。

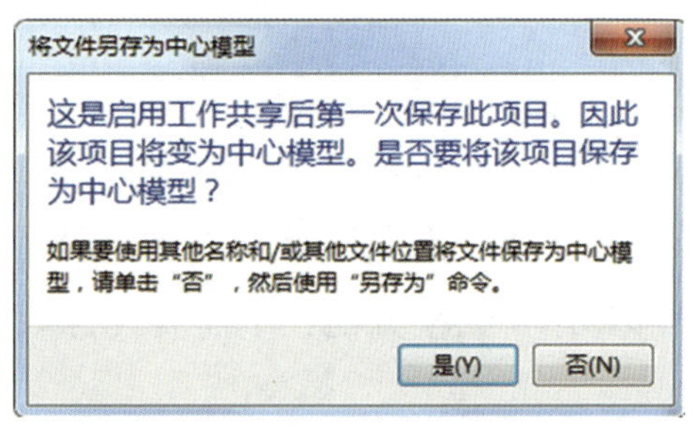

图 4-3-12 “将文件另存为中心模型”对话框

其他参与项目的人员需要工作时，

可各自在 Revit 里面打开项目，在网络位置找到中心文件，如图 4–3–13 所示，选中“新建本地文件”复选框，单击“打开”按钮，把新建的项目文件保存到本地，这样，就使其他专业的设计师可以相互独立地在工作集内进行操作了。在设计时，各专业需要在工作集选项中添加对应的工作集，如果要编辑其他所有者工作集里的构件时，需要放置请求，同时，所有者会收到提示（见图 4–3–14），在关闭中心文件之前，应该先单击协作选项卡中的与中心文件同步，再关闭文件。

图 4–3–13　“新建本地文件”复选框

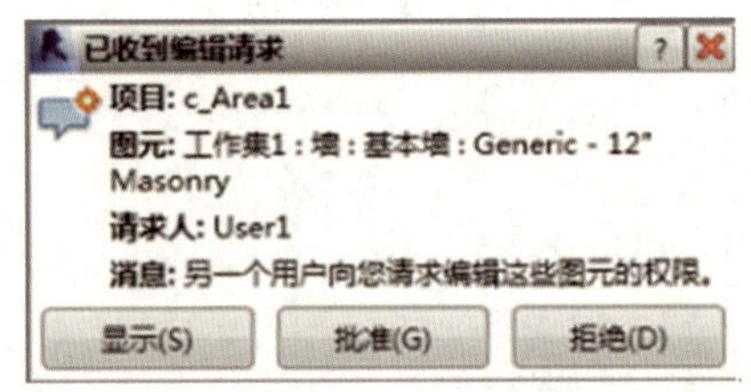

图 4–3–14　放置请求

2. Tekla 的协同机制

Tekla 是一款优异的结构 BIM 软件，其协同设计没有太复杂的选项。流畅使用协同工具主要依赖的条件是好的管理模式，如良好分工协作与责任体系，可确保不同的用户体系之间没有重叠和遗漏。图 4–3–15 所示是 Tekla 的协同架构图。

与同类产品相比，Tekla 具有以下特点。

（1）不用跟踪控制，软件在保存或者编号时会自动判别区域冲突并进行提醒。

（2）直接在共享计算机上打开，本地硬盘会留下 TEMP 的备份文件，多用户和单用户切换方便，不需要设计太多的复杂设置，只需简单地另存即可。

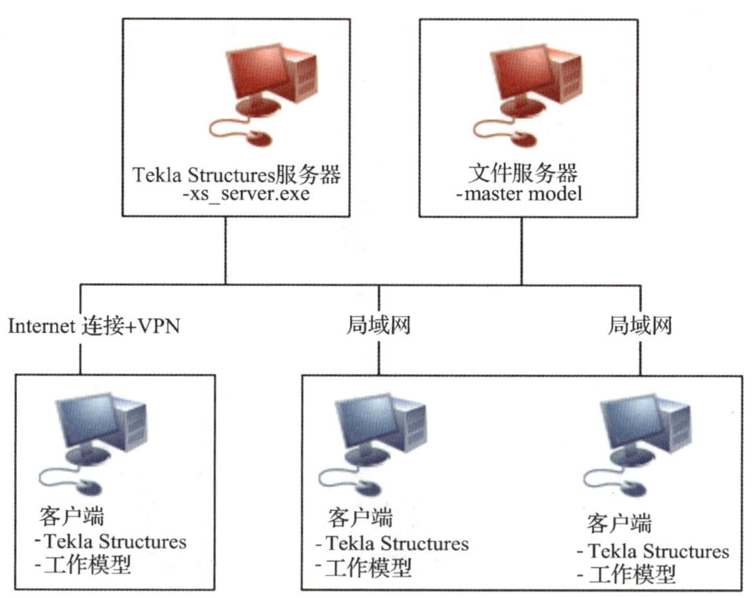

图 4-3-15　Tekla 协同架构图

（3）独立存储故障记录文件，模型中和模型外都有历史收集功能，可便于检索故障及追溯不同用户的创建、修改痕迹。

在协同过程中，BIM 项目经理拿到项目后根据图样做好合理分工，多用户协同时需要先为每个用户设置一个合适的计算机名称用以标识不同的工程师，在局域网内做好网络设置，如局域网的 IP 地址需要固定，避免因为 IP 的调频而链接不到共享模型，所有的计算机 IP 都有共同子网掩码，建议放置在作为公司 Server 系统的服务器上。

3. ArchiCAD 的协同机制

ArchiCAD 的协同与 Revit 有相似之处，可以应用热链接和团队合作的协同模式，并能够根据元素的协同模式，让设计人员在设计时沟通更灵活，保证所有的人都能看到最新的元素形态，团队成员可随时检查项目当前的状态。基于元素和社交通信工具相结合的协同模式（见图 4-3-16），是 ArchiCAD 服务器协同架构。

同时，根据项目需要在服务器存储中心文件，而后进行本地文件与中心文件的同步传递。为了避免与其他团队成员发生冲突，必须在项目分工开始之前，由项目经理保存项目的创建模板和中心文件；如果要检查其他成员的工作情况，就必须先同步中心文件并保存才能查看模型的最新状态。

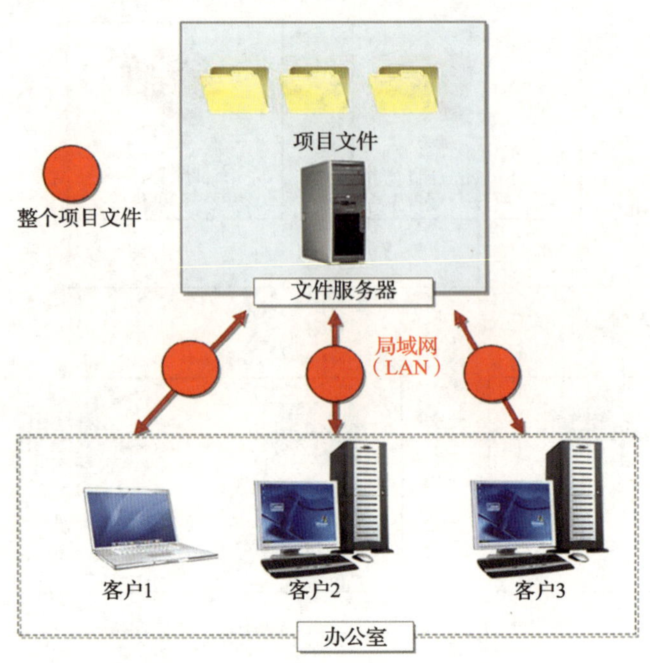

图 4-3-16　ArchiCAD 服务器协同架构

ArchiCAD 可以在断网离线状态下继续工作，由用户创建新的元素模型，当网络恢复时便自动更新离线状态下完成的工作，同时，ArchiCAD 采用了 Delta—服务器的增量传输技术，服务器在联网时会比较本机文件和服务器文件的差异，从兆字节缩小到千字节，只增量传输变化的部分，大大降低了协同对网络的依赖，提高了传输的速率，因此，无论在工地还是在网络信号较弱的山区办公，增量传输都让任何区域的协同工作变成了可能。

五、项目样板文件

ArchiCAD、AutoCAD、Tekla、Revit 等一些常用软件在新建项目时，都需要先选择一个项目样板文件作为初始条件。在 Revit 新建项目时，需要以一个名为“rvt”的文件作为初始条件，这个文件就是“项目样板文件”。Revit 的样板文件与 AutoCAD 的“dwt”文件类似。样板文件决定了新建文件的初始参数，它一般包括项目的单位、线型设置、显示设置、视图比例、项目的基准定位点、预载入的图元以及各种需要用的设计选项。如图 4-3-17 所示，Revit 软件自身默认会有“构造样板”“建筑样板”“结构样板”“机械样板”，针对不同的项目类型，可以选择所需要的样板；同时，Revit 也允许用户自定义样板文件的内容，让样板更符合个人和公司的需求。项目样板为的是统一标准，从而使设计更加便利，以减少过程中的重复劳动，并提升设计效率。

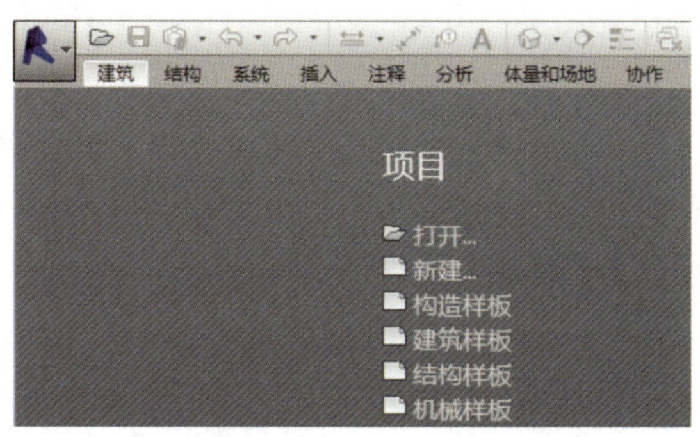

图 4-3-17　Revit 初始界面

项目开始之前需要根据其特性提前准备项目样板文件，以便开展接下来的工作。项目样板文件设置的整体思路是一样的，可以分专业来设置，而对于公共部分的设置则是可以通用的。创建项目样板文件的大致思路及内容如图 4-3-18 所示。

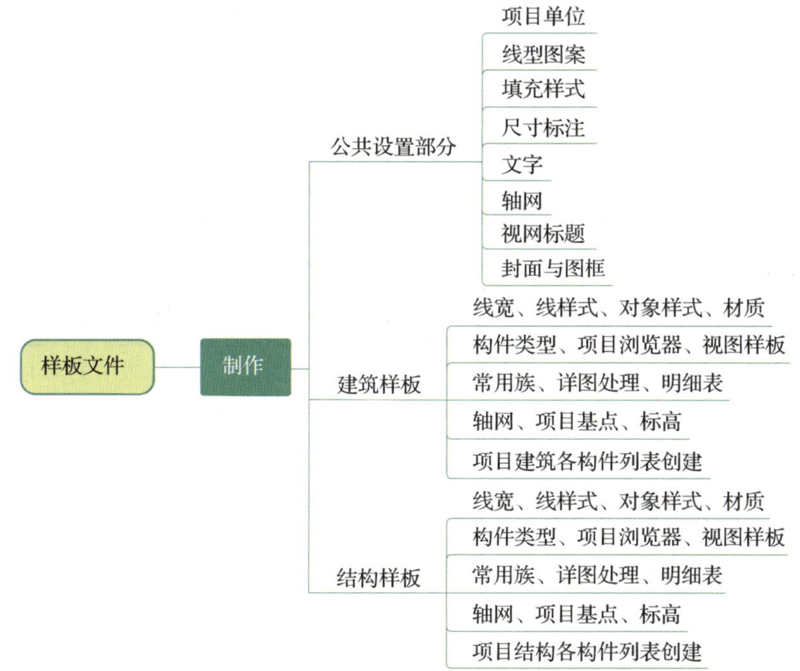

图 4-3-18　项目样板文件设置思路及内容

六、模型细度与制图标准

1. 模型细度

建筑信息模型中模型的细致程度叫作模型细度。在概念设计、初步设计、施工图设计等不同阶段，随着项目的逐步深入，各阶段所要求的细度是不同的，其对应的模型单元的信息表达也有着不同的要求。在概念设计阶段，可能只需要表达一个建筑的基本体量信息（如长、宽、高、体积、位置等）就足够了，以作为初步的设计依据。而在施工图设计阶段，就需要对构件的细部尺寸进行详细的设计、说明，构件包含的信息也应更加丰富。美国建筑协会（AIA）对 BIM 模型在不同阶段的界限以及各阶段的构件所应包含的信息定义为五个级别，分别为 LOD100、LOD200、LOD300、LOD400、LOD500。我国国家标准《建筑信息模型设计交付标准》（GB/T 51301）对模型的精细度定义了四个等级（见表 4–3–1），对模型的几何精度表达也定义了四个等级（见表 4–3–2），具体可详参标准图集。

表 4-3-1　　模型的精细度等级

等级	英文名	代号	包含的最小模型单元
1.0 级模型精细度	Level of Model Definition 1.0	LOD1.0	项目级模型单元
2.0 级模型精细度	Level of Model Definition 2.0	LOD2.0	功能级模型单元
3.0 级模型精细度	Level of Model Definition 3.0	LOD3.0	构件级模型单元
4.0 级模型精细度	Level of Model Definition 4.0	LOD4.0	零件级模型单元

表 4-3-2　　模型的几何精度等级

等级	英文名	代号	几何表达精度要求
1 级几何表达精度	Level 1 of geometric detail	G1	满足二维化或者符号化识别需求的几何表达精度
2 级几何表达精度	Level 2 of geometric detail	G2	满足空间占位、主要颜色等粗略识别需求的几何表达精度
3 级几何表达精度	Level 3 of geometric detail	G3	满足建造安装流程、采购等精细识别需求的几何表达精度
4 级几何表达精度	Level 4 of geometric detail	G4	满足高精度渲染展示、产品管理、制造加工准备等高精度识别需求的几何表达精度

2. 制图标准

为了规范建筑工程的模型制图表达，提高设计效率，适应工程建设的需求，制定相应的制图标准。在房屋建筑制图统一标准中，对图幅、标题栏、会签栏、图线、图样排序、字体、比例、符号、尺寸标准等都有着相应的规定，具体可参考《房屋建筑制图统一标准》（GB/T 50001）。建筑信息模型中的制图标准对工程项目各阶段的模型单元几何表达精度作出了比较详细的说明。表 4-3-3 是在 G1、G2、G3、G4 四个阶段中，外墙在建模过程中所需要的几何表达精度要求。对于颜色、命名规则、属性信息的表达、装配式建筑部件的表达等，具体可参考《建筑工程设计信息模型制图标准》（JGJT 448）。

表 4-3-3 外墙的几何表达精度要求

模型单元	几何表达精度	几何表达精度要求
外墙	G1	● 宜以二维图形表示
	G2	● 应体量化建模表示空间占位 ● 宜表示核心层和外饰面材质 ● 外墙定位基线宜与墙体核心层外表面重合，如有保温层，宜与保温层外表面重合
	G3	● 构造层厚度不小于 20 mm 时，应按照实际厚度建模 ● 应表示安装构件 ● 应表示各构造层的材质 ● 外墙定位基线应与墙体核心层外表面重合，无核心层的外墙体，定位基线应与墙体内表面重合，有保温层的外墙体定位基线应与保温层外表面重合
	G4	● 构造层厚度不小于 10 mm 时，应按照实际厚度建模 ● 应按照实际尺寸建模安装构件 ● 应表示各构造层的材质 ● 外墙定位基线应与墙体核心层外表面重合，无核心层的外墙体，定位基线应与墙体内表面重合，有保温层的外墙体定位基线应与保温层外表面重合 ● 当砌体垂直灰缝大于 30 mm，采用 C20 细石混凝土灌实时，应区分砌体与细石混凝土

第四节 施工图应用注释

一、视图的基本设置

在绘制施工图前，首先要根据施工图的规范要求，设置每个对象的视图线型图案及颜色。在传统 CAD 中，都是通过图层属性对不同图元进行归类及显示样式设定的，但 Revit 中取消了图层这个概念。在 Revit 中使用对象类型和子类别代替 CAD 中的图层，以其控制不同构件的颜色、线型等设置，如图 4-4-1 所示。

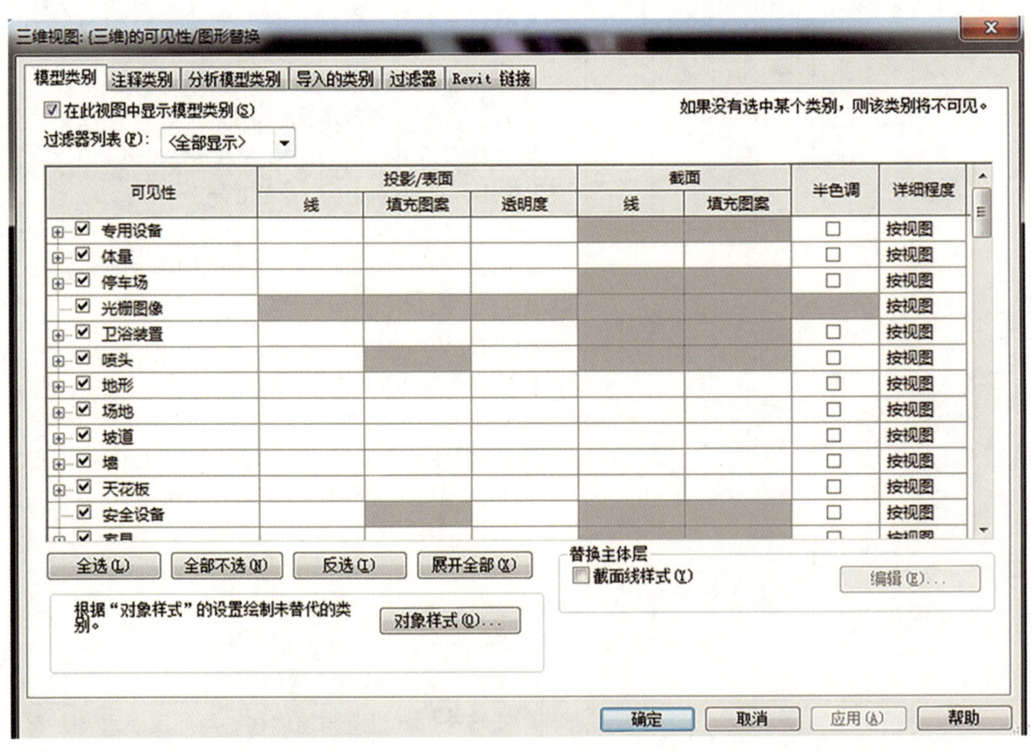

图 4-4-1 对象类型和子类别

设置图元样式的方法有两种，分别是通过“对象样式管理”和“可见性/图形替换”工具来实现的，但这两种工具之间的设置不能同时使用。Revit 默认在各个视图中均按照对象样式设置执行。如果在视图中选择的是“可见性/图形替换”设置，那么对象样式在当前视图中不能产生作用。

出图时还应根据CAD的制图标准设定Revit中对象的颜色、线型和线宽等。下面详细介绍设定对象样式是如何应用到视图中的。

通过对象样式控制线型，是在选择功能区依次单击“管理”—“对象样式”命令，打开“对象样式”对话框，可以分别对模型中的对象、注释等进行线型、线宽、颜色、图案等的控制，如图4-4-2所示。

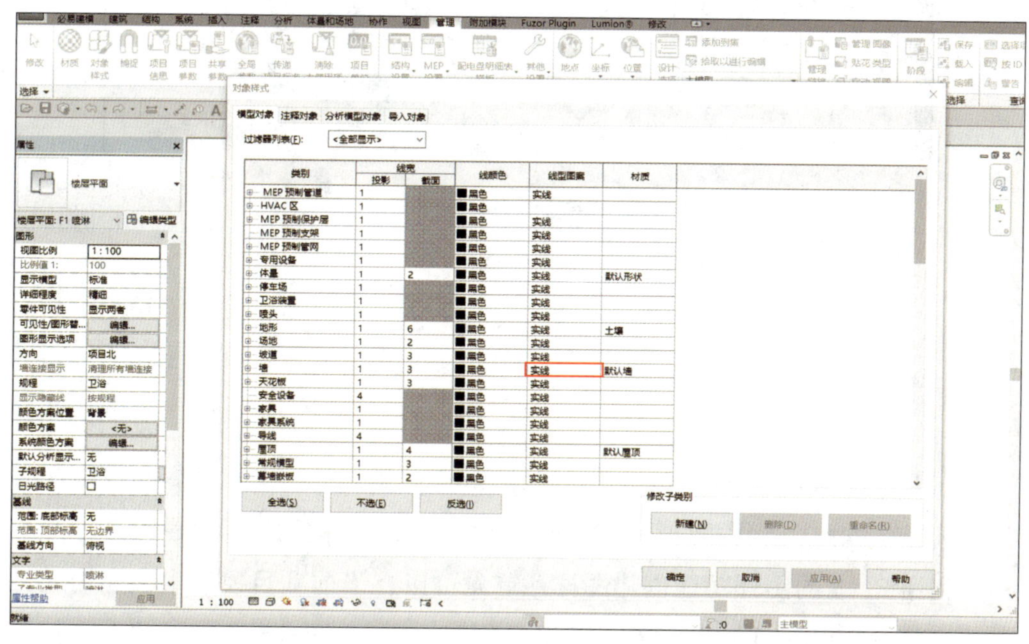

图4-4-2 “对象样式”设置

需要注意的是，这里的线宽所用数值是线宽的编号而非实际线的宽度，如墙线宽的投影是4，代表的是使用了4号线宽，而实际线的宽度在另外的线宽设置里。

控制线宽的方法是依次单击功能区“管理”—“其他设置”—“线宽”命令。

Revit分别对模型线宽、透视图线宽、注释线宽进行设置，若存在某些编号较大的线条，还需对应不同的视图比例设置不同的线宽，可以根据需要修改、增加或删除这些参数。线宽设置如图4-4-3所示。

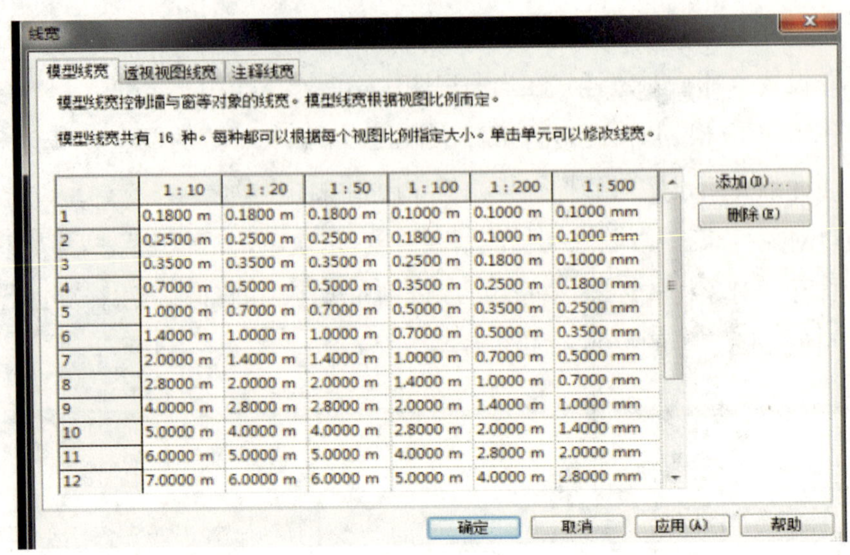

	1:10	1:20	1:50	1:100	1:200	1:500
1	0.1800 m	0.1800 m	0.1800 m	0.1000 m	0.1000 m	0.1000 mm
2	0.2500 m	0.2500 m	0.2500 m	0.1800 m	0.1000 m	0.1000 mm
3	0.3500 m	0.3500 m	0.3500 m	0.2500 m	0.1800 m	0.1000 mm
4	0.7000 m	0.5000 m	0.5000 m	0.3500 m	0.2500 m	0.1800 mm
5	1.0000 m	0.7000 m	0.7000 m	0.5000 m	0.3500 m	0.2500 mm
6	1.4000 m	1.0000 m	1.0000 m	0.7000 m	0.5000 m	0.3500 mm
7	2.0000 m	1.4000 m	1.4000 m	1.0000 m	0.7000 m	0.5000 mm
8	2.8000 m	2.0000 m	2.0000 m	1.4000 m	1.0000 m	0.7000 mm
9	4.0000 m	2.8000 m	2.8000 m	2.0000 m	1.4000 m	1.0000 mm
10	5.0000 m	4.0000 m	4.0000 m	2.8000 m	2.0000 m	1.4000 mm
11	6.0000 m	5.0000 m	5.0000 m	4.0000 m	2.8000 m	2.0000 mm
12	7.0000 m	6.0000 m	6.0000 m	5.0000 m	4.0000 m	2.8000 mm

图 4-4-3 “线宽”设置

二、图样布置

在 Revit 中布置图样，Revit 中的视图都存在不同的视图比例，布置图样时只需选择合适大小的图框即可。Revit 中所使用的图框被称为标题栏族。

利用 Revit 的图样功能创建图样，首先可以在当前项目模型中预先输入一些项目信息，如项目名称、客户姓名、项目地址、出图日期等。这些基本信息一旦被录入，以后每张图样就都会自动生成这些内容，而无须再单张依次输入。

添加项目参数的方法是依次单击选择功能区“管理”—“项目信息”命令，在“项目属性”窗口输入相关项目信息，单击“确定”按钮完成设置。

完成上述项目信息设置后，就可以创建图样了。Revit 的图样与视图和明细表是相互关联的，或者说 Revit 的图样是视图和明细表的“容器”。例如，把面视图、立面视图等拖曳到图样中，就形成了 Revit 的图样；如果在项目中将其删除，那么图样上存有的这个视图就随之消失。以下是创建图样的具体步骤。

步骤 1：切换到“视图”选项卡，接着在“图纸组合”栏中单击“图纸”按钮，选择合适的标题栏（图框）。

需要注意的是，“名称”有些不是普通的文字而是族参数，Revit 就是利用这些族参数实现图样自动管理的。可以根据需要调整图样标签的格式以及这些族参数的位置，但千万不要删除族参数，否则图样的自动管理功能将无法实现，除非真的确认不需要某些参数。编辑完成后进行保存，这样，在项目中进行图样创建时就可以使用符合企业要求的图框了。图框如图 4–4–4 所示。

建筑		强电	
结构		弱电	
卫浴		暖通	
项目编号	项目编号	方案	方案
专业	专业	项目状态	进行中
图纸名称	未命名		
出图日期	19/01/19		
图纸编号	A001		

图 4–4–4 图框

步骤 2：在项目浏览器的图样分类里出现新建的图样，选中该图样，在属性窗口中可以修改相关的信息。

步骤 3：在图样上放置视图。在图样上放置视图有以下两种方法。

方法一：在“项目浏览器”界面中，直接把视图拖曳到建立好的图框内，如图 4–4–5 所示。

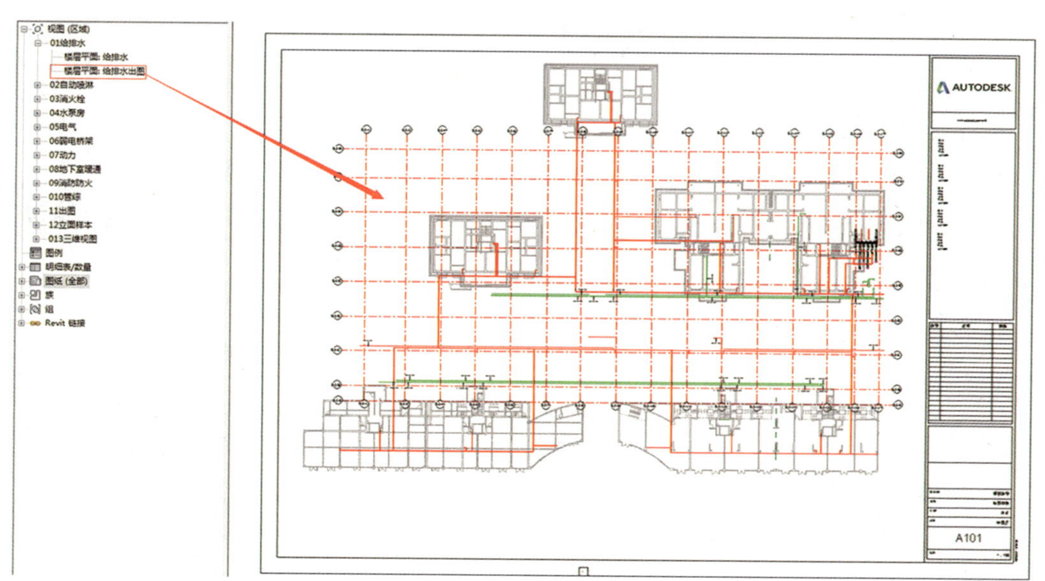

图 4–4–5 把视图拖曳到图框

方法二：选择功能区“视图”—“视图”命令，在弹出的“视图”窗口中选择要放置的视图，单击“在图样中添加视图”按钮放置视图，如图 4–4–6 所示。

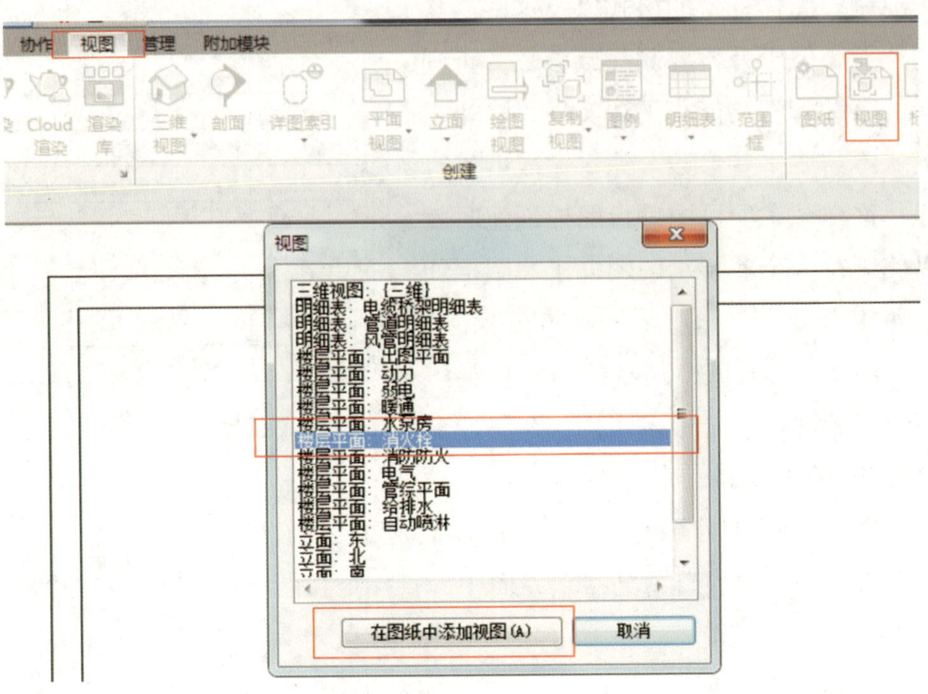

图 4-4-6　选择视图

步骤 4：如果对所放置的位置不满意，还可以选中视图继续拖曳，并调整其比例，如图 4–4–7 所示。

需要注意的是，在 Revit 中创建好图样后，其并不符合传统 CAD 图样标准，这是因为添加的视图中的所有内容都会显示在当前视口中。添加到图纸中的平面视图会把裁剪框和立面符号都显示出来，如图 4–4–8 所示。

步骤 5：对于视图中不需要出现的内容进行清理。先选中该视口，单击功能区“修改”—“激活视图”命令，在视图激活状态下，该视口会高亮显示，并可以直接修改设置成图样所需要的格式。如在视图属性栏中取消选中“裁剪区域可见”复选框，之前的裁剪框就不见了，如图 4–4–9 所示。

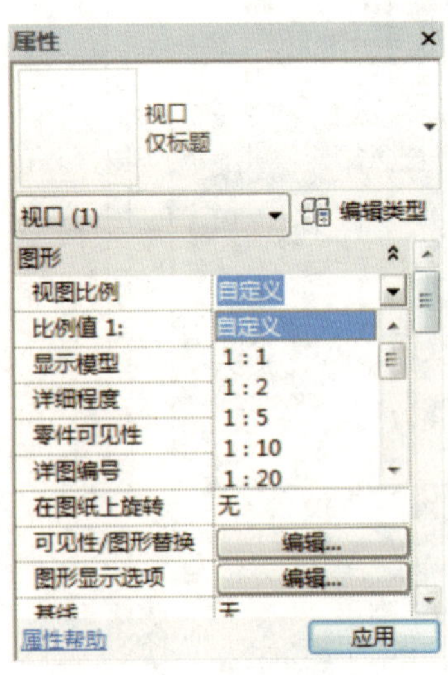

图 4-4-7　调整视图比例

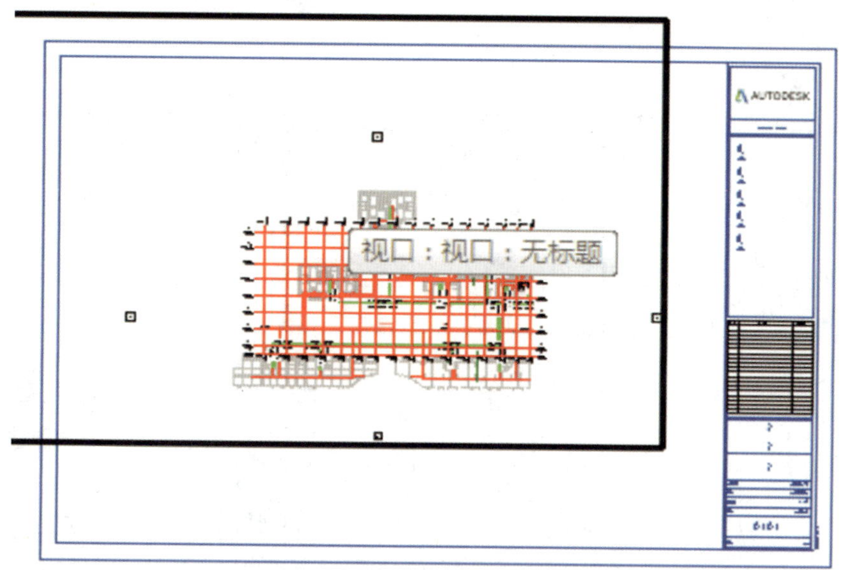

图 4-4-8　原有的图样显示

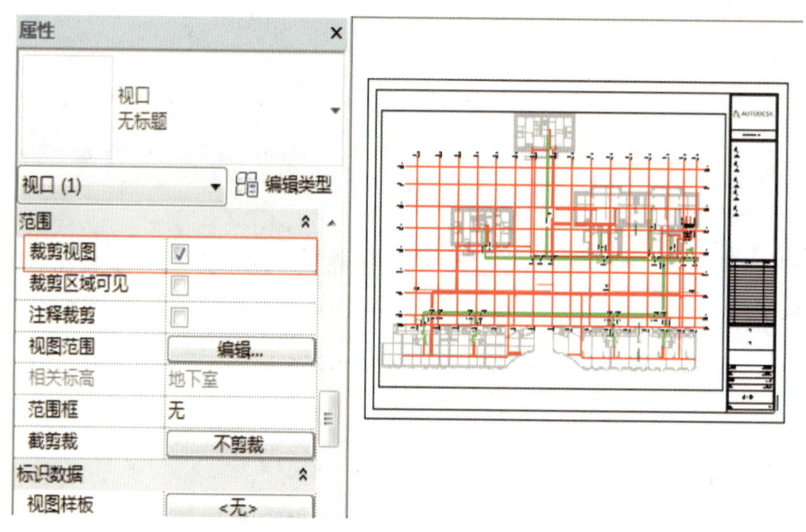

图 4-4-9　取消裁剪框显示

步骤 6：如需在一张图样上放置多个视图，为了使各视图之间的位置对齐，可切换到“视图”选项卡，选择“图纸组合”栏中的“导向轴网”选项，添加“导向轴网”，然后利用“导向轴网”来辅助对齐视图，如图 4-4-10 所示。

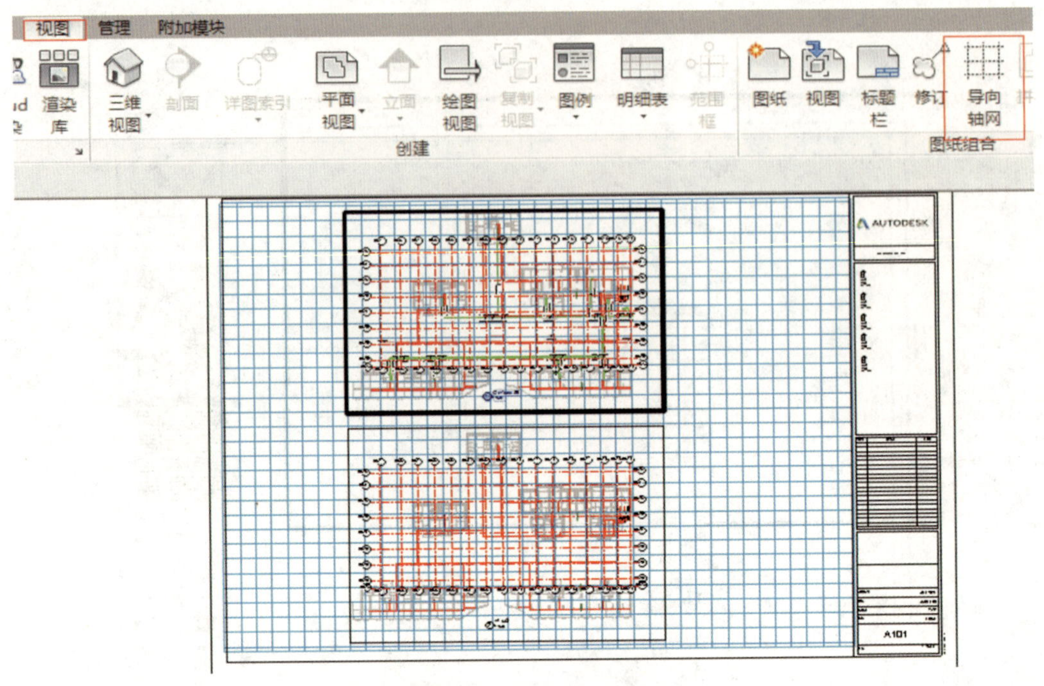

图 4-4-10　导向轴网

三、尺寸标注与注释

在出图前需要对建立好的模型尺寸及位置进行标注，以方便操作员读取图样所表达的信息。下面主要介绍安装专业出图所需要添加的标记注释。

Revit 尺寸标注与注释功能在出图时的应用如下。

步骤 1：选择“注释”—“对齐”命令，对轴网依次进行距离标注。

步骤 2：选择所需要的注释族。

步骤 3：系统自带的载入注释族可能不能满足图样要求，还需要修改注释族。管道标注参数设置如图 4-4-11 所示。

步骤 4：选择“注释”—“按类别标记”命令，对单个图元进行标注，如图 4-4-12 所示。

步骤 5：选择“注释”—“全部标记”命令，可以自动对视图内所有图元进行统一标注，标注位于管道中间，如图 4-4-12 所示。

☐ 仅在参数之间换行(W)

标签参数

	参数名称	空格	前缀	样例值	后缀	断开
1	系统缩写	1		系统缩写		☑
2	直径	1	DN	直径		☑
3	端点偏移	1	H+	端点偏移	m	☐

图 4-4-11 管道标注参数设置

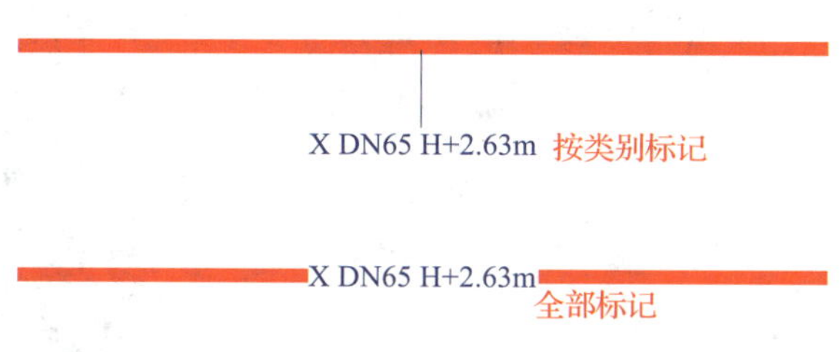

图 4-4-12 “按类别标记”和“全部标记”的对比

四、输出图档

完成图样布置后，一般就可以进行图样打印，也可以导出 DWG 文件或其他文件格式，以方便各方交换设计成果。本节主要介绍导出 DWG 文件的方法。需要注意的是，安装专业图样在桥架导出前需要设置过滤器并在着色模式下导出。

步骤 1：选择“开始”(即左上角 Rerit 软件图标)—“导出”—“CAD 格式”—“DWG”命令。

步骤 2：在打开的“DWG 导出”窗口中，单击“选择导出设置”中的“修改导出设置”命令。

步骤 3：在“修改 DWG/DWF 导出设置”窗口中，“层”页面可以设置 Revit 模型类别，导出 DWG 格式后相对应的图层名字和颜色。

步骤 4：在“常规”页面中，取消选中“将图样上的视图和链接作为外部参照导出”项目，并设置好保存的 DWG 版本。为了便于接收方打开，建议 DWG 文件设为低版本。设置好后，可以将导出设置另存在左边列表中，以供下次选用。

步骤 5：确定后回到“DWG 导出”窗口，在右侧“导出”栏选择要导出的视图或图样；可以创建视图集，一次导出多张。选择完成后，单击“下一步”按钮。

步骤 6：在“保存到目标文件夹”对话框中设置导出文件保存的位置和文件名，单击“确定”按钮，文件导出就完成了。后续如果还需要导出其他图样，在其他设置中的“常规”页面里已经设置好，就不用每次都设置了。

需要注意的是，在视图中显示出来的模型、链接 Revit、链接 CAD 等都是会整体导出的，对于有某些不想导出的内容，需到视图“可见性 / 图形替换”对话框中先行处理后再进行导出。

第五节 使用设计选项

一、功能介绍及常见软件操作方法

设计选项是一个非常有用的工具，特别是在方案论证阶段，在向客户进行汇报时，可以拿出几个备选方案，以备客户选择，这是 Revit 软件的一个特色功能。目前是在现有模型的基础上，进行不同方案的创建。在同一模型设置多个方案的选项，尤其在协同作业的过程中，可将项目的推进从串联改成部分并联，从而节省等待时间。

例如，在结构工程师建模的过程中，可以让装饰团队在不同的设计选项里工作。结构设计过程中调整构件的截面时，不会影响到正在使用设计选项的装饰工作，同时可以根据结构设计后的室内空间生成不同的设计方案。

设计选项是建立在主模型基础上的功能，所以在主要图元构件、围合空间完成后，才可以用到设计选项。设计选项的主要操作流程如下。

步骤 1：选择要进行设计选项的建筑空间。若进行室内设计时，其围合空间的元素要基本完成，如门窗，外墙，主要墙、梁、板、柱等。只有满足了基本条件，在使用设计选项进行下一步设计的时候才不是空中楼阁，才能有效避免不必要的返工。

步骤 2：打开“设计选项”功能，在默认状态下当前创建的所有图元构件都会被接受为主模型，作为后期设计的基础存在。“设计选项”在软件中的位置如图 4–5–1 所示。

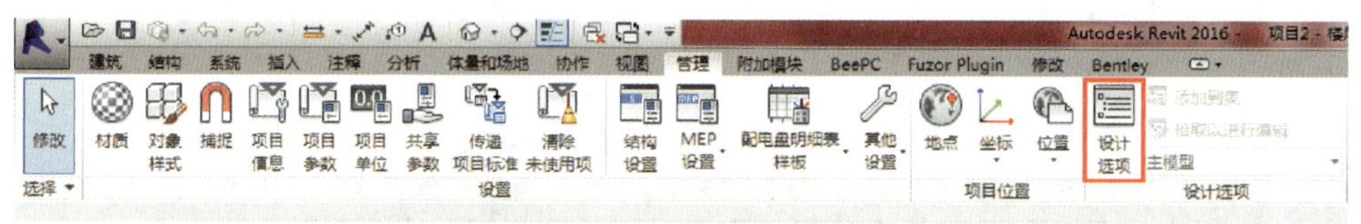

图 4–5–1 “设计选项”模块

选择“设计选项”后出现“设计选项”对话框，需要先设置“设计选项”的选项集，然后在各个集合里创建合适的选项。对话框的显示界面如图 4–5–2 所示。

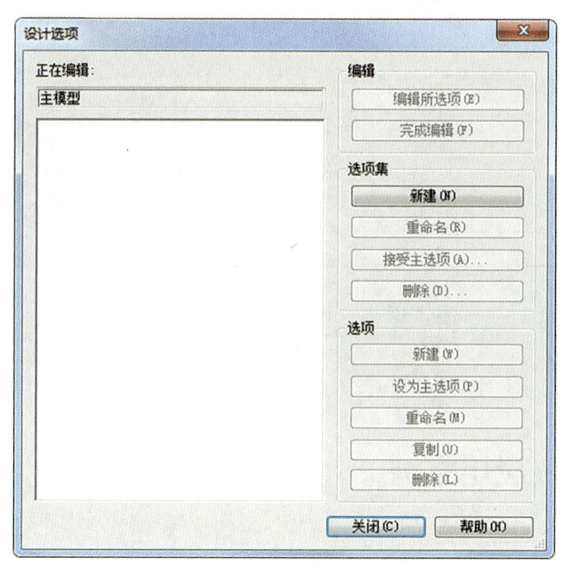

图 4–5–2 “设计选项”对话框

步骤 3：创建一个阶段，然后选择编辑当前的设计选项，在各个选项中创建一个不同方案的模型。当设计阶段创建完成后，选择完成编辑，然后再进行第二、第三个方案的创建。如果已经构件创建，但没有设置“设计选项”的图元构件，可选择构件添加到相应的“设计选项集”中，如图 4–5–3 所示。

步骤 4：根据需要在图样视图、报表等空间里应用设计选项，对不同的展示需要进行过滤显示。当设置完成“设计选项”后，在视图的可见性里已经有“设计选项”的显示控制栏了，如图 4-5-4 所示。

图 4-5-3　添加到“设计选项集”

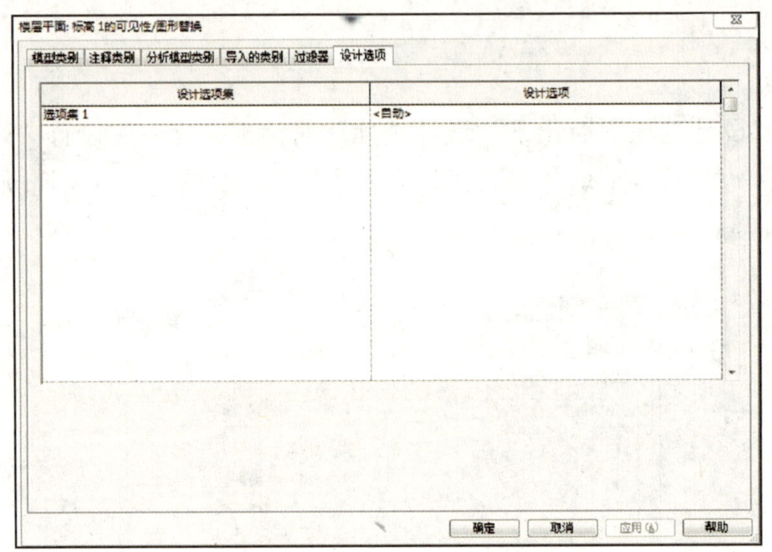

图 4-5-4　设计选项可视化控制

二、设计选项应用案例

设计选项功能的特色是可进行多方案对比的，本小节以住宅内部装修布局方案为例。

1. 概况

在结构施工已经完成的情况下，购房客户的需求呈现多样性。同样 115 m^2 的建筑空间，有单身青年一个人居住的，也有购置新房两个人居住的，下面根据这两种情况，设计两种方案。

2. 具体方案设计

步骤 1：选择一个设置设计选项的范围。该案例为 115 m^2 的框架结构住宅，房间的中心有一根受力的结构柱，原始空间及构件如图 4-5-5 所示。当创建设计选项时，这些原有构件作为主模型存在，在每个方案里都将显示主模型的图元构件。

步骤 2：根据前文中的操作介绍，在设计选项中创建一个新房装饰方案的选项集，然后在该选项集中创建方案 A（1 人居住）、方案 B（2 人居住）的设计选项，详见图 4-5-6 所示。

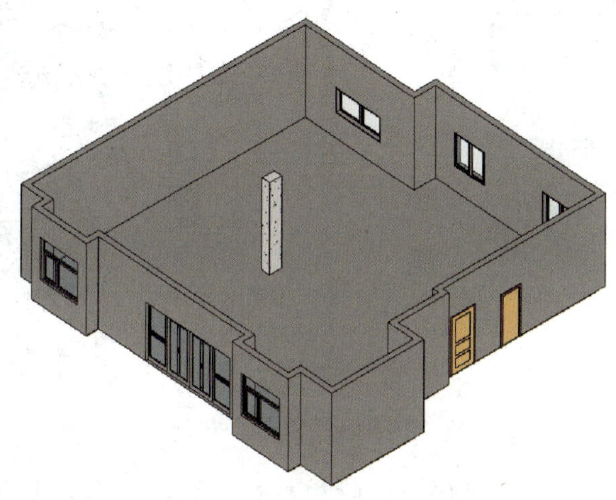

图 4-5-5 原始空间及构件

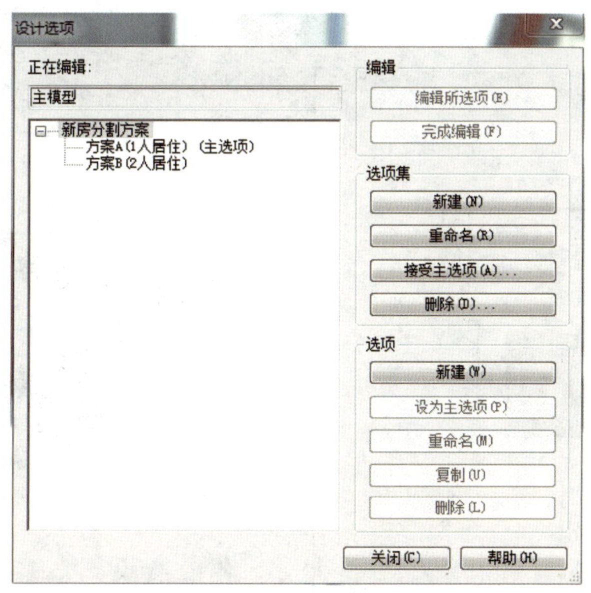

图 4-5-6 设计选项规划

步骤3：在设计选项中选择方案A，选择编辑所选项，然后进行相应的方案创建。创建一个适合一个人居住的房间户型，创建完成后返回设计选项，完成编辑。编辑过程中主模型会灰显，表示不能修改。当完成编辑后，整个模型会恢复显示。第一个创建的设计选项会作为模型的主选项，详见图4-5-7所示案例。

图4-5-7　一人居户型方案

步骤4：继续在设计选项中选择方案B，选择编辑所选项，然后进行相应的方案创建。创建一个适合两人居住的房间户型，创建完成后返回设计选项，完成编辑，详见图4-5-8所示案例。

图4-5-8　两人居户型方案

步骤 5：设计选项完成后，可供业主在不同选项中进行对比选择。根据不同方案通过明细表进行工程量统计，默认是对主选项的统计。通过图形可见性的调整显示不同阶段的工程量统计，详见图 4-5-9 所示案例。

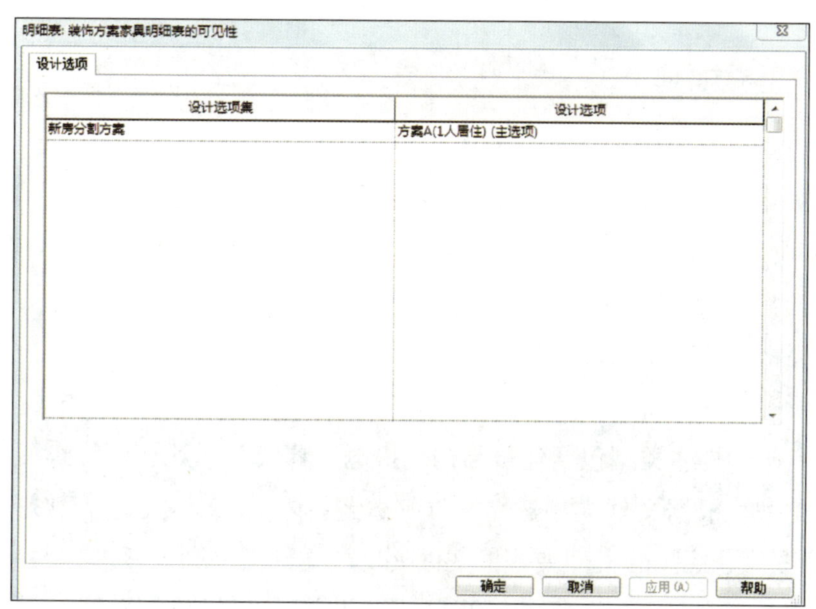

图 4-5-9 按设计选项统计明细表

通过明细表实现对装饰方案 A、方案 B 的家具进行统计，从而实现了不同房间布局部分家具的部分预算。家具统计明细表如图 4-5-10 所示。

<装饰方案家具明细表>

A	B
族与类型	合计
单人沙发4: W850*D840*H850	1
单人沙发4: W850*D840*H850	1
单人沙发5: W900*D900*H880	1
单人沙发7: W1100*D870*H920	1
单人沙发7: W1100*D870*H920	1
双人床带床头柜: 1500 x 2100	1
橱柜1: 橱柜1	1
橱柜1: 橱柜2	1
橱柜1: 橱柜3	1
橱柜1: 橱柜4	1
玻璃柜: 玻璃柜	1
玻璃茶几 - 矩形2: W1500*D800*H400	1
穿衣镜: 1400 x 600mm	1
茶几 - 木质: 1120x510x430mm	1
衣柜3: W3170*D620*H1900mm	1
衣柜 1: 衣柜 1	1
衣柜 1: 衣柜 1	1
衣柜 1: 衣柜 1	1
西餐桌椅组合: 1200x850x750mm 松木	1
总计: 19	

<装饰方案家具明细表>

A	B
族与类型	合计
会议桌1: 会议桌1	1
办公椅1: 办公椅1	1
单人沙发5: W900*D900*H880	1
双人床带床头柜: 1500 x 2100	1
橱柜1: 橱柜1	1
橱柜1: 橱柜2	1
橱柜1: 橱柜3	1
橱柜1: 橱柜4	1
玻璃柜: 玻璃柜	1
玻璃茶几带抽屉: W1200*D600*H380	1
穿衣镜: 1400 x 600mm	1
茶几 - 木质: 1120x510x430mm	1
衣柜3: W3170*D620*H1900mm	1
衣柜3: W3170*D620*H2100mm	1
衣柜 1: 衣柜 1	1
衣柜 1: 衣柜 1	1
衣柜 1: 衣柜 1	1
衣柜 1: 衣柜 2	1
衣柜 1: 衣柜 2	1
衣柜 1: 衣柜 3	1
衣柜 1: 衣柜 4	1
西餐桌椅组合: 1800x850x750mm 松木	1
边柜3: W600*D530*H401mm	1
长沙发1: 2134mm	1
总计: 24	

图 4-5-10 家具统计明细表

第六节 工程阶段化应用管理

一、建模规则

1. 文件夹、文件与模型构件命名规则

（1）项目文件命名：项目名称－专业－类型－位置（如：××× 工程－结构－钢结构－地下部分）。

（2）命名细则

1）项目名称。需说明具体的项目名称。

2）专业。具体类型包括建筑结构、机电、幕墙、景观、精装修。

3）类型。根据文件类型建立文件夹，包括 CAD 文件夹、模型文件夹及导出的渲染图片、视频的文件夹等，文件夹所放文件需为同一版本。

4）位置。位置需要包括楼层编号、具体楼层以及详细分区号。如 1# 楼一层 A 区。

2. 模型文件命名规则

（1）文件命名规则：项目名称－专业－位置－日期。

（2）命名细则

1）项目名称。需说明具体的项目名称。一般命名规则是以项目名称的首个汉语拼音字母表示，如综合楼（一期）一标段项目，可以简称为 ZHL–1Q–BD1。

2）专业。具体类型包括建筑结构、机电、幕墙、景观、精装修，用英文缩写表示，如建筑结构专业用 AS 表示，机电专业用 MEP 表示（若机电三专业模型分开建模，则暖通命名为 Mech、给排水消防专业命名为 Plmb、电气专业命名为 El），幕墙专业用 CU（curtain wall）表示，景观专业用 Ls（lands cape）表示，精装修用 Rd（refined decoration）表示。

3）位置。位置需要包括地下部分和地上部分。地上部分需说明具体的楼栋。地下室为楼层数 +F，如 D2F、D3F。地上部分为楼栋字母 + 楼层数 +F，楼栋字母南塔为“N”、北塔为“B”、裙楼为“Q”，如 N–3F、Q–5F、B–20F（标准层）。

4）日期。提交文件的日期须注明，格式为“年月日”，如 20190901。

3. 族文件命名与分类管理

（1）族文件命名按照软件系统自带的命名规则命名。

（2）族文件按照系统自带的分类系统进行管理。

1）机电专业

① MEP（机械、电气、管道专业）。

②天花板。

③管道。

④电气元件。

⑤消防。

⑥通用模型。

⑦管。

⑧管道部件。

⑨轮廓。

⑩专业设备。

2）通用族

①注解。

②标题栏。

4. 视图和颜色设置

（1）视图

1）平面视图。与标高命名相同。如标高命名为 1F、2F……，平面视图同样命名为 1F、2F……。

2）剖面视图。按照剖面 1–1、剖面 2–2 等命名。

3）立面视图。按照系统自带东南西北命名。

4）三维视图。按照系统自带命名。

（2）颜色匹配。机电线型与配色如图 4–6–1 所示。

5. BIM 建模管控要点

在满足模型精细程度（Level of Details，LOD）标准要求和模型规划要求的前提下，在建模过程中应着重注意以下几点。

（1）建筑专业建模要求。楼梯间、电梯间、管井、楼梯、配电间、空调机房、泵房、换热站管廊尺寸等定位须准确。

名称	投影/表面	
	线	填充图案
送风管		16，168，244
回风管		21，3，239
新风管		12，190，252
排风管		13，18，118
排烟管		5，59，129
空调冷冻水供		20，5，190
空调冷冻水回		10，6，143
空调冷却水供		71，68，245
空调冷却水回		77，64，172
空调热供		218，16，124
空调热回		187，3，123
空调冷热供		251，105，252
空调冷热回		237，110，197
空调冷凝水		68，253，255
空调蒸汽		193，253，253
消火栓管		254，1，3
喷淋管		
冷水		155，46，251
热水		253，127，188
中水		230，192，155
直饮水		98，125，255
污水		125，56，0
废水		251，130，57
雨水		254，251，78
通气		120，120，56
强电桥架		1，117，8
弱电桥架		1，204，24
加压送风管		10，171，250
消防新风管		20，187，255
阀门阀件		244，24，244
电气线管		

图 4-6-1　机电线型与配色

（2）结构专业建模要求。梁、板、柱的截面尺寸与定位尺寸必须与图样一致，管廊内梁底标高须与设计要求一致。

（3）机电专业建模要求。各系统的命名必须与图样保持一致；一些需要增加坡度的水管须按图样要求建出坡度；系统中的各类阀门须按图样中的位置加入；有保温层的管线，必须建出保温层。

（4）暖通专业建模要求。各系统的命名必须与图样一致；影响管线综合的一些设备、末端必须按图样要求建出，如风机盘管、风口等；暖通水系统建模要与水专业建模要求一致；有保温层的管线，须建出保温层。

二、详图深化设计

1. 辅助深化设计

（1）BIM 系统三维深化设计协调。按照制定好的 BIM 系统工作流程和 BIM 标准进行施工图深化，在三维深化设计协调中，除了建筑和结构两大专业之间的协调外，还负责电梯井布置与其他设计布置及净空要求的协调，人防与其他设计布置的协调、地下排水布置与其他设计布置的协调等工作，做到全方位三维设计检测、协调。

（2）BIM 系统检查设计合理。通过 BIM 模型，再结合施工工艺和工序，在施工图深化的过程中，对设计的合理性进行模拟检查，对设计变更的合理性和可行性进行模拟和判定，在施工中面对各种可能出现的变化因素时尽可能地保证不盲目、不反复，做到有的放矢。

（3）墙、梁、柱的尺寸与定位。在 BIM 模型中直观地看到墙、梁、柱的尺寸、标高和定位，可以准确地表达建筑和结构完成后的空间关系，为后期机电各专业深化设计、各专业管线综合做好充分的准备，以保证 BIM 模型的准确性和延续性。

（4）墙体预留洞口定位。通过 BIM 技术，整合水、电、暖通、建筑和结构模型，深化机电管线布置，通过管线位置优化预留洞口的位置，生成详细报告，让施工人员提前预知预留位置，防止因后期凿洞而破坏结构。

（5）钢结构与土建协调。通过土建与钢结构模型的整合，检查钢构件预留预埋、翼缘板位置、斜撑位置、钢柱钢梁尺寸等是否能与土建协调，存在矛盾可及时调整，避免钢构件加工错误。

（6）综合图。通过在 BIM 模型中进行协调、模拟、优化，可以为现场施工提供辅助的综合结构留洞图、建筑—结构—机电—装饰装修综合图等施工图。

2. 深化设计方案

根据 BIM 模型、设备选型、现场实际情况，提交深化设计方案“管线排线优化报告”“预留孔洞分析报告”“建筑结构优化报告”等，经设计院检查计算后，如果同意修改可出具设计变更单，相应的BIM模型也会进行修改工作。使用BIM模型软件保留原有设计、添加变更设计等，结合BIM模型优先计算出设计变更造成的工程量及工期、人员配备等相应数据参数。深化设计流程如图4–6–2所示。

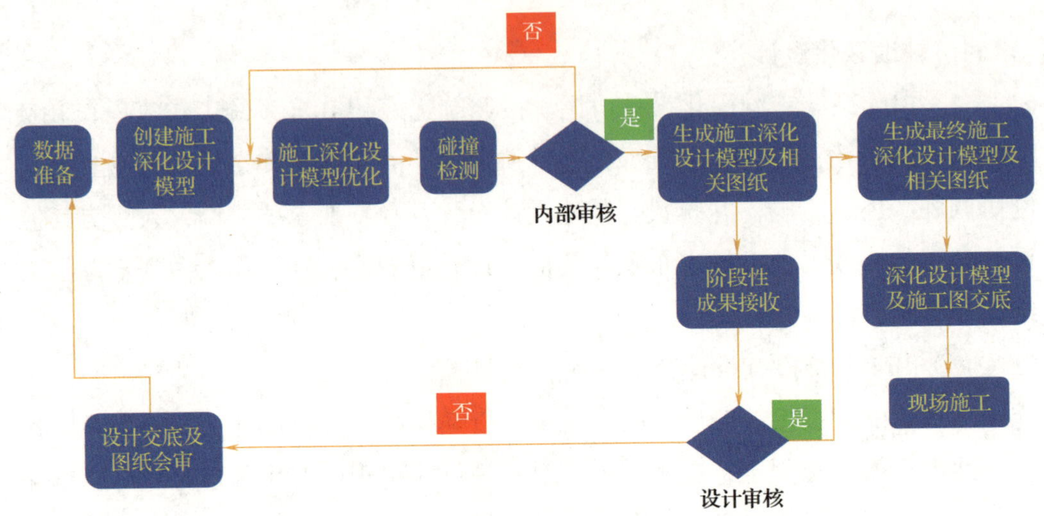

图 4–6–2　深化设计流程

三、管线综合排布

1. 管线综合管控要点

（1）管线综合应在施工图阶段和施工专业深化阶段各完成一次。

（2）在施工图阶段管线综合过程中，设计单位、BIM单位应密切协作，以共同使用BIM模型的工作方式进行。设计单位应根据最终BIM模型所反映的三维情况调整二维图样。

（3）施工专业深化阶段BIM管线综合应在设计阶段成果的基础上进行，并加入相关专业深化的管线模型，对有矛盾的部位进行优化和调整。专业深化设计单位应根据最终深化BIM模型所反映的三维情况调整二维图样。

（4）在管线综合过程中，如发现某一系统存在影响管线综合的问题，应提交设计单位做全系统的设计复查。

2. 管线综合

（1）管线综合基本工作流程

1）管线综合碰撞分类（通用于第一次、第二次碰撞）。第一次碰撞：各机电专业主管。第二次碰撞：各机电专业支管及末端。

2）按照不同专业之间的碰撞，将管线碰撞分为以下四类。

A 类——结构与机电全专业碰撞。

B 类——暖通与电气专业碰撞。

C 类——暖通与给排水专业碰撞。

D 类——电气与给排水专业碰撞。

（2）管线综合原则。管线综合原则见表 4–6–1。

表 4–6–1 管线综合原则

序号	原则	具体要求与内容
1	必须符合设计要求，且不影响系统的使用功能	管线综合合理布置的深化设计不得影响原机电系统的设计要求。如不得随意变更管线的材质及规格，管道的走向应基本与施工图相同；布置时应尽量减少弯头等影响系统运行阻力的因素；雨水、污水、排水、冷凝水系统等有排水坡度要求的管道，要严格按设计图样要求的安装坡度、标高、介质走向进行布置。进行机电深化设计只是使管线布置更加合理而不是修改原设计，不可避免地要出现一些管线移位，但必须忠于原设计意图。因此，绘制出的机电深化设计图需要业主、监理、设计院及机电顾问公司的认可及确认后方可执行
2	必须符合国家有关施工质量验收规范要求	严格按照国家有关施工质量验收规范对机电安装工程进行深化设计，使机电系统的安装符合规范要求，这是保证机电工程使用及安全功能的关键。如水管（包括给水、排水、冷冻水、冷凝水管道等）与电气桥架、线槽平行安装，则安装间距应大于 200 mm；在水管与电气桥架、线槽安装位置的交叉处，电气桥架、线槽应爬升至水管上方安装；规范明确规定的管道离墙柱等支撑物、障碍物的距离；当风管与消防喷淋头重叠时，按消防要求设置喷淋头与风管的间距或将消防喷淋头引至风管底部安装，并避开风口位置
3	尽量采用联合支架，提高楼层净空	管线综合布置时充分考虑建筑结构的特点，合理设计管线布置位置及空间，尽量采用联合支架（即多种管道共用支架），使支架固定点安装在建筑的承重部位。把管线尽量提高，以留下尽可能高的楼层净高，提高建筑内部的使用空间

续表

序号	原则	具体要求与内容
4	考虑管线之间的安装、操作空间	管线安装及维护时，均预留一定的安装操作空间，并考虑各管线的安装顺序。如焊接管道需要考虑焊接空间；丝扣连接的管道需要预留安装喉钳操作空间；保温管道需要预留保温层的安装空间；阀门安装位置除按设计及规范要求外，还需要考虑阀门操作手柄的位置，以及日后运行时操作的方便性；电气桥架、线槽设置于水管上位或主干风管下方，以便进行电缆敷设和线路维护等
5	考虑管线安装顺序的影响	由于管线安装不是同时进行而是有一定先后次序的。如先安装上层管线，再安装下层管线；先安装里层管线，再安装外层管线；先安装较大的管线，后安装较小的管线（先装风管后装线槽等）。所以管线的布置要避免部分管线安装完后，后面的管线安装困难或需要拆除已安装的管线后再重新安装的现象
6	考虑管线之间的安全及相互干扰距离要求	管线的布置需要预留一定的安全距离。如电缆桥架与水管道之间的距离应符合相互之间的安全距离，以免由于管道漏水而影响电缆的安全运行；强电桥架、线槽应与弱电（带电信号）分别设置，以免相互干扰；电缆与人行通道应尽可能隔离并留有检修空间
7	管线互相避让布置原则	电气管线位上方，风管位下方；电气、水管分开平衡布置；强电、弱电分槽、井布置；有压管线让无压管线；无保温管线让保温管线；小管线让大管线
8	各种水管线系统布置原则	雨水、污水、排水、冷凝水系统、消防水管等有排水坡度要求的管道，需严格按设计图样要求的尺寸、标高和流体走向进行布置
9	通风管线系统布置原则	通风（包括防排烟）与空调风管紧贴消防喷淋管道安装（需要预留保温层空间）；当风管与消防喷淋头位置重叠时，按消防规范要求设置喷淋头与风管的间距或将消防喷淋头引至风管底部安装，并避开风口位置
10	弱电系统管线布置原则	弱电桥架、线槽、管线与水管（包括给水、排水、冷冻水、冷凝水管道，消防管道等）应平行安装，安装间距应大于 200 mm；在弱电桥架、线槽、管线安装位置与水管的交叉处，电气桥架、线槽、管线应在水管上方安装
11	提高观感质量原则	为了给业主创造较高的建筑空间，还应尽量把管线提高，以留下尽可能高的净高，提高建筑的观感；明露部分尽量采用成品支吊架系统，采用装配式安装

（3）碰撞检测及三维管线综合。碰撞检测的主要目的是基于各专业模型，应用 BIM 软件检查施工图设计阶段的碰撞，完成建筑项目设计图样范围内各种管线布设与建筑、结构平面布置和竖向高程相协调的三维协同设计工作，以避免空间冲突，尽可能减少碰撞，避免设计错误传递到施工阶段。碰撞检测及三维管线的综合应用流程如图 4-6-3 所示。

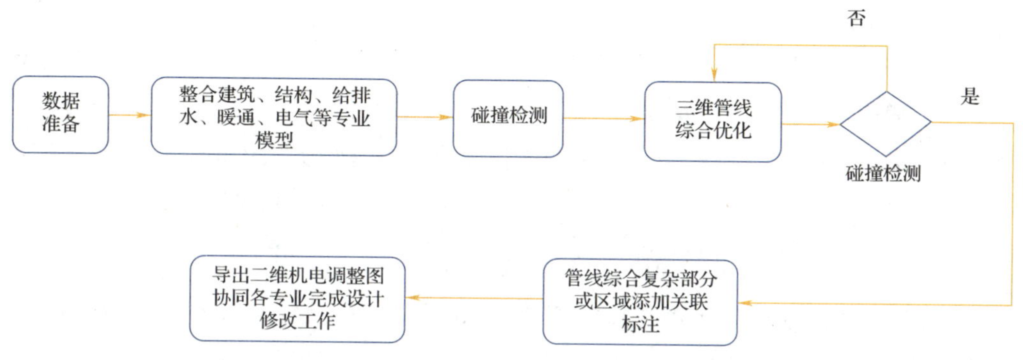

图 4-6-3 碰撞检测及三维管线综合应用流程

通过结构、设备、机电 BIM 模型对综合管线进行碰撞检测，快速查找模型中的所有碰撞点，并出具符合施工要求的 Word 格式的“管线碰撞检测分析报告”；配合设计单位对施工图进行深化设计，按照以上检查结果，对管线、结构、设备进行调整，从而达到满足设计施工规范、体现设计意图、符合业主要求、保证维护检修空间等要求，以使最终模型显示为零碰撞。同时，借由 BIM 技术的三维可视化功能，出具“净空分析报告”“梁高分布分析报告”“车位净高分析报告”“机电净高分析报告”等其他相关报告。

四、施工过程仿真模拟

使用 BIM 技术对关键部位、重要施工方案的合理性进行动画模拟，并指导现场施工作业。

1. 4D 仿真

BIM 4D 仿真可以进行流程模拟、空间规划、成本分析、冲突检查、数量估算、资源分配等工作，依工程需求的不同而执行不同的作业。BIM 4D 模型是

以三维模型的 *XYZ* 轴为基础，加上时间轴，将模型以动态的三维方式呈现。除了通过 BIM 4D 可视化展示施工过程外，还可依不同施工进度及时程在三维模型上标示不同的颜色，以表达不同建筑物目前的施工进度状态。BIM 4D 的动态展示是以可视化方式展现各时程背后隐含的意义及模拟施工的过程，而不再是以文字或甘特图的方式表达，使管理者能更进一步地掌握整个工程进度与状况。

可视化 BIM 4D 模型，所能提供给施工人员、设计者、监理者的信息较图样所能显示的更为丰富，能对工程提供更好的描述性、解释性、评估性与预测性，使团队间的沟通变得顺畅，帮助团队对于工程执行的决策更加完善，促使工程质量变得更好。

BIM 4D 施工流程模拟是以三维模型搭配时间产生空间与时间的连接，其以可视化空间关系的模拟，将工项的工作日做出调整以提出可行的赶工方案。传统的工期估算须依靠施工经验来思考判断，其估算出的结果也未必与实际施工状况相符。而通过 BIM 4D 模拟能较传统二维平面图更清楚地看出施工现场的配置分布，并且更能准确地掌握工程进度，从而将人员配置及机具、物料等的进场配置时间作出最有效的规划。

2. 专项方案仿真

借助 BIM 技术进行专项方案仿真是 BIM 技术在施工过程中应用的一大特色，在施工方案编制、方案论证、技术交底等阶段都有很深入的应用，对于工作之间的沟通交流也会产生很大的帮助。

在方案编制阶段，使用 BIM 技术建立构筑物模型，制定施工进度模型。也可以借助建立的模型进行有限元分析，以确定设计的合理性；进行构筑物应力分析，确定薄弱处，以加强保护。

在方案论证阶段，可将建立的施工 BIM 模型进行动态演示，将施工各环节的重点问题有条理地一一列举，最终形成完整的施工方案。其中，也可将施工方案以视频的形式输出，从而方便各方进行工作沟通。

在施工交底阶段，传统的施工交底给工人留下的印象并不深刻，往往是现场工人根据自己的经验进行操作。在引入 BIM 技术之后，施工方案交底将变得方便，可提高各方的沟通效率，最终促成施工方案的完全落实。施工方案模拟流程如图 4-6-4 所示。

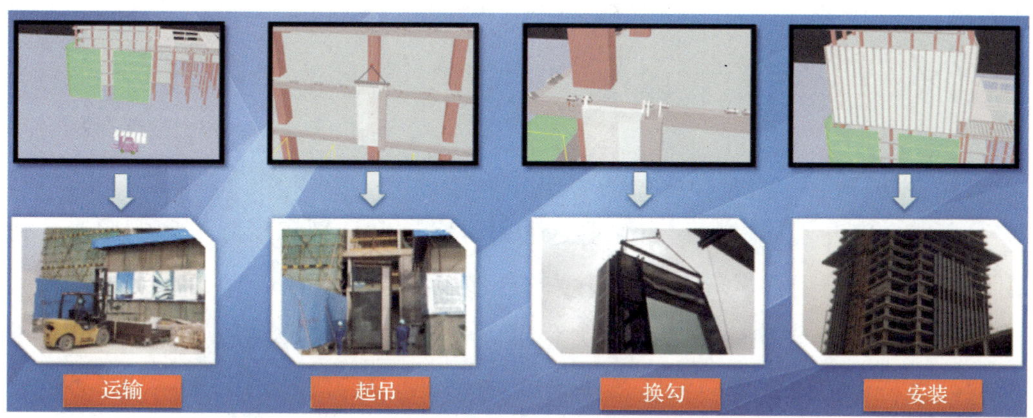

图 4-6-4 施工方案模拟流程

五、可视化交底

将 BIM 模型导入动画模拟软件中，对所需部位的施工工艺进行模拟，并生成施工演示动画，进行动画交底，指导现场施工。三维管线综合漫游可视化交底如图 4-6-5 所示。

图 4-6-5 三维管线综合漫游可视化交底

将复杂节点准确地建立模型，用来进行施工交底。另外，在 BIM 模型中通过三维技术进行钢结构深化设计，以保证尺寸能够完全吻合，设计完成后再将得到的数据交给工厂进行加工。幕墙单位的幕墙龙骨和幕墙玻璃也可在模型建立后到工厂加工预制。

六、进度校核

1. 进度管理

虚拟进度与实际进度比对主要是通过方案进度计划和实际进度的比对，找出差异，分析原因，实现对项目进度的合理控制与优化。

将进度计划与 BIM 模型链接关联生成施工进度管理模型，利用 BIM 5D 平台软件进行可视化施工模拟。检查施工进度计划是否满足约束条件，是否达到最优状况。若不满足，则需要进行优化和调整，优化后的计划可作为正式施工进度计划，经项目经理批准后，报建设单位及工程监理审批，用于指导施工项目的实施。

在选用的进度管理软件系统中输入实际进度信息后，通过实际进度与项目计划间的对比分析，发现两者之间的偏差，分析并指出项目中存在的潜在问题，如图 4-6-6 所示。

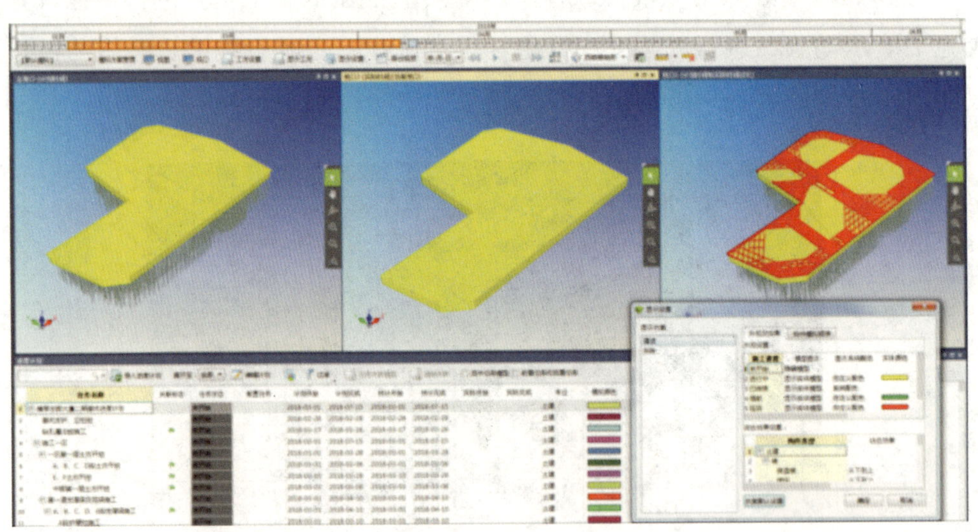

图 4-6-6 实际进度与项目计划间的对比分析

对进度偏差进行调整以及更新目标计划，以达到多方平衡，实现进度管理的最终目的，并生成施工进度控制报告。

结合手持移动终端设备和 BIM 协同云平台实现可视化项目管理以及现场施工交底与施工指导，对项目进度进行更有效的跟踪和控制。

2. 变更方案对比

与传统的变更管理方式相比，借助 BIM 技术进行变更方案对比可以将变更后的工程样式快速出图，也能快速导出变更方案前后的成本数据，进行变更的成本管理。借助相关软件可以实时更新、整合数据，从整体上把握工程变更的可行性。查询变更如图 4-6-7 所示。

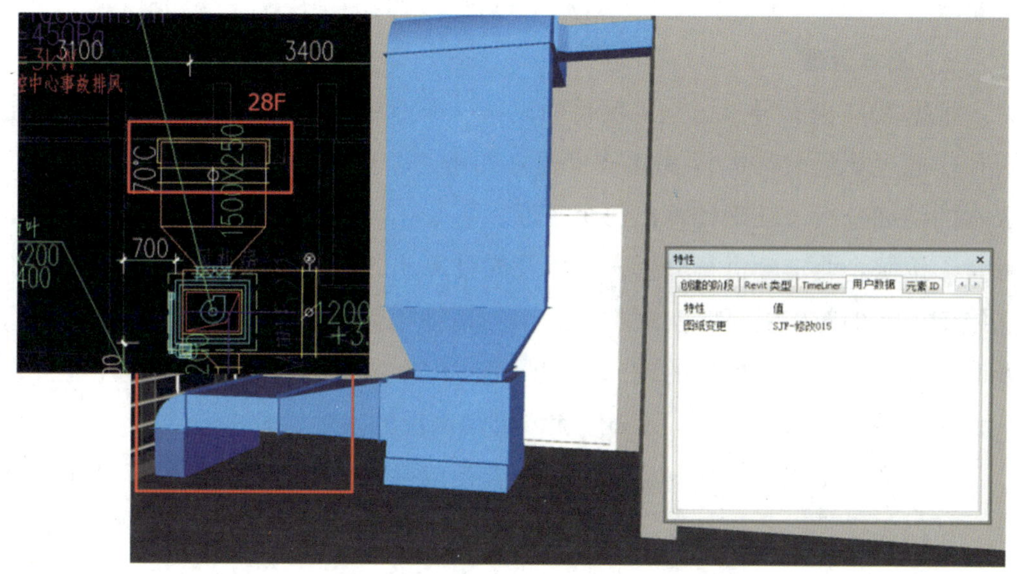

图 4-6-7 查询变更

七、物资配置校核

1. 设备与材料管理

设备与材料管理的 BIM 应用主要是运用 BIM 技术达到按施工作业面配料的目的，实现施工过程中设备、材料的有效控制，提高工作效率，减少不必要的材料浪费。设备与材料管理操作流程如下。

（1）在施工作业模型中添加或完善机电专业的构件信息、进度表、报表等设备与材料信息，建立可以实现设备与材料管理和施工进度协同的建筑信息模型。

（2）按作业面划分。从机电信息模型输出相应的设备、材料信息，通过内部审核后，再提交给施工部门审核。

（3）根据工程进度实时输入变更信息，包括工程设计变更、施工进度变更等。输出所需的设备与材料信息表，并按需要获取已完工程消耗的设备与材料信息，以及下一个阶段工程施工所需的设备与材料信息。

（4）利用软件进行支吊架和安装构件的分析统计，根据优化的动态模型实时获取成本信息，动态合理地配置施工过程中所需的构件、设备和材料。

2. 成本管理

根据 BIM 模型导出已完工项目的设备材料清单，使其成为成本分析的基础资料。通过算量软件运行 BIM 技术建立的施工阶段的 4D 模型，能够实现项目成本的精细分析，准确计算出每个工序、每个工区、每个时间节点（段）的工程量。按照企业定额进行分析，可以及时计算出各个阶段每个构件的中标单价和施工成本的对应关系，实现项目成本的精细化管理。同时根据施工进度进行及时统计分析，实现成本的动态管理。通过以上应用，避免了以前施工企业在项目完成后无法知道盈利与亏损原因和部位情况的发生。

设计变更出来后，需对模型进行调整，以及时分析设计变更前后造价变化额，从而实现成本动态管理。

八、质量安全管理

1. BIM 技术应用质量控制

BIM 实施团队确定和记录其对模型质量控制的整体策略。在每个项目阶段和信息交换之前，为保证模型的质量，必须先定义实施的程序。在项目生命周期中，每个 BIM 模型的创建都必须预先考虑建模内容、建模深度、模型格式、模型更新频率以及配合单位提供的数据形式及内容等。

每个主要的 BIM 活动都必须完成交付成果的质量控制，如设计审查、项目协调会议和工程重要节点等。数据质量标准应在项目计划阶段制定并由项目团队商定以达成一致，由团队制定检查标准。如果交付的成果没有达到团队规定的标准，则需要进一步调查其中的原因，并防止在后续工作中再次发生。

2. 质量控制的组织体系

BIM 技术应用由各企业负责部门牵头。BIM 实施团队由 BIM 工程中心、分公司派相关技术人员组成。BIM 工程中心负责系统建设的总体策划，BIM 应用的实施、协调，统一资料，控制模型等成果质量和时间，对遇到的重大事项进行分析解决，并每月组织召开 BIM 协调会。

为便于对模型进行管理，本方案对 BIM 模型创建、应用等进行有关定义。模型创建者是创建和维护具体模型，达到 BIM 目标和职责表中所规定的建模深度的责任方，具有使用、修改和维护模型的权限和责任，在项目中主要是 BIM 实施团队。模型所有者即为项目部，对各个阶段的模型都具有所有权。模型使用者是有权使用项目模型的各方。根据项目的特点，模型创建、使用的主要工作都在 BIM 实施团队，所以在模型创建、使用过程中，都需要对模型的准确度和质量进行检查。与此同时，BIM 工程中心对模型创建和使用的过程中进行质量和准确度的复核，当发现模型中存在不一致的地方，应当立即通知 BIM 团队，并弄清相关问题。

3. 模型各方的责任

为了更好地对整个 BIM 应用点的质量进行系统性控制，需明确相关各方的责任。质量控制责任分工见表 4-6-2。

表 4-6-2　　质量控制责任分工

部门	各专业模型构建	冲突检测及三维管线综合、施工图深化设计	施工方案模拟、虚拟进度和实际进度比对	工程量统计、设备和材料管理
BIM 工程中心	审核和建议	审核和建议	审核和建议	审核和建议
BIM 实施团队	实施和内审	实施和建议	实施和内审	实施和内审
项目经理部	审查和建议	审查和建议	指导和建议	指导和建议
第三方咨询单位	建议	建议	建议	建议

BIM 技术的实施主要由 BIM 实施团队完成，并负责各应用点的内审工作。BIM 工程中心对 BIM 实施团队实施过程进行指导，并对 BIM 应用的相关内容进行辅助审查。在 BIM 技术应用的过程中，项目部与 BIM 实施团队是该项目的同一个团队，协调和配合完成相关 BIM 工作。协调会议由项目部牵头，BIM 团队

组织召开。当应用点存在分歧时，由项目部决断并签署会议纪要。

4. 质量控制的流程管理

为了各参与方更好地理解和检查 BIM 模型的质量问题，BIM 实施团队应在每月 BIM 协调会的前一周将 BIM 模型及相关应用成果发送给各参与方，使各参与方提前熟悉 BIM 相关的应用，并从工程实际出发对应用点的合理性、可行性、科学性等进行论证。过程检查的质量控制见表 4–6–3，成果验收的质量控制见表 4–6–4。

表 4–6–3　过程检查的质量控制

阶段	检查内容	检查单位	参与单位	检查要点	检查频率
施工图设计	各专业模型	BIM 实施团队 / BIM 工程中心	项目部	模型是否符合要求	每月
施工准备	机电深化设计复核	BIM 实施团队 / BIM 工程中心	项目部 / 第三方咨询团队	深化设计是否符合相关规范、标准要求	每月
施工实施	施工作业模型复核	BIM 实施团队 / BIM 工程中心	项目部	施工方案是否在模型中得到体现	每月

表 4–6–4　成果验收的质量控制

阶段	检查内容	检查单位	检查要点	参与单位	验收时间
施工图设计	基础模型	BIM 工程中心	模型与图样的一致性	项目部	施工图设计完成
施工准备	机电深化模型	BIM 工程中心	模型是否与实体保持一致	项目部	施工准备完成
施工实施	施工作业模型复核	BIM 工程中心	模型是否能体现施工过程	项目部	竣工

该质量控制流程强调以 BIM 实施团队内审为主，通过协调会议，由各参与方针对 BIM 模型和 BIM 相关应用，从工程技术、工程实践的角度对 BIM 应用成果进行审查和审核，将审查结果汇总、修改后，进行成果固化，并在工程实践中加以应用，如交底、施工方案论证、过程检查等。

质量检查的结果将以书面记录的方式进行保存。不合格的模型和应用将进行重新调整建模，应明确不合格的情况、整改的方法；合格的模型和应用将被批准使用。所有检查的情况将以书面记录的方式进行保存。

5. 安全管理

创建安全设施模型，利用模型可视化的特点，施工前对施工人员进行安全辅助交底，既形象又直观，让施工人员对安全隐患位置产生较深的印象，并能进行数据统计。

安全问题实时统计，是使用BIM云平台软件的移动客户端对现场出现的安全问题拍照上传，并进行安全问题等级划分，描述安全问题内容。上传的安全问题形成工作流程，直至问题得到解决，完成流程闭合。平台也可以将上传的安全问题进行统计，形成问题曲线，以便于项目部统一进行安全控制与管理。在Web端可以对手持端收集的安全问题进行管理，使创建人、责任人、责任单位等信息一目了然，以便于项目部管理人员实时掌握施工现场的情况。

九、项目交付运维

1. 成果提交要求

各专业成果提交要求见表4-6-5。

表4-6-5 各专业成果提交要求

专业	BIM成果	成果要求	文件格式
土建	建筑、结构深化BIM模型	模型深度满足施工要求，并能辅助施工阶段的应用	RVT/NWD/DWF/DOC
	场地平面布置可视化	应能正确反映施工场地、平面布置	RVT/NWD/JPG
	项目整体进度计划模拟	结合项目进度计划模拟整体项目的进度情况	AVI/JPG
	项目实时进度模拟	应能正确反映施工现场进度	RVT/NWD/DWF/JPG
	建筑、结构竣工模型	根据施工中变更信息更新模型，模型应与实体基本保持一致	RVT/NWD/DWF
	项目整体竣工模型	模型中应包括建筑、结构、机电、钢结构、幕墙、精装子模型，并能准确整合	RVT/NWD/DWF

续表

专业	BIM 成果	成果要求	文件格式
机电	机电深化模型	模型能满足施工安装要求，并对碰撞、空间、管线布置进行合理分析，指导项目施工	RVT/NWD/DWF
	机电设备运输、施工工序模拟	通过 BIM 模型分析出设备运输路线和施工安装工序安排	AVI
	机电材料清单	基于模型输出设备管线材料清单	XLS
	施工进度模拟	结合施工进度计划，准确展示施工进度情况	AVI
	模型信息集成	根据业主要求添加设备相关参数为后续运维应用	RVT/NWD/DWF
	综合管线、剖面、预留洞图样	基于 BIM 模型输出，并能准确表示出管道类型、尺寸、标高、位置	CAD/PDF
	机电竣工模型	根据施工中变更信息更新模型，使之与实体保持一致	RVT/NWD/DWF
钢结构	钢结构深化模型	模型深度和钢结构设计图样一致，并能准确指导施工	RVT/NWD/DWF
	钢结构工程量清单	基于模型输出，准确反映各构件钢材用量	XLS
	钢构件吊装施工模拟	利用 BIM 模型分析钢构件吊装方案	AVI
	钢结构施工管理分析	能正确反映钢结构施工进度、加工情况、材料应用情况的施工模拟动画	AVI
	模型信息集成	根据业主要求添加设备相关参数为后续运维应用	RVT/NWD/DWF
	钢结构施工进度模拟	结合施工进度计划，准确展示施工进度情况	AVI
	钢结构竣工模型	根据施工中变更信息更新模型，使之与实体保持一致	RVT/NWD/DWF

续表

专业	BIM 成果	成果要求	文件格式
幕墙	幕墙深化模型	模型深度与幕墙设计图样一致，并能准确指导施工	RVT/NWD/DWF
	幕墙工程量清单	基于模型输出，准确反映各幕墙构件	XLS
	幕墙施工管理分析	正确反映幕墙施工进度、加工情况、材料应用的施工动画模拟	AVI
	模型信息集成	根据业主要求添加设备相关参数为后续运维应用	RVT/NWD/DWF
	幕墙施工工序模拟	结合施工进度计划，准确展示施工进度情况	AVI
	幕墙竣工模型	根据施工中变更信息更新模型，使之与实体保持一致	RVT/NWD/DWF
精装	精装深化模型	模型深度包括设计内容，并能准确指导施工	RVT/NWD/DWF
	精装材料统计	基于 BIM 模型，统计各装修材料用量	XLS
	模型信息集成	根据业主要求添加设备相关参数为后续运维应用	RVT/NWD/DWF
	效果图展示	基于 BIM 模型，渲染三维效果图	JPG
	精装竣工模型	根据施工中变更信息更新模型，使之与实体保持一致	RVT/NWD/DWF

2. BIM 模型集成和验证

在工程实施过程中，所建造的 BIM 模型已基本成型，在形成竣工模型前应对信息模型进行最后的集成和验证。

（1）组织各参建方编制完整的竣工资料，整理并提供作为 BIM 竣工模型的完善基础资料。

（2）对工程各参建单位提供信息的完整性和精度进行审查，确保按本方案要求的信息已全部提供并输入到竣工模型中，包括所有过程变更的信息。

（3）对工程各参建单位提供信息的准确性进行复核，除与实体建筑、基础资料进行核对外，还应对不同单位的信息进行相互验证。

（4）对竣工信息模型的集成效果进行检测，运用专业软件进行模拟演示，检查各种信息的集成状况。

3. BIM 模型的交付

通过对本工程的 BIM 规划和管理，将全专业的 BIM 模型进行整合校对，并在施工过程中根据项目的实际结果，实时修正原始的设计模型，使模型包含项目整个施工过程的真实信息，包括本工程建筑、结构、机电等各专业相关模型大量、准确的工程和构件信息，这些信息能够以电子文档的形式进行长期保存，并形成竣工模型。

第五章 5

模型信息应用

第一节　剖面图深化及详图设计

第二节　房间和面积报告

第三节　模型问题标注与管理

第四节　渲染表现、制作场景动画

第五节　施工过程模拟

第六节　数据整合管理与发布

第一节 剖面图深化及详图设计

一、剖面图深化

剖面图可剪切模型，也可以在平面、剖面、立面和详图中绘制剖面图。剖面图在相交视图中显示为剖面表示。

1. 创建剖面图

打开案例文件“小别墅”，进入“标高 1”楼层平面视图，单击“视图”选项卡“创建”面板中的“剖面”命令，在“族类型”列表中选择视图类型，或者单击“编辑类型”修改现有视图类型或创建新的视图类型，如图 5-1-1 所示。

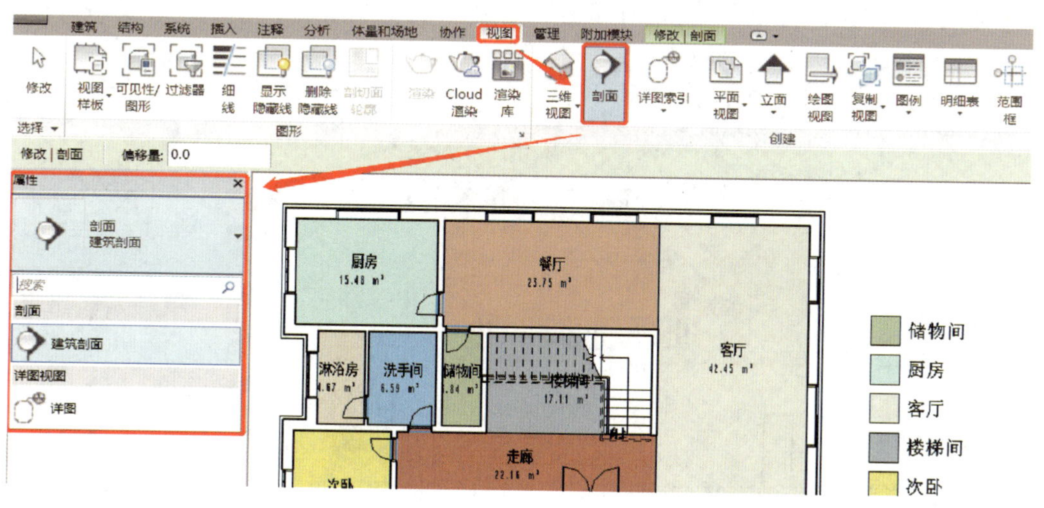

图 5-1-1 创建剖面图

将光标放在剖面的起点处，拖曳光标穿过模型，到达剖面的终点时单击，这时将出现剖面线和裁剪区域，并且将其选中，如图 5-1-2 所示。

注意当创建剖面图不想要显示在图样中时，可以使用截断剖面线功能，选中“剖面线”，单击“剖面线段间隙”调整剖面线线段的长度。利用截断剖面线对剖面图中所显示的其他项不会产生任何影响。

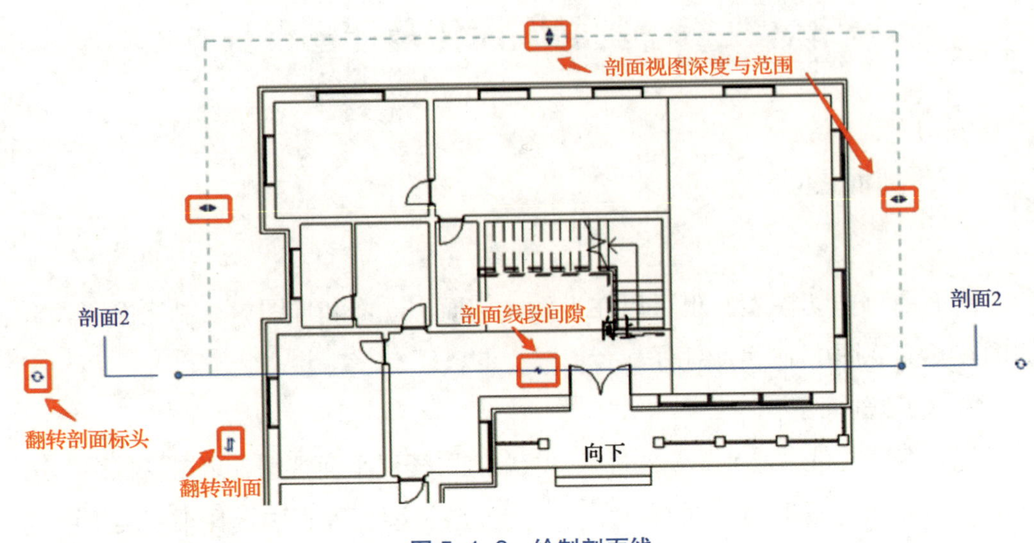

图 5–1–2　绘制剖面线

在项目浏览器中自动生成剖面图，双击视图名称进入剖面图，选中剖面图框，在“属性”面板中取消选中“裁剪区域可见”，完成效果如图 5–1–3 所示。

图 5–1–3　剖面图完成效果

2. 调整剖面

根据上述方式创建剖面线后，选中剖面线，单击“修改 | 视图”上下文选项卡“剖面”面板中的“拆分线段”命令，在绘图区域剖面线上任意位置将其打断，拖动鼠标将部分剖面线移动至新位置，再次单击放置剖面线，如图 5–1–4 所示。

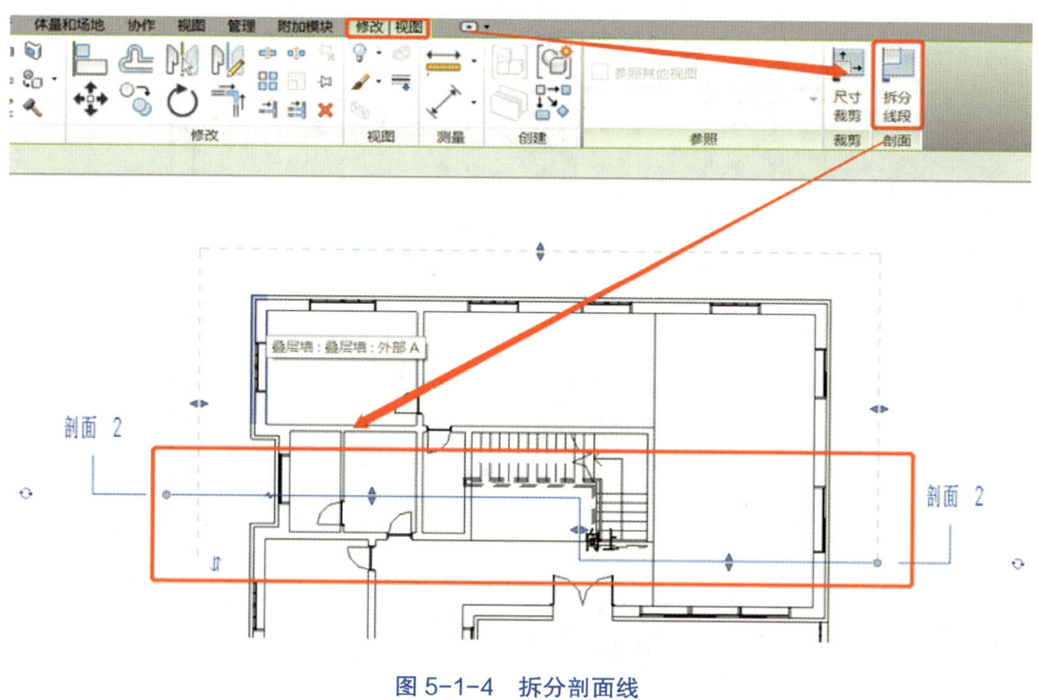

图 5-1-4 拆分剖面线

二、详图大样

详图搭建了建筑设计和实际建筑之间的桥梁，并将有关如何实现设计的信息传递给施工人员和承包人。详图是对项目的重要补充。利用 Revit 可创建标准详图，以说明如何构造较大项目中的材质。

常见的可用于创建详图的视图类型有两种，即详图视图和绘图视图。其中，详图视图包含建筑信息模型中的图元，绘图视图是与建筑信息模型没有直接关系的图样。

下面以“楼梯平面详图”为例讲解如何创建详图，如图 5-1-5 所示。

1. 创建详图索引

详图索引以较大的比例显示另一视图的一部分。在施工图文档集中，使用详图索引以持续增加的详细程度提供标记视图的有序变化。

（1）在 Revit 中，可以创建参照详图索引、详细信息详图索引和视图详图索引。

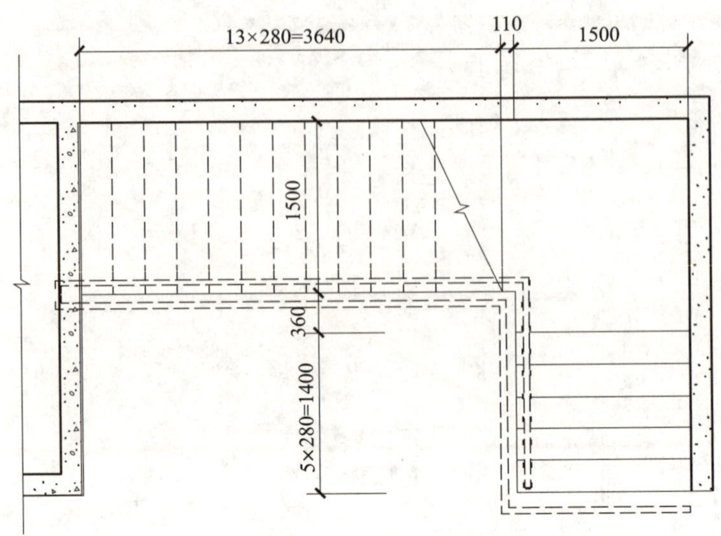

图 5-1-5　楼梯平面详图

1）参照详图索引。在不同视图中使用多个详图索引标记来表示一个详图索引视图。

2）详细信息详图索引。当需要提供有关建筑模型中某一部分的详细信息时，可使用详细信息详图索引。

3）视图详图索引。当需要提供有关原始视图中某一部分的更多或不同信息时，可使用视图详图索引。例如可以使用视图详图索引提供浴室中设备的更详细布局。

（2）操作步骤。打开案例文件“小别墅”，进入“标高 1”楼层平面视图，单击“视图”选项卡“创建”栏中的“详图索引”命令，选择“矩形”索引，也可在“属性”面板中选择详图索引类型，如图 5–1–6 所示。

单击“编辑类型”命令，可根据类型不同的详图索引符号及样板进行调整（见图 5–1–7），依次单击“确定”按钮，完成详图视图设置。

在绘图区域“楼梯”所在位置，单击鼠标左键创建矩形详图范围框，在“项目浏览器”中自动生成详图视图，如图 5–1–8 所示。

若创建的详图范围框不是矩形，可在“详图索引”下拉列表选择“草图”选项，如图 5–1–9 所示。也可以选择“视图范围框”，在“修改 | 视图”上下文选项卡“模式”面板中的“编辑裁剪”命令，如图 5–1–10 所示。

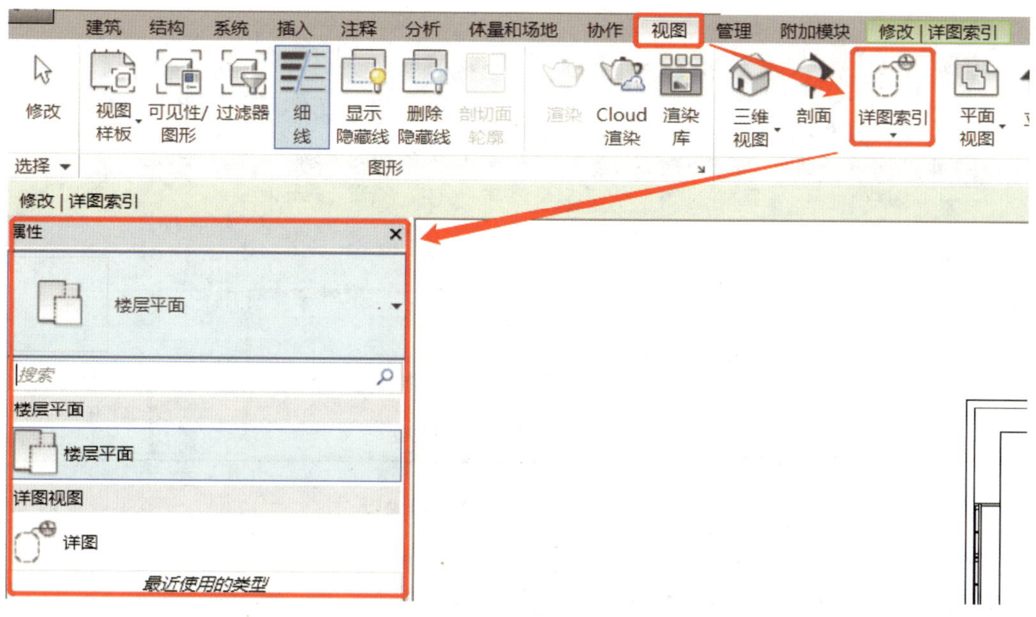

图 5-1-6 创建详图索引

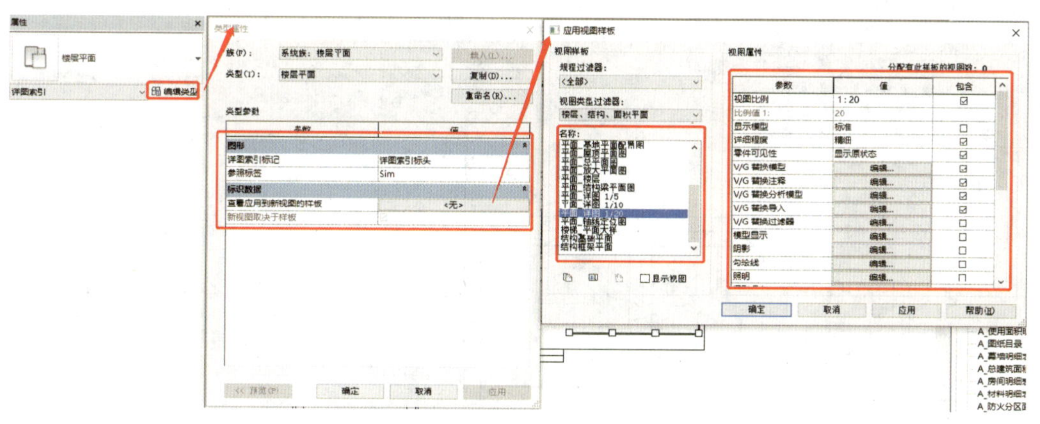

图 5-1-7 详图索引设置

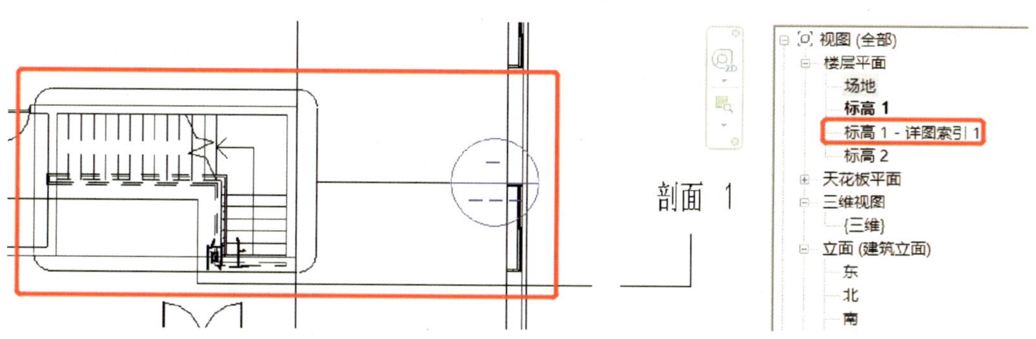

图 5-1-8 详图视图

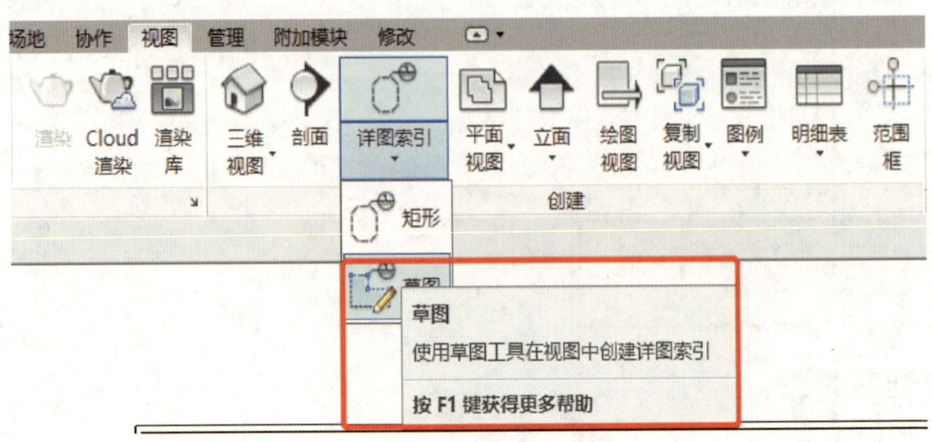

图 5-1-9　草图创建详图索引

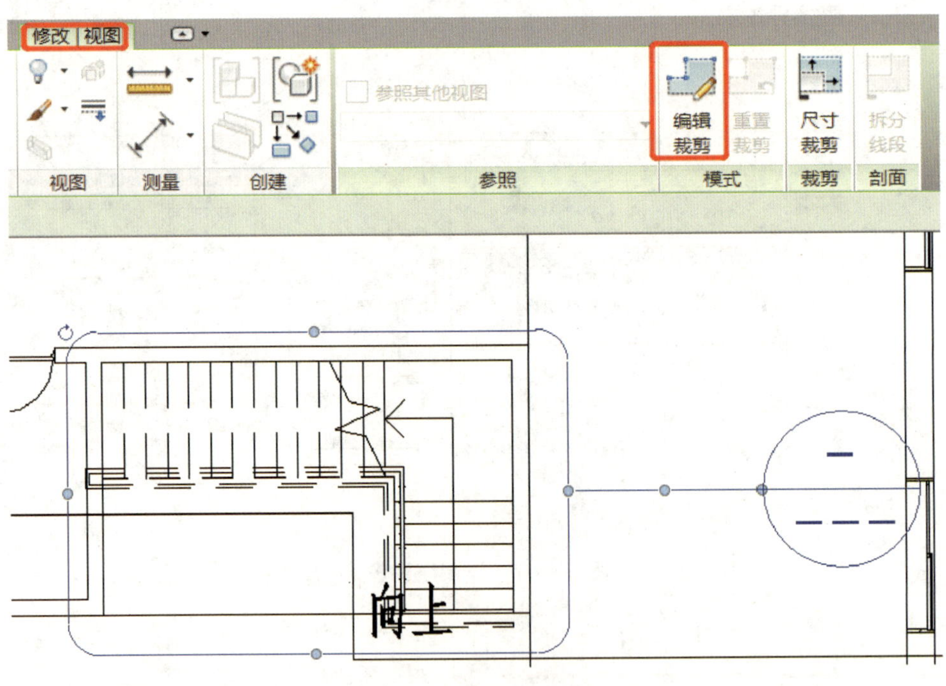

图 5-1-10　“编辑裁剪”命令

使用“绘制”面板中的命令创建详图范围框，单击“√”按钮，完成详图范围框创建，如图 5-1-11 所示。

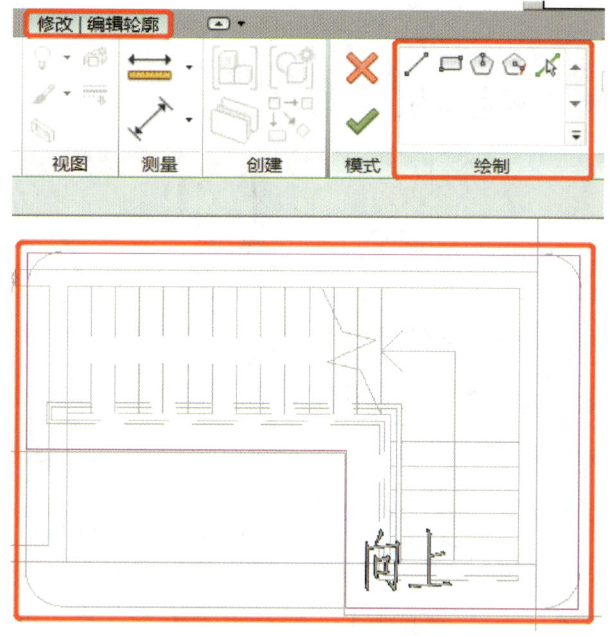

图 5-1-11 绘制范围框

在项目浏览器中选择详图视图，进入详图视图中，单击“注释”选项卡“符号”栏中的“符号”命令，选择“符号_剖断线”族，在绘图区域放置，并使用注释工具对楼梯平面进行尺寸注释标记，完成的楼梯平面详图如图 5-1-5 所示。

2. 使用绘图视图创建详图

若要绘制的详图不是基于建筑信息模型，或者想要显示与建筑模型不直接关联的视图，可以使用绘图视图来创建详图。

单击“视图”选项卡“创建”栏中的“绘图视图”命令，在弹出的“新绘图视图”对话框中，输入绘图视图为“楼梯平面视图”，设置比例为“1∶50”，单击“确定”按钮完成绘图视图的创建，如图 5-1-12 所示。

在绘图视图中，通过导入 CAD 创建详图视图。单击“插入”选项卡“导入”面板中的“导入 CAD”命令，选择“楼梯平面详图 .dwg”文件。设置颜色为“黑白”，导入单位为“毫米”，单击“确定”按钮，完成 CAD 文件的导入，如图 5-1-13 所示。

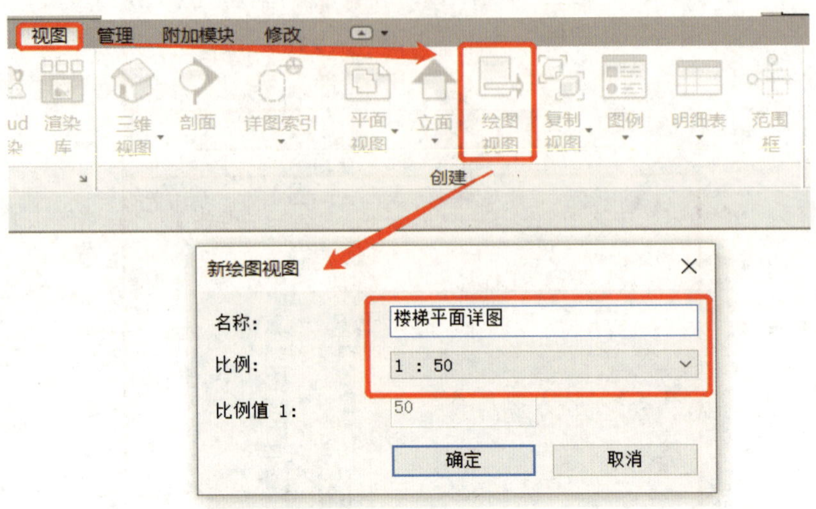

图 5-1-12　创建绘图视图

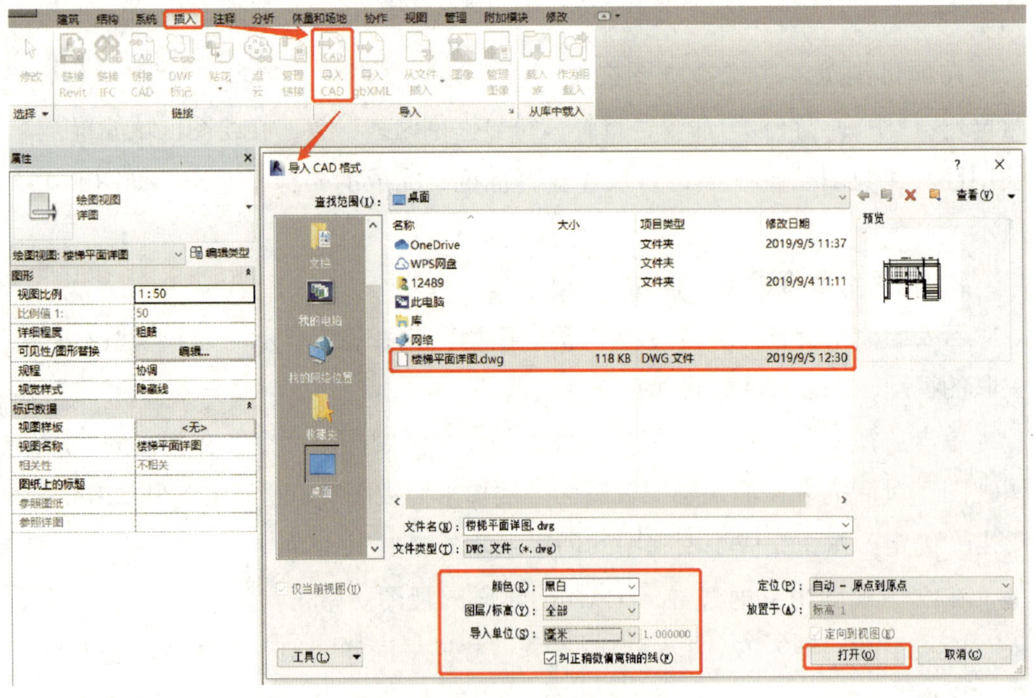

图 5-1-13　导入 CAD 文件

除了导入 CAD 文件创建详图外，还可以使用“注释”选项卡“详图”面板中的详图工具来创建详图。

单击“视图”选项卡“创建”栏中的“详图索引”命令，在“修改 | 详图索引”上下文选项卡“参照”栏中，选中“参照其他视图”，在“新绘图视图”下拉列表中选择“绘图视图：楼梯平面视图”作为参照视图（见图 5–1–14），在绘图区域绘制详图范围框，完成楼梯平面详图的创建。

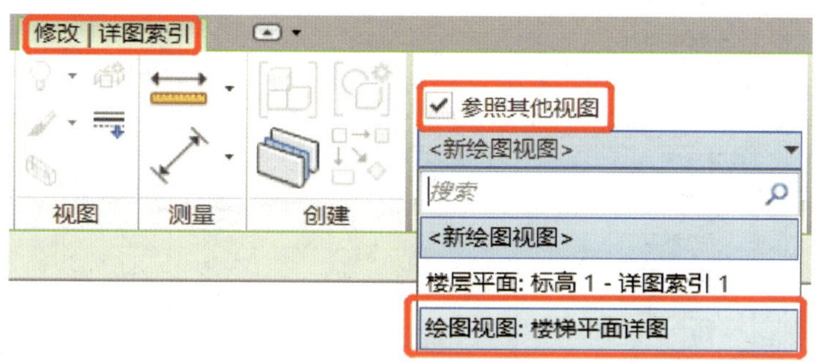

图 5–1–14 参照绘制视图

第二节 房间和面积报告

房间和面积是建筑中重要的组成部分，利用 Revit 软件计算房间的面积和体积，可以将信息显示在明细表和标记中，并可以按房间的功能进行颜色填充划分。

一、面积和体积计算

在创建房间前，需要设置房间面积和体积的计算方式。单击“建筑”选项卡“房间和面积”栏下拉列表中的“面积和体积计算”命令，在弹出的“面积和体积计算”对话框中设置计算方式，如图 5–2–1 所示。

1. 房间面积计算

（1）在墙面面层。房间边界位于房间内的面层面上。

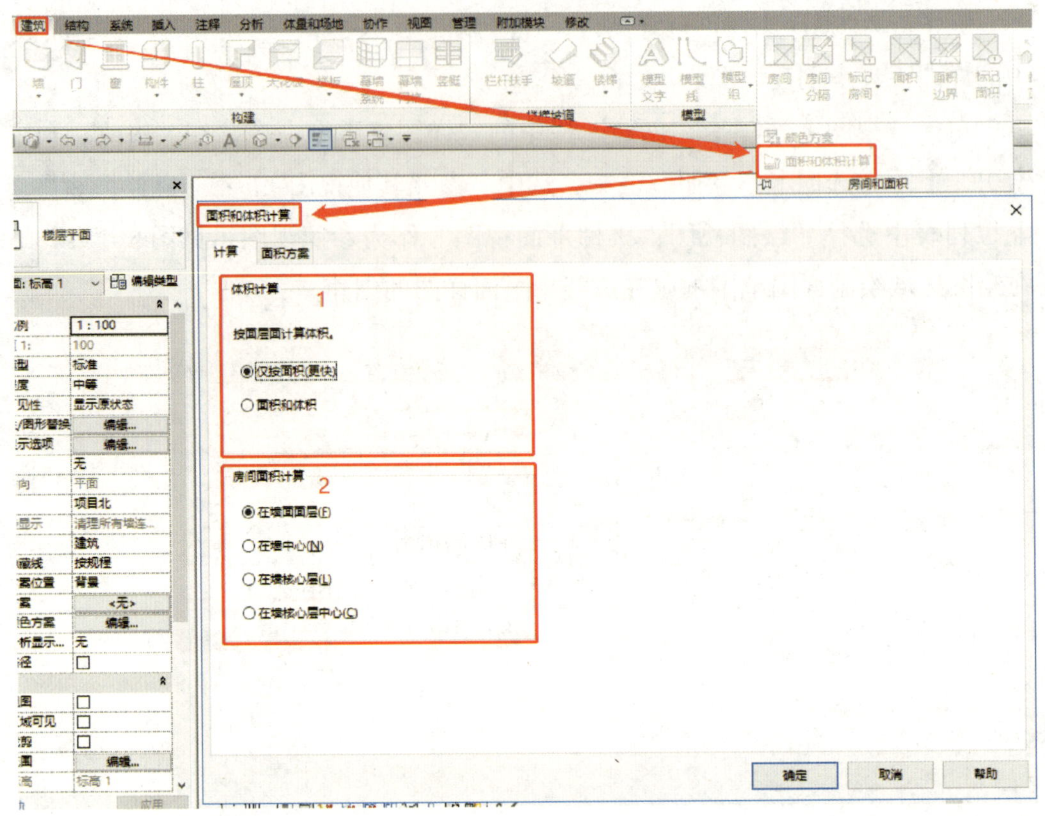

图 5-2-1　设置面积和体积计算方式

（2）在墙中心。房间边界位于墙的中心线上。

（3）在墙核心层。房间边界位于最靠近房间的核心内层或外层上。

（4）在墙核心层中心。房间边界位于墙核心层的中心线上。

2. 体积计算

（1）仅按面积。空间边界将捕捉到其垂直长度。未设置“面积和体积”时空间的剖面视图如图 5-2-2 所示。

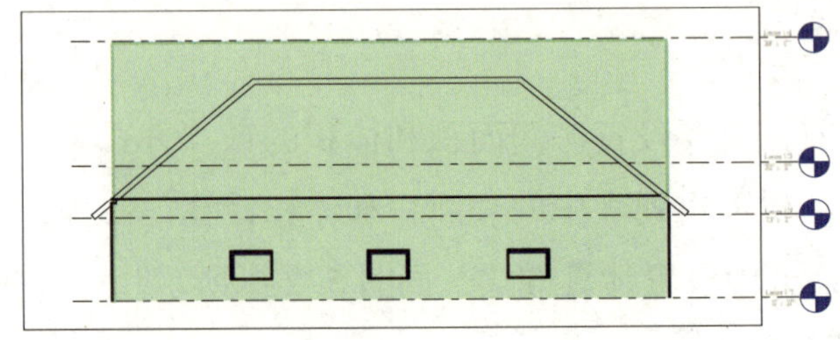

图 5-2-2　未设置“面积和体积”时空间的剖面视图

（2）面积和体积。额外的房间边界构件可能会决定空间的垂直长度。选择“面积和体积”时，空间边界会捕捉到屋顶和天花板。设置“面积和体积”时空间的剖面视图如图 5–2–3 所示。

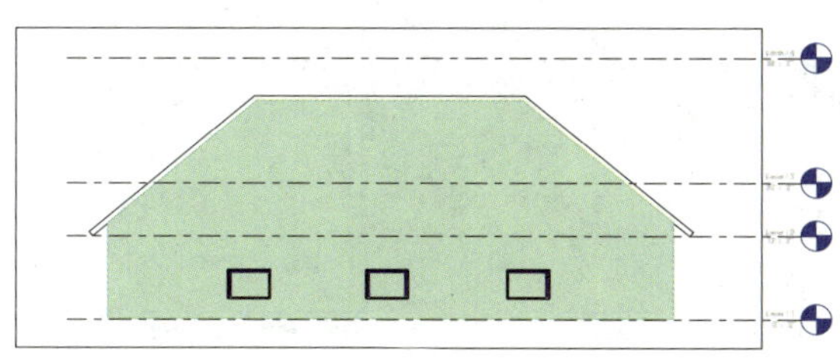

图 5–2–3 设置“面积和体积”时空间的剖面视图

二、创建房间

使用“房间”工具在平面视图中创建房间，或将其添加到明细表内以便于以后放置在模型中。下面以案例文件的房间颜色方案为例进行讲解，如图 5–2–4 所示。

1. 手动放置

打开案例文件“小别墅”，进入“标高 1”楼层平面视图，单击“建筑”选项卡“房间和面积”栏中的“房间”命令，在“修改 | 放置 房间”上下文选项卡中选中“在放置时进行标记”，在“属性”面板“族类型”列表中选中“标记房间”的类型，单击“目标房间”完成房间的创建，如图 5–2–5 所示。

2. 自动放置

创建房间时，在“修改 | 放置 房间”上下文选项卡中选中“在放置时进行标记”，在“属性”面板“族类型”列表中选择“标记房间”的类型，在“修改 | 放置 房间”上下文选项卡中选择“修改 | 放置 房间”上下文选项卡中的“自动放置 房间”命令，在弹出的“Revit”提示框中单击“关闭”按钮，自动放置房间完成，如图 5–2–6 所示。

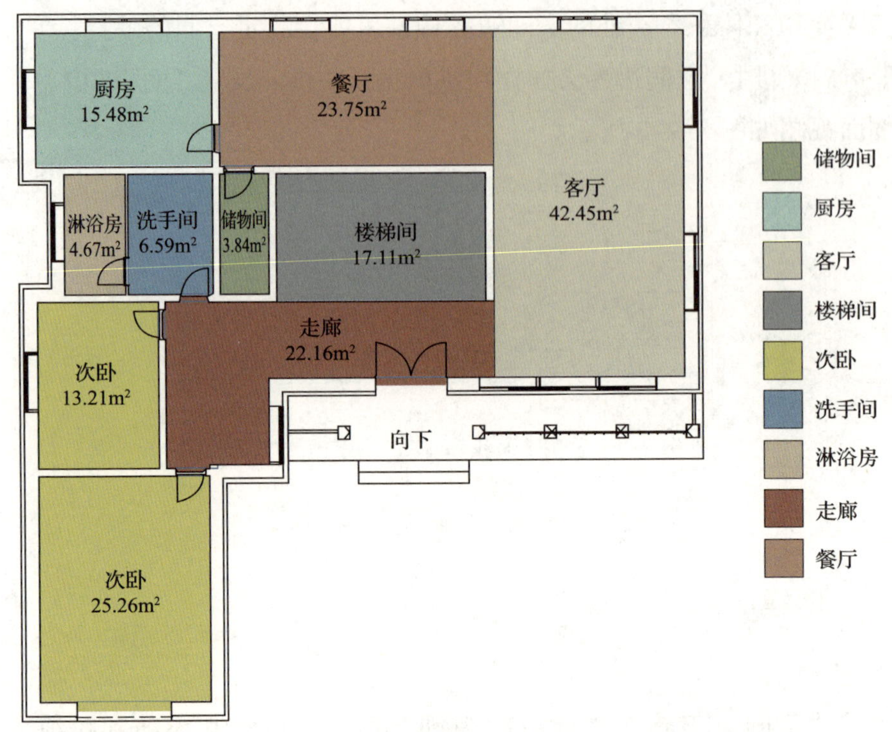

图 5-2-4　房间颜色方案

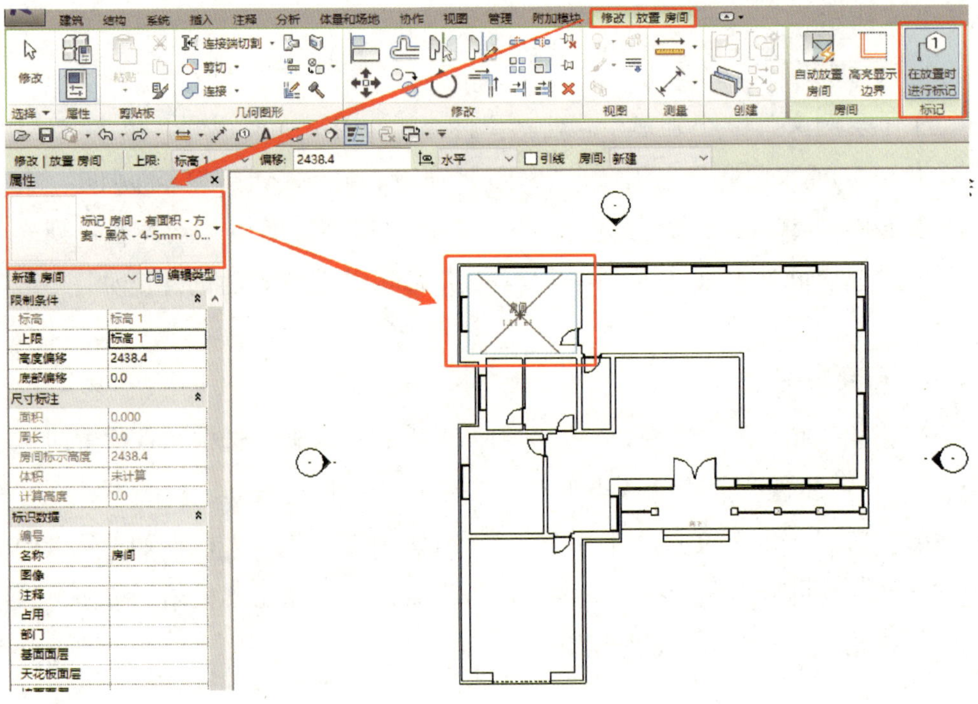

图 5-2-5　手动放置房间

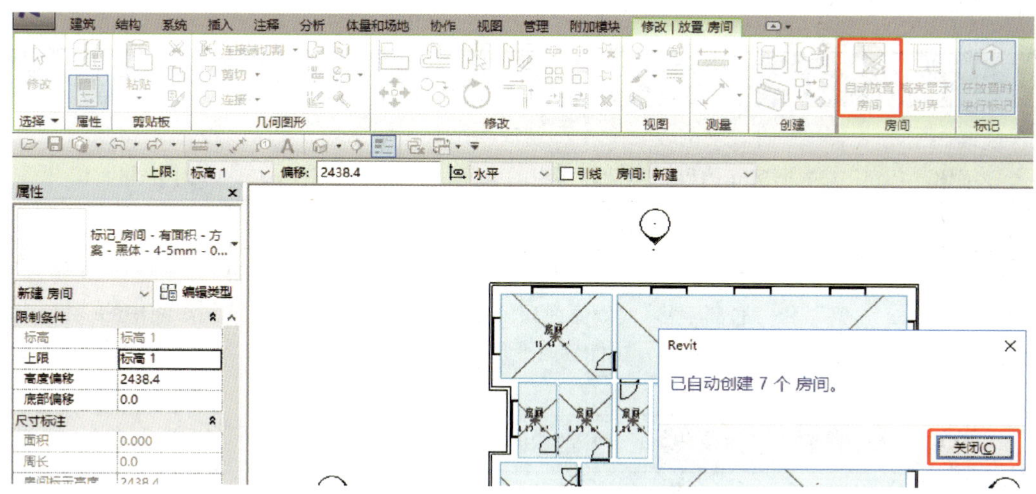

图 5-2-6　自动放置房间

三、房间属性

1. 房间实例属性

房间创建完成后，可以通过修改实例属性来修改房间的相关参数。房间实例属性参数说明见表 5-2-1。

表 5-2-1　　房间实例属性参数说明

名称	说　明
	限制条件
标高	房间所在的底部标高。该值为只读。参见关于定义房间下边界
上限	测量房间上边界时所基于的标高。参见关于定义房间上边界
高度偏移	从“上限”标高开始测量，到房间上边界之间的距离。输入正值表示向“上限”标高上方偏移，输入负值表示向其下方偏移，输入 0（零）将使用为“上限”指定的标高。默认值为 10（4 000 mm）。参见关于定义房间上边界
底部偏移	从底部标高（由“标高”参数定义）开始测量，到房间下边界之间的距离。输入正值表示向底部标高上方偏移，输入负值表示向其下方偏移，输入 0（零）将使用底部标高。默认值为 0。参见关于定义房间下边界

续表

名称	说　明
	尺寸标注
面积	根据房间边界图元计算得出的净面积。该值为只读。参见关于房间面积
周长	房间的周长。该值为只读。参见关于房间面积
房间标示高度	房间可能的最大高度，由以下房间高度参数定义：“标高”“上限”“高度偏移”和“底部偏移”。该值为只读。参见关于房间高度（诸如房间中的楼板和屋顶等房间边界图元可能会改变房间的实际高度。参见关于房间体积计算中的天花板和楼板）
体积	启用了体积计算时计算的房间体积。参见关于房间体积。该值为只读
	标识数据
数字	指定的房间编号。此值对于项目中的每个房间都必须是唯一的。如果此值已被使用，Revit 就会发出警告信息，但允许继续使用它（参见查阅警告消息或有关所选图元的警告）。房间编号按顺序指定。参见创建顺序房间编号标记
名称	房间名称，如 Conference Room 或 Kitchen
注释	用户指定的有关房间的信息
占用率	房间的占用类型，如零售店
部门	将使用房间的部门
基面面层	基面的面层
天花板面层	天花板的面层，如大白浆
墙面面层	墙面面层，如刷漆
地板面层	地板面层，如地毯
占用	将使用房间的人、小组或组织的名称
	阶段化
阶段	房间所属的项目阶段。这是基于视图属性的只读值

2. 房间的可见性

在默认的情况下，房间在平面视图和剖面视图中不会显示。但是可以更改“可见性 / 图形”设置，使房间及其参照线在这些视图中可见。

进入“标高 1”楼层平面视图，单击“视图”选项卡“图形”栏中的“可见性 / 图形”命令，弹出的“楼层平面：标高 1 的可见性 / 图形替换”对话框，在其“模型类别”选项卡中勾选“房间”列表下方的“内部填充”和“参照”选项，单击“确定”按钮，如图 5-2-7 所示。

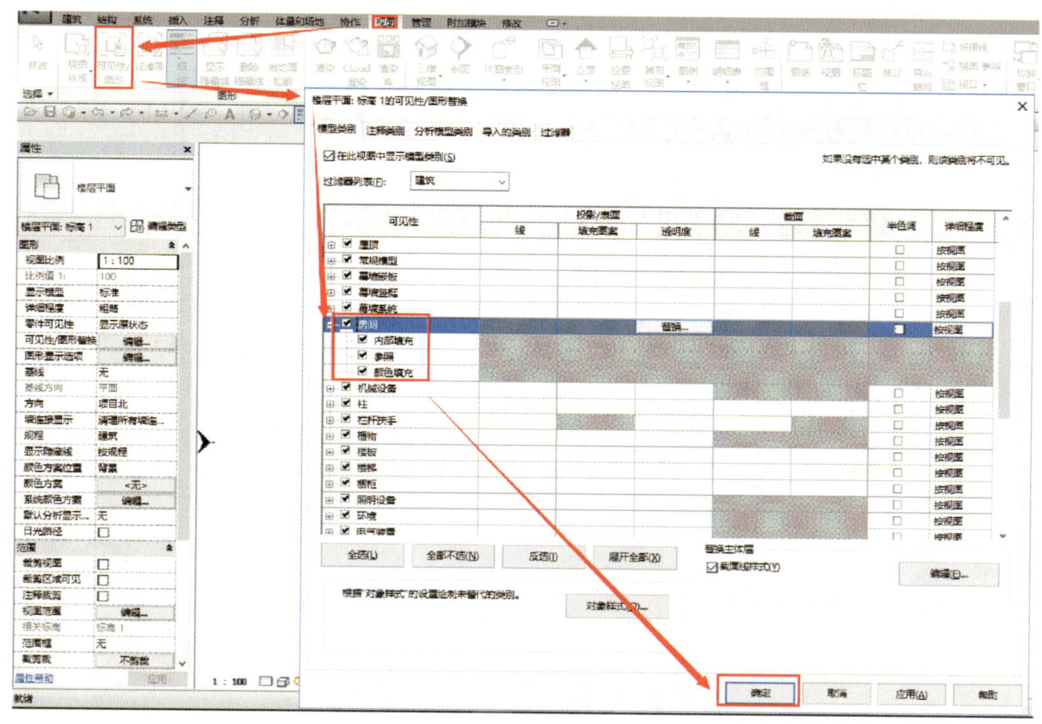

图 5-2-7 房间的可见性设置

这时在“标高 1”楼层平面视图中创建的房间已经高亮显示在视图中，如图 5-2-8 所示。

注意在“楼层平面：标高 1”的“属性”面板中单击“可见性 / 图形替换”后的“编辑”命令，也可调出“楼层平面：标高 1 的可见性 / 图形替换”对话框。

3. 修改房间标签

创建房间完成后，选中“房间”标签，单击“房间名称”进行修改，如图 5-2-9 所示。

四、房间边界

若要指示某个图元应用于定义房间面积和体积计算的房间边界，则必须指定该图元为房间边界图元；若要修改房间的边界，则需修改该图元的“房间边界”参数，或者添加房间分隔线。

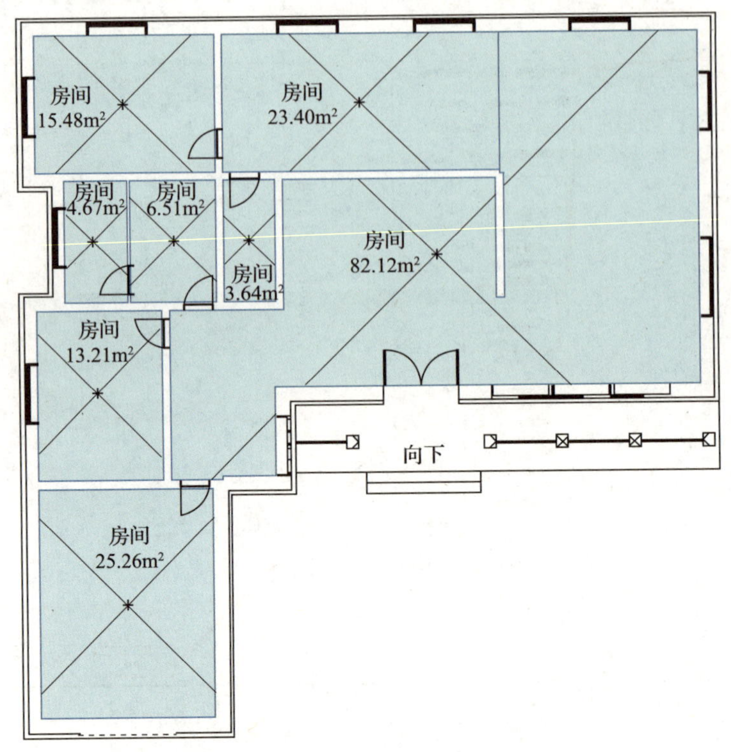

图 5-2-8　房间的可见性显示

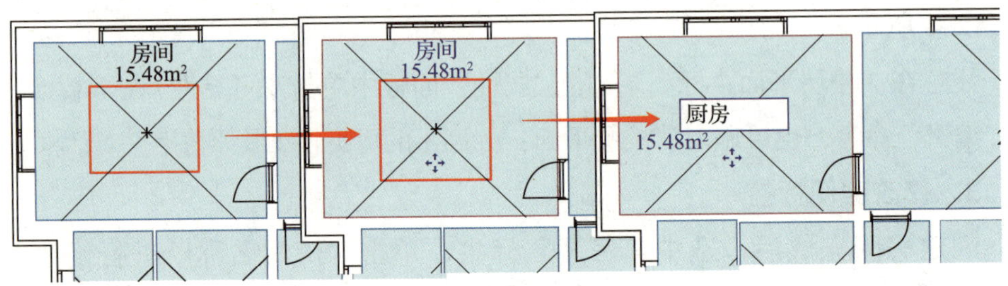

图 5-2-9　修改房间标签

在默认的情况下，以下图元是房间边界：墙（幕墙、标准墙、内建墙、基于面的墙）、屋顶（标准屋顶、内建屋顶、基于面的屋顶）、楼板（标准楼板、内建楼板、基于面的楼板）、天花板（标准天花板、内建天花板、基于面的天花板）、柱（建筑柱、材质为混凝土的结构柱）、幕墙系统、房间分隔线、建筑地坪。

通过修改图元属性，可以指定很多图元是否可作为房间边界。例如，可能需要将盥洗室隔断定义为非边界图元，因为它们通常不包括在房间计算中。如果将某个图元指定为非边界图元，当 Revit 计算房间或任何共享此非边界图元相邻房间的面积或体积时，将不使用该图元。

注意 Revit 软件中可以使用链接 IFC 文件中的许多图元作为房间边界。

使用“房间分隔线”工具可添加和调整房间边界。

房间分隔线是房间的边界。在房间内指定另一个房间时，分隔线十分有用。如起居室中的就餐区，此时房间之间不需要墙。房间分隔线在平面视图和三维视图中可见。

在“标高 1”楼层平面视图中，单击“建筑”选项卡“房间和面积”栏中的“房间分隔”命令，在绘图区域绘制房间分隔线，如图 5-2-10 所示。

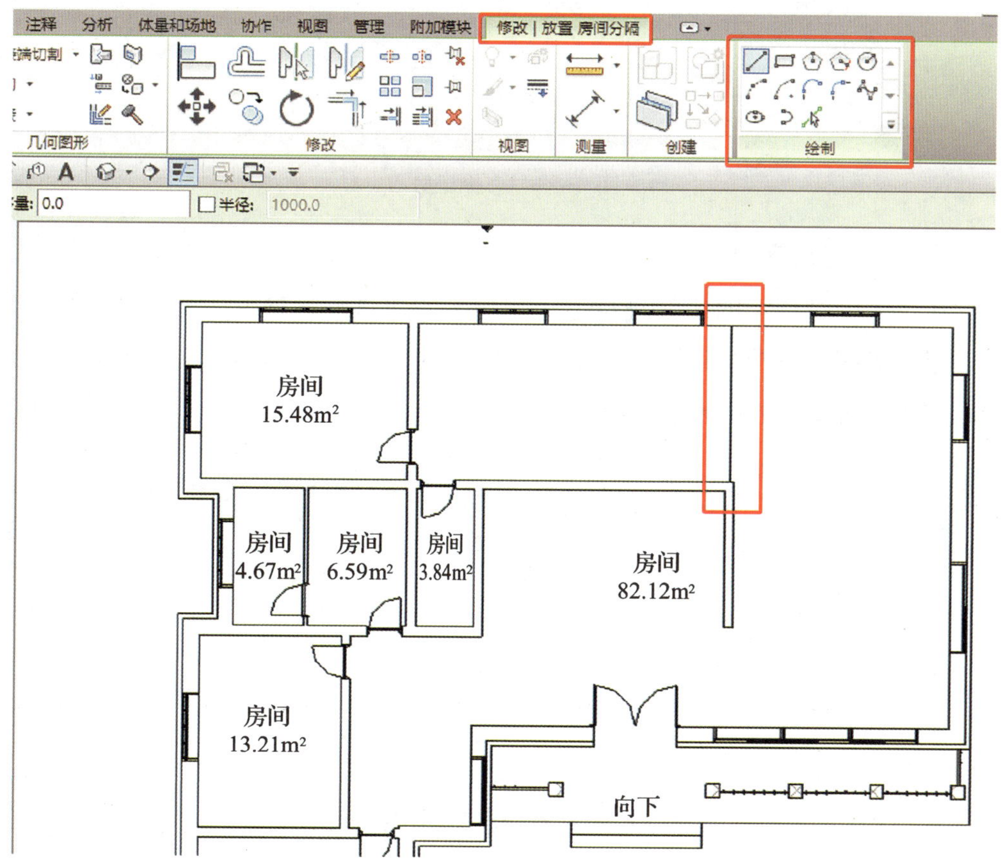

图 5-2-10 绘制房间分隔线

五、标记房间

与墙和门一样，房间在 Revit 中也是模型图元。房间标记是可在平面视图和剖面视图中添加和显示的注释图元。房间标记可以显示相关参数的值，如房间编号、房间名称、计算的面积和体积等参数。

除了在创建房间时自动创建标记房间，也可以使用“标记房间”命令重新标记房间，如图 5–2–11 所示。

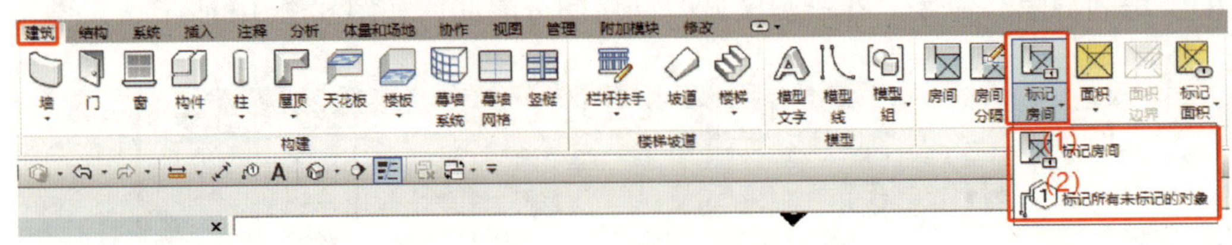

图 5–2–11　标记房间

1. 标记指定房间

在视图中对指定的房间进行标记。单击“建筑”选项卡“房间和面积”栏中“标记房间”下拉列表中的“标记房间”命令，在创建房间的区域内单击鼠标左键标记房间，如图 5–2–12 所示。

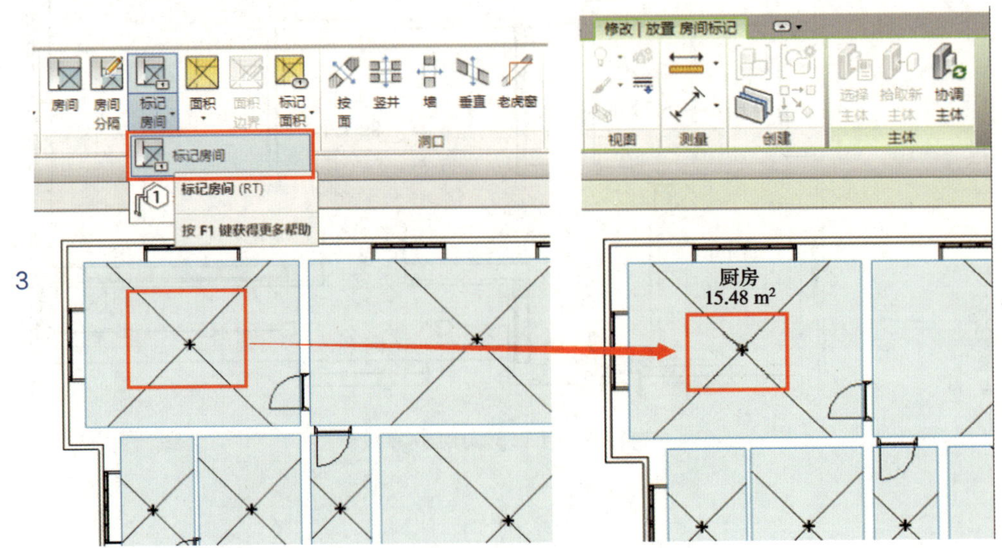

图 5–2–12　标记指定房间

2. 标记所有未标记的对象

在视图中对所有未标记的对象进行标记。单击“建筑”选项卡“房间和面积”栏中“标记房间”下拉列表中的“标记所有未标记的对象”命令，在弹出的“标记所有未标记的对象”对话框中，选择“房间标记”类别并设置标记族为“标记 - 房间 - 有面积 - 方案 - 黑体 -4-5 mm-0-8”，单击“确定”按钮，统一创建所有房间标记，如图 5-2-13 所示。

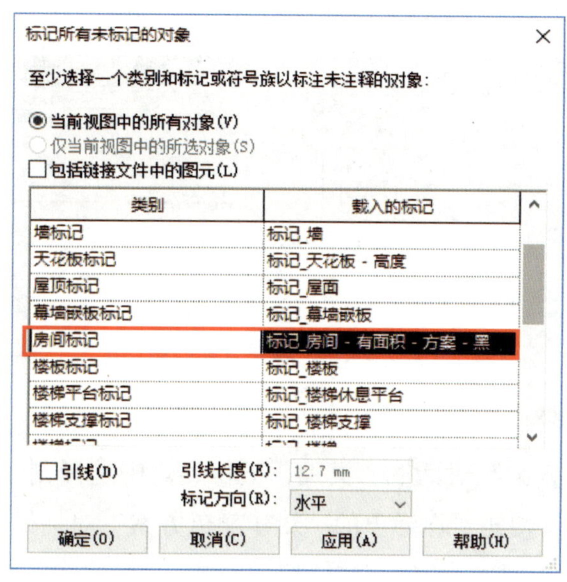

图 5-2-13 “标记所有未标记的对象”对话框

六、房间与面积颜色方案

房间与面积颜色方案是以图形的方式表示空间的类别。创建房间后，可以根据房间的特定属性“值”或“值范围”，将颜色方案应用于楼层平面视图和剖面视图中，可以在每个视图应用不同的颜色方案。

打开上节创建房间的小别墅模型，进入“标高 1”楼层平面视图，单击“建筑”选项卡“房间与面积”下拉列表中的“颜色方案”命令，在弹出的“编辑颜色方案”对话框中设置方案的“类别”为“房间”，“颜色”为“名称”，单击“确定”按钮，完成颜色方案的创建，如图 5-2-14 所示。

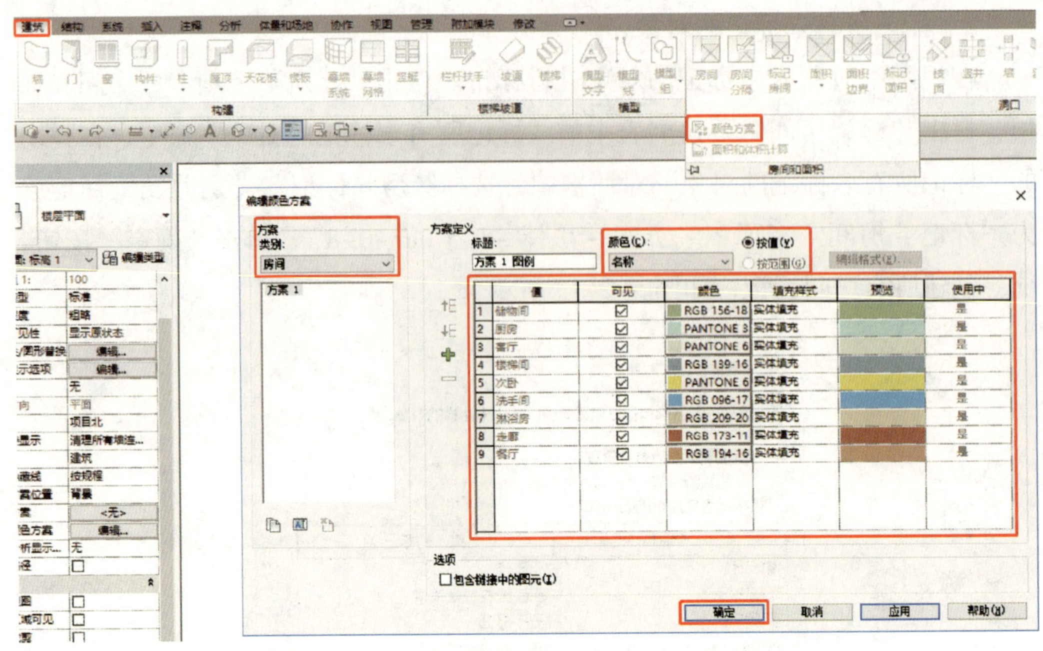

图 5-2-14　颜色方案创建

1. 颜色方案类别

在“编辑颜色方案”对话框“类别”下拉列表中选择创建颜色方案的类别，单击下方的“复制”按钮，在弹出的“新建颜色方案”对话框中输入“房间功能分区”名称，单击“确定”按钮，新建颜色方案，如图 5-2-15 所示。

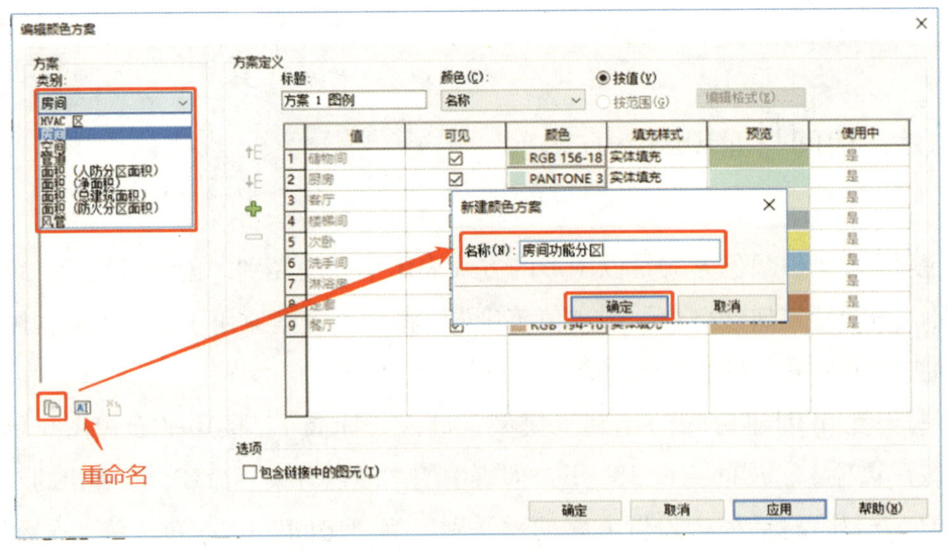

图 5-2-15　新建颜色方案

2. 颜色方案定义

（1）标题。将颜色方案应用于视图时，标题将显示在图例的上方，可以显示或隐藏颜色填充图例标题。

（2）颜色。从“颜色”下拉列表中选择将用作颜色方案基础的参数。

（3）按值 / 按参数。要按特定参数值或值范围填充颜色，可选择“按值”或“按范围”。

“按范围”并不适用于所有参数。例如，当“颜色”选项选择“面积”时，就可以设置为“按范围”方式，如图 5-2-16 所示。

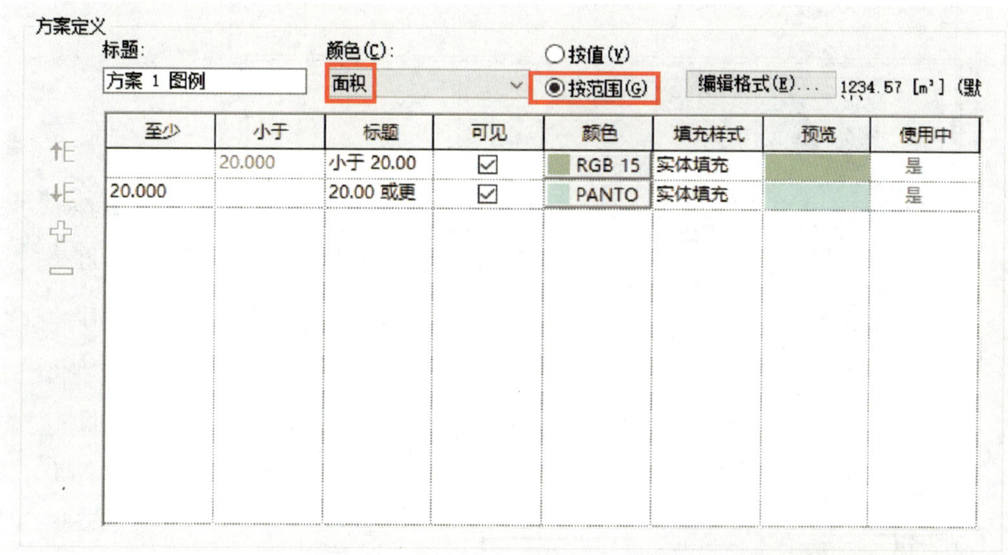

方案定义

标题: 方案 1 图例　颜色(C): 面积　○按值(V) ◉按范围(G)　编辑格式(E)...　1234.57 [m²] (默

至少	小于	标题	可见	颜色	填充样式	预览	使用中
	20.000	小于 20.00	☑	RGB 15	实体填充		是
20.000		20.00 或更	☑	PANTO	实体填充		是

图 5-2-16 “按范围”定义

通过单击“编辑格式”命令可以设置单位显示格式。

（4）颜色方案定义值。根据需要修改颜色方案定义值。

1）至少。编辑下限范围值。此值只有在选择了“按范围”时才显示。

2）小于。此为只读值。此值只有在选择了“按范围”时才显示。

3）标题。编辑图例文字。此值只有在选择了“按范围”时才显示。

4）值。此为只读值。此值只有在选择了“按值”时才显示。

5）可见。指明此值在颜色填充图例中是否填充颜色并且可见。

6）颜色。指定值的颜色选项。单击以修改颜色。

7）填充样式。指定值的填充样式。单击以修改填充样式。

8）预览。显示颜色和填充样式的预览。

9）使用中。指明在项目中此值是否正在使用。对于所有列表项目，此为只读值，但操作者添加的任何自定义的值例外。

3. 颜色填充图例

创建完成颜色方案的视图并没有出现颜色填充，所以，添加颜色填充图例是颜色表示的关键。颜色方案可将指定的房间和区域颜色应用到楼层平面视图或剖面视图中。

单击“注释”选项卡“颜色填充”栏中的“颜色填充图例”命令，在绘图区域放置图例，如图 5-2-17 所示。

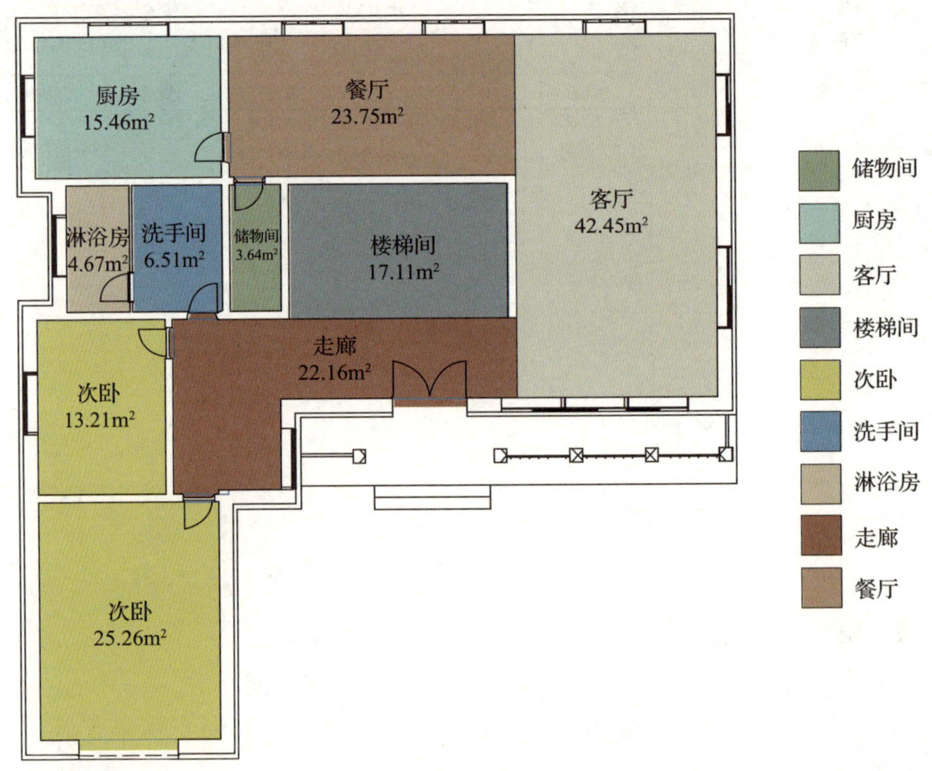

图 5-2-17 房间颜色填充

注意颜色填充图例可以放置在楼层平面中的任意位置。一个视图中可以放置多个颜色填充图例。如果不希望在已应用颜色方案的视图中显示颜色填充图例，可以选中该图例并将其删除。

七、面积方案

使用面积方案表示楼层平面中核心空间与周边空间之间的关系。可以创建多个面积方案。

1. Revit 创建的面积方案

在默认的情况下，Revit 会创建两个面积方案。

（1）总建筑面积。建筑的总面积。

（2）出租面积。基于办公楼楼层面积标准测量法的测量面积。

注意不能编辑或删除“总建筑面积”方案，但可以修改“出租面积”方案。可以根据需要创建附加的面积方案。

2. 创建与删除面积方案

（1）创建面积方案。单击“建筑”选项卡“房间和面积”栏下拉列表中的“面积和体积计算”命令，在弹出的“面积和体积计算”对话框中，切换到“面积方案”选项卡，单击右侧“新建”按钮，在新建的“名称”及“说明”栏中分别输入“新建面积”（见图 5-2-18），单击“确定”按钮。

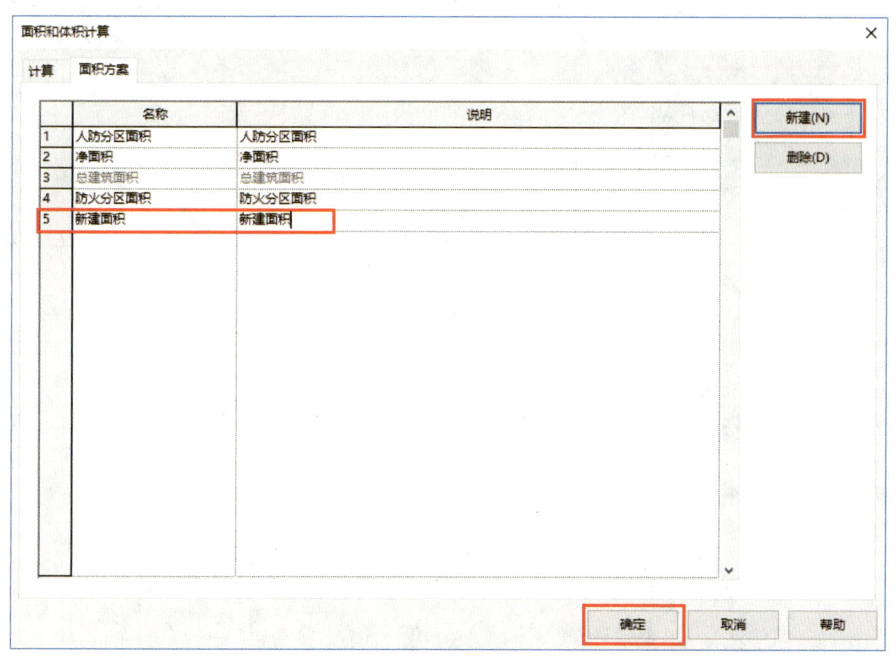

图 5-2-18 创建面积方案

（2）删除面积方案。使用“面积和体积计算”对话框右侧的“删除”按钮，可以删除已创建的面积方案。

3. 创建面积平面

面积平面是根据模型中面积方案和标高显示空间关系的视图。可以对每一个面积方案和楼层应用多个面积平面。每个面积平面均具有各自的面积边界、标记和颜色方案。

单击“建筑”选项卡“房间和面积”栏中“面积”下拉列表中的“面积平面”命令，在弹出的“新建面积平面”对话框中，选择“类型”及面积平面视图，单击“确定”按钮，如图 5-2-19 所示。

在弹出的“Revit”提示框中，单击“是”按钮，完成面积平面视图的创建，与创建房间方案一样创建面积方案，如图 5-2-20 所示。

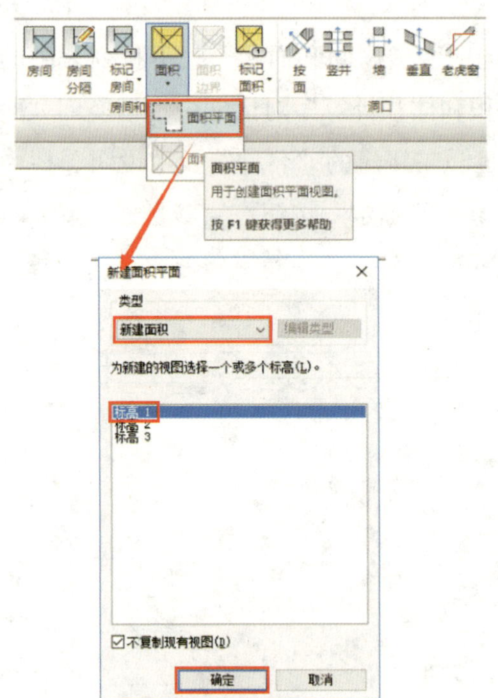

图 5-2-19 “新建面积平面”对话框

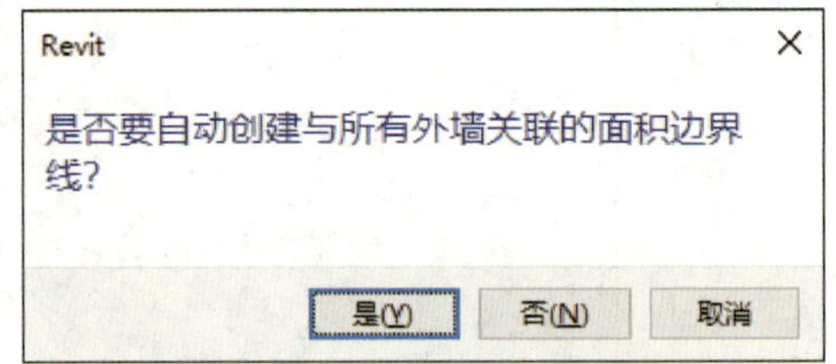

图 5-2-20 “Revit”提示框

第三节 模型问题标注与管理

在 Revit 中创建完模型以后，可进行三维、二维模型标注。三维标注可在三维视图中查看模型构件信息，以便更加直观地体现 BIM 模型的构件信息；二维标注常用于平面图、立面图、剖面图及详图输出 CAD 图样。

一、三维模型标注

首先进入三维视图，选择“注释”选项卡，在“尺寸标注”中，分别有“对齐”“线性”“角度”“径向”“直径”“弧长”“高程点”“高程点坐标”“高程点坡道”一系列标注方式。

“对齐”尺寸标注：可以将对齐尺寸标注放置在两个或两个以上平行参照或者两个或两个以上点（如墙端点）之间。

“线性”尺寸标注：将线性尺寸标注添加到图形中，以便在两个点之间进行测量。

“角度”尺寸标注：将角度尺寸标注放置在共享统一公共交点的多个参照点上。不能通过拖曳尺寸标注弧来显示一个整圆。

“径向”尺寸标注：将径向尺寸标注添加到图形以测量弧的半径。

“直径”尺寸标注：使用图形中的直径尺寸标注测量圆或圆弧的直径。

“弧长”尺寸标注：可以对弧形墙或其他弧形图元进行尺寸标注，以获得墙的总长度。

“高程点”尺寸标注：添加高程点以获取图元（如坡道、道路、地形表面或楼梯平台）的高程点。

“高程点坐标”尺寸标注：高程点坐标会报告项目中点的“北 / 南”和“东 / 西”坐标。

“高程点坡道”尺寸标注：将高程点坡度添加到图形，以在图元的面或边的指定点上显示坡度。

单击“高程点”进入“修改放置尺寸标注”上下文关联选项卡，在“属性”中单击“编辑类型”，进入“类型属性”对话框（见图 5–3–1），根据制图规范进行修改，修改完成后，单击“确定”按钮即可。完成属性设置后，单击“修改”选项栏上的“引线”取消勾选（见图 5–3–2），其余不作修改。

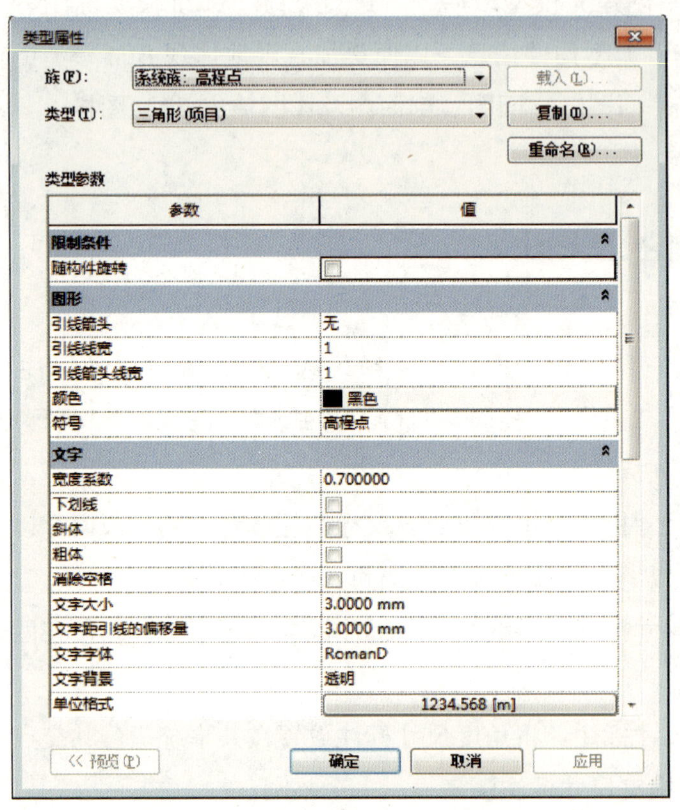

图 5–3–1 “类型属性”对话框

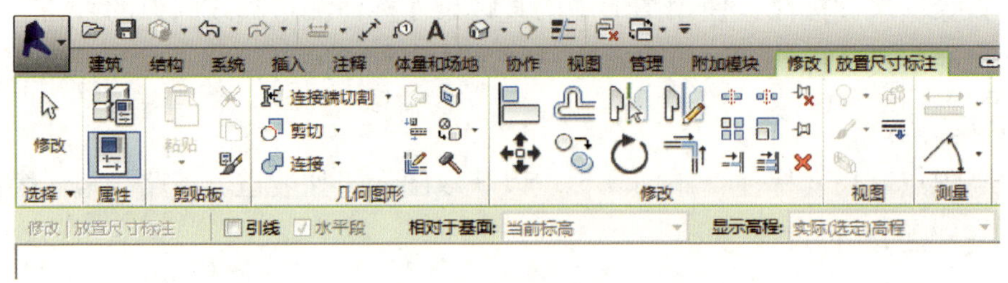

图 5–3–2 取消“引线”勾选

设置完成后，单击需要测量标注的对象顶面后，就会显示标注完成的高程点，如图 5–3–3 所示。

图 5-3-3 标注高程点

在三维状态下也可以显示构件的详细信息，如框架柱混凝土类型及混凝土等级等相关信息。在注释框架柱之前，需要将框架柱编辑“材质”，材质的名称为注释的相关信息（见图 5-3-4）。设置完成后，切换到“注释”选项卡，单击“标记”栏中的“材质标记”（此处的三维标记需锁定三维视图），单击注释对象框架柱，即可完成注释信息，效果如图 5-3-5 所示。

二、二维模型标注

1. 尺寸标注

二维模型标注常用于导出 CAD 图样的输出及打印功能，将完成的项目模型，通过楼层平面视图、立面视图、剖立面视图及详图，输出一套 CAD 施工图样。

单击“项目浏览器”进入一层平面图，将“视图样式”改为“隐藏线”后，切换到“注释”选项卡，单击“对齐”尺寸标注进入“修改放置尺寸标注”上下文关联选项卡，在“属性”面板中单击“编辑类型”按钮，打开“类型属性”对话框（见图 5-3-6），根据制图规范进行修改，修改完成后单击“确定”按钮即可。完成属性设置后，修改选项栏上的“参照墙中心线”为“参照核心层表面”（见图 5-3-7），其余不作修改。

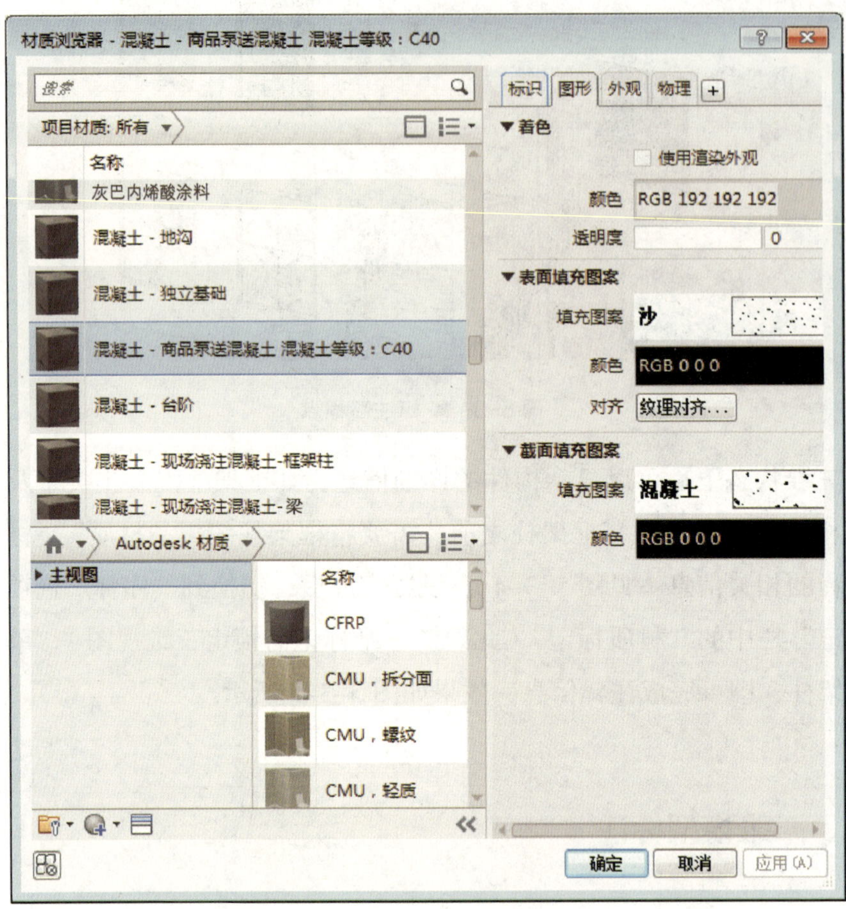

图 5-3-4　设置材质名称

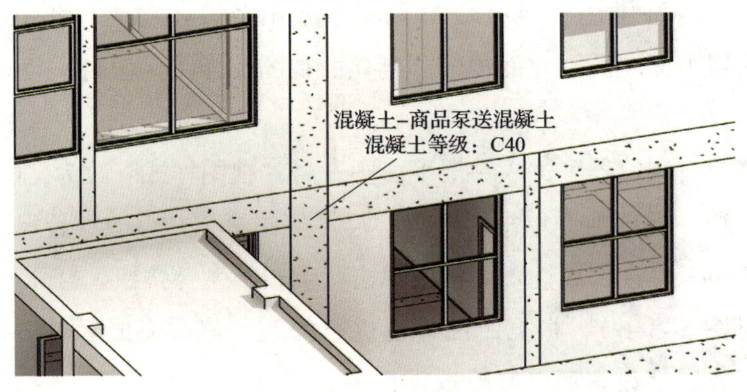

图 5-3-5　材质标记效果图

图 5-3-6 “类型属性”对话框

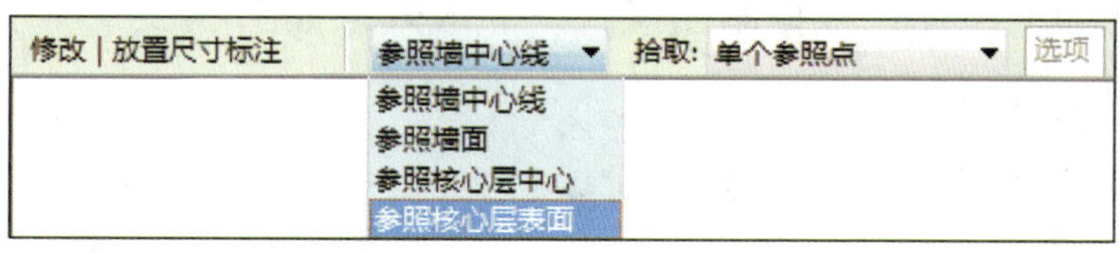

图 5-3-7 修改选项栏的选项

设置完成后，依次单击拾取所需要标注的对象，遇到门窗则单击门窗的边缘线，单击拾取完成，确定无误后单击空白位置，一次即可完成对齐标注，完成效果如图 5-3-8 所示。

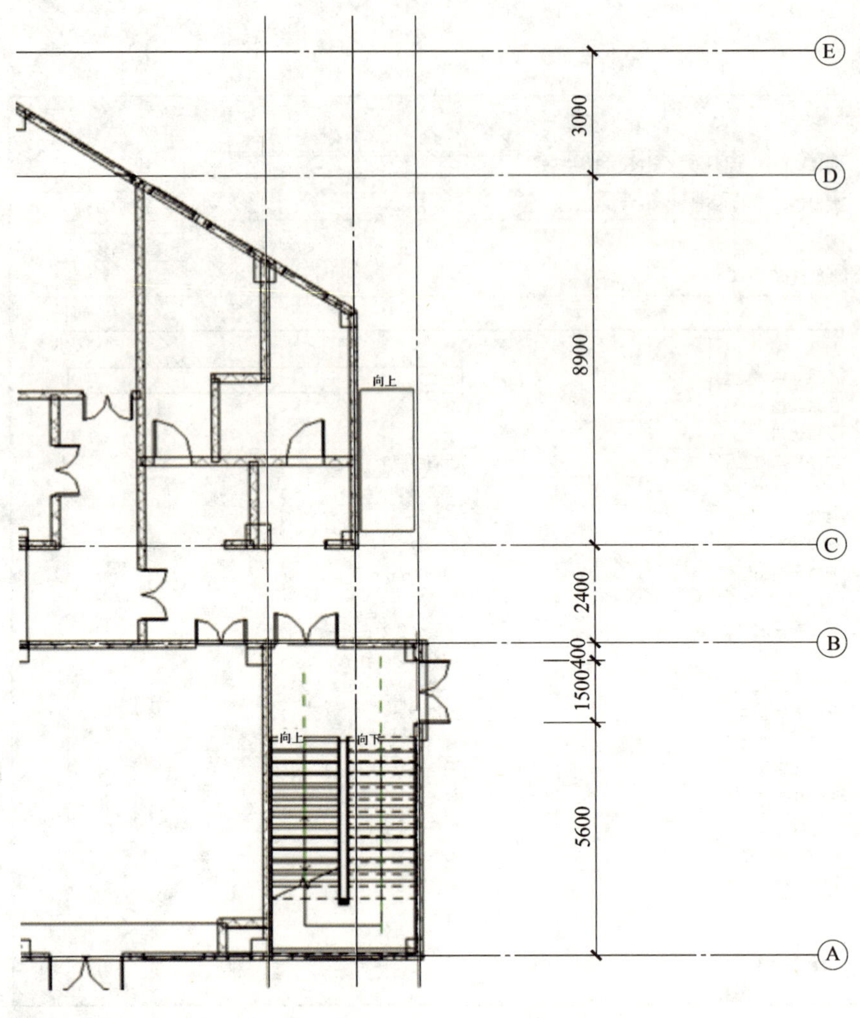

图 5-3-8　完成效果

操作方式如上所述，根据制图规范，完成效果如图 5-3-9 所示。

2. 二维模型标记

完成尺寸标注后，Revit 软件可对项目中的门窗图元进行标记注释信息，并分为“按类别标记”和“全部标记”两种。按类别标记即单击门窗标记，全部标记为自动对门窗进行标记。

（1）按类别标记。切换到“注释”选项卡，单击“标记”栏中的“按类型标记”后，根据标记门窗的位置，修改选项栏中的“垂直”“引线”及“尺寸距离”，不勾选“引线”（见图 5-3-10），完成设置后单击标记对象，会显示标记完成效果（见图 5-3-11），其余门窗标记方法与上述相同。

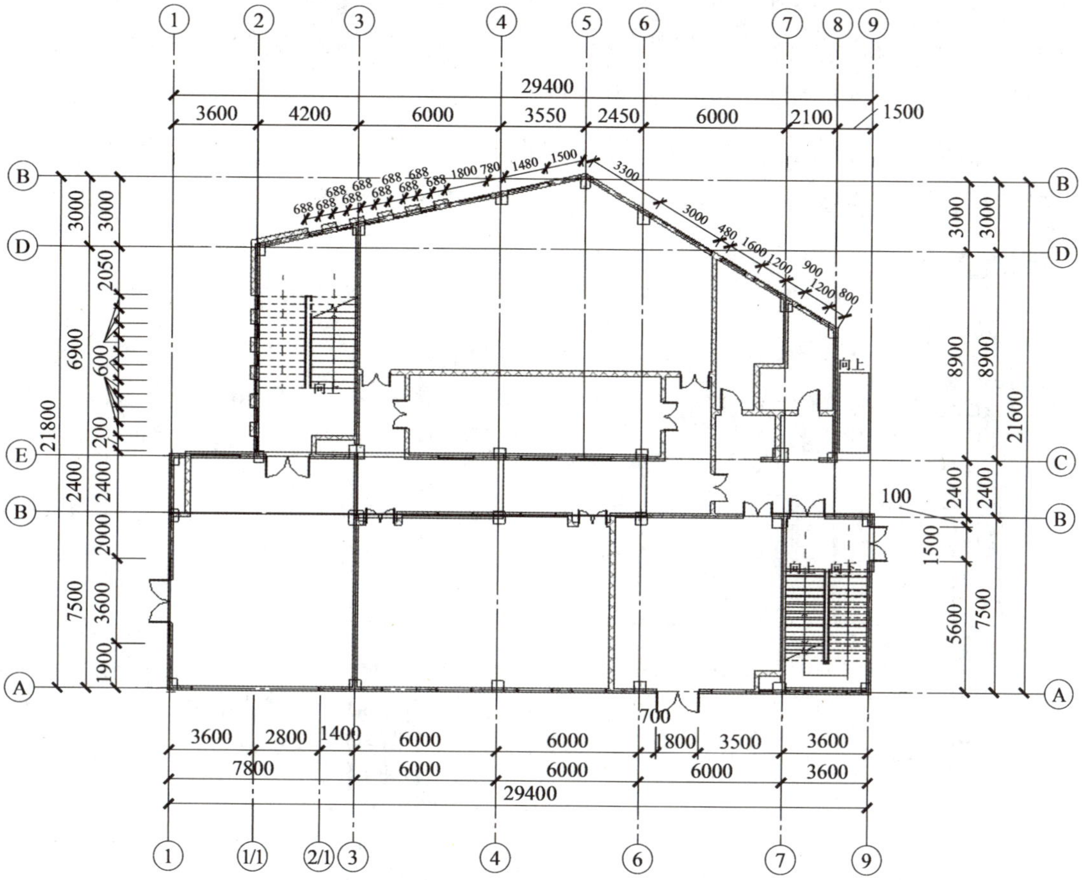

图 5-3-9　整体效果

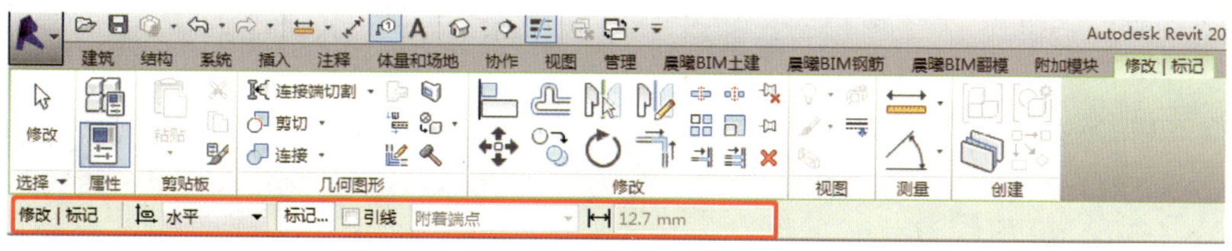

图 5-3-10　不勾选“引线”

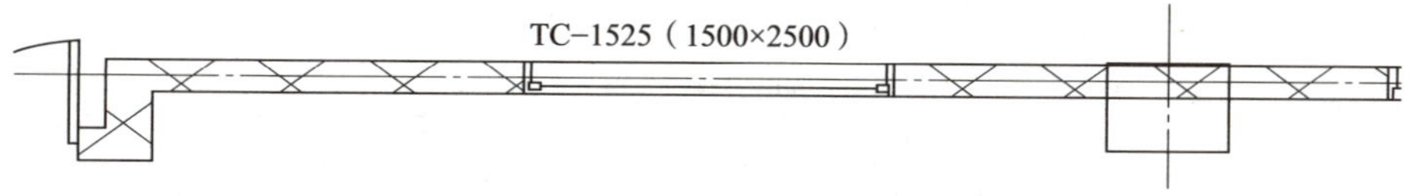

图 5-3-11　标记效果

（2）全部标记。在“注释”选项卡中，单击“标记”栏中的“全部标记”后，弹出“标记所有未标记的对象”对话框，选择单击所需要标记的类型构件。若门未有“载入的标记”，则需要载入门标记族，具体载入操作方法在前面已介绍，本处不进行详细说明。设置标记后，选择“标记方向”为水平或垂直方向。设置完成后，单击“应用”按钮，完成效果如图 5-3-12 所示。“全部标记”完成后，需要手动调整标记信息，单击标记信息拖动即可。

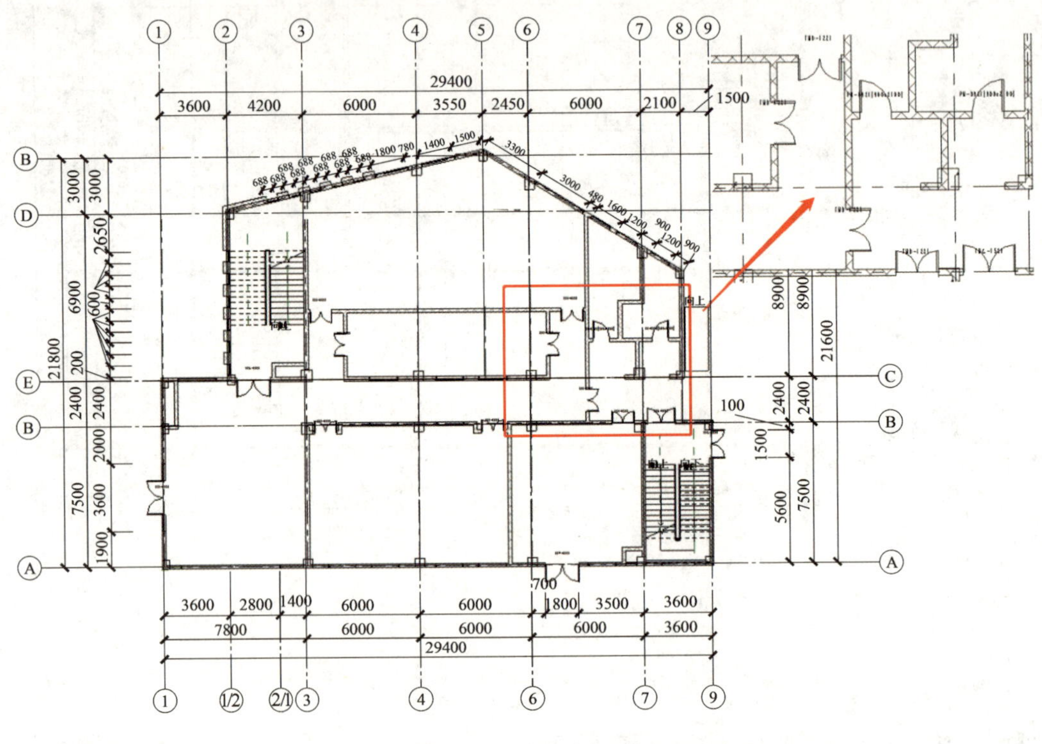

图 5-3-12　全部标记效果

三、问题标注

相对于传统的 CAD 图样而言，BIM 模型具有巨大的优势，包括其可视化、碰撞检查、漫游、模拟等一系列拓展功能，是解决建筑业资源浪费、发展建筑业低碳经济的有效方法。在正式施工之前，通过模型进行一系列的问题检查，对可能发生的问题提前进行方案整改。研究表明，通过 BIM 技术，甚至可以减少高达

40% 的预算外变更，通过提前解决冲突问题而降低的合同价格可达 10%。

1. 问题的类型

在施工过程中，利用 BIM 模型可解决的问题类型包括各专业碰撞、净高分析及图样问题处理等。

（1）碰撞检查。在工程中，碰撞表示的是实体相交，因实体间的距离比设定公差小而影响施工或与特定要求相矛盾都定义为碰撞，这两者分别称为硬碰撞和间隙碰撞。硬碰撞常见于设计阶段，通常会在结构梁、给排水管道以及空调管道这三种类型的构件中见到。而间隙碰撞则与硬碰撞的相交情况不同，这种情况的碰撞，构件之间并不存在交集，但考虑到安全及施工便利等方面的情况，对这些构件有一个最小间距的要求，两者之间的距离一旦小于设定公差即被认定为碰撞；同时，这种类型的碰撞还需要考虑到这些管道设备是否会遮挡墙上安装的插座或开关。工程中的管线排布极为复杂（见图 5-3-13），因此对于工程管线碰撞的排查十分必要。

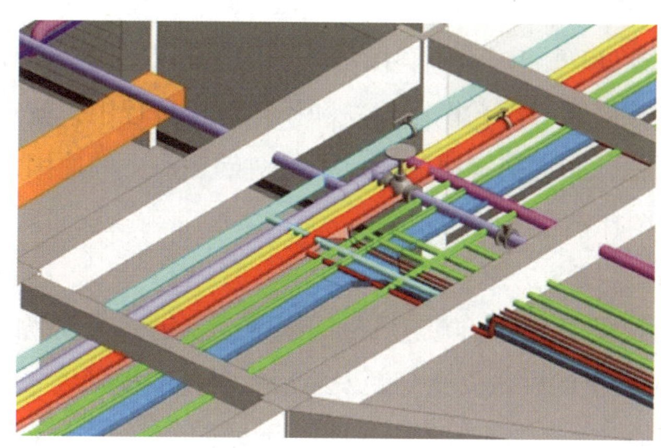

图 5-3-13　工程管线排布示意

（2）净高分析。住宅楼的净高是指楼面或地面至上部楼板地面之间的最小垂直距离，可理解为下层地板面或楼板上表面到上层楼板下表面之间的距离。写字楼的净高则指标准层的地板装饰面到本层吊顶下表面的距离。如果在设计时净高不足，就会使空间显得十分压抑，甚至无法正常通行。

影响净高的原因有很多种，以写字楼为例，其影响因素包括层高、梁板厚度、水电空调管线占用净高空间、吊顶系统自身占用净高空间及地面找平或架空地板高度占用空间等。

在项目施工过程中，时常会出现净高不满足要求的地方，需要在施工准备阶段利用 BIM 模型对其进行记录分析，以避免在施工进行过程中才发现问题（此时再进行整改，所花费的人力、物力和财力就会比预先分析时要高）。利用 BIM 漫游功能进行碰撞检查与房屋净高分析的效果如图 5–3–14 所示。

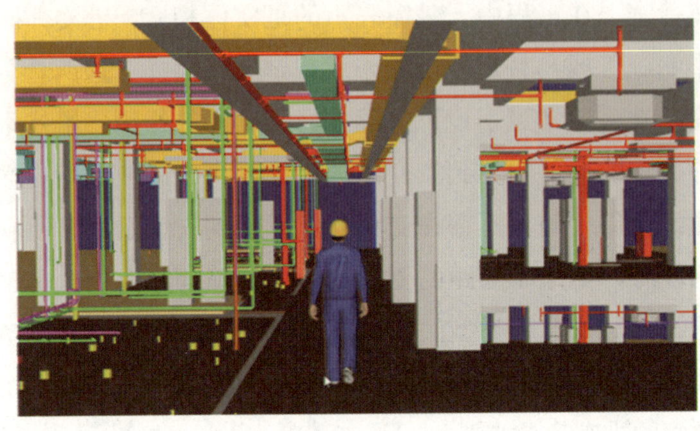

图 5–3–14　BIM 漫游功能

（3）图样问题处理。项目图样中可能会出现设计错误、标高冲突、不同专业之间图样冲突等问题。而在模型建立和模拟分析过程中，就可以在正式施工之前发现这些问题，并提前解决问题；通过对问题产生的原因进行分类，以便于有序处理项目图样中存在的问题。

2. 问题处理流程

在项目施工过程中，对于施工质量问题都会制定一个规范的处理流程，如图 5–3–15 所示。严重的质量安全问题发生后，现场工程师应立即上报给项目经理和现场总工程师，并在书面报告中标明问题发生的时间、地点、工程名称、不合格范围和数量，以及问题发生原因及发生后采取的一些现场控制措施等。这些问题发生后，需要由现场总工程师进行评审并提出处置方案，再经项目经理批准后实施，常见的处理方式为返工、返修、让步接收（经业主许可）和报废等。

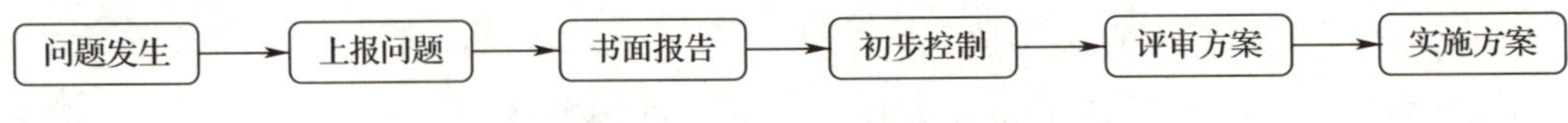

图 5–3–15　问题处理流程

而结合了 BIM 技术的问题处理流程则比传统流程要直观得多，不论是前期对问题的预测、进行提前处理，还是后期问题发生后的交流，其效率都有很大的提升。通过相关的 BIM 协同平台管理所有专业的模型，对专业协调的结果进行全面检验，可以考量专业之间的冲突，以及高度方向上的碰撞。

由于 BIM 模型是按照真实尺寸进行建模的，传统表达方式中可能会省略或忽视的部分都可以在模型中进行展示，因此可以发现很多在图样上看上去没有问题但实际上不符合规范的地方，可以通过剖切、漫游等功能，观察并调整有问题的管线标高，利用 BIM 技术可以对管线之间、管线与土建之间的所有碰撞问题进行检测与反馈，理论上可以快速解决所有管线碰撞问题。

3. 问题的标注

在传统方式下对于问题的标注需要在图样上查找位置，在没有实体建筑之前，要自行将二维图转换成三维状态来思考发生问题构件的实际状态，而在可以利用 BIM 模型的情况下，所有的问题标注都会直观得多。通过三维模型可以直接看到问题，基于模型再利用相关的 BIM 协同管理平台进行后续的管控操作，包括构件问题记录、定位、问题追踪、反馈等。目前对问题标注与管控研究得较为深入的是 BIM 全咨（资）管控平台，本节将以此为例讲解如何通过 BIM 平台对项目问题进行管理。

当管理人员在现场发现了不符合规范的部位，需要及时进行记录和反馈时，现场人员可以在 BIM 全咨（资）管控平台上对所发现的问题进行记录和上传，问题可以与 BIM 模型相互关联（见图 5-3-16），并在这个过程中选择相关负

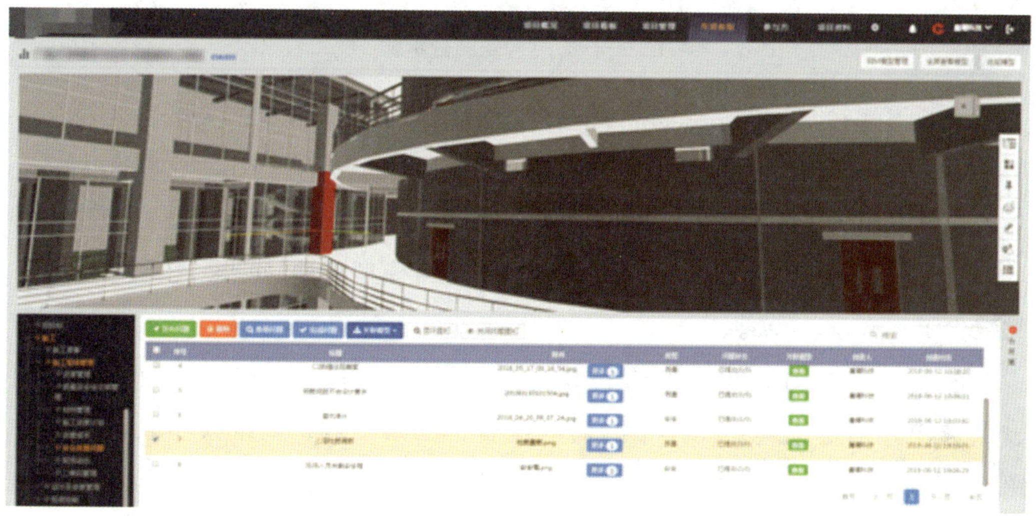

图 5-3-16 问题与 BIM 模型的联动示意

责人进行通知。问题发出后，负责人会实时收到消息提醒，通过查看关联的构件来快速定位问题所在，大幅度提高工作效率，避免了在沟通过程中由于表达不清晰而导致问题不明晰情况的发生。负责人对问题完成整改后，可以把整改后的现场图片或视频上传到回复中，由发布人来确认整改是否无误，最后修改问题的完成状态，形成完整的闭合链，既保证了问题及时得到解决，也方便了后期对记录进行查询追溯。

创建了问题以后，系统将会自动统计所有的问题，形成问题图钉历史记录。在模型上查看界面时，可以通过问题创建的时间段随时筛选这些图钉定位。利用图钉对项目的问题进行整体把控，包括问题集中的构件部位统计、问题多发的时间段查询，以此来更全面地分析项目问题。问题图钉的标注将在查询时大幅度地提升相关人员的工作效率，单击图钉可一键查看具体描述，保证了高效性与便捷性。问题图钉如图 5–3–17 所示。

图 5–3–17　问题图钉示意

除了将问题与构件关联进行标注外，对于问题在图样上的关联也是一个常用手段，但由于图样的复杂性，如果纯粹利用人工进行查询比对，将会大幅度降低相关人员的工作效率。BIM 全咨（资）管控平台则是通过三者的相互关联，可以随时进行互动，达到文字、二维图样、三维模型联动的效果，既直观简便，又减少了工作量。

将平台中的图样与模型进行校对，根据提示快速完成校对后，即可通过点选构件来定位其在图样中的对应位置，二维图样、三维模型联动效果如图 5–3–18 所示。打开对应图样，在选中模型构件后，图样将会自动定位至构件所在位置，并用红圈标注表示。

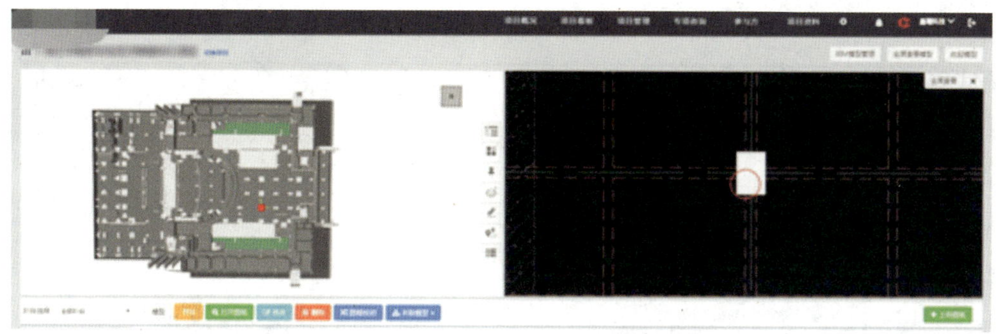

图 5-3-18　二维图样、三维模型联动效果

第四节　渲染表现、制作场景动画

本节主要介绍模型的渲染和动画制作。具体要掌握使用 Revit 软件渲染模型照片的创建图与动画制作的过程。

在 Revit 软件中，可以使用现有的三维模型创建效果图及漫游动画，能够全方位展现三维模型的造型及建筑设计师的创意。同时在同一个软件环境中，可完成从施工图设计到可视图设计的所有工作，避免了以往多个软件操作所带来的数据丢失及操作重复等问题，提高了工作效率。

Revit 自带 Mental Ray 渲染器，可以生成建筑模型的照片及真实效果图像，使用不同的效果和内容（如植物、贴花和人物等）来渲染三维视图，及时看到项目模型的效果图而向甲方、客户进行展示。Revit 的渲染设置简单，容易操作，只需要渲染设置、设置渲染质量和设置灯光即可渲染三维视图。设置相机路径即可查看漫游动画，动态直观地进行项目展示。

除基本操作外，本节将重点讲解材质创建的重点和难点，调整相机视图技巧，渲染场景设置等。

一、墙体材质外观设置

在 Revit 中要实现真实的外观效果，需要给各个构件赋予对应的材质。

Revit 自带了丰富的材质库，不需要对材质进行过多的设计，就可以得到逼真的效果图。操作步骤如下。

（1）使用 Revit 软件打开项目模型，如图 5–4–1 所示。

图 5–4–1　打开项目模型

（2）选中模型外墙，点击“编辑类型”打开“类型属性”对话框，单击“结构”旁边的编辑工具，弹出“编辑部件”对话框，单击“插入”工具，插入两个层，并将功能下的“结构”修改为“面层 1［4］”“面层 2［5］”，厚度均设置为 20 mm，将“面层 1［4］”和“面层 2［5］”分别使用“向上”“向下”工具移动到最外边和最内边，设置完成后（见图 5–4–2），单击层列表中第一行“面层 2［5］”的材质空白处，右边会显示打开“材质浏览器”按钮，单击按钮后会弹出“材质浏览器”对话框，如图 5–4–3 所示。

（3）在“材质浏览器”下方单击“创建并复制材质功能”按钮，新建材质后单击右键修改名称为“外墙装饰面砖”。修改完后单击“打开 / 关闭资源浏览器”，进入“资源浏览器”（见图 5–4–4）。单击“外观库”，选择“墙面装饰面层”文件，选择对应材质并双击或单击材质出现“替换”按钮，可直接进行调用或替换。

（4）单击“材质浏览器”中的“图形”按钮后，单击“着色”下面的颜色，弹出“颜色”对话框，选择视图着色状态下的构件颜色。注意修改颜色与后期渲染无关，它只针对视图在“着色”状态下的构件颜色。

层

外部边

	功能	材质	厚度	包络	结构材质
1	面层 2 [5]	<按类别>	20.0	☑	☐
2	**核心边界**	**包络上层**	**0.0**		
3	结构 [1]	<按类别>	200.0	☐	☑
4	**核心边界**	**包络下层**	**0.0**		
5	面层 1 [4]	<按类别>	20.0	☑	☐

图 5-4-2 “编辑部件”对话框

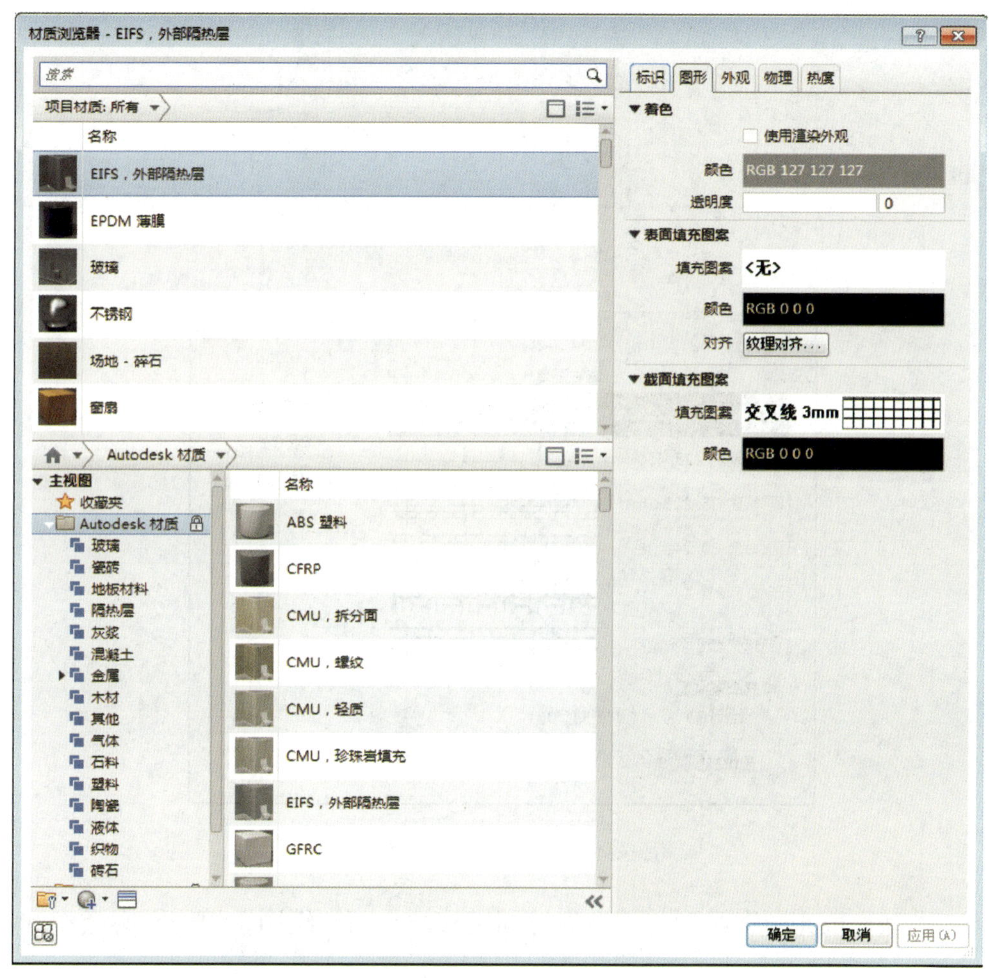

图 5-4-3 “材质浏览器”对话框

（5）单击“材质浏览器”中的“图形”按钮后，单击“表面填充图案”下方的“填充图案”白色按钮，弹出“填充样式”对话框（见图 5-4-5），选择填充类型为“模型”，在列表中选择对应的填充图案，单击“确定”按钮回到“材质浏览器”对话框。

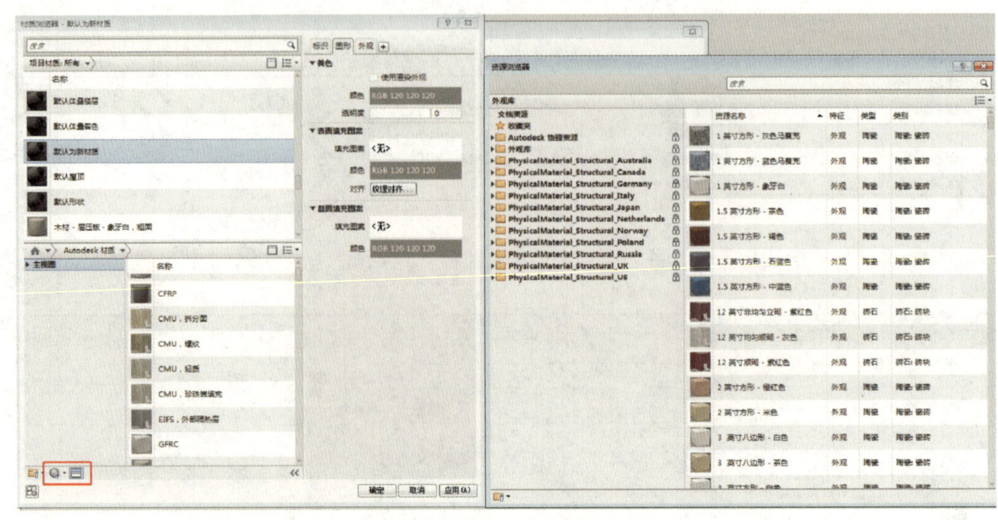

图 5-4-4 “资源浏览器”界面

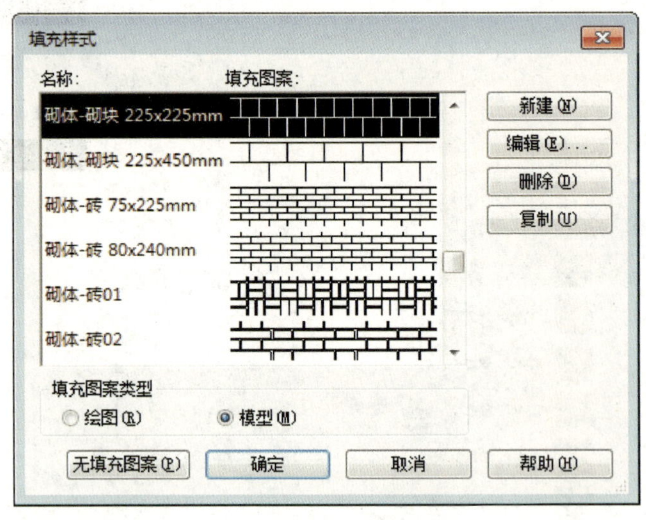

图 5-4-5 “填充样式”对话框

“模型”填充图案类型与模型保持固定尺寸，而“绘图”填充图案类型则相对于图样保持固定尺寸。截面填充图案与表面填充图案操作设置同上。

表面填充图案是指三维视图及各个视图所显示的效果，其与渲染无关。

截面填充图案是指构件在剖面图剖切时，显示的是截面图案。如截面填充需要为实体填充，则“填充样式”修改为“实体填充”后即可完成实体填充。

（6）设置完成后，在“材质浏览器”对话框单击“确定”按钮，即可完成“外墙装饰面砖”的创建。

二、创建渲染视图

Revit 软件创建渲染视图分为透视三维视图和正交三维视图。

透视三维视图是用于显示三维视图的建筑模型。在透视三维视图中，越远的构件在视图中显示得越小，越近的构件在视图中显示得越大。也可以在透视图中选择图元及修改图元参数。正交三维视图则是不管视图远近，其所有构建大小均相同。

1. 透视三维视图

打开标高 1 楼层平面，切换到"视图"选项卡，单击"创建"栏中"三维视图"，展开下拉列表，在下拉列表中选择"相机"功能。在绘制之前，需要在选项栏中设置相机高度，如图 5–4–6 所示。

图 5–4–6　设置相机高度

设置完成后，在绘图区域中单击拍摄位置，然后移动鼠标确定拍照目标并单击，视图将会跳转到透视三维视图（见图 5–4–7）。利用 Revit 软件创建一个透视三维视图，并指定该视图名称为"三维视图 1"。如需调整透视三维视图，则可进入放置相机的楼层（标高 1 楼层）平面图后，在"三维视图 1"上单击鼠标右键，选择"显示相机"，在标高 1 楼层平面图中将会显示相机，如图 5–4–8 所示。

图 5–4–7　透视三维视图

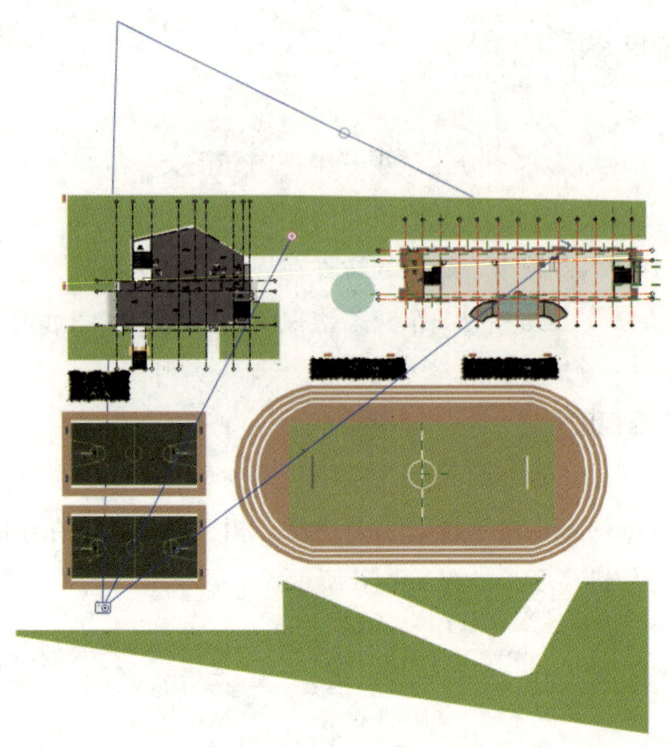

图 5-4-8　显示相机（透视）

2. 正交三维视图

打开标高 1 楼层平面，切换到“视图”选项卡，单击“创建”栏中“三维视图”中的下三角按钮，在下拉列表选择“相机”功能，在绘制之前，取消选中的“透视图”复选框，如图 5-4-9 所示。

图 5-4-9　不勾选“透视图”

设置完成后，在绘图区域中单击拍摄位置，然后移动鼠标确定拍照目标并单击，视图将会跳转到正交三维视图（见图 5-4-10）。利用 Revit 软件创建一个正交三维视图，并指定该视图名称为“三维视图 2”。若要调整视图名称，移动到需要修改名称的视图，单击鼠标右键进行修改。如需调整正交三维视图，则可进入放置相机的楼层（标高 1 楼层）平面图后，在“三维视图 2”上单击鼠标右键，选择“显示相机”，在标高 1 楼层平面图中将会显示相机，如图 5-4-11 所示。

图 5-4-10 正交三维视图

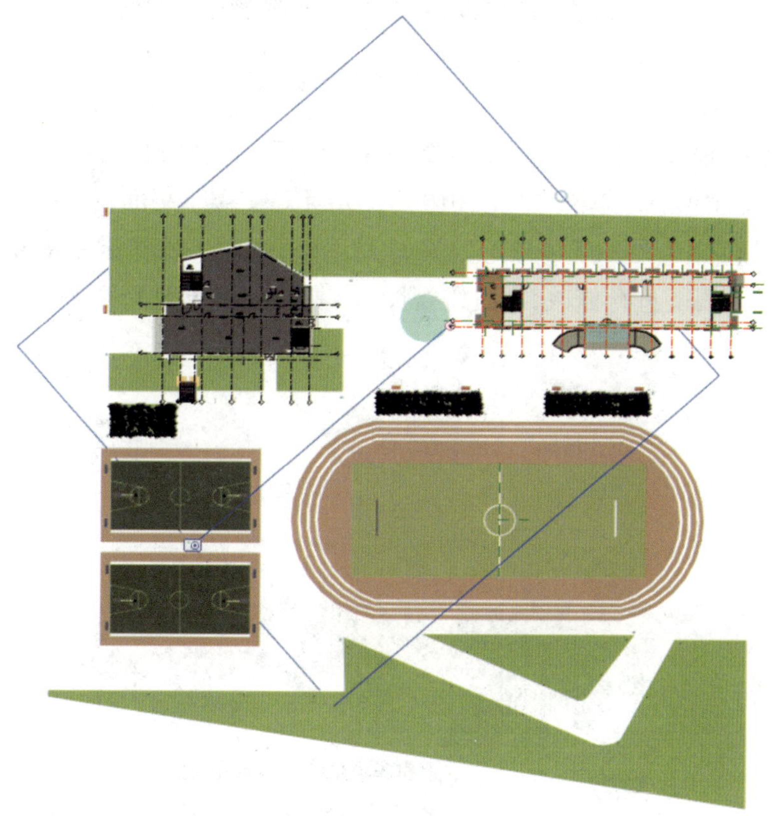

图 5-4-11 显示相机（不透视）

3. 调整视图位置

若要调整相机三维视图的位置，则需要在项目浏览器中打开“透视三维视图”，选择透视三维视图“打开相机”后，可以单击四周的边界调整大小（见图 5-4-12），同时可以在当前视图中调整角度方向（按 Shift 键 + 鼠标滚轴，移动鼠标进行角度方向的修改）。

图 5-4-12　调整相机视图

如需准确地修改相机角度及位置范围，则要进入标高 1 楼层平面视图中，选择“三维视图 1”，单击“显示相机”，则标高 1 楼层平面视图中会出现相机拍照路线及范围（见图 5-4-13），在键盘上输入 W+T 快捷键平铺功能，在标高 1 楼层平面视图进行修改，“三维视图 1”则会相应地进行更改，并实时更新效果图，如图 5-4-14 所示。

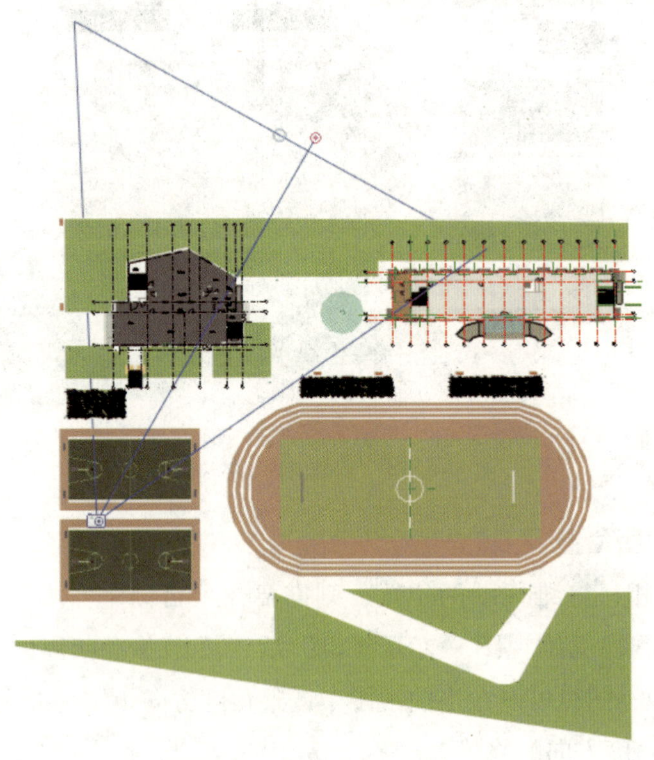

图 5-4-13　显示相机

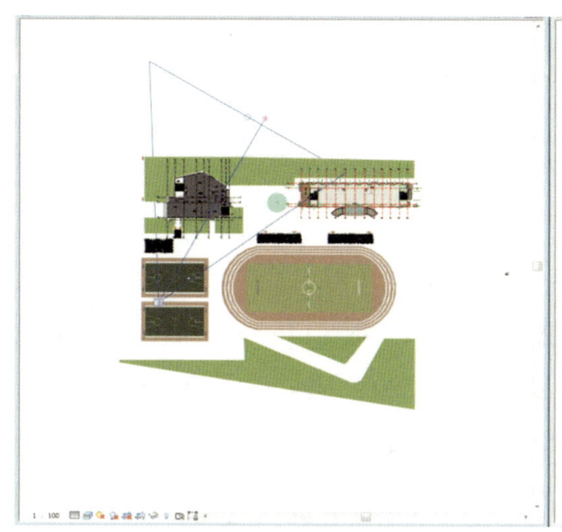

图 5-4-14 实时更新视图

4. 调整三维视图背景

三维视图的背景是指创建三维视图后，可以指定渐变背景，使用不同的颜色区分天空、地坪线和地面，更直观地体现视图效果。

首先将视图切换至三维视图，切换到“视图”选项卡，单击“图形”栏中右边的 ↘ 箭头，弹出“图形显示选项”对话框，单击“背景”后，在背景旁的对话框选择“渐变”；修改天空、地平线和地面的颜色，修改完后单击“确定”按钮，调整完成的效果如图 5-4-15 所示。

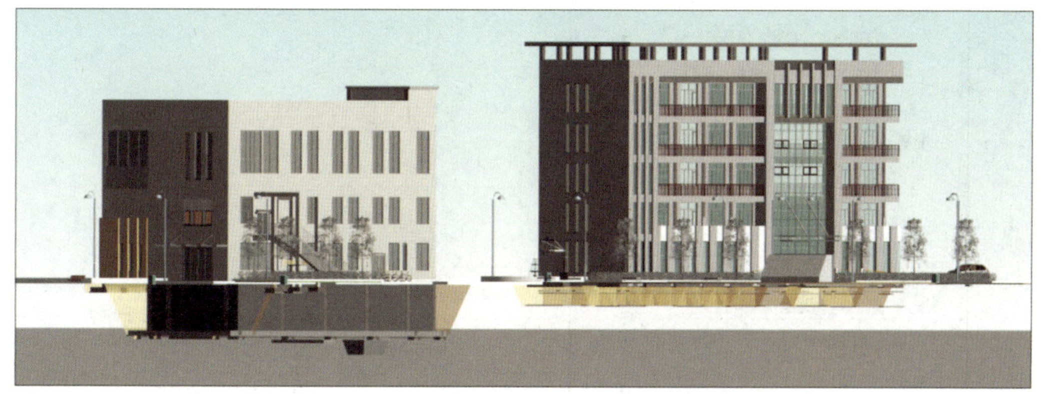

图 5-4-15 三维视图背景效果

三、模型渲染

打开“三维视图 1”（透视渲染图），切换到“视图”选项卡，选择图形栏中的“渲染”工具，弹出“渲染”对话框，如图 5–4–16 所示。

1. 质量设置

渲染需设置“质量”。单击“设置”旁的功能框，可为渲染图设置所需的质量，如图 5–4–17 所示。当渲染质量设置为“绘图”时，Revit 渲染的速度是最快的，但其渲染出来的图像质量及清晰度不高；当渲染质量设置为“最佳”时，渲染速度最慢，时间最长，但其图像质量及清晰度则最高。同时 Revit 的渲染质量也可以自定义设置，单击“编辑”弹出“渲染质量设置”对话框（见图 5–4–18），在该对话框可以自定义设置渲染质量。

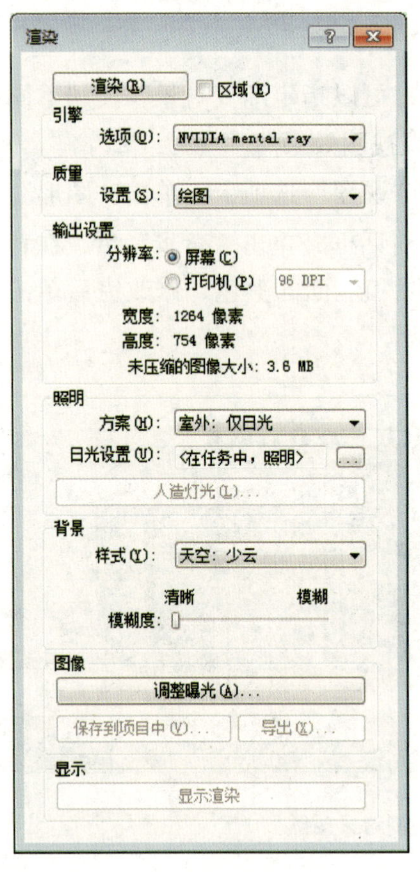

图 5–4–16 “渲染”对话框

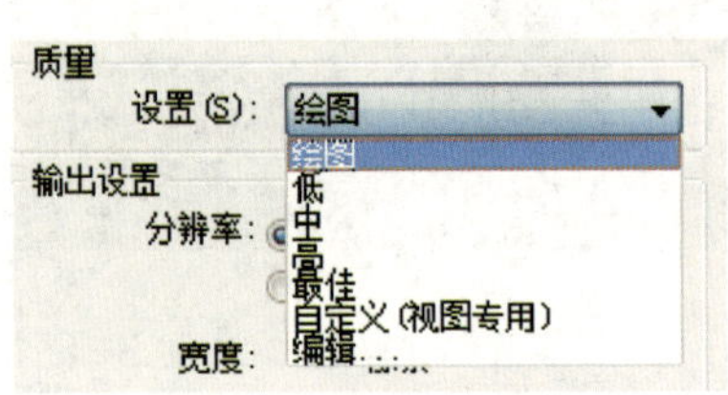

图 5–4–17 “质量”设置选项

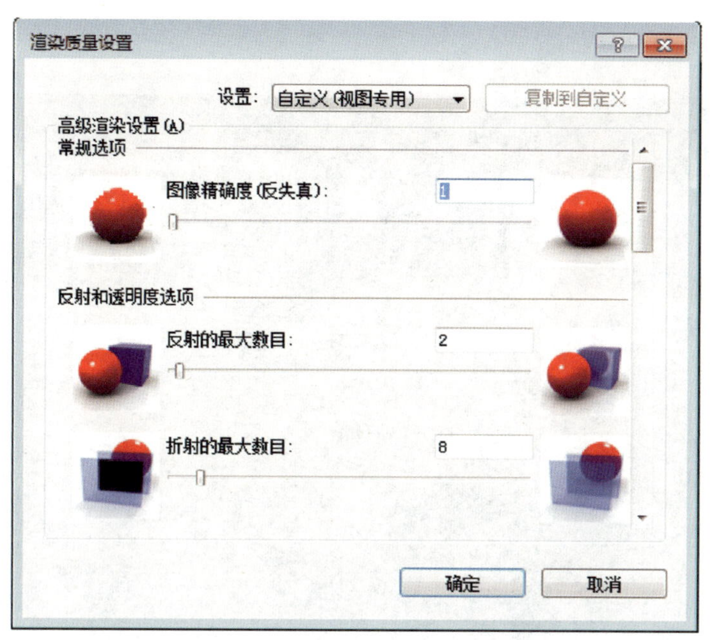

图 5-4-18 “渲染质量设置”对话框

2. 照明设置

在“渲染”对话框的“照明”项下，选择所要的设置作为“方案”。选择某个方案后，需单击“日光设置”选择所需的日光位置，单击 [...] 按钮，在弹出的“日光设置”对话框中为渲染设置新的日光及阴影。

3. 创建渲染图像

渲染准备完成以后，单击“渲染”按钮，Revit 将会弹出“渲染进度”对话框，在其中会显示渲染时间、人造灯光、采光口（见图 5-4-19），渲染完成之后绘图区域将显示渲染的图像，同时可以使用“调整曝光”以改善图像。渲染完成的效果如图 5-4-20 所示。

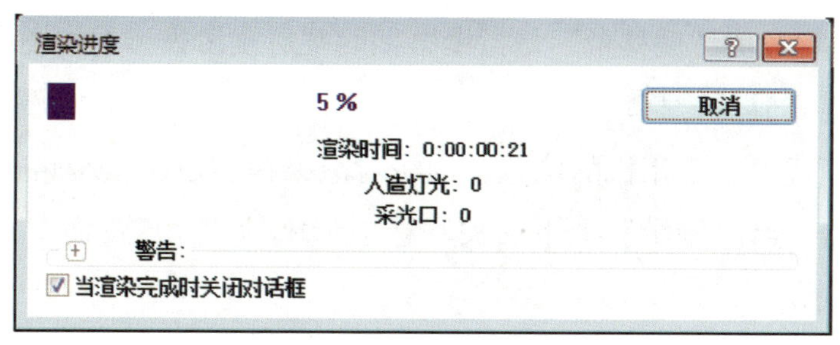

图 5-4-19 “渲染进度”对话框

图 5-4-20　渲染完成的效果

四、漫游

为了更加直观地表现建筑的外观造型，“漫游”可以更全面地查看项目模型，全方位地观看项目模型的动态效果。

（1）首先打开“标高 1”楼层平面视图，切换到“视图”选项卡，单击“创建”栏中的“三维视图”，下拉选择“漫游”功能（见图 5-4-21）。Revit 将会切换到“修改漫游”上下文关联选项卡中，需要在“选项栏”中设置“偏移量”（见图 5-4-22）。“偏移量”是指漫游期间观看漫游模型的视图高度。

（2）设置完成后，移动鼠标单击绘图区域，单击左键确定漫游起始位置，每一个关键帧代表一个相机的位置，围绕着渲染模型放置漫游路径，围绕一周漫游后，单击“修改漫游”上下文关联选项卡中的“完成漫游”，显示效果如图 5-4-23 所示。

图 5-4-21 “漫游”功能

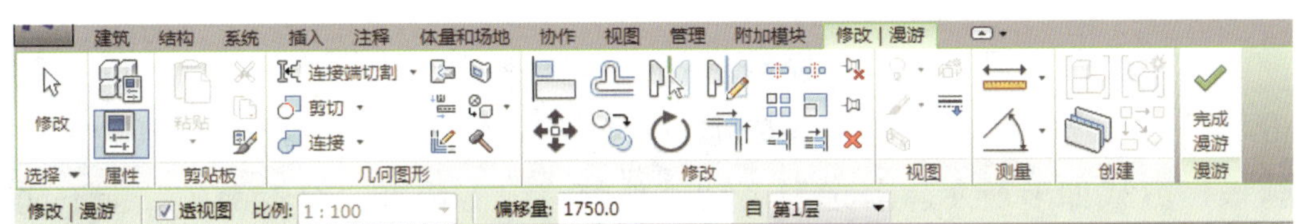

图 5-4-22 设置“偏移量”

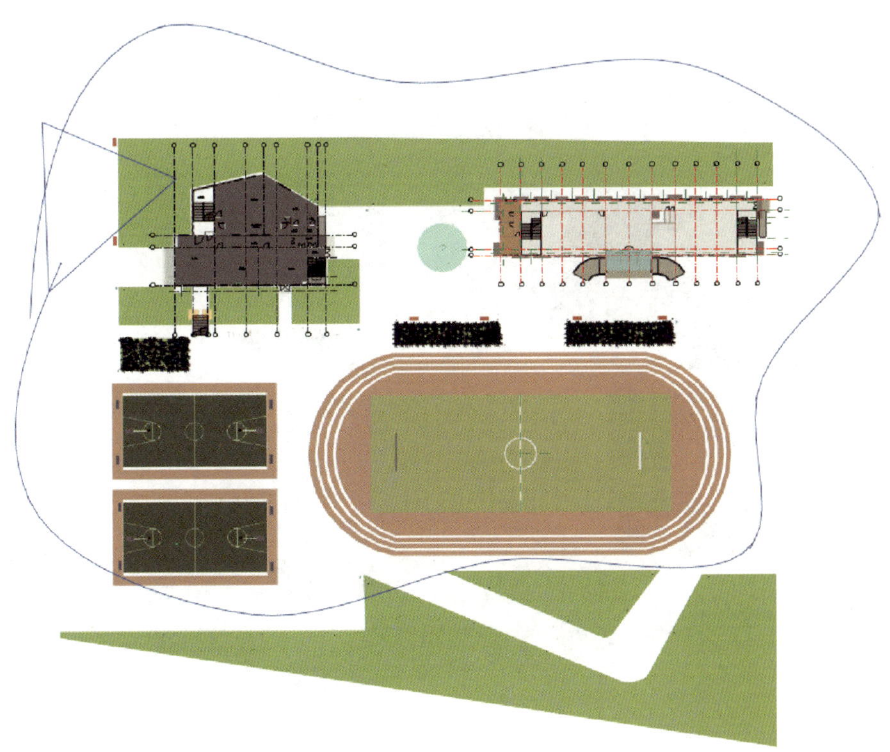

图 5-4-23 完成漫游效果

（3）完成路径设置后，在项目浏览器“进行漫游”栏目中会自动生成一个“漫游 1”。完成路径后，则需要将相机方向进行适当修改。用鼠标移动“漫游 1”，右键显示相机后，选择“显示相机”上下文关联选项卡，单击“编辑漫游”，选择选项栏“控制”修改方式，如图 5–4–24 所示。

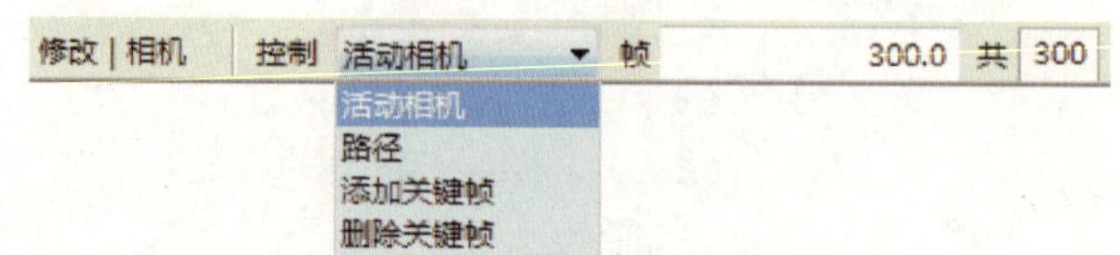

图 5–4–24 “活动相机”选项设置

选择“活动相机”后，路径会出现红色圆点（见图 5–4–25），可以单击相机引出线的红点，单击长按相机移动方向对至项目模型即可，其余关键帧操作方式如上所示。若选择不到其他帧，则需选择“编辑漫游”上下文关联选项卡，单击“漫游”栏中的“上一关键帧或下一关键帧”切换帧数（见图 5–4–26），修改完成后的漫游效果如图 5–4–27 所示。

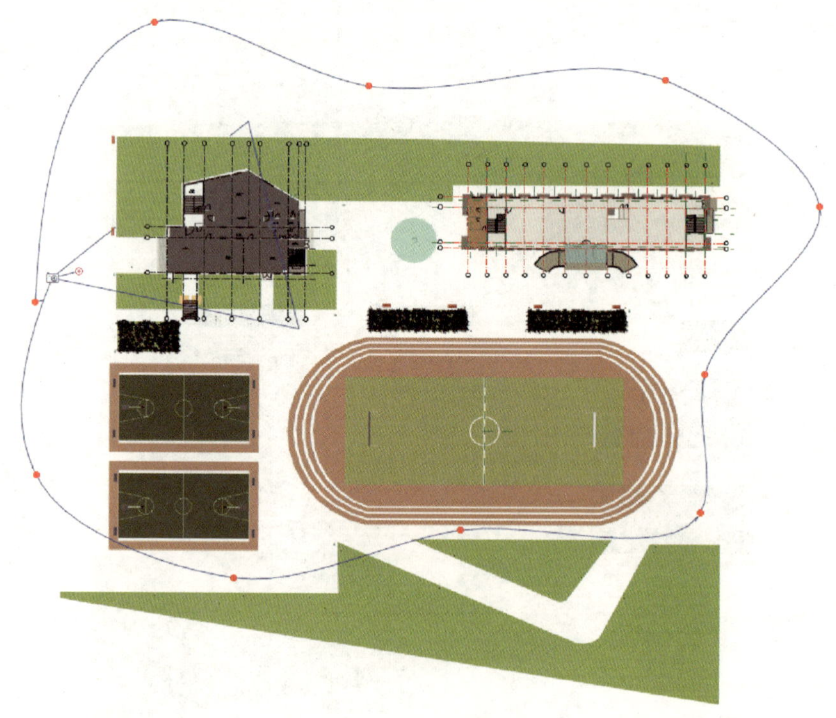

图 5–4–25 漫游路径示意

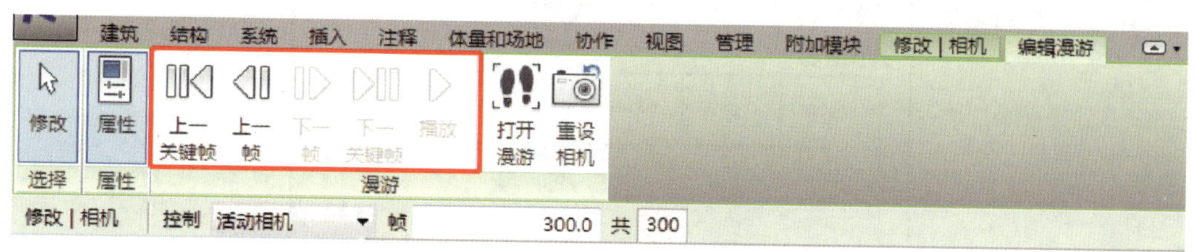

图 5-4-26　编辑“关键帧”

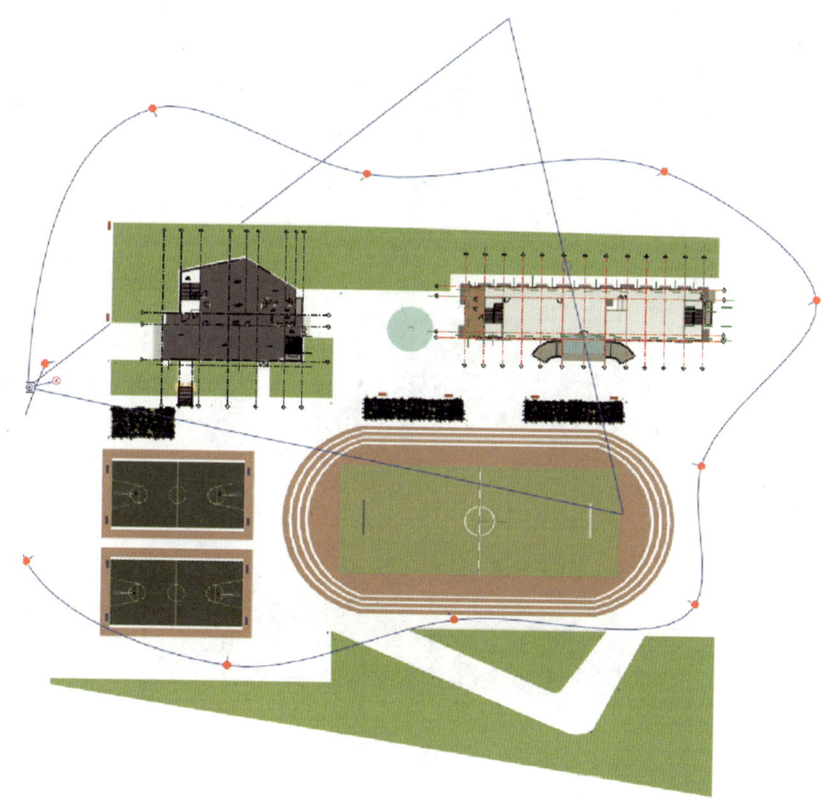

图 5-4-27　修改后的漫游效果

（4）完成修改路径后，单击选项栏上的“漫游帧”按钮，打开“漫游帧”对话框（见图 5-4-28），可对“总帧数”及“帧 / 秒”进行修改，用于调节漫游的动画时长，设置完成后单击“确定”按钮。修改完成后，单击“打开漫游”，设置视图样式“真实”后，播放完成的漫游动画效果如图 5-4-29 所示。

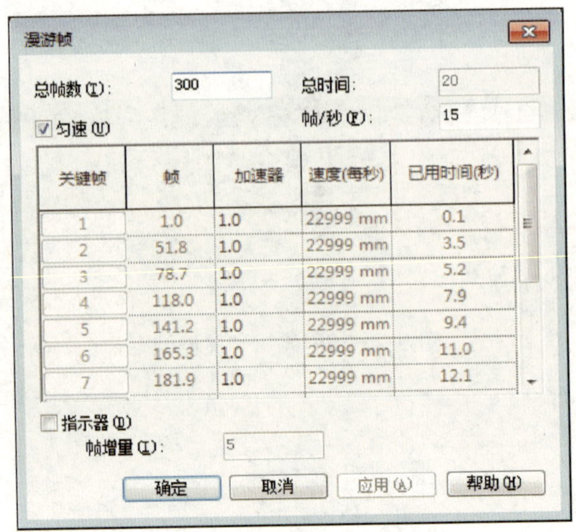

图 5-4-28 “漫游帧”对话框

图 5-4-29 漫游动画效果

五、输出漫游

漫游创建完成后，可在项目浏览器单击“漫游”栏目中的“漫游 1”进行播放。漫游动画完成后也可将其导出 AVI 格式的动画图像文件，可导出全部或部分帧数。

单击“应用程序菜单”按钮，在列表中选择“导出”－“图像和动画”－“漫游”（见图 5-4-30），弹出“长度 / 格式”对话框（见图 5-4-31），“帧 / 秒”选项用于设置导出后漫游的速度，数值越大，其漫游速度越快，视频越短。设置完成后，单击“确定”按钮，将会弹出“导出漫游”对话框，输出文件名称及保存路径，单击“保存”按钮后，会弹出“视频压缩”对话框，可以选择压缩程序，如需压缩，单击“确定”按钮即可。

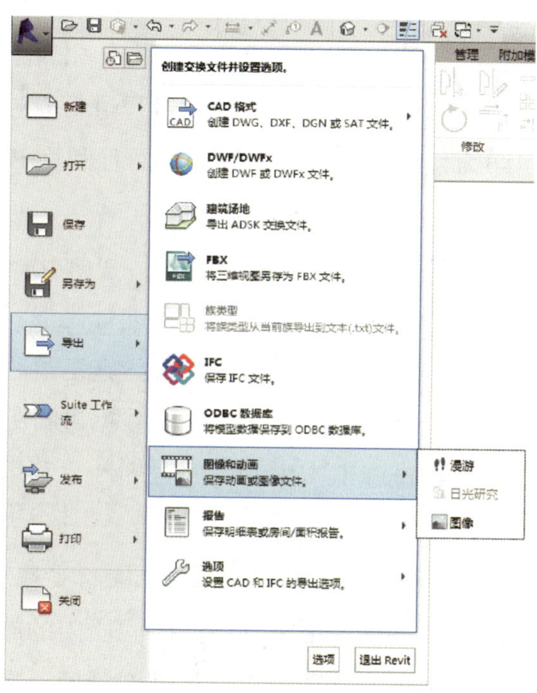

图 5-4-30 应用程序菜单

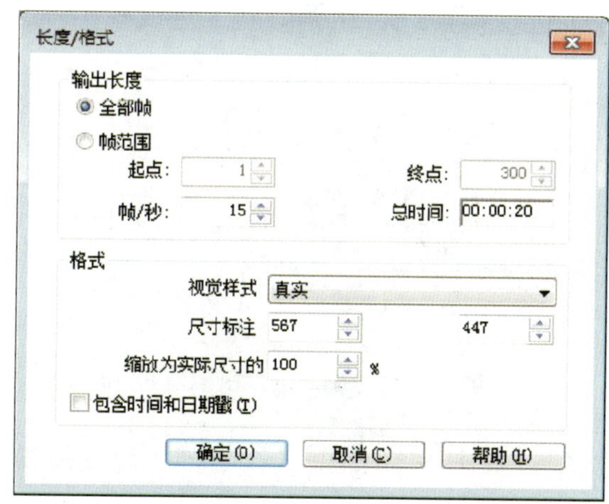

图 5-4-31 “长度 / 格式”对话框

第五节 施工过程模拟

在项目进行过程中，需要对施工过程进行模拟，包括进度、工程任务协同、安全质量问题等。一方面通过模拟可以保证各项工程能够按时交付；另一方面也可以在很大程度上提高经济效益、降低各项成本。相较于传统管理模式，利用BIM的三维可视化优势，能够更好地对施工过程进行管控。BIM不但在建筑内部的表现力和描述详细程度上有巨大的优势，而且利用BIM模型的参数化特性还可直接查询到与构件相对应的数据信息。

BIM的施工过程模拟具有交互性、可协调性、可视化、可优化性、模拟性的特点，可在多次模拟建造的过程中对施工方案进行比选，在发现进度计划存在不合理之处时，能够对施工进度计划进行调整。施工过程模拟相较于进度计划，能够让项目管理者免于对图形、文字和表格数据进行处理，通过施工模拟动画可以更加直观地掌控各道施工工序安排的合理性，利用可视化和交互性协助各施工专业进行交流，并提高工作效率。

通过BIM技术可以实现对时间的有效管理，从而实现动态施工过程模拟，工程项目相关人员可以从中准确地了解到不同时间段内的施工阶段、工序及所耗时长，将工作时间精确到天，实现了精细化进度管理，有利于进度管理和资源的合理配置，从而实现进度优化。在施工过程中，当发现施工进度与计划不一致时，也可使用施工进度模拟进行纠偏。施工进度模拟流程如图5–5–1所示。

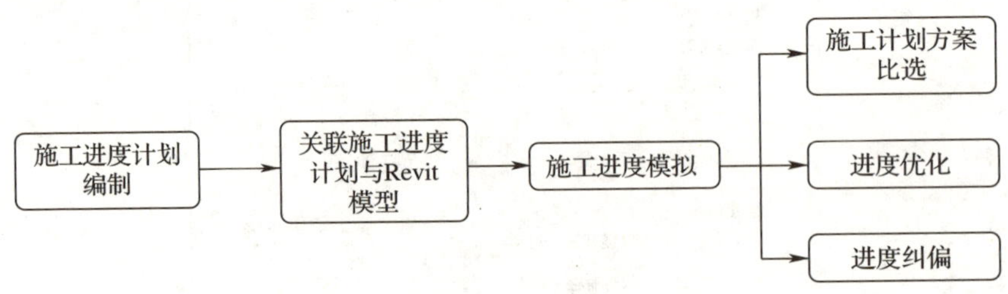

图5–5–1 施工进度模拟流程

由于在项目的整个过程中BIM都可以参与，所以通过协同平台能够提高项目的协同性，提高工程质量，减少返工情况的发生，最终达到降低成本的目的。

一、施工进度编制

施工进度计划是施工组织设计的核心部分。在进度方面，工期控制是一大目标。BIM 对于进度管控方式的优势在于可以将传统进度计划与模型相结合，并基于施工计划生成施工动画，实现过程可视化。

以拟建工程为对象，规定各项工程内容的施工顺序和开工、竣工时间的施工进度计划，包括施工总进度计划、单位工程施工进度计划、阶段性施工进度计划、每个单位工程的分部、分项工程进度计划。它是一个工程施工的总纲领，是施工组织设计的中心内容，既要保证建设工程按合同规定的期限交付使用，还要做到施工中的其他工作必须围绕并适应施工进度计划的要求安排。施工进度计划的内容包括各单位工程或各分部、分项工程的施工顺序、每一阶段施工的时间要素及相邻工序之间的衔接关系。施工进度计划编制流程如图 5-5-2 所示。

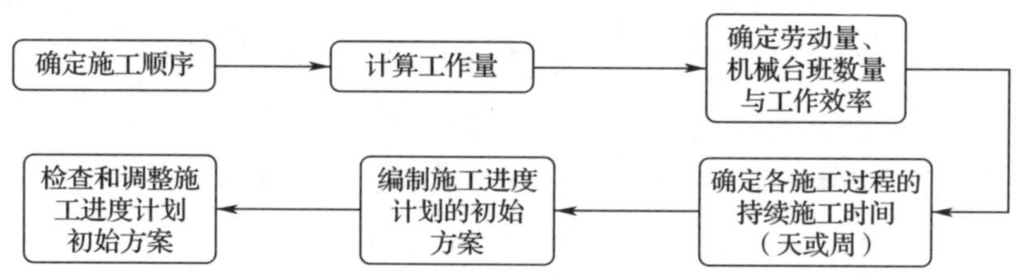

图 5-5-2　施工进度计划编制流程

目前应用较为广泛的与进度计划相关的软件是 Project 软件及 BIM 全咨（资）管控平台。

Project 软件有任务分配、工期设置、生成横道图等功能。本内容选择 Project 软件创建施工进度编制任务，最后将文件保存为“.mpp”格式。施工进度计划中需要实现具体工作任务的详细划分，并与 Revit 模型中的对应构件连接在一起，最终实现横道图、三维模型与具体工作任务之间的有效对接。

BIM 全咨（资）管控平台软件对硬件设备的要求相对较低，因模型经过轻量化处理，其流畅度高，可操作性好，可以对相同以及不同专业构件进行组合查看。此外，该软件的兼容性也相对较好，不仅可以兼容不同类型的设计模型，同时还能编制进度计划和导入 Project 文件。通过 BIM 全咨（资）管控平台，可使进度计划和三维模型进行关联，实现进度模拟。基于此种情况，本内容选择

BIM 全咨（资）管控平台作为施工进度模拟软件。

1. 使用 Project 软件编制进度计划

在上方菜单栏“项目”中选择“项目信息”，根据项目的实际情况进行修改（见图 5–5–3、图 5–5–4）。通过日历选项修改工作时间，可以通过菜单栏“项目”中的“更改工作时间”自定义日历构成。

文件
任务
资源
报表
项目
视图
格式
告诉我您想要做什么...
子项目
应用商店
我的加载项
项目信息
自定义字段
在项目间链接
WBS
更改工作时间
计算项目
设置基线
移动项目
状态日期:
NA
更新项目
拼写检查
插入
加载项
属性
日程
状态
校对
任务模式
项目信息
显示"项目信息"对话框，以更新项目的各个方面(如开始日期和状态日期)。
开始时间
完成时间
前置任务
资源名称

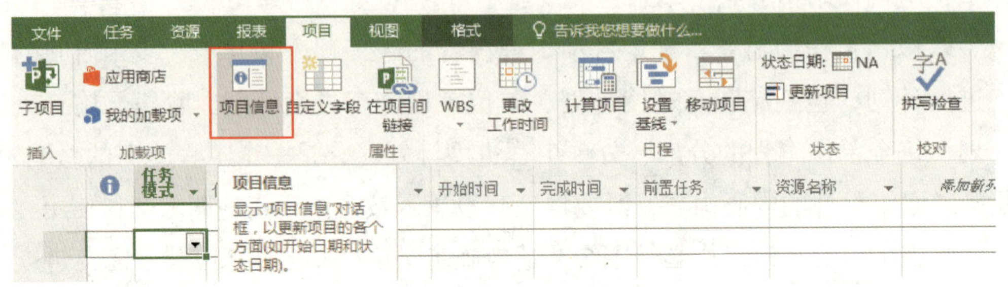

图 5–5–3　选择“项目信息”

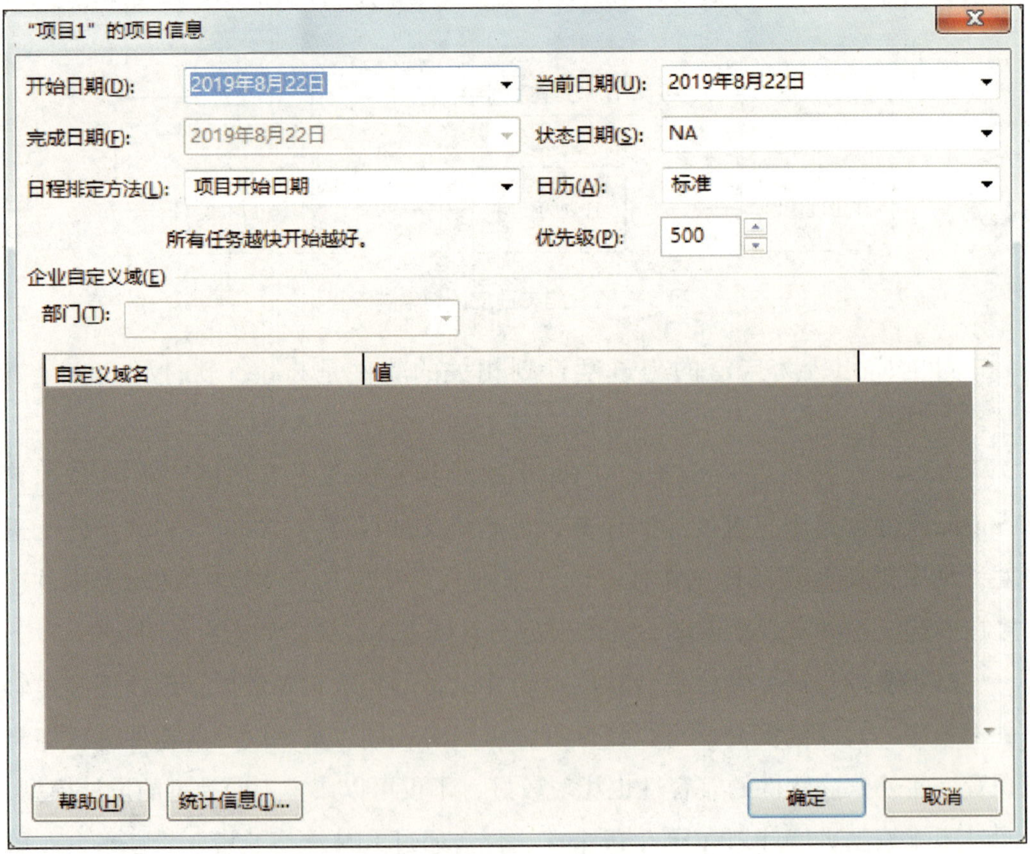

"项目1" 的项目信息
开始日期(D):
2019年8月22日
当前日期(U):
2019年8月22日
完成日期(F):
2019年8月22日
状态日期(S):
NA
日程排定方法(L):
项目开始日期
日历(A):
标准
所有任务越快开始越好。
优先级(P):
500
企业自定义域(E)
部门(T):
自定义域名
值
帮助(H)
统计信息(I)...
确定
取消

图 5–5–4　“项目信息”对话框

在“任务模式”栏选择该工作为自动计划任务或手动计划任务，如图 5-5-5 所示。自动计划任务的任务日期将由平台自动计算，手动则完全由操作者自行编辑。也可以通过界面左下角统一设置新任务的模式。

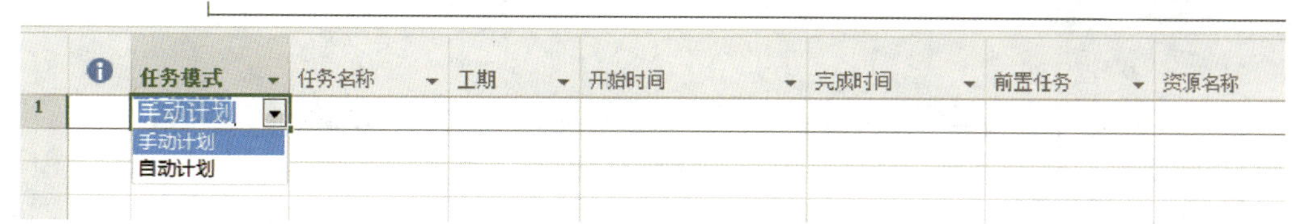

图 5-5-5 “任务模式”设置

双击“任务名称”栏，在弹窗中输入该进度任务的具体信息，主要修改内容为任务名称、工期、前置任务等。可以在弹窗中直接编制进度计划时间，或在总编制界面直接进行修改。根据后续实际完成情况修改完成百分比来反馈项目实际进度。设置了前置任务的进度，会根据其完成的时间自动调整该进度任务的工期。任务信息设置如图 5-5-6 所示。

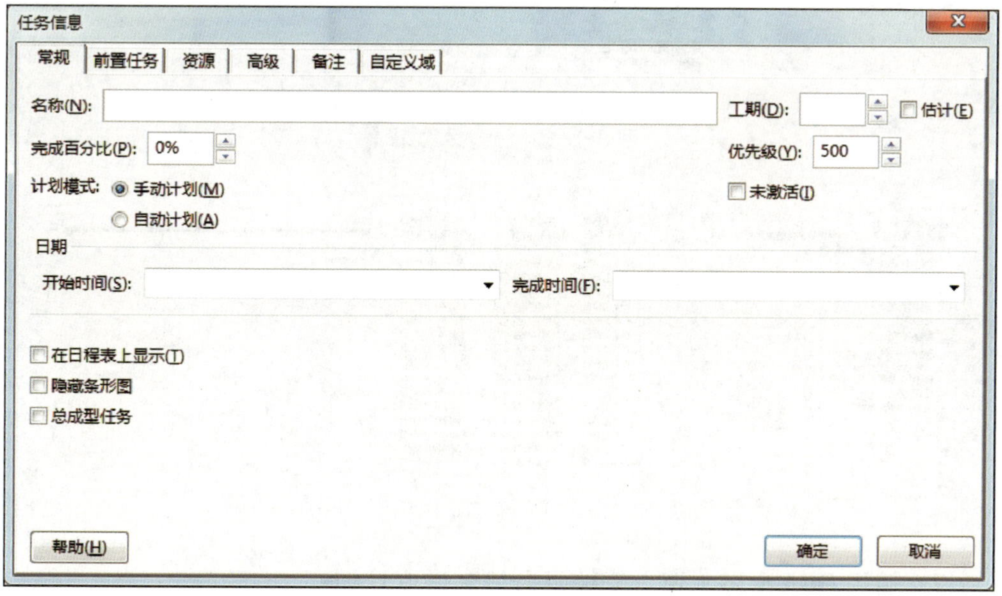

图 5-5-6 “任务信息”设置

选中任务后，通过菜单栏“任务”-“升级任务”或“降级任务”按钮调整进度任务的层级关系，如图 5-5-7 所示。

Project 软件仅默认显示进度计划时间，有时还需要添加实际时间以进行比对。单击“添加新列”，或用鼠标右击目录栏选择“插入列”，可添加实际开始时间、实际完成时间及实际工期，也可根据需求添加其他的目录列（见图 5-5-8），同时软件会根据任务的编制时间在右侧生成横道图，如图 5-5-9 所示。

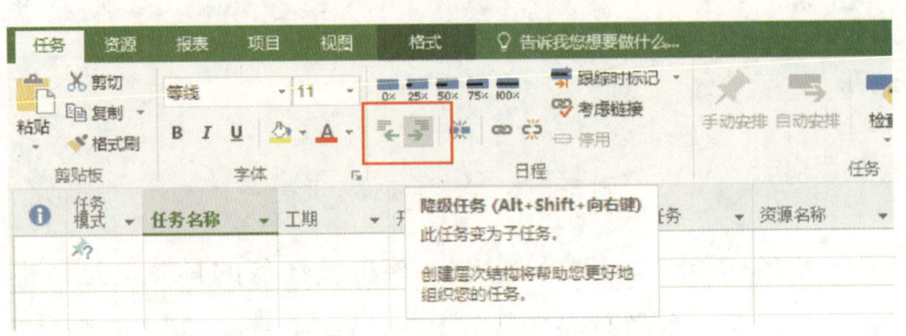

图 5-5-7　任务升降级设置

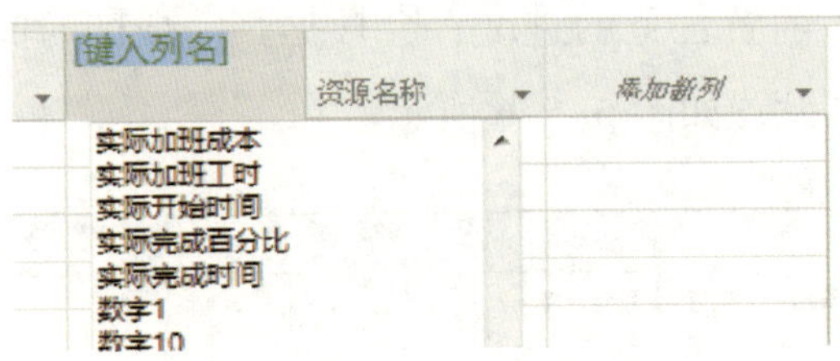

图 5-5-8　“插入列”设置

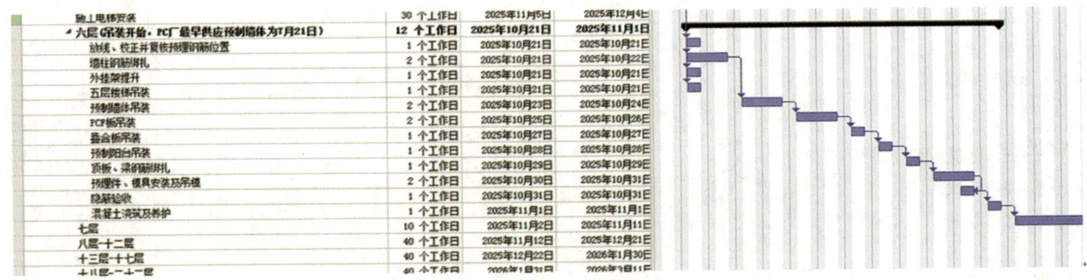

图 5-5-9　横道图

2. 使用 BIM 全咨（资）管控平台编制进度计划

在 Project 软件中编制好的进度计划可以直接导入至 BIM 全咨（资）管控平台中进行后续的管理。作为一款专业的进度管理软件，Project 的功能更加全面，但导入至 BIM 全咨（资）管控平台后，也可以在平台中对任务进行编辑与修改。

将建立的结构、建筑、机电组合模型上传至云端，进行轻量化处理，在保证数据完整性的同时降低设备硬件压力。在平台中导入 Project 软件所生成的“.mpp”格式施工进度计划文件，再选择任务与对应的构件进行关联。关联完成后，选择查看关联，对每条任务中涉及的具体构件进行批量时间管理，以此预计任务完成时间，提前对可能发生工程延期的任务进行调整。进度编辑如图 5-5-10 所示。

图 5-5-10　进度编辑

3. 生成施工模拟动画

施工模拟动画能够让管理人员不用检索复杂的图形、文字和表格，通过动画即可直观掌控各道工序安排的合理性。利用 BIM 技术可视化和交互性协助各方交流，避免思维误差，提高工作效率。在导入进度计划后，选择任务与对应的构件进行关联，选择查看关联，对每条任务中涉及的构件进行批量时间管理，以此预计任务完成时间，提前对可能发生工程延期的任务进行调整。详细构件时间设置如图 5-5-11 所示。

图 5-5-11　详细构件时间设置

基于设置好的任务计划起止时间及其对应的构件，自动生成施工模拟动画（见图 5-5-12），方便快速进行安全措施检查，以利于解决工作面穿插、交通组织、施工安排等关键性问题。

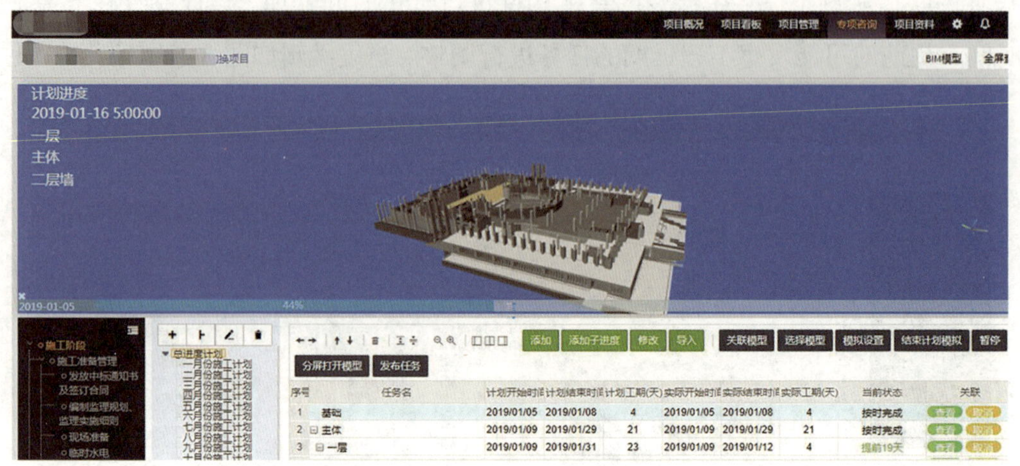

图 5-5-12　施工模拟动画

二、施工任务管控

施工阶段现场管理工作事项众多，主要包括拆迁安置、清理障碍、平整场地、修建临时设施、架设临时供电线路、接通临时用水管线、组织材料机具进场和施工队伍进场安排等，这些工作需要协调和管理的组织层次和范围比较广。

有效进行现场管理最根本的一条就是设定规范化的施工任务流程，以便发布、跟踪、完成任务。若需要调整变动时，首先要进行申请、协商，得到批准后方可变动，不能擅自变动，以免引起各部分主体之间的矛盾，出现消防安全、环境保护等方面的问题，造成不必要的麻烦和损失。

任务流程的规范化需要确定任务的责任人，有明确的完成期限。通过相关 BIM 协同管理平台的协助，做到及时追踪，提醒上传对应任务成果。以质量问题中的工序交接检查任务为例，由施工单位技术负责人、专职质检员组织，由交接工序作业负责人、质检员参加，对已完工程产品质量进行检查验收，质量达到标准要求的工序，填写工序交接单，完备交接手续。这个过程需要明确任务责任人，实时跟踪检查，确保任务完成质量，并在完成后对任务成果文件进行归档处理，以供后续查询追溯。通过 BIM 全咨（资）管控平台的任务控制系统进行施工任务管控的流程，如图 5-5-13 所示。

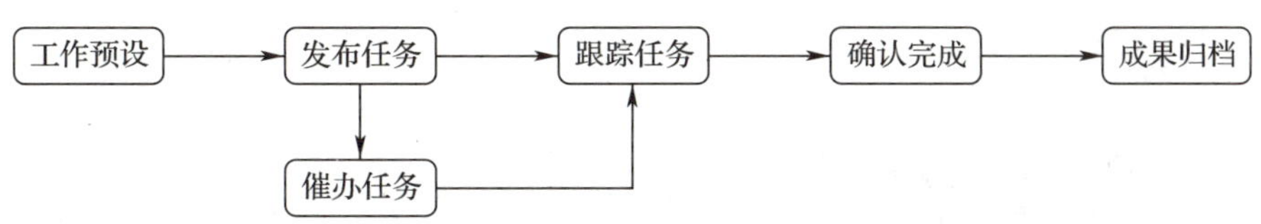

图 5-5-13 施工任务管控流程

BIM 全咨（资）管控平台通过项目进度计划设定项目进行过程中的事务流程，并以此为基础设定工作内容，包括前期策划及科研审批、勘察设计、施工图设计、招投标、施工、竣工验收六部分。在项目总进度设定时就应该设置好相对应的工作内容，以保证后期工作的有序进行。

为每个工作任务设定好计划完成的期限，若到了计划期限责任人仍未完成工作，可以对工作事项发起催办通知，以保证项目按照原定时间完成。项目进度管控如图 5-5-14 所示。

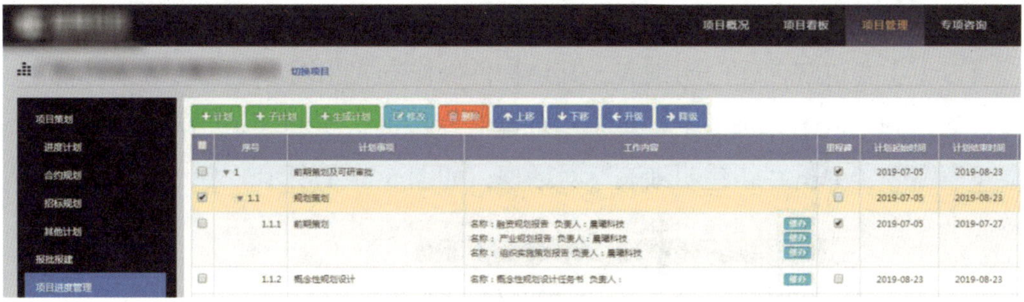

图 5-5-14 项目进度管控

在设定了工作内容后，可在专项咨询模块进行具体任务进度跟踪（见图 5-5-15），做到对发布任务、跟踪任务、确认任务完成情况等一系列环节的管控。通过这种方式进行施工过程模拟，保证施工现场项目任务的完成，避免由于工作落实不到位而可能引发的一系列安全、成本问题。

序号	工作内容	描述	成果文件	任务状态	归档状态	负责人	开始时间	结束时间
1	进度管理体系		进度管理体系.pdf 更多 1	已完成(1/1)	未归档	晨曦科技	2019-08-16	2019-08-16
2	年，阶段，月，周进度控制计划			已提交(0/1)	未归档	晨曦科技		
3	各阶段进度检查，管理要点		各阶段进度检查，管理要点... 更多 1	已完成(1/1)	未归档	晨曦科技	2019-08-16	2019-08-16

图 5-5-15　具体任务进度跟踪

第六节　数据整合管理与发布

在 Revit 创建完成模型后，可通过“明细表”功能统计出模型中的构件数量、面积、体积及类型，以确定估算成本。明细表也可以在模型项目的任何阶段中创建，所创建的明细表格也会随着项目模型的变动而自动同步更新信息，这种同步性与准确性是 BIM 的特质。

一、创建门明细表

以下主要讲解创建门明细表，其余构件操作方式相同。

切换到“视图”选项卡，单击“创建”栏中的“明细表”，单击“明细表/数量”命令，弹出“新建明细表”对话框，如图 5-6-1 所示。

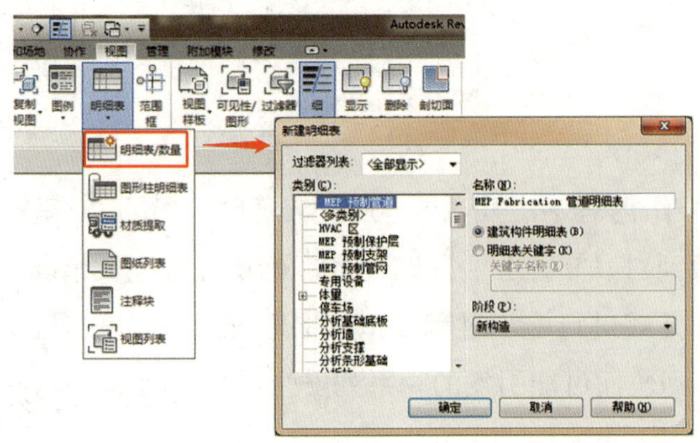

图 5-6-1　“新建明细表”对话框

在“新建明细表”对话框“类别”列表框中选择门构件类型，单击“确定”按钮，进入“明细表属性”对话框，选择“可用的字段”，添加明细表所需要的统计名目，门则选择“合计、宽度、高度、类型、低高度”字段名目，单击“添加”按钮，Revit 将已选的字段自动添加至右边的列表中，如图 5–6–2 所示。

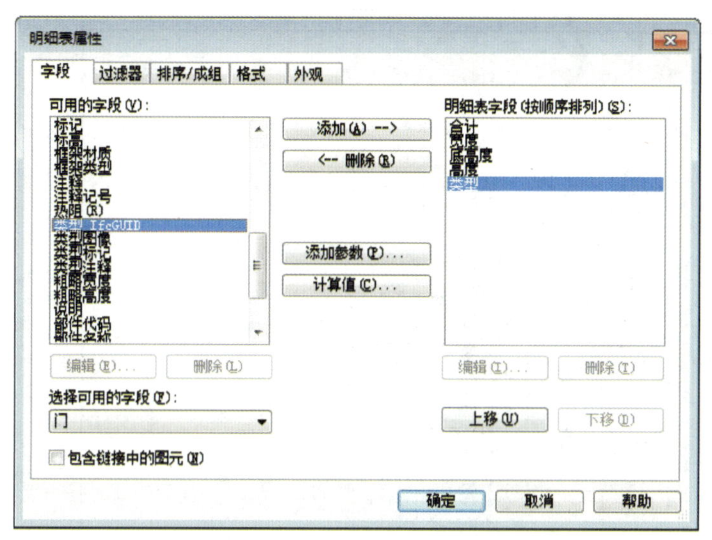

图 5–6–2 “明细表属性”对话框

选择右边“明细表字段（按顺序排序）”下列框中的“类型”，可单击“上移”将该字段向上移动，单击“下移”则将该字段向下移动，调整完成后的效果如图 5–6–3 所示。

单击“确定”按钮，Revit 软件将自动生成门明细表，同时视图切换至明细表视图中（见图 5–6–4），创建完成的明细表将在项目浏览器中生成“门明细表”。

图 5–6–3 调整完成后的效果

二、调整明细表

门明细表创建完成后，需要将其进行相对调整，选择左边“属性”，单击“其他”面板“排序 / 成组”下的“编辑”命令，弹出“明细表属性”对话框，如图 5–6–5 所示。

<门明细表>

A	B	C	D	E
类型	宽度	高度	底高度	合计
FDM-1221(1200×2100)	1200	2100	0	1
FDM-1221(1200×2100)	1200	2100	0	1
FDM-1221(1200×2100)	1200	2100	0	1
FDM-1221(1200×2100)	1200	2100	0	1
FDM-1221(1200×2100)	1200	2100	0	1
FDM-1221(1200×2100)	1200	2100	0	1
PM-0921(900×2100)	900	2100	0	1
PM-0921(900×2100)	900	2100	0	1
乙FM-1821(1800×2100)	1800	2100	0	1
丙FM-1021(1000×2100)	1000	2100	0	1
FDM-1221(1200×2100)	1200	2100	0	1
FDM-1221(1200×2100)	1200	2100	0	1
FDM-1221(1200×2100)	1200	2100	0	1
FDM-1021(1000×2100)	1000	2100	0	1
FDM-1021(1000×2100)	1000	2100	0	1
PM-0921(900×2100)	900	2100	0	1
PM-0921(900×2100)	900	2100	0	1
乙FM-1821(1800×2100)	1800	2100	0	1
丙FM-1021(1000×2100)	1000	2100	0	1
乙FM-1521(1500×2100)	1500	2100	0	1
PM-0921(900×2100)	900	2100	0	1
PM-0921(900×2100)	900	2100	0	1
FDM-1821(1800×2100)	1800	2100	0	1
FDM-1221(1200×2100)	1200	2100	0	1
FDM-1821(1800×2100)	1800	2100	0	1
FDM-1221(1200×2100)	1200	2100	0	1
FDM-1521(1500×2100)	1500	2100	0	1
乙FM-1521(1500×2100)	1500	2100	0	1
丙FM-1021(1000×2100)	1000	2100	0	1
甲FM-1021(1000×2100)	1000	2100	0	1
甲FM-1021(1000×2100)	1000	2100	0	1
乙FM-1821(1800×2100)	1800	2100	0	1
FDM—1521	1500	2100	100	1
甲FM-1221(1200×2100)	1200	2100	0	1
FM甲—1825	1800	2500	0	1
FM乙—1521	1500	2100	0	1
FM乙—1521	1500	2100	0	1
FM甲—1221	1200	2100	0	1
FDM—1221	1200	2100	0	1
FDM—1821	1800	2100	0	1
MLC-3036	3600	3000	0	1

图 5-6-4　明细表视图

单击“排序方式”旁的对话框，选择“类型”方式进行排序后，选中“总计”选项并修改为“合计和总数”，不选中“逐项列举每个实例”复选框，修改完成后的结果如图 5-6-6 所示。

修改完“排序 / 成组”后，切换到“格式”选项卡，选择“合计”字段后，选中“计算总数”复选框，如图 5-6-7 所示。

修改完“格式”后，切换到“外观”选项卡，不选中“数据前的空行”复选框，如图 5-6-8 所示。

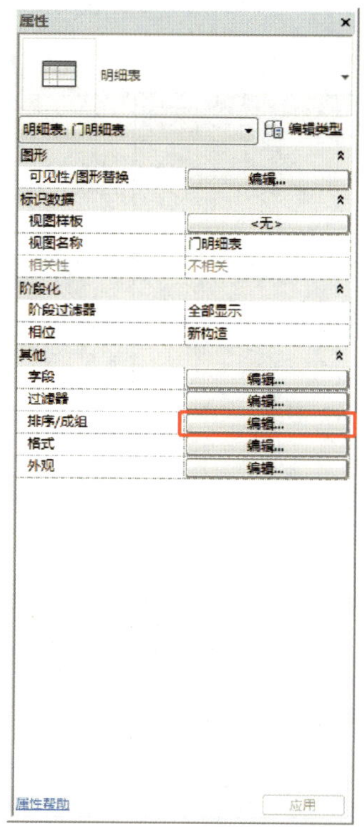

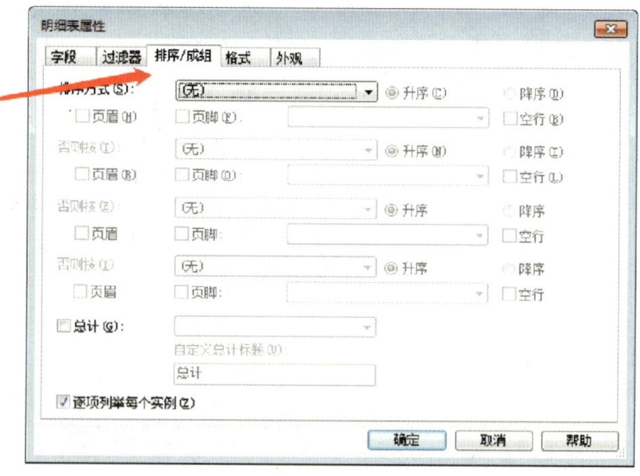

图 5-6-5 “明细表属性”对话框

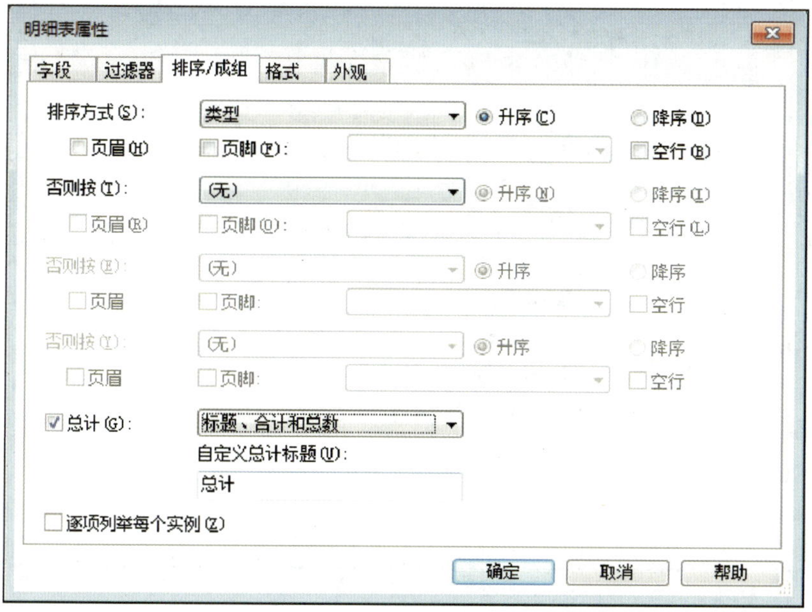

明细表属性

字段 | 过滤器 | 排序/成组 | 格式 | 外观

排序方式(S): 类型 ◉升序(C) ○降序(D)

□页眉(H) □页脚(F): □空行(B)

否则按(T): (无) ◉升序(N) ○降序(I)

□页眉(R) □页脚(O): □空行(L)

否则按(E): (无) ◉升序 ○降序

□页眉 □页脚: □空行

否则按(Y): (无) ◉升序 ○降序

□页眉 □页脚: □空行

☑总计(G): 标题、合计和总数

自定义总计标题(U):

总计

□逐项列举每个实例(Z)

确定 取消 帮助

图 5-6-6 修改“排序 / 成组”

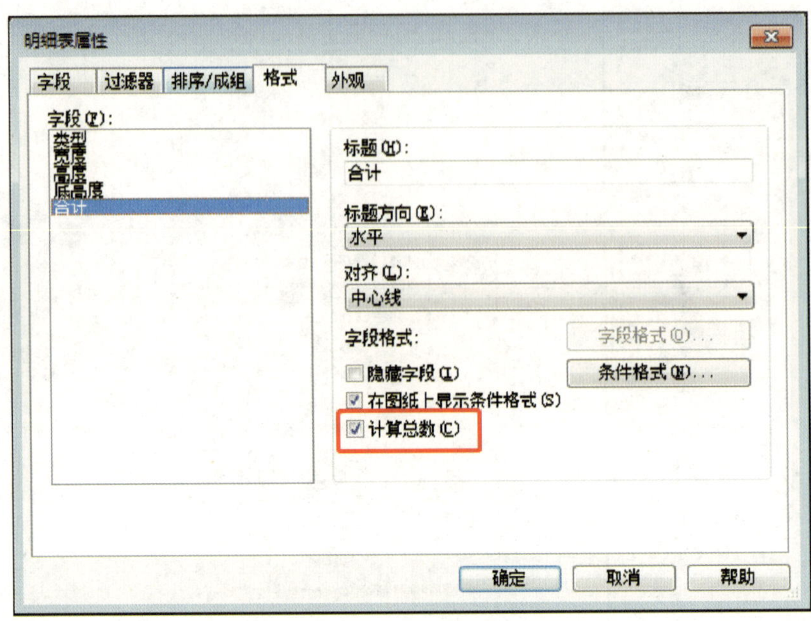

图 5-6-7　修改“格式”

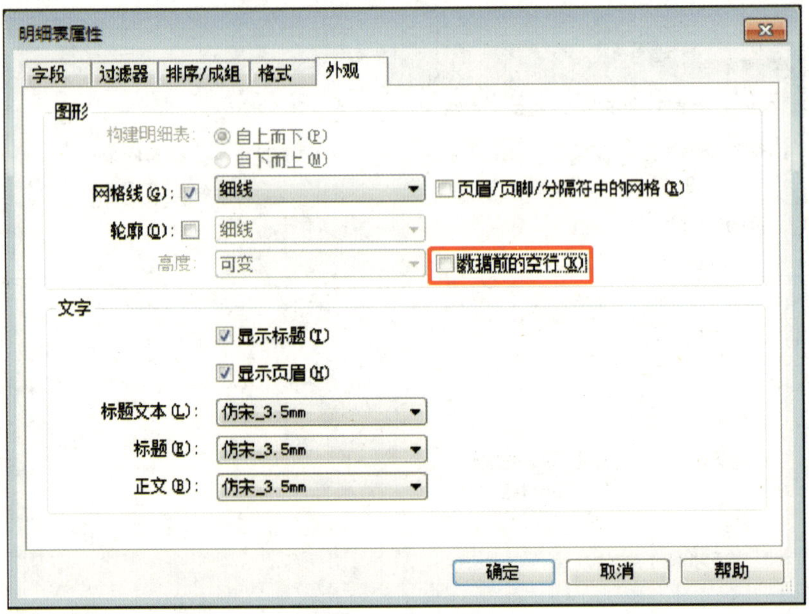

图 5-6-8　修改“外观”

修改完成后单击“确定”按钮，门明细表则会更新调整，如图 5–6–9 所示。

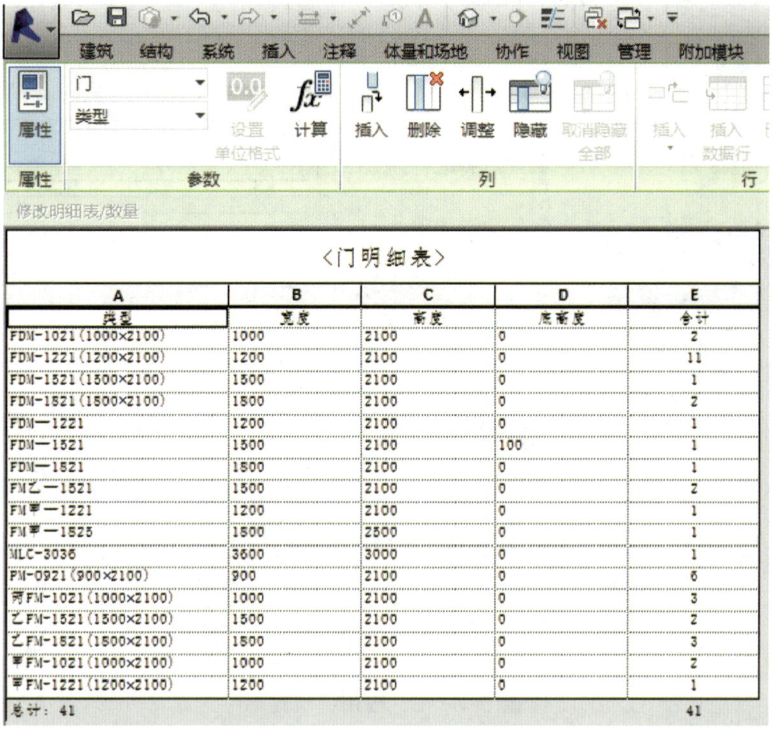

<门明细表>

A	B	C	D	E
类型	宽度	高度	底高度	合计
FDM-1021(1000×2100)	1000	2100	0	2
FDM-1221(1200×2100)	1200	2100	0	11
FDM-1521(1500×2100)	1500	2100	0	1
FDM-1521(1500×2100)	1500	2100	0	2
FDM—1221	1200	2100	0	1
FDM—1521	1500	2100	100	1
FDM—1521	1500	2100	0	1
FM乙—1521	1500	2100	0	2
FM甲—1221	1200	2100	0	1
FM甲—1525	1500	2500	0	1
MLC-3036	3600	3000	0	1
PM-0921(900×2100)	900	2100	0	6
丙FM-1021(1000×2100)	1000	2100	0	3
乙FM-1521(1500×2100)	1500	2100	0	2
乙FM-1521(1500×2100)	1500	2100	0	3
甲FM-1021(1000×2100)	1000	2100	0	2
甲FM-1221(1200×2100)	1200	2100	0	1
总计：41				41

图 5-6-9　明细表修改完成

三、导出明细表

明细表创建完成后，可选择“应用程序菜单”中的“导出”选项，选择“报告”，单击导出“明细表”(见图 5–6–10)，在弹出的“导出明细表”对话框(见图 5–6–11)中修改保存文件位置及名称后，单击“确定”按钮即可完成导出。

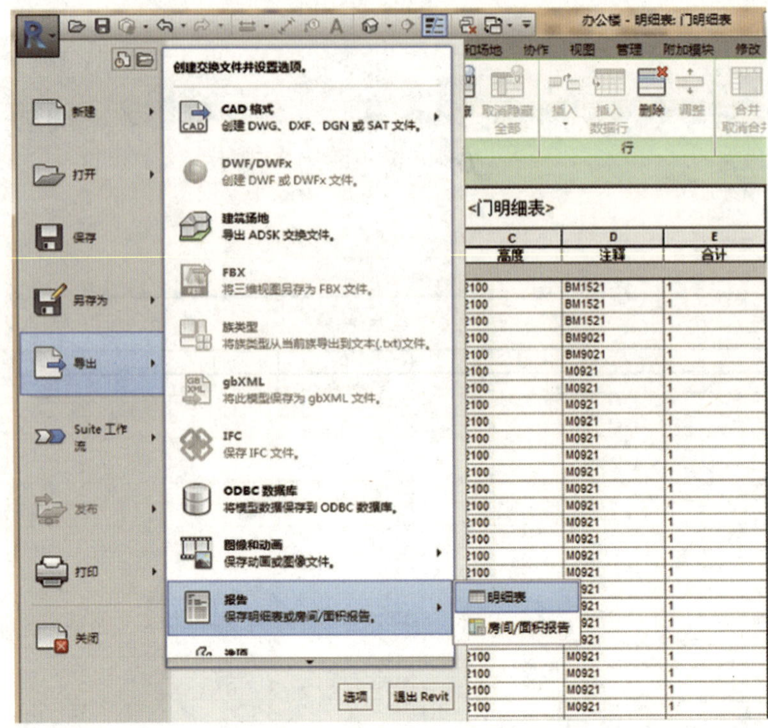

图 5-6-10　应用程序菜单

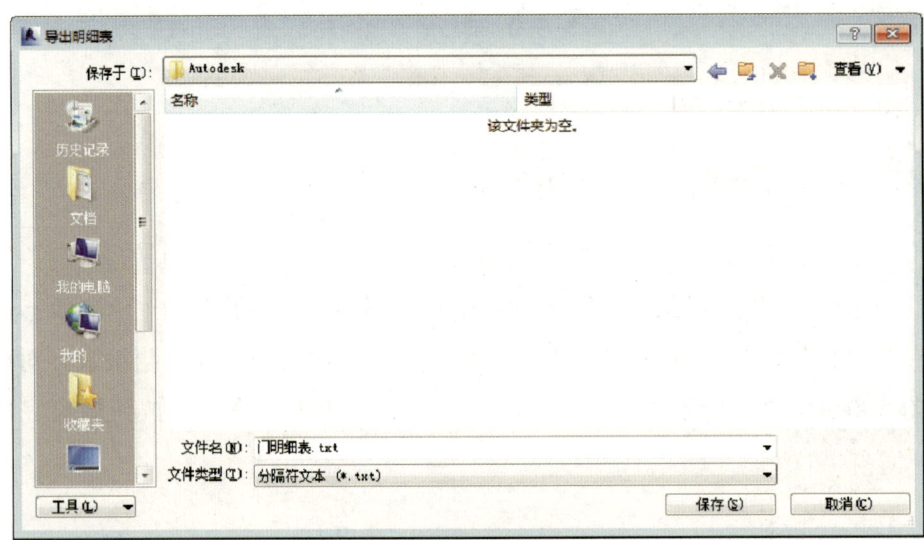

图 5-6-11　“导出明细表”对话框